科学出版社"十四五"普通高等教育本科规划教材

现代环境分析技术

（第三版）

陈　玲　王　颖　郜洪文　主编

U0287170

科学出版社

北　京

内 容 简 介

先进的环境分析技术对认识环境问题、筛查新污染物、揭示环境规律和环境数据库建设等工作具有重要的支撑作用。本书共分十二章，突出当今环境分析需求的特点，注重将先进方法的理论与应用相结合，除第 1 章外各章结合知识点设计了"思考与习题"，对读者深入学习有启发意义。

本书可作为高等院校环境类专业本科生、研究生的教材或参考书，也可供从事环境监测、环境分析与评价、生态环境损害司法鉴定等工作的研究人员和技术人员参考使用。

图书在版编目（CIP）数据

现代环境分析技术/陈玲，王颖，郜洪文主编. —3 版. —北京：科学出版社，2023.11

科学出版社"十四五"普通高等教育本科规划教材

ISBN 978-7-03-076725-7

Ⅰ.①现… Ⅱ.①陈… ②王… ③郜… Ⅲ.①环境分析化学–高等学校–教材 Ⅳ.①X132

中国国家版本馆 CIP 数据核字（2023）第 197841 号

责任编辑：朱 丽 李 洁 / 责任校对：郝甜甜
责任印制：徐晓晨 / 封面设计：图阅社

科 学 出 版 社 出版

北京东黄城根北街 16 号
邮政编码：100717
http://www.sciencep.com

北京中科印刷有限公司 印刷
科学出版社发行 各地新华书店经销

*

2008 年 9 月第 一 版 开本：B5（720×1000）
2013 年 6 月第 二 版 印张：26 3/4
2023 年 11 月第 三 版 字数：510 000
2023 年 11 月第十四次印刷

定价：182.00 元
（如有印装质量问题，我社负责调换）

前　　言

　　随着科学技术日新月异地发展，仪器分析新方法、新技术和新设备不断涌现并被普及应用，这助推着环境及其相关多学科发展，现代环境分析技术对环境问题认识、新污染物筛查、揭示环境规律乃至"降污减碳、协同增效"新技术的研发都具有不可或缺的重要作用。现代环境分析技术是运用现代仪器分析的理论和先进的样品预处理方法，鉴别和测定环境介质中化学物质的种类、组成、含量（浓度）以及存在形态的专项技术，也为生物污染标识、污染物毒性效应和环境风险评价以及环境功能材料表征和效能评价提供重要基础数据。随着高灵敏、多功能的新型分析仪器不断涌现，环境样品（气、液或固等环境样品）预处理方法也有了显著进步，这为大型分析仪器精准定性、定量分析超痕量污染物提供了可靠的技术支持。

　　目前，我国开设有不同层次（本科、硕士、博士）的环境类专业的高校有 400 余所，很多高校已将"环境仪器分析"列为环境类专业学生必修课，凸显出环境分析技术在环境领域人才培养中的重要作用。十几年前，我国适合环境专业高层次学生的环境分析技术类教材少之又少，而且国内外同类教材一般都是将仪器分析与样品预处理技术单列出书，教师在授课时不得不向学生推荐多本教学参考书、实验手册等，教学效果受到了限制。2008 年 8 月，在科学出版社和美国哈希公司的支持下，我们撰写的《现代环境分析技术》一书正式出版，解决了许多任课同行在教材选用上的难题。经过多年的使用，本书已经成为许多所高校环境类专业"仪器分析""环境仪器分析""环境分析理论与技术"等相关课程的首选教材，在获得同行们认可的同时，也收获了许多宝贵的建议。为适应环境分析技术的快速发展以及大型分析仪器普及率的提升，2013 年我们教学团队对《现代环境分析技术》进行了第一次修订，强化了环境生物分析、环境功能材料表征方法和便携式快速分析技术等内容，并于 2013 年 6 月正式出版《现代环境分析技术》（第二版），服务于高校环境专业"环境仪器分析"等课程的课堂教学和人才培养。近十年来，伴随着新型分析仪器的问世，环境分析技术的发展也十分活跃，主要体现在：①检测能力不断提升，污染物的超痕量级分析已经达到飞克级（10^{-15}g）；②分析速度不断加快；③选择性、精准性不断提高。基于此，我们教学团队启动了对《现代环境分析技术》（第二版）的修订工作。

　　《现代环境分析技术》（第三版）共分十二章：绪论、元素含量及形态分析、分子光谱分析、气相色谱分析、高效液相色谱分析、质谱分析技术、电化学分析、环境生物学分析、稳定同位素分析、材料表征技术、环境样品预处理和环境快速分析技术。参加新版教材编写的人员主要有陈玲（第 1 章），陈皓（第 2 章），黄清辉、陈玲（第 3 章），陈玲（第 4 章），张超杰（第 5 章），杨超（第 6 章），王颖（第 7 章），吴玲玲（第 8 章），周磊（第 9 章），凌岚（第 10 章），孟祥周、陈皓（第 11 章），郜洪文（第 12 章）。新版教材新增了两章：电化学分析和稳定同位素分析，体现当前环境领域的热点；同时，本书注重先进方法的理论性与应用性，包括仪器分析原理、仪器结构、操作条件和数据分析，同时给出了应用案例；在介绍样品预处理技术时，不仅重视每种方法的原理和方法特点，也力求对其操作性、适用性进行比较，包括所应用的仪器和试剂、工作条件、方法步骤等。陈玲教授对全书进行了审核与定稿，王颖教授和郜洪文教授对全书进行了文字校对和统稿。

　　本书把微量分析新理论、新技术与现代分析仪器有效使用结合起来，突出环境分析需求的特点，希望发挥或拓宽"桥梁"作用，实现对实际环境样品高灵敏、高准确分析。本书兼具专业性和实用性，可作为高等院校环境类专业及其相关专业高年级本科生、研究生"环境仪器分析"等课程的教材或教学参考书，也可供从事环境监测、环境分析等工作的研究人员和技术人员用作工具书。

　　经过大家努力本书入选同济大学"十四五"规划教材，我们教学团队承担的"环境仪器分析"研究生课程入选同济大学研究生专业精品课程，"环境仪器分析"线上教学资源共享可访问 http://tongxuetang.tongji.edu.cn，希望通过该平台实现与国内外同行师生教学资源共享与教学交流和互动。

　　限于水平和经验，书中可能还存在疏漏和不足之处，敬请同行专家、学者和广大读者指正。

编　者

2022 年 7 月

目　　录

第 1 章　绪　　论

人类最初使用的劳动工具很简单，对自然界的影响也很有限。随着生产工具的进步，农业革命兴起，人类具有了一定的改造自然的能力，创造了灿烂的古代文明，对环境的影响随之而生。随着西方发达国家进入工业化时代，环境污染及其对人体健康的危害等问题逐渐暴露，如伦敦烟雾事件、日本水俣病事件等，尤其是随着石油工业的崛起，工业过分集中，城市人口过度密集，环境污染由局部逐步扩大到区域，由单一的大气污染扩展到大气、水域、土壤和食品等多方面的污染，酿成了不少震惊世界的公害事件，如举世闻名的"八大公害"事件。自 20 世纪 80 年代以来，发生了一些突发性的严重公害事件，大多数污染还与原油或有机化学品泄漏有关，如印度博帕尔毒气泄漏事故和苏联切尔诺贝利核事故等，如表 1-1 所示。人类还面临着臭氧层破坏、温室效应、酸雨、海洋污染、有害废物越境转移、物种减少等全球性环境问题的挑战。当然，人类对环境问题的认识伴随着人类社会的进步也在不断加深。人类在被动地适应环境，被动地解决环境问题的进程中，逐渐认识到有限的自然资源开发利用与环境保护这一对深刻矛盾，《寂静的春天》《增长的极限》等环境保护相关著作相继出版，环境保护与可持续发展等理念逐渐传播。人类也从敬畏、漠视自然到善待自然，终于认识到了环境问题的实质——人类经济活动索取资源的速度已经超过了资源本身及其替代品的再生速度，人类向环境排放废弃物的数量超过了环境的自净能力。

众所周知，许多环境问题直接或间接与化学物质有关，那么环境中有哪些有毒物质和新污染物？其来自何方？进入环境后会发生什么变化？可能造成什么危害？危害程度如何？面对环境污染，人们应该采取什么预防措施？危险化学产品在进入环境前能采取什么办法预防或减少给环境带来的冲击？当前欧、美、日等发达国家和地区的环境保护中所面临的最紧迫的形势是环境中有毒有害化学物质污染，这也是我国环境保护中面临的最紧迫的问题，这对环境分析理论与技术的研发提出了更高的要求。而环境分析学在环境污染物的发现及其环境行为的跟踪研究中肩负着"侦察兵"或"哨兵"的关键作用；而可靠的环境分析技术则能给出上述一系列问题的正确解答，也将能为污染物溯源、环境标准和环境管控策略的制定提供可靠的基础理论与技术支持。

表 1-1　突发性的严重公害事件

事件	时间	地点	危害	原因
阿摩柯卡的斯油轮泄油	1987.3	法国西北部布列塔尼半岛	藻类、湖间带动物、海鸟灭绝、工农业生产、旅游业损失大	油轮触礁，2.2×10^5 t 原油入海
三英里岛核电站泄漏	1979.3	美国宾夕法尼亚州	周围 80 km 200 万人口极度不安，直接损失 10 多亿美元	核电站反应堆严重失水
威尔士饮用水污染	1985.1	英国威尔士	200 万居民饮水污染，44%的人中毒	化工公司将酚排入迪河
墨西哥油库爆炸	1984.11	墨西哥	4200 人受伤，400 人死亡，300 栋房被毁，10 万人被疏散	石油公司一个油库爆炸
博帕尔农药泄漏	1984.12	印度中央邦博帕尔市	1408 人死亡，2 万人严重中毒，15 万人接受治疗，20 万人逃离	45 t 异氰酸甲酯泄漏
切尔诺贝利核电站泄漏	1986.4	苏联乌克兰	31 人死亡，203 人受伤，13 万人疏散，直接损失 30 亿美元	4 号反应堆机房爆炸
莱茵河污染	1986.11	瑞士巴塞尔市	事故段生物绝迹，160 km 内鱼类死亡，480 km 内的水不能饮用	化学公司仓库起火，30 t 硫、磷、汞等剧毒物入河
莫农格希拉河污染	1988.11	美国	沿岸 100 万居民生活受严重影响	石油公司油罐爆炸，1.3×10^4 m³ 原油入河
埃克森·瓦尔迪兹油轮漏油	1989.3	美国阿拉斯加	海域严重污染	漏油 4.2×10^4 m³
海湾战争漏油事故	1991.1	科威特	浮油覆盖的最大区域达到约合 163 km×68 km，厚度约 12.7 cm	至少有 2.4 亿 gal①的原油流入内陆和波斯湾
希腊爱琴海号油轮漏油	1992.12	西班牙西北海岸	污染加利西亚沿岸 200 km 区域	2000 多万 gal 原油泄漏
英国海洋女王号油轮泄漏	1996.2	威尔士海岸	超过 2.5 万只水鸟死亡	14.7 万 t 原油泄漏
马耳他籍油轮埃里卡号石油泄漏	1999.12	布列斯特港南	沿海 400 km 区域受到污染，死亡的海鸟数目超过 30 万只	泄漏 1 万多吨重油
利比里亚油轮威望号原油泄漏	2002.11	西班牙西北部海域	数千公里海岸受污染，数万只海鸟死亡	至少 6.3 万 t 重油泄漏
松花江重大苯污染事件	2005.11	中国黑龙江	造成 5 人死亡、1 人失踪，近 70 人受伤，江水严重污染	100 t 苯类物质（苯、硝基苯等）入江
俄罗斯油轮伏尔加石油 139 号漏油	2007.11	刻赤海峡	附近海域遭严重污染	3000 多吨重油泄漏
墨西哥湾漏油事故	2010.4	美国墨西哥湾外海	11 人死亡，17 人受伤，6104 只鸟类、609 只海龟、100 只海豚在内的哺乳动物死亡	每天平均有 12000～100000 桶原油泄漏
中海油渤海湾漏油事件	2011.6	中国渤海湾	受污染面积超过 5500 km²，最高石油浓度超标 86 倍	6.5 万 t 石油泄漏
福岛核电站放射性物质发生泄漏	2011.3.	日本福岛	在东京与其他 5 个县府境内的 18 所净水厂侦测到碘-131 超过婴孩安全限度。2011 年 7 月，在 320 km 范围内，很多食物都检测到放射性污染	里氏 9.0 级地震，继而发生海啸
危险品仓库重大火灾爆炸事故	2015.8	天津滨海新区天津港	本次事故中爆炸总能量约为 450 t TNT 当量。造成 165 人遇难、8 人失踪，798 人受伤，以及 304 幢建筑物、12428 辆商品汽车、7533 个集装箱受损，经济损失惨重	堆放于运抵区的硝酸铵、氰化钠等危险化学品发生爆炸

① 1 gal=3.78543 L。

环境分析是一门当今极其活跃的学科，是研究环境污染物质的组成、结构、状态及含量的分析化学的一个新分支，而环境分析理论与技术则是开展环境科学研究不可缺少的定性分析和定量分析的基础。当某一区域环境受到化学物质污染，首先要探明危害是由何种化学污染物引起的，就需要鉴别污染物，进行定性分析；其次，为了说明污染的程度，需要测定污染物的含量，进行定量分析；如果污染物进入环境后发生了迁移、转化，为掌握其迁移、转化机制则需要进行污染物的跟踪、追踪的定性及定量分析。例如，20 世纪 50 年代日本发生的公害病——痛痛病，曾惊动了全世界。为了寻找痛痛病的病因，经历了 11 年之久的系统科学研究，借助光谱法检测出患病区域的河水中含有铅、镉、砷等有害元素，继而采用元素追踪的手段，分析患病区域的土壤和粮食，发现铅、镉等含量偏高，并进一步对痛痛病患者的尸骨进行光谱定量分析。最终发现骨灰样品中的锌、铅、镉含量高得惊人。为了确定致病因子，又以锌、铅、镉分别掺入饲料喂养动物，借助动物实验进行元素追踪分析，配合病理解剖，证实了镉对骨质的严重危害性，揭开了痛痛病的病因之谜。又如，1999 年比利时布鲁塞尔发生的二噁英污染中毒事件引起全球消费者的恐慌，导致比利时内阁被迫集体辞职，当时正是分析化学家及时揭示了原因，为污染防治措施的建立提供了可靠的理论和技术保证。2002～2004 年获得诺贝尔化学奖、生理学或医学奖的科学家大多是因为率先建立了新的测定生物大分子的方法而获此殊荣。目前，有 1/4～1/3 的诺贝尔化学奖和物理学奖等的得主是提出创新测试方法的科学家。因此，从一定意义上讲，分析方法与技术在人类科学技术和社会发展中的重要性显著，而环境学科的发展也十分依赖于环境分析理论与技术的发展。

环境分析领域所面对的研究对象具有以下特点：①涉及范围广。包括大气、溪流、湖泊、江河、海洋、土壤陆地系统乃至生物圈等。②对象复杂。全球注册的化学品数量已达到约 1.82 亿（https://cas.org/support），其中 45600 种在我国商业使用，同时还需要对这些物质进行价态、形态分析，结构分析，系统分析，同类物、异构体分析等。③变异性。环境系多层次、多介质、多元动态的系统，分析研究对象易迁移转化，增加了分析的难度。④痕量分析。环境样品中的待测污染元素或化合物的含量很低，特别是在开放环境、动物、植物和人体组织中含量极微，其绝对含量往往在 10^{-6}～10^{-12} 级水平。2022 年 5 月，我国《政府工作报告》中对加强新污染物治理提出明确要求，标志着我国生态文明建设进入了"精准治污、科学治污、依法治污"的新阶段。新污染物是指排放到环境中的具有生物毒性、环境持久性、生物累积性等特征，对生态环境或者人体健康存在较大风险，但尚未纳入管理或现有管理措施不足的有毒有害化学物质。目前，国内外广泛关注的新污染物主要包括国际公约管控的持久性有机污染物、内分泌干扰物、抗生素等。《新污染物治理行动方案》，设计了以"筛、评、控"为主线的行动举措。与常规污染物相比，新污染物具有危害严重、环境风险隐蔽、不易降解、来源广泛、减排替代难度大、涉及领域多范围广等特点，仅靠达标排放等常规手段，无法实现有效防控新污染物环境风险的目标。因此，设计了"三步走"工作路径：①"筛"：以高关注、高产（用）量、高环境检出率、分散式用途的化学物质为重点，开展环境与健康危害测试和风险筛查，筛选出潜在环境风险较大的污染物，纳入优先开展环境风险评估的范围；②"评"：针对筛选出的优先评估化学物质，对其生产、加工使用、消费和废弃处置全生命周期进行科学的环境风险评估，精准锚定其中对环境与健康具有较大风险的新污染物作为重点管控对象；③"控"：对于经"筛、评"确定的重点管控对象，实施以源头淘汰限制为主、兼顾过程减排和末端治理的全过程综合管控措施。随着对化学物质环境和健康危害认识的不断深入，环境分析新方法和技术必将在新污染物的"筛、评、控"每个环节发挥重要作用。

在现代分析化学不断发展、分析仪器及其功能不断完善、高灵敏度的新型分析仪器不断涌现的今天，环境样品预处理技术的发展还面临诸多瓶颈，许多大型分析仪器在面对环境样品（气态、液态或固态、半固态的环境样品等）时依然显得一筹莫展，主要还是由于环境样品的复杂性，存在的干扰性物质多，尤其是在分析环境样品中痕量、超痕量受关注的化学污染物［持久性有机污染物（POPs）、持久性生物累积毒性物质（PBTs）以及内分泌干扰物（EDCs）等］时表现得更为突出，致使高灵敏度的大型分析仪器不能发挥其高灵敏、高分辨率和高效率的优势。因此，在大型分析仪器与环境样品之间需要架设一座"桥"，这座"桥"即为环境样品预处理技术。通过环境样品中目标污染物的高效提取，充分发挥现代大型仪器的精确定性与精准定量分析的作用。

对于环境分析与技术的发展，研究热点归纳如下。

1）创新预处理方法

目前环境分析已由元素和组分的定性、定量分析，发展到对复杂对象的组分进行价态、状态和结构分析，系统分析，微区和薄层分析。鉴于研究对象繁多且复杂，污染物含量低，所以环境分析手段必须灵敏而准确，这就要求环境样品预处理方法具有良好的选择性、分析速度快、自动化程度高。为了解决环境分析所面临的"瓶颈"，不但要应用现代分析化学中的各项新成就（新理论、新方法、新技术），而且已经将近代化学、物理、数学、电子学、生物学、生命科学等研究手段协同，解决环境分析中遇到的诸多难题。

2）强化仪器联用

各种分析仪器与分析方法在环境样品分析中都具有自身优势，同样也存在一定的局限性，当将不同类型的仪器进行联用时，可以有效地发挥各种技术的特长，解决一些复杂的环境分析难题，并可大大提高分析效率，及时获取更多的分析信息。例如，将色谱仪与质谱仪联用可大大解决色谱定性工作对标准样品的强依赖性；又如，将吹扫捕集–气相色谱–质谱联用，能快速测定环境样品中挥发性或半挥发性有机物，如饮用水中卤代烃的分析，可检测几十种以上的氯代污染物。在环境污染分析中还常采用气相色谱–微波等离子体发射光谱联用、色谱–原子吸收光谱仪联用等。

3）研发新型分析仪器

新型分析仪器的研发是环境介质中污染识别和准确定量化发展的重要手段。既注重开发高灵敏、多功能、集成化的先进仪器，又注重开发小型化、微型化、便携式快速识别和检测的专用仪器，以适应野外分析和应急快检分析工作的需求。发展准确、可靠、灵敏、选择性强、快速、简便的环境污染分析技术和新污染物分析测试方法，为环境领域开展目标物质在环境中的形态分布、迁移转化、循环归属的研究提供可靠的分析手段。

4）促进学科交叉

环境分析学的发展与尖端科学技术和相关学科发展紧密相关。面对筛查、鉴别痕量污染物的种类和分析准确度的更高要求，还需要对其复杂的结构或形态、生物活性及其动态变化过程等进行有效和灵敏的追踪、监测、时空分辨，这就需要系统研发新方法和检测技术，以满足环境科学、生命科学、材料科学等学科及其交叉学科对高灵敏度、高选择性、在线、原位、高通量分析检测技术的紧迫要求。

5）超痕量分析方法

环境科学研究发展很快，分析仪器检测能力不断提升，一些超痕量级污染物分析灵敏度已经达到飞克级（10^{-15} g）；研发适用于存在于大气、水体、土壤、生物体和食品中新污染物的分析方法成为未来环境分析学的重要发展方向之一。

6）环境分析数据利用

通过对环境分析数据的溯源、解析和数据挖掘，为分析方法的标准化和研制环境标准物质提供科学依据。运用现代信息技术，构建"互联网+"绿色生态，实现生态环境数据互联互通和开放共享。基于生态环境大数据综合应用和集成分析，为生态环境保护科学决策提供有力保障。

第 2 章　元素含量及形态分析

2.1　元素分析概述

2.1.1　元素分析的目的和意义

　　人们对元素分析重要性的认识始于重大污染事件。众所周知，水俣病、痛痛病等环境污染事件对人体健康和生态环境造成了极大伤害。在这些事件的处理过程中，金属元素分析技术起到了关键作用，元素分析技术也从此得到了广泛关注和深入研究。

　　环境中存在各种不同的元素，有些是人体所必需的常量元素和微量元素，如铁、锰、铜、锌等；有些是对人体健康有害的元素，如汞、镉、铅、六价铬等。元素特别是金属元素及其化合物的毒性大小与其元素的种类、理化性质、浓度及价态和形态都有关系。即使是人体必需的金属元素，当含量超过一定范围时，也会对人体和自然系统造成危害。同时，元素在自然环境中的迁移转化过程也可以改变其生化效应，例如，可溶性金属比悬浮态的金属更易被生物体吸收，因而毒性更大；汞、铅等金属无机化合物被生物体吸收并转化成有机化合物后毒性会大大增加；六价铬若被还原成三价铬则毒性降低等。因此，确定元素的种类、总量和形态是元素分析最主要的目的。通过对元素种类、总量和形态的认知，可以帮助评价或预测样品的环境效应、生态效应。

2.1.2　环境领域中元素分析的内容

　　元素分析作为环境样品分析的重要组成部分，其技术包含的内容也相当丰富：根据分析元素的种类不同，可分为金属元素分析和非金属元素分析；根据分析目的的差异，又可分为总量分析、种类分析和形态分析；根据样品的来源、性质不同，还可分为常量分析、微量分析甚至痕量分析；由于环境研究的特殊性，还常常需要根据元素理化性质差异考察元素含量的分布，通常会进行可溶含量、可浸出含量、吸附含量、各种结合态元素含量分析等。环境样品来源广泛、性质各异，致使样品中元素种类繁多、组成复杂。不同的分析内容和要求往往需要不同的预处理方法和分析技术手段来实现。

从元素周期表中可以看到，金属元素占据了大多数位置。此外，由于金属元素既可以单独形成无机离子，又可以与其他基团结合形成络合物或有机态离子，在环境中迁移转化的过程中表现出独特的化学生物性质，其中部分金属元素在低含量时就表现出较高的毒性和生态危害。本章将重点介绍环境样品中金属元素的仪器分析技术。

2.1.3　常用的金属元素分析技术及比较

从现代仪器的角度，常用的金属元素分析方法包括原子光谱法、色谱法、质谱法、电化学分析法等，目前以原子光谱法、质谱法最为常用。

原子光谱指原子在基态和激发态之间迁移时引起能量变化从而导致的光谱变化。根据原子光谱的特征谱线及其强度变化可以对金属元素的含量进行测试。原子光谱包括原子吸收光谱法（AAS）、原子发射光谱法（AES）和原子荧光光谱法（AFS）等。3 种原子光谱法在金属元素的定量分析中各有优势。从适宜测量的元素范围来看，AAS 和 AES 适于分析的元素范围较广（图 2-1、图 2-2）；从分析的灵敏度来看，AFS 对分析线波长小于 300 nm 的元素有更低的检测限，对于分析线波长大于 400 nm 的元素，AES 的检测限最优，而对于分析线波长为 300～400 nm 的元素，3 种方法的检测限基本接近（图 2-3）；从分析特性来看，AAS 和 AFS 测定的精密度优于 AES；从标准曲线的动态范围来看，AAS 通常小于两个数量级，而电感耦合等离子体发射光谱法（ICP-OES）和 AFS 的曲线范围可达 4～5 个数量级；此外，从分析仪器的操作应用来看，AAS 和 AFS 的仪器设备相对简单，易于操作，运行成本较低。

原子质谱法是将单质离子按照质荷比的不同进行分离和检测的方法，广泛应用于样品中元素的识别和浓度测定。目前应用最为广泛的原子质谱法为电感耦合等离子体质谱法（ICP-MS）。该方法可测元素范围广，与电感耦合等离子体发射光谱法接近。由于检测器为质谱检测器，ICP-MS 对大多数元素而言可以获得更低的检出限、更宽的线性范围，对环境样品中痕量有毒有害金属元素的分析具有很大的优势。从分析仪器的操作来看，ICP-MS 的使用相对较为复杂，成本也更高。

Li 670.8 1,2	Be 234.9 1+,3											B 249.7 3			
Na 589.0 589.6 1,2	Mg 285.2 1+											Al 309.3 1+,3	Si 251.6 1+,3		
K 766.5 1+,2	Ca 422.7 1	Sc 391.2 3	Ti 364.3 3	V 318.4 3	Cr 357.9 1+	Mn 279.5 1,2	Fe 248.3 1	Co 240.7 1	Ni 232.0 1,2	Cu 324.8 1,2	Zn 213.9 1	Ga 287.4 1	Ge 265.2 3	As 193.7 1	Se 196.0 1
Rb 780.0 1,2	Sr 460.7 1+	Y 407.7 3	Zr 360.1 3	Nb 405.9 3	Mo 313.3 1+		Ru 349.9 1	Rh 343.5 1,2	Pd 244.8 247.6 1,2	Ag 328.1 2	Cd 228.8 2	In 303.9 1,2	Sn 286.3 2,4,6 1	Sb 217.6 1,2	Te 214.3 1
Cs 852.1 1	Ba 553.6 1+,3	La 392.8 3	Hf 307.2 3	Ta 271.5 3	W 400.8 3	Re 316.0 3		Ir 264.0 1	Pt 265.9 1,2	Au 242.8 1+,2	Hg 185.0 253.7 0,1,2	Tl 377.6 276.8 1,2	Pb 217.0 283.3 1,2	Bi 223.1 1,2	

Pr 495.1 3	Nd 463.4 3		Sm 429.7 3	Eu 459.4 3	Gd 368.4 3	Tb 432.0 3	Dy 421.2 3	Ho 410.3 3	Er 400.8 3	Tm 410.6 3	Yb 398.8 3	Lu 331.2 3
	U 351.4 3											

图 2-1　原子吸收光谱法和原子荧光光谱法分析的元素

元素符号下面的数字为原子吸收光谱法分析线的波长（nm），最低一排数字表示火焰的类别：0. 冷原子化法；1. 空气－乙炔火焰；1+. 复燃空气－乙炔火焰；2. 空气－丙烷或空气－天然气；3. 氧化亚氮－乙炔火焰，大部分元素可用石墨炉原子化法进行分析。其中粗线框标记的元素可采用原子荧光光谱法分析图例说明：

检测限范围
- △ <0.1 ppb①
- ▲ 0.1~1 ppb
- ○ 1~10 ppb
- ● >10 ppb

离子态
- I 中性原子；II +1价离子

示例：

50	Sn	← 原子序数，元素符号
189.927		← 波长/nm
II	○	← 离子态

电感耦合等离子发射光谱法测定元素（元素、波长/nm、离子态、检测限）：

原子序数	元素	波长/nm	离子态	检测限
1	H			
2	He			
3	Li	670.784	I	○
4	Be	313.107	II	△
5	B	249.772	I	○
6	C	193.030	I	○
7	N			
8	O			
9	F			
10	Ne			
11	Na	589.592	I	○
12	Mg	280.271	II	△
13	Al	396.153	I	○
14	Si	251.611	I	○
15	P	213.617	I	●
16	S	180.669	I	○
17	Cl	725.670	I	●
18	Ar			
19	K	766.490	I	○
20	Ca	393.366	II	△
21	Sc	361.383	II	△
22	Ti	334.940	II	▲
23	V	290.880	II	▲
24	Cr	267.716	II	▲
25	Mn	257.610	II	▲
26	Fe	238.204	II	▲
27	Co	228.616	II	▲
28	Ni	231.604	II	▲
29	Cu	327.393	I	▲
30	Zn	206.200	II	▲
31	Ga	417.206	I	○
32	Ge	265.118	I	▲
33	As	188.979	I	●
34	Se	196.026	I	●
35	Br	863.866	I	●
36	Kr			
37	Rb	780.023	I	○
38	Sr	407.771	II	△
39	Y	371.029	II	△
40	Zr	343.823	II	▲
41	Nb	309.418	II	▲
42	Mo	202.031	II	▲
43	Tc	249.677	II	
44	Ru	240.272	II	▲
45	Rh	343.489	II	▲
46	Pd	340.458	II	▲
47	Ag	328.068	I	▲
48	Cd	228.804	II	▲
49	In	230.606	II	○
50	Sn	189.927	II	○
51	Sb	206.836	I	○
52	Te	214.281	I	○
53	I	178.215	I	●
54	Xe			
55	Cs	455.531	I	○
56	Ba	455.403	II	△
57	La	408.672	II	○
72	Hf	264.141	II	▲
73	Ta	226.230	II	○
74	W	207.912	II	○
75	Re	197.248	II	○
76	Os	228.226	II	▲
77	Ir	224.268	II	○
78	Pt	214.423	II	▲
79	Au	267.595	I	▲
80	Hg	194.168	II	▲
81	Tl	190.801	I	○
82	Pb	220.353	II	○
83	Bi	223.06	I	○
84	Po			
85	At			
86	Rn			
87	Fr			
88	Ra			
89	Ac			

镧系：

原子序数	元素	波长/nm	离子态	检测限
58	Ce	413.764	II	○
59	Pr	414.311	II	▲
60	Nd	406.109	II	○
61	Pm			
62	Sm	442.434	II	▲
63	Eu	381.967	II	▲
64	Gd	342.247	II	▲
65	Tb	350.917	II	○
66	Dy	353.170	II	▲
67	Ho	345.600	II	▲
68	Er	337.271	II	▲
69	Tm	313.126	II	▲
70	Yb	328.937	II	▲
71	Lu	261.542	II	△

锕系：

原子序数	元素	波长/nm	离子态	检测限
90	Th	283.730	II	○
91	Pa	385.958	II	
92	U	385.958	II	○
93	Np			
94	Pu			
95	Am			
96	Cm			
97	Bk			
98	Cf			
99	Es			
100	Fm			
101	Md			
102	No			
103	Lr			

图 2-2　电感耦合等离子发射光谱法测定元素

① 1 ppb=10^{-9}。

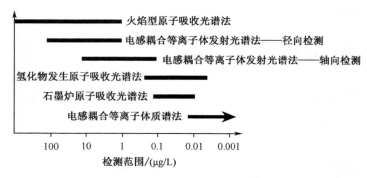

图 2-3　常用原子光谱分析方法检测限比较

2.2　原子光谱技术

2.2.1　原子吸收光谱法

1. 原子吸收光谱的产生与原理

当气态原子核外电子处于最低能级状态时称为基态。电子吸收一定能量后，会从基态跃迁至某一较高能级，这一过程称为激发。原子可以有多个高于基态的激发态，不同激发态有其固定的能量。使原子由基态跃迁到激发态所需的能量称为激发能，不同原子的激发能不同。激发能最低的能级（称为第一激发态）所对应的电位为该原子的第一共振电位。基态原子能够通过吸收共振辐射由基态跃迁至第一激发态。使电子从基态跃迁至第一激发态所产生的吸收谱线为共振吸收线，简称共振线。此时，入射辐射的减弱程度与待测元素的含量呈正相关关系，从而产生原子吸收光谱。对大多数元素来说，共振线是元素的灵敏线。原子吸收光谱法正是基于被测元素基态原子在蒸气状态对其原子共振辐射吸收而进行元素定量分析的方法。

图 2-4（a）为原子吸收线轮廓示意图，其中 ν 为入射光的频率，当一束频率不同、强度为 I_0 的平行光通过厚度为 L 的原子蒸气时，一部分光会被吸收。由于原子内部不存在振动和转动，所发生的仅仅是单一的电子能级跃迁，因此，原子吸收理论上产生的是线状光谱。但由于受到多种因素的影响，通常谱线会变宽，并存在吸收最强点。设透过光强度最小处光的频率为 ν_0，此时原子蒸气对频率为 ν_0 的光吸收最大，ν_0 又被称为吸收线的中心频率或中心波长。

图 2-4（b）表明，原子吸收线轮廓以原子吸收谱线的中心频率（或中心波长）和半宽度表征。中心频率由原子能级决定，半宽度是中心频率位置，吸收系数极

大值一半处，谱线轮廓上两点之间频率或波长的距离，透过光的强度 I_ν 服从吸收定律：

$$I_\nu = I_0\exp(-k_\nu L) \tag{2-1}$$

式中，k_ν 为基态原子对频率为 ν 的光的吸收。不同元素原子吸收不同频率的光，透过光强度对吸收光频率作图得到图 2-4。

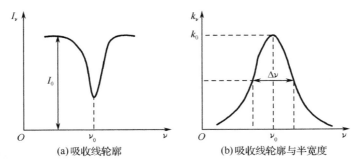

(a)吸收线轮廓　　　　　　(b)吸收线轮廓与半宽度

图 2-4　原子吸收光谱轮廓

原子吸收光谱线有相当窄的频率或波长范围，即有一定宽度。谱线具有一定的宽度，主要有两方面的因素：一类是由原子性质决定的，如自然宽度 $\Delta\nu_H$、多普勒变宽 $\Delta\nu_D$；另一类是由外界影响引起的，如霍尔兹马克变宽 $\Delta\nu_H$、洛伦兹变宽 $\Delta\nu_L$ 等。

2. 定量基础

要通过原子吸收定量测定原子的浓度，首先必须准确测定原子吸收。

对于原子吸收值的测量，是以已知光强 I_0 的单色光通过原子蒸气，测量被吸收后的光强 I。吸收过程符合朗伯－比耳定律，即

$$I = I_0 e^{-kNL} \tag{2-2}$$

式中，k 为吸收系数；N 为自由原子总数（基态原子数）；L 为吸收层厚度。

吸光度 A 可用下式表示

$$A = \lg I_0/I = 2.303^{kNL} \tag{2-3}$$

在实际分析过程中，当实验条件一定时，N 正比于待测元素的浓度，而原子浓度又与峰值吸收系数成正比，从而根据吸收系数可以求得待测元素的浓度。

3. 仪器结构与功能

原子吸收光谱仪又称原子吸收分光光度计，由光源、原子化器、单色器、检测器和数据处理器组成，仪器基本结构和工作流程如图 2-5 所示。首先光源发射

待测元素的特征锐线光谱，同时样品中的待测元素通过原子化器转化为基态原子；基态原子吸收特征共振谱线；吸收后减弱的混合光由单色器分离出待测元素的共振线；然后由检测器将光信号转换为电信号并放大；最后由数据处理器显示出所需数据。

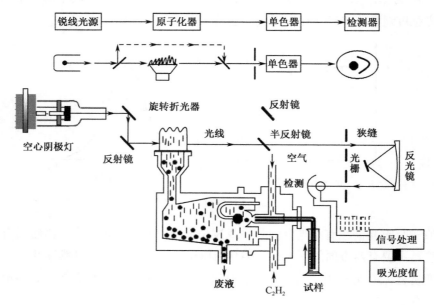

图 2-5　原子吸收光谱仪的基本结构和工作流程

1）光源

光源的作用是发射被测元素的特征共振辐射。选择光源时应尽量满足以下要求：发射共振辐射的半宽度应明显小于吸收线的半宽度（即为锐线光源）；辐射强度大、辐射光强稳定；随样品浓度微小变化检出信号有较大变化；低检出限，能对微量和痕量成分进行检测；谱线强度与背景强度之比大（信噪比大）；结构简单、容易操作、安全、使用寿命长；自吸收效应小，校准曲线的线性范围宽。目前符合上述要求的理想光源有空心阴极灯、高强度空心阴极灯、无极放电灯等，其中空心阴极灯应用最广。

空心阴极灯是由玻璃管制成的封闭着低压气体的特殊辉光放电管，由一个阳极和一个空心阴极组成（图 2-6）。阴极为空心圆柱形，由待测元素的高纯金属或者合金制成，贵重金属以其箔衬在铜、铁、镍等金属做成的阴极衬套内壁。阳极为钨棒，上面装有钛丝或钽片作为吸气剂。灯的光窗材料根据所发射的特征共振线波长而定，通常在可见光波段用硬质玻璃，在紫外波段用石英玻璃。制作时先抽成真空，然后再充入压强为 267～1333 Pa 的少量氖或氩等惰性气体。气体的作用是载带电流、使阴极产生溅射及激发原子发射特征的锐线光谱。

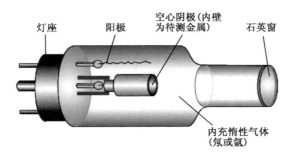

图 2-6　空心阴极灯示意图

当两极间加上 300～500 V 电压后，管内气体中存在着的极少量阳离子向阴极运动，并轰击阴极表面，使阴极表面的电子获得外加能量而逸出。逸出的电子在电场作用下向阳极做加速运动，使惰性气体原子电离产生二次电子和正离子。这些正离子质量较大，在电场作用下使阴极表面的电子被击出，阴极表面的原子获得能量逸出，产生"溅射"。溅射出来的阴极元素的原子在阴极区再与电子、惰性气体原子、离子等相互碰撞，获得能量被激发。被激发的原子极不稳定，跃迁回基态或较低能级时发射出阴极物质的锐线光谱。

空心阴极灯发射的光谱以阴极材料元素的光谱为主，含少量内充气体及阴极杂质的光谱。若阴极物质只含一种元素，则制成的是单元素灯；若含多种元素，则可制成多元素灯。多元素灯的发光强度一般都较单元素灯弱且干扰强，所以较少应用。因此，分析测定不同元素时需更换安装相应元素的灯。

空心阴极灯的发光强度与工作电流有关。灯电流过小，放电不稳定；灯电流过大，会导致测定灵敏度降低，灯寿命缩短，最合适的电流应通过实验确定。一般的空心阴极灯都标有允许使用的最大电流与可使用的电流范围，通常选用最大电流的 1/2～2/3 为工作电流。

2）原子化器

原子化器的功能是使待测元素从样品中的不同形态转化成基态原子，通常整个原子化的过程包括试样干燥、蒸发和原子化等几个阶段，此过程需要提供能量。同时，入射光束在这里被基态原子吸收。为了确保检测精准，原子化器必须具有足够高的原子化效率、良好的稳定性和重现性、操作简单及低干扰等特点。常用的原子化器有火焰原子化器和非火焰原子化器，其中火焰原子化器是目前广泛应用的一种方式。

（1）火焰原子化器。火焰原子化器由雾化器（又称喷雾器）、雾化室和燃烧器三部分组成（图 2-5）。整个原子化过程包括：样品经喷雾器形成雾粒；这些雾粒在雾化室中与气体（包括燃烧气与助燃气）均匀混合；除去大液滴后，再进入燃烧器形成火焰；样品在火焰中产生原子蒸气。

喷雾器是火焰原子化器中的重要部件，其作用是将样品变成细小的雾滴。雾粒越细、越多，在火焰中生成的基态自由原子就越多。雾化室的作用主要是除大雾滴，并使燃烧气和助燃气充分混合，以便在燃烧时得到稳定的火焰。一般喷雾装置的雾化效率为 5%～15%。雾化效率有限是火焰原子化器的主要缺点，使该方法在痕量金属元素分析中的应用受到了一定的限制。

雾化后的样品进入燃烧器，在火焰中经过干燥、熔化、蒸发和离解等过程后，产生大量的基态自由原子、少量激发态原子及部分离子和分子。通常要求燃烧器的原子化程度高、火焰稳定、吸收光程长、噪声小等。燃烧器有单缝和三缝两种，目前单缝燃烧器应用最广泛。燃烧器的缝长越长，光程就越长，仪器越灵敏，但过长的缝口长度会导致回火。通常缝口长和缝宽根据所用燃料有不同的规定，最常用的空气、乙炔或氢气燃烧器的缝长为 100～110 mm。

火焰的基本特性（种类、温度、燃烧速度等）对火焰原子化器的分析性能影响很大。选择火焰种类时主要考虑火焰本身对光的吸收。选择火焰的温度应使待测元素恰能分解成基态自由原子为宜，在保证待测元素充分离解为基态原子的前提下，应尽量采用低温火焰。燃烧速度指由着火点向可燃烧混合气其他点传播的速度，一般控制可燃混合气体的供应速度略大于燃烧速度。

乙炔-空气火焰燃烧稳定、重现性好、噪声低、温度高、对大多数元素（约 35 种）有足够高的灵敏度，是原子吸收测定中最常用的火焰。氢-空气火焰是氧化性火焰，燃烧速度较快，火焰高，但温度较低，优点是背景发射较弱，透射性能好。乙炔-一氧化二氮火焰的优点是火焰温度高，但燃烧速度较慢，适用于难原子化元素的测定，用它可测定 70 多种元素。

按火焰燃烧气和助燃气比例的不同，火焰可分为化学计量火焰、富燃火焰和贫燃火焰三类。化学计量火焰由于燃烧气与助燃气之比与化学反应计量关系相近（燃助比约为 1∶4），又称为中性火焰。此火焰温度高、稳定、干扰小、背景低，最为常用。富燃火焰（燃助比大于 1∶4）燃助比大于化学计量火焰，又称为还原性火焰。火焰呈黄色，层次模糊，温度稍低，火焰的还原性较强，适合于易形成难离解氧化物元素的测定。贫燃火焰又称为氧化性火焰，即燃助比（燃助比约为 1∶6）小于化学计量火焰，氧化性较强，火焰呈蓝色，温度较低，适于易离解、易电离元素的原子化，如碱金属等。

（2）非火焰原子化器。非火焰原子化器常用的是高温石墨炉原子化器。石墨炉原子化的过程包括将样品注入石墨管中间位置，用大电流（400～600 A）通过高阻值的石墨管以产生 2000～3000℃的高温使样品干燥、蒸发和原子化。

由于样品直接进入石墨管内，样品几乎全部蒸发、原子化并参与吸收，同时样品原子化过程在氩气的保护下进行，有利于难熔氧化物的分解和自由原子的形成，因而该方法的检测限可达 10^{-15}～10^{-12} g。石墨炉原子化器不仅适用于液体样品，还可分析固体样品。此外，石墨炉原子化器可以测定共振吸收线位于真空紫外区的非金属元素 I、P、S 等。该方法也存在一些不足，石墨炉原子化法所用设备比较复杂（图 2-7），成本比较高，操作条件不易控制，测定速度慢，共存化合物干扰较大，记忆效应也比火焰法严重，方法的精密度比火焰原子化法差。

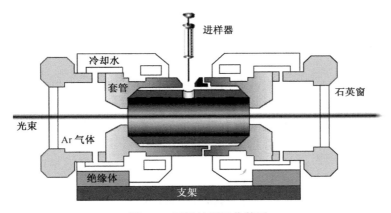

图 2-7　石墨炉原子化装置

（3）低温原子化技术。低温原子化法的原子化温度为室温至数百摄氏度，原子化过程借助化学反应完成，故而又称化学原子化法，主要包括汞低温原子化法及氢化物原子化法。汞的沸点为 357℃，在室温下就有一定的蒸气压。只要对样品进行化学预处理（通常用 $SnCl_2$ 或硼氢化钠作为还原剂）还原出汞原子蒸气，由载气（Ar 或 N_2）将汞蒸气送入吸收池内测定。该方法又称冷原子吸收法。氢化物原子化法是原子吸收和原子荧光光谱法中的重要分析方法，主要适用于易形成氢化物的元素，如 Ge、Sn、Pb、As、Sb、Bi、Se、Te、Tl 和 In 等特殊元素，其中 Pb、As、Sb 等元素均属于目前环境保护关注的焦点。这些元素在酸性介质下，以强还原剂 $NaBH_4$ 或 KBH_4 还原成极易挥发与易分解的氢化物，相应为 GeH_4、SnH_4、PbH_4、AsH_3、SbH_3、BiH_3、H_2Se 和 H_2Te 等，然后经载气送入石英管后进行原子化与测定。由于 $NaBH_4$ 在弱碱性溶液中易于保存，使用方便，反应速度快，且很容易将待测元素转化为气体，所以其在原子吸收和原子荧光光谱法中得到广泛应用。

3）单色器

原子吸收仪光学系统中最重要的部件就是分光系统，即单色器。单色器由入射狭缝、出射狭缝、反射镜和色散元件组成。色散元件一般为光栅。单色器的作用是将被测元素的共振吸收线与邻近谱线分开。

4）检测器

原子吸收光谱法中检测器通常使用光电倍增管。光电倍增管的工作电源应有较高的稳定性。例如，工作电压过高、照射的光过强或光照时间过长，都会引起疲劳效应。

4. 分析条件优化

1）分析线

如前所述，在火焰原子吸收分析中，合适的分析线不仅可以获得较高的灵敏度，还可以减少干扰。通常选择元素最灵敏的共振线作为分析线。在分析被测元素浓度较高的试样时，分析线附近有其他非分析线进入光谱带宽内或背景吸收干扰较大时，也需选用次灵敏分析线进行分析。

2）狭缝宽度

狭缝宽度影响光谱通带及检测器接收辐射的能量。狭缝宽度的选择要能使吸收线与邻近干扰线分开。在实验分析中，针对不同元素谱线复杂程度，碱金属、碱土金属谱线简单，可选择较大的狭缝宽度；过渡元素与稀土元素等谱线比较复杂，要选择较小的狭缝宽度。

3）灵敏度与检出限

在原子吸收光谱法中，通常表示测量灵敏度的指标是特征浓度或特征质量。能产生 1%吸收或 0.0044 Å 吸光度需要的被测元素的浓度或质量分别称为特征浓度（C_0）或特征质量（m_0）。特征浓度或特征质量越小表示方法越灵敏。

$$C_0 = C_X \times 0.0044/A(\mu g/mL) \tag{2-4}$$

式中，C_X 为待测元素的浓度；A 为多次测量的吸光度值。

$$m_0 = 0.0044/S = 0.0044\, m_X/(A \cdot S)(\text{pg 或 ng}) \tag{2-5}$$

式中，m_X 为待测元素质量，pg 或 ng；$A \cdot S$ 为峰面积积分吸光度。

检出限（DL）定义为特定的分析方法和适当的置信水平下组分被检出的最低浓度或最小量。通常指置信水平为 99.6%时，空白样品多次测量的标准偏差的 3 倍所对应的浓度为检出限。

5. 干扰及其消除

原子吸收光谱法的主要干扰有物理干扰、化学干扰、电离干扰、光谱干扰和背景干扰等。

物理干扰是由样品与标准溶液之间的物理性质差异引起的干扰。例如，黏度、表面张力、溶液密度、蒸气压等的变化均会影响样品的雾化和气溶胶到达火焰的传送，继而引起原子吸收强度的变化，最终导致测量误差。物理干扰属于非选择性干扰，对样品中各个元素的影响基本接近。该类干扰主要通过配制与被测样品组成相近的标准溶液或采用标准加入法消除。若样品组成未知、无法匹配或浓度较高时，可采用标准加入法或稀释法消除干扰。

化学干扰是由于被测元素原子与共存组分发生化学反应生成稳定的化合物，影响被测元素的原子化，从而导致分析误差。化学干扰具有选择性，对不同元素的干扰各不相同，必须根据具体情况选择消除干扰的方法。消除化学干扰的方法主要有以下几种：①选择合适的原子化方法，提高原子化温度，减小化学干扰。使用高温火焰或提高石墨炉原子化温度，可使难离解的化合物分解。采用还原性强的火焰与石墨炉原子化法，可使难离解的氧化物还原、分解。②加入释放剂，释放剂的作用是释放剂与干扰物质能生成比被测元素更稳定的化合物，使被测元素释放出来。例如，磷酸根干扰钙的测定，可在试液中加入镧、锶盐，镧、锶与磷酸根首先生成比钙更稳定的磷酸盐，就相当于把钙释放出来。③加入保护剂，保护剂作用是与被测元素生成易分解的或更稳定的配合物，防止被测元素与干扰组分生成难离解的化合物。保护剂一般是有机配合剂，如 EDTA、8-羟基喹啉。④对于石墨炉原子化法，可在样品中加入基体改进剂，使其在干燥或灰化阶段与试样发生化学变化增加基体的挥发性或改变被测元素的挥发性。

电离干扰指高温条件下原子电离，基态原子数减少，吸光度下降的现象，可加入过量的消电离剂消除电离干扰。消电离剂是比被测元素电离电位低的元素，相同条件下消电离剂首先电离，产生大量的电子，抑制被测元素的电离。例如，测钙时可加入过量的 KCl 溶液消除电离干扰。钙的电离电位为 6.1 eV，钾的电离电位为 4.3 eV。由于钾电离产生大量电子，使钙离子得到电子而生成原子。

光谱干扰有多种情况。共存元素吸收线与被测元素分析线波长很接近时，两谱线重叠或部分重叠，会使结果偏高。光谱通带内存在非吸收线，非吸收线可能是被测元素的其他共振线与非共振线，也可能是光源中杂质的谱线。一般通过减小狭缝宽度与灯电流或另选谱线消除非吸收线干扰。此外，原子化器内直流发射也会产生干扰。

　　背景干扰也是一种光谱干扰，在原子吸收仪中普遍存在。分子吸收与光散射是形成光谱背景的主要因素。分子吸收指在原子化过程中生成的分子对辐射的吸收。例如，碱金属卤化物在紫外区有吸收；波长小于 250 nm 时，H_2SO_4 和 H_3PO_4 有很强的吸收带，而 HNO_3 和 HCl 的吸收很弱。因此，原子吸收光谱分析中多用 HNO_3 和 HCl 配制溶液。光散射指原子化过程中产生的微小的固体颗粒使光发生散射，造成透光减少，吸收值增加。

　　校正仪器背景方法有邻近非共振线、连续光源、塞曼效应等。火焰原子吸收中背景通常较低，一般使用连续光源校正；而石墨炉由于原子化器易产生背景，且体积小，易与塞曼磁铁组合，多使用塞曼效应进行背景校正。

2.2.2　　电感耦合等离子体发射光谱法

1. 理论基础

　　原子由基态跃迁到激发态所需能量称激发能，以电子伏（eV）表示。原子可以有多个高于基态的激发态，不同的激发态有其固定的能量。激发能最低的能级（称为第一激发态）对应的电位为该原子的第一共振电位。激发态电子十分不稳定，约经过 10^{-8} s 以后，激发态电子将返回基态或其他较低能级，并将电子跃迁时吸收的能量以光的形式释放出来，如 2.2 eV 和 3.6 eV 能量的激发态回到基态分别发射 589.0 nm 和 330.3 nm 的谱线。核外电子从第一激发态返回基态时发射的谱线称为第一共振发射线。由于基态与第一激发态之间的能级差异最小，电子跃迁可能性最大，故共振发射线最易产生，对多数元素来讲，它是所有发射谱线中最灵敏的，在原子发射光谱分析中通常以共振线为定性分析的灵敏线及低浓度光谱定量分析的分析线。

　　电离能指从气态原子基态最低能级移去电子至电离状态所需能量，失去一个电子所需能量称第一电离能，失去两个、三个电子所需能量相应为第二电离能、第三电离能。激发能和电离能的高低是原子、离子结构的固有特征，是衡量元素激发、电离难易程度、谱线灵敏度及波长位置的一个重要标志，其高低取决于原子或离子中原子核对外层电子作用力的大小。原子发射光谱激发的光谱主要是原子谱线和一次电离的离子谱线，有时也会出现二次电离的离子谱线。在光谱分析中，对于原子光谱线通常在元素符号后加上罗马数字 I，如 Na I 589.593 nm，Mg I 285.2 nm 来表示。对于一级或二级离子光谱线，则常在元素符号后加上罗马数字 II、III 来表示，如 Mg II 279.553 nm、Ba II 455.403 nm、La II 394.910 nm，即这些元素的一级离子光谱线。

2. 仪器构成

目前原子发射光谱中最成熟、应用最广泛的是电感耦合等离子体发射光谱仪（ICP-OES）。图 2-8 是 ICP-OES 的结构简图及工作流程。从分析过程来看，ICP-OES 的仪器构成包括样品输送系统、激发光源、光学检测系统和数据处理系统四部分。这里重点介绍前三部分。

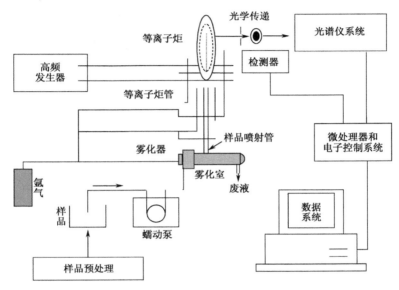

图 2-8　ICP-OES 结构简图及工作流程

1）样品输送系统

样品输送包括样品提升输入雾化器并将其雾化的完整过程。根据样品状态不同可以分别用液体、气体或固体直接进样，以液体直接进样最为常见。通常使用蠕动泵提升液体样品，样品进入气动雾化器或超声雾化器雾化后再进入炬管分析。超声雾化器雾化效率较高，但结构复杂，且存在一定的记忆效应，不够稳定。因此，ICP-OES 装置中常采用气动雾化器，一般气动雾化器的雾化效率为 3%～5%，试样溶液大部分以废液流掉。

ICP-OES 所用的气动雾化器有同心型和正交型两种结构，两种结构的雾化器各有优点。如图 2-9（a）所示，同心型雾化器近喷嘴处氩气和样品流动方向相同，样品被高速氩气包围，迅速雾化。同心型雾化器通常是玻璃材质，固定式结构，雾化效率较高、记忆效应小、雾化稳定性好，但对制作要求较高，不耐氢氟酸，且毛细管一旦堵塞较难清洁。正交型雾化器的进样毛细管和雾化气毛细管成直角正交［图 2-9（b）］。通常样品从底部的毛细管进入，而后被垂直方向的高速氩气流吹散成气溶胶。正交型雾化器多采用合成材料，相对同心型雾化器而言，结构牢固、耐盐耐酸性能较好，但雾化效率稍差。

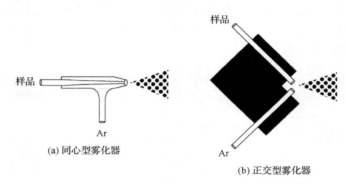

图 2-9　雾化器结构示意图

此外，在原子吸收光谱法原子化技术中提到的低温原子化技术同样适合于发射光谱法。通过 ICP-OES 中附带的特殊附件，可以利用低温原子化技术分析 Ge、Sn、Pb、As、Sb、Bi、Se、Te 和 Hg 九种元素。该技术对这 9 种元素的检出限可比气动雾化法降低 1～2 个数量级，已在卫生检验、环境及钢铁等多个领域得到很好的应用。

2）激发光源

激发光源是原子发射光谱仪中一个极为重要的组成部分，它的作用是给样品提供蒸发、原子化或激发的能量。在光谱分析时，试样的蒸发、原子化和激发之间没有明显的界线，这些过程几乎是同时进行的，而这一系列过程均直接影响谱线的发射及光谱线的强度。样品中组分元素发射及光谱线强度除了与样品成分的熔点、沸点、原子量、化学反应、化合物的离解能、元素的电离能、激发能、原子（离子）的能级等物理和化学性质有关，还与使用的光源特性密切相关。目前最为通用的激发光源是电感耦合等离子体光源。

（1）电感耦合等离子体光源。等离子体（plasma）一词首先由朗格缪尔在 1929 年提出，目前一般指电离度超过 0.1% 被电离的气团，这种气团不仅含有中性原子和分子，而且含有大量的电子和正离子，电子和正离子的浓度处于平衡状态，从整体来看是处于中性的。从广义上看，火焰和电弧的高温部分、火花放电、太阳和恒星表面的电离层等都是等离子体。等离子体可以按温度分为高温等离子体和低温等离子体两大类。直流等离子体喷焰（DCP）和电感耦合等离子体（ICP）等都是热等离子体。电感耦合等离子体是原子发射光谱中最常用的激发光源。

ICP-OES 技术的先驱是 Greenfield 和 Fasel，他们在 1964 年分别发表了各自的研究成果。20 世纪 70 年代后该技术取得了真正的进展，1974 年美国的 Thermo Jarrell-Ash 公司研制出了第一台商用电感耦合等离子体原子发射光谱仪。

（2）ICP-OES 光源结构及其形成。ICP-OES 光源在炬管中形成，等离子体为氩气形成的氩等离子体。炬管由三层石英同心管组成，炬管置于高频线圈的正中，线圈的下端距中心管的上端 2～4 mm。氩气分 3 路进入炬管（图 2-10），三股气流所起的作用各不相同。一路为等离子气，流量最大约为 10～15 L/min，从炬管外层进入。第二路为辅助气又称冷却气，流量为 0～1.5 L/min，从中间层进入，其作用是"点燃"等离子体并保护石英炬管。在辅助气的保护下，等离子体受到抬升，底部始终与中心管保持一定距离。第三路为雾化气，也称载气或样品气，从中心管进入。根据样品流量的差异，雾化气的流量一般在 0.5～1.0 L/min。

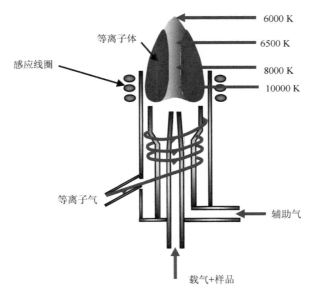

图 2-10　ICP-OES 炬管和电感耦合等离子体示意图

ICP-OES 光源的形成时间很短，但实际过程十分复杂。炬管通入氩气后，向线圈上加载高频电流（27.12 MHz 或 40 MHz），线圈轴线方向上即产生强烈振荡的环形磁场。点火器点火，高频火花放电使少量氩气电离。由于磁场作用，导电粒子随磁场频率而振荡运动，形成与炬管同轴的环形电流。原子、离子、电子在强烈的振荡运动中互相碰撞产生更多的电子与离子，很快形成明亮的水滴形 ICP 火焰。

3）光学检测系统

（1）双向观测系统。与原子吸收光谱仪不同，ICP-OES 可以更为灵活地观测和采集光信号。通常仪器会提供轴向观测和径向观测两种观测方式，同时提供两个观测方向，又称为双向观测（图 2-11）。

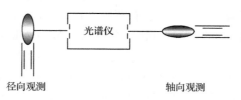

图 2-11　ICP-OES 观测方式

轴向观测指观测窗口正对 ICP-OES 火焰顶端，通道与光轴重合，这样整个通道各部分的光都可通过狭缝。这种方式采光量大，能显著提高仪器分析灵敏度降低元素检出限。但也会使基体效应偏大，分析结果容易受到电离干扰的影响。径向观测通过放置在火焰侧面的观测窗采光，而侧向光相对较弱。这种观测方式虽然灵敏度相对较低，但可以较好地降低基体效应减少电离干扰，进一步扩宽线性范围，也可以提高某些元素测定的准确性。例如，有些环境样品中 K、Na 含量都较高，采用径向观测的测定结果往往会优于轴向观测。在分析具体样品时，可根据经验采用两种观测方式相结合的方法，即一部分元素谱线水平测量，另一部分元素谱线垂直测量的工作方式，以得到最佳的分析结果。

（2）光谱检测。ICP-OES 光谱检测系统的作用是将复合光经色散元素分光，得到一条按波长顺序排列的光谱，然后将复合光束分解为单色光，再将单色光信号转化成光电流信号并记下来。

ICP-OES 的光谱检测系统经过不断革新，经历了从单道扫描型、多通道型到全谱直读多个动态发展阶段。单道扫描型 ICP-OES 是一种灵活、快速而价廉的光谱仪。这类仪器采用平面光栅单色仪作为分光器件，在仪器焦平面上只安装一个狭缝、一个光电倍增管及相应的检测电路，分析不同的元素时可根据其谱线波长的大小相应转动光栅衍射角，待测元素的分析线按波长顺序落到狭缝上。但由于只有一套分光和检测系统，单道扫描型 ICP-OES 存在分析速度慢，工作效率低，分析精度较差的问题，目前已逐渐淡出市场。在单道扫描型 ICP-OES 的基础上，多通道型 ICP-OES 光电直读光谱仪在凹面光栅光谱仪的焦面上，针对每个元素的谱线设置一个出射狭缝和一套光电倍增管及相应的负电压电源、前置放大模数转换等检测电路。由于检测通道多，该类型的 ICP-OES 具有分析速度快、分析精度高、节省样品等优点，但其分析元素的种类受到通道数量的限制。全谱直读型 ICP-OES 是 20 世纪 90 年代迅速崛起的新型发射光谱仪，采用中阶梯光栅+棱镜的二维色散分光系统，半导体固态检测器为光电转换器。该类型的 ICP-OES 可以说集合单道扫描型 ICP-OES 和多通道型 ICP-OES 各自的优点，使 ICP-OES 的光谱分析更加快捷、准确，是目前市场上原子发射光谱仪的主流产品。

3. 仪器分析参数与优化

使用 ICP-OES 进行环境样品分析的过程中，射频功率、雾化器流量、样品流速、观测窗位置等都是影响分析结果的重要工作参数。

射频发生器的作用是通过工作线圈给等离子体输送能量，维持 ICP-OES 光源稳定放电。射频频率目前常用的频率为 27.12 MHz 与 40.68 MHz，功率可以根据实际需要进行调整。射频功率越大，ICP-OES 光源能量越强，谱线强度也越强。但功率过大也会使得背景辐射增强，信噪比变差，导致检出限抬高。射频功率的选择主要需考虑基体类型和测试元素性质两个因素。例如，基体为水的样品可选用的功率范围为 950～1350 W；基体中含有机试剂或以有机溶剂为主的样品，选用功率范围为 1350～1550 W，高功率可以使有机物充分分解；对于易激发易电离元素（如碱金属元素）可选用较低功率；而对于难激发的 As、Sb、Bi 等元素，可选用高功率。

雾化效果直接影响分析的灵敏度。与雾化效果相关的因素主要是雾化器的类型及雾化气的体积大小。通常同心型雾化器的雾化效率是十字交叉型雾化器的两倍左右。雾化气的体积大小直接影响雾化器提升量、雾化效率、雾滴粒径及气溶胶在通道中停留的时间等。不同品牌和不同类型的雾化器使用的雾化气压力会略有差异。此外，对于较难激发元素如 As、Sb、Se 等元素的测定还可考虑选用较小的雾化压力，使气溶胶在通道中停留较长的时间以增加激发频率，从而增强分析信号。

不同元素由于激发电离难易程度不同，最佳激发区往往也存在差异。一般来说，难激发元素的最佳激发区位于 ICP-OES 通道的偏低位置。而环境样品关注较多的 Cd、Mn、Ni、Cu、Zn 等元素则属于较易激发的元素，在通道的较高位置观测为佳。由于 ICP-OES 往往是同时分析多种元素，在安装观测窗时必须兼顾所有待测元素而选择折中的观测高度。另外，具体分析时，也可通过调整辅助气的压力来改变观察高度。

4. 干扰与消除

ICP-OES 分析中的干扰可分为光谱干扰和非光谱干扰。光谱干扰指样品中存在其他谱线与目标分析线靠得太近，无法分辨。除光谱干扰外，其他各种因素引起的干扰都统称为非光谱干扰，包括物理干扰、电离干扰、激发干扰、原子化干扰等多种。

ICP-OES 的光谱干扰主要有谱线重叠干扰和背景干扰两类。谱线重叠干扰指样品中某些共存元素的谱线重叠在分析线上的干扰。由于 ICP-OES 火焰温度很高，激发能力也很强，几乎每种存在于样品中或引入 ICP-OES 中的物质都会发射出相当丰富的谱线，当干扰谱线和目标谱线波长靠近且干扰谱线强度较大时就会产生光谱干扰。这类干扰可以考虑采用高分辨率的分光系统尽量减轻干扰的强度，但更为常用的方法是选择另外一条干扰少的谱线作为分析线。背景干扰与基体成分及 ICP-OES 光源本身发射的强烈杂散光有关，目前市场上的主流仪器都可以利用仪器具备的背景校正技术给予实时校正。

溶液黏度、密度及表面张力等物理因素会影响样品的雾化过程、雾滴粒径、气溶胶的传输以及溶剂的蒸发等而产生物理干扰。其中黏度的影响最大，而黏度又与溶液组成、酸浓度、酸种类及温度等因素相关。环境样品多使用无机酸消解。不同种类的酸黏度不同，相同的酸度时黏度以下列次序排列，$HCl \leqslant HNO_3 < HClO_4 < H_3PO_4 \leqslant H_2SO_4$，黏度大且沸点高的 H_3PO_4 和 H_2SO_4 要尽量避免使用。含有机溶剂的环境样品会改变雾化效率及尾焰温度，通常需要提高 ICP-OES 的功率并采用专用的有机进样系统或将有机物消解后再上机分析。此外，含盐量高的样品，如含盐废水、电镀废水、冶炼废水等，样品含盐量达几毫克每升时，基体效应会逐渐加强而产生干扰。总体而言，避免物理干扰最主要的办法是使用与待测试样无论在基体元素组成、总盐度、有机溶剂和酸浓度等方面都基本一致的标样空白及标准试液。另外，采用稀释、分离、加入基体效应抑制剂或内标校正法也可适当地补偿物理干扰的影响。

ICP-OES 光谱分析中的化学干扰和电离干扰比火焰原子吸收光谱或火焰原子发射光谱分析要轻微得多，其中化学干扰在 ICP-OES 发射光谱分析中可以忽略不计。对于易电离元素产生的电离干扰，通过标准匹配和双向观察技术可较有效地解决。

5. ICP-OES 的分析特点

ICP-OES 的分析性能可以从以下几方面来评价。

检出限较低。ICP-OES 检出限定义为测量值等于背景或空白测量标准偏差 3 倍时对应的目标元素的浓度。激发性能不同的元素检出限差异较大，但大多数元素在实际分析时均可达到几微克每升，碱土金属元素甚至更低，As、Pb、Bi 等元素的检出限相对较高。

测量动态范围宽，一般可达到3～6个数量级，因而可以使用同一条工作曲线分析从痕量到较高浓度的系列样品，大大减轻稀释及浓缩的预处理工作。需要特别指出的是，进行痕量分析（如检测饮用水、地下水、背景区域等样品）时，使用与样品浓度匹配的窄范围工作曲线有利于提高结果准确性。

同时或顺序分析多元素。ICP-OES可测元素范围广，适用不同样品的分析要求，准确度和精密度都较好，分析速度快，样品用量少。

以上众多的分析优势使得ICP-OES在近二十年中发展迅速，应用前景也十分广阔。

2.2.3　原子荧光光谱法

1. 理论基础

原子核外电子吸收能量（电能、光能、热能、化学能等）会被激发跃迁至高能级的激发态，部分元素在返回基态时会将多余的能量以光子的形式向外辐射，这种现象称为"发光"。当激发能量为光能时，这种发光现象就被称为荧光或磷光。其中，荧光发射是由激发单重态最低振动能层跃迁到基态的各振动能层的光辐射，去激发过程较短，而磷光是由三重态的最低振动能层跃迁到基态的各振动能层的光辐射，发生磷光所需时间较长。

原子在不同情况下发射的荧光不同，主要有下面几种。气态自由原子吸收共振线被激发后，再发射出与原激发辐射波长相同的辐射，称为共振荧光［图2-12（a）］。它的特点是激发线与荧光线的高低能级相同波长相同。例如，锌原子吸收213.86 nm的光，发射荧光的波长也为213.86 nm。若原子受激发处于亚稳态，再吸收辐射进一步激发，然后再发射相同波长的共振荧光，此种原子荧光称为热助共振荧光，如图2-12（b）所示。

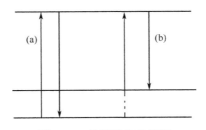

图 2-12　共振荧光示意图

当荧光与激发光的波长不相同时，产生非共振荧光。非共振荧光又分为直跃线荧光、阶跃线荧光和反斯托克斯荧光（图2-13）。

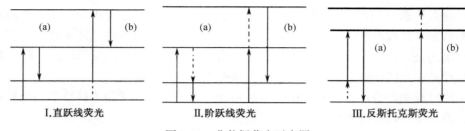

图 2-13　非共振荧光示意图

受光激发的原子与另一个原子碰撞时，把激发能传递给另一个原子使其激发，后者再以辐射形式去激发而发射荧光即为敏化荧光。

2. 定量基础

共振荧光指气态原子吸收共振辐射后被激发，再发射出与共振辐射波长相同的荧光。共振荧光的荧光强度 I_f 正比于基态原子对某一频率激发光的吸收强度 I_a。

$$I_f = \phi I_a \qquad (2\text{-}6)$$

式中，ϕ 为荧光量子效率，它表示发射荧光光量子数与吸收激发光量子数之比。量子效率定义为单位时间产生的荧光能量和单位时间吸收的光能量的比值。受光激发的原子，可能发射共振荧光，也可能发射非共振荧光，还可能无辐射跃迁至低能级，所以量子效率一般小于 1。

当仪器与操作条件一定时，I_f 与试样中被测元素浓度 c 成正比：

$$I_f = Kc \qquad (2\text{-}7)$$

式（2-7）为原子荧光定量分析的基础。

由于荧光现象是部分原子的特性，因此原子荧光法具有干扰少、灵敏度高、检出限低的特点。特别是低温原子化法和原子荧光相结合时，可进一步降低 Cd、Zn、Hg 等元素的检出限。方法校准曲线线性范围宽，可达 3～5 个数量级，还可以同时测定多种元素。

原子荧光法定性定量分析的主要干扰因素是荧光猝灭。受激原子和其他粒子碰撞，把一部分能量变成热运动与其他形式的能量，因而发生无辐射的去激发过程，这种现象称为荧光猝灭。荧光猝灭会使荧光量子效率降低，荧光强度减弱。这种干扰可采用降低溶液中其他干扰离子的浓度来降低。原子荧光法的其他干扰与原子吸收光谱法相似，包括光谱干扰、化学干扰、物理干扰等，具体影响因素为光电倍增管负高压、灯电流、反应介质、还原剂浓度等。原子荧光法中由于光源的强度比荧光强度高几个数量级，因此散射光产生的正干扰最大。减少散射干扰，主要是减少散射微粒，可采用预混火焰、增高火焰观测高度和火焰温度，或使用高挥发性的溶剂等方法，也可采用扣除散射光背景的方法消除其干扰。此外，由于荧光猝灭效应，原子荧光法在测定复杂基体及高含量样品时尚有所不足。

3. 仪器结构与功能

原子荧光光度计分为非色散型和色散型。这两类仪器在结构上除单色器外，基本相似。原子荧光光度计与原子吸收光度计在很多组件上也很接近。以下主要介绍两者的区别。

1）光源

原子荧光光度计的光源可使用高强度空心阴极灯、无极放电灯、激光和等离子体等。目前以高强度空心阴极灯、无极放电灯两种商品化的程度最高。高强度空心阴极灯是在普通空极阴极灯中，加上一对辅助电极。辅助电极的作用是产生第二次放电，从而大大提高金属元素的共振线强度，但其他谱线的强度增加不大。无极放电灯比高强度空心阴极灯的亮度高、自吸小、寿命长，特别适用于分析短波区内有共振线的易挥发元素。

2）光路

在原子荧光光度计中，为了检测荧光信号，避免待测元素本身发射的谱线，要求光源、原子化器和检测器三者处于直角状态。而在原子吸收光度计中，这三者处于一条直线上。

4. 氢化物发生–原子荧光光谱法在环境样品分析中的应用

原子荧光光谱法在环境样品分析中的应用常常和氢化物发生法联用，即氢化物发生–原子荧光光谱（HGAFS）法测定样品中的 As、Se、Hg 等微量元素。

HGAFS 法的基本原理：在酸性介质中（通常使用 HCl 介质），样品中的待测元素分别被还原剂 KBH_4 或 $NaBH_4$（溶液碱度控制在 0.5%～1.0%以维持溶液稳定性）还原为挥发性产物（多为共价氢化物），如 As 被还原成 AsH_3、Sb 形成 SbH_3、Bi 转化为 BiH_3，这些还原产物在载气的带动下进入原子化器中。在特制脉冲空心阴极灯的发射光激化下，基态原子被激化后去活化回到基态时，以光辐射的形式发射出特征波长的荧光，荧光的强度与被测元素含量成正比。与单纯的 AFS 法相比，HGAFS 法最大的优势就是痕量元素的定量分析。氢化物发生法能够将待测元素充分预富集，原子化效率高，几乎接近 100%。而分析元素形成气态氢化物还可以与易干扰基体分离，降低光谱干扰。最佳分析条件应通过实验确定。

　　总体而言，HGAFS 法具有谱线简单、灵敏度高、精密度好、线性范围宽（达 3 个数量级）、可多元素同时测定等优点。特别是检出限低的优点给环境样品的分析带来极大的便利。未受污染的自来水和原水中 As、Se、Hg、Sb、Bi、Ge、Sn、Pb 等元素含量均极低，火焰 AAS、石墨炉 AAS、ICP-OES 等都无法满足直接分析的需要，而 HGAFS 能对上述样品实现目标的痕量分析。

2.3　原子质谱技术

　　元素分析技术发展至今，很多方面都有了突破性的进展。各类标准的更新与实施及人们对痕量有毒物质的关注加强，使得痕量化分析技术在环境监测领域的应用越来越广泛。对于元素分析，市场上除常规的 AAS、ICP-OES、AFS 外，无机质谱法也得到了更多的应用。

　　质谱分析是先将物质离子化，离子在电场或/和磁场的作用下按质量/电荷比值即质荷比分离，然后测量各种离子谱峰的强度而实现检测目的的一种分析方法（具体原理参见第 5 章）。质量是物质固有的特征，不同的物质有不同的质量谱，当待测物质带一个电荷时，质荷比大小反映待测物质量的大小，如金属元素钴一价阳离子的质荷比即为 59。此时，质荷比可辅助定性分析。该离子信号的强弱与其浓度呈正相关关系，可用于定量分析。无机质谱法是利用质谱技术对样品所含元素进行定性、定量分析的方法，与有机质谱法相似，无机质谱法同样需要事先将样品气化、离子化再进行质量分离和检测。由于无机物难以被气化及电离能高等因素，样品离子化方式与有机质谱法差异较大。

　　根据离子化方式的不同，无机质谱仪包括以下几种类型：电感耦合等离子体质谱仪（ICP-MS）、微波感应等离子体质谱仪（MIP-MS）、火花源质谱仪（SS-MS）、热电离质谱仪（TI-MS）、辉光放电质谱仪（GD-MS）、激光微探针质谱仪（LM-MS）、二次离子质谱仪（SIMS）、多接收器电感耦合等离子体质谱仪（MC-ICPMS）等。其中，ICP-MS 技术是 20 世纪 80 年代发展起来的分析测试技术。它是将 ICP 的高温电离特性与四极杆质谱的灵敏快速扫描的优点相结合而形成的一种新型的元素和同位素分析技术。ICP-MS 是目前最重要的元素分析无机质谱技术，具有可测元素种类多、检出限低、动态线性范围宽、干扰少、分析速度快、可多元素同时测定以及能提供同位素信息等分析特性，在环境分析中的应用日渐广泛。涉及的领域有环境检测、环境化学、极地环境、环境毒理学等多个学科，大气、水、岩石、砂土、泥土、污泥以及与生态环境相关的各类样品都可用 ICP-MS 检测其元素种类及含量。世界各国在制定环境分析标准时逐步引入了 ICP-MS 作为标准分析方法，我国生态环境部亦已颁布并实施了涉及水质、空气和废气、固体废弃物、土壤和沉积物等各种环境介质中金属元素含量测定的 ICP-MS 分析标准。本节主要介绍 ICP-MS 的原理及应用。

2.3.1   ICP-MS 原理及仪器基本结构

质谱仪通常由进样系统、离子源、质量分析器、检测器和数据处理系统组成，质量分析器和检测器共同组成质谱检测器。质谱仪中，离子化和质谱检测是实现质谱分析最重要的环节。无机质谱法是利用质谱技术对样品所含无机元素进行定性、定量分析的方法，样品在无机质谱中也经历气化、离子化及质量分离和检测这几个过程。

ICP-MS 是以电感耦合等离子体为离子源，利用质谱检测器进行检测的无机多元素分析技术。下面将通过分析仪器结构及各部分的功能来了解 ICP-MS 是如何实现元素分析的。

ICP-MS 的主体结构由 ICP 部分和 MS 部分构成（图 2-14）。ICP 部分含进样系统和等离子体发生系统，即离子源，MS 部分通常包括离子聚焦系统、离子选择过滤系统，即由质量分析器、检测器及真空系统构成，ICP 和 MS 之间的连接部分称为接口。附属设备包括循环冷却水系统、供气系统、通风系统等。

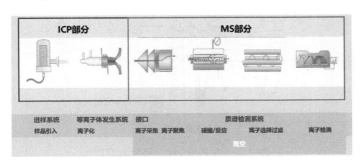

图 2-14   电感耦合等离子体质谱仪基本结构

ICP-MS 中 ICP 部分组成与 2.3.2 介绍的电感耦合等离子体发射光谱仪中的 ICP 部分类似，在 ICP-MS 中其作用是质谱部分的离子源。样品通过蠕动泵提升，雾化器雾化，雾化室进一步分类大小液滴，小液滴在氩气的载带下进入等离子体。在氩等离子体的高温下蒸发、解离、原子化，部分原子电离形成一价阳离子，即提供能被质谱检测的离子。由于 Ar 的第一电离能大小适宜，高于绝大部分元素的第一电离能，绝大部分金属元素在氩等离子体中极易形成一价阳离子，较难形成二价离子，这对金属元素的质谱分析是十分有利的。

为了确保离子有足够的平均自由程，质谱必须在一定的真空下运行。由于ICP部分和MS部分的压差非常大，常规的做法是在ICP和MS之间通过2～3个锥，也就是利用接口来实现逐级增加真空度的过渡方式。

在ICP-MS中，产生的阳离子经接口进入MS部分。后经离子透镜聚焦、四极杆质量分析器分离，由检测器检测计数后得到待测元素的响应信号。ICP-MS接口的作用是从等离子体中提取具有代表性的样品离子，并将其高效地传输到离子透镜、质谱分析器和检测系统所在的高真空区域。ICP在大气压下工作，而质量分析器则在高真空下工作，为了使ICP产生的离子能够进入质量分析器而不破坏真空，在ICP焰炬和质量分析器之间必须有一个能将离子引入真空质谱分析器的合适接口。图2-15为典型的ICP和MS接口装置示意图。该装置主要由金属锥体组成（不同品牌不同型号ICP-MS使用的锥的材质、大小及数量会有所差异），靠近焰炬的锥称为取样锥，靠近质量分析器的锥为分离锥又称截取锥。等离子体尾焰的温度约为6000 K，高温气体以超声波速度通过双锥接口，经过两级锥体的阻挡和两级真空泵的抽气，分离锥后的压力可降至10^{-3} Pa。

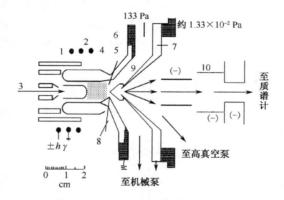

图 2-15　ICP-MS 接口装置示意图

1. 炬管和负载线圈；2. 耦合区域；3. 气溶胶流；4. 起始高频带；5. 正常分析带；6. 采样锥；7. 分离锥；8. ICP气体反射处采样锥外的界面层；9. 超声速喷射流；10. 离子透镜

接口后面的离子透镜主要起到离子聚焦的作用。通过系列施加电场的金属板或金属圆桶组件让离子发生偏转，从而去除光子和中性粒子，实现待测离子聚焦。为了防止粒子束中的离子有所损失，离子透镜必须能够有效地对带电离子进行聚焦并将其传递进入质谱分析器入口。此外，中性微粒和光子被去除得越多，仪器背景噪声越低。整个聚焦过程通过在透镜中采用静电场使待测离子发生偏移来实现。目前的仪器往往采用多个离子透镜，典型的排列是采用多个施加电压的柱状透镜，可实现调节使聚焦效果最优化。

离子通过离子透镜系统进入最后的分析器真空区，在这里它们将因其质荷比不同而被质量分析器分离。质量分析器是质谱仪器的核心，也是质谱仪的重要组成部件，位于离子源和检测器之间，依据不同方式将离子源中生成的样品离子按质荷比的大小分开。目前在无机质谱中应用最为广泛的质量分析器是四极杆质量分析器。四极杆质量分析器具有使用方便、耐用、分析质量范围宽、扫描速度快和成本较低等诸多优点，但分辨率不如磁质谱和飞行时间质谱。四极杆质量分析器由四根材质、形状、大小完全一致的平行杆构成，位置相对的两根平行杆组成一对电极。两对电极可根据需要加载直流电压和射频电压。当一组质荷比不同的离子沿平行杆轴向进入由直流电压和射频电压组成的电场时，只有满足特定条件的离子才能做稳定振荡运动通过四极杆，不符合设定质荷比条件的离子将被过滤去除。特定离子到达检测器而被检测，可以获得质谱图。

ICP-MS 典型质谱图（图 2-16）横坐标为质荷比，纵坐标为质谱响应信号，通常用每秒计数值（counts per second，cps）来表示。根据质谱检测器扫描到的离子质荷比可对元素进行定性，在一定范围内样品中待测元素的浓度和该元素离子的 cps 成正比，该函数关系可用于待测元素的定量分析。

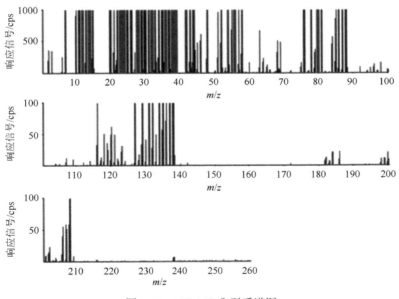

图 2-16　ICP-MS 典型质谱图

真空系统是质谱正常运行的基本保证。对于 ICP-MS，如何从高速的离子流过渡到稳定的高真空是影响分析灵敏度和稳定性的关键因素之一。ICP-MS 的真空系统分三级，由不同的真空泵共同完成维持真空的工作。第一级真空系统位于采样锥和截取锥之间，此部分过渡区域真空度通常在几百帕斯卡，大部分气体都被机械泵抽走。第二级真空系统位于离子透镜的位置，真空度有所提高，无法被电场推动前行的中性粒子和光子被抽走。第三级真空系统为高真空区域，通常真空度大于 $6×10^5$ Pa 甚至更高，主要由性能稳定的分子涡轮泵来维持此区域稳定的高真空，以实现高灵敏的监测分析。

　　图 2-17 为金属元素在电感耦合等离子体质谱仪中从样品引入到质量分析的流程示意图。

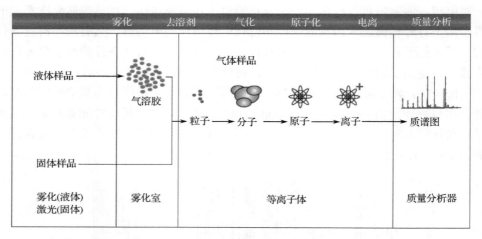

图 2-17　ICP-MS 从样品引入到质量分析的流程示意图

2.3.2　ICP-MS 的干扰及其消除方法

ICP-MS 中的干扰主要分为质谱干扰和非质谱干扰。

1. 质谱干扰

　　质谱干扰指不同物质或不同元素形成质谱检测器无法区分的相同质荷比的离子，从而导致测量的正误差。ICP-MS 中的质谱干扰主要来自样品中的同质异位素离子、多原子或加和离子以及仪器和样品制备引起的干扰。常见的干扰有：^{40}Ar 干扰 ^{40}Ca、^{58}Fe 干扰 ^{58}Ni、^{113}In 干扰 ^{113}Cd、^{114}Sn 干扰 ^{114}Cd 等；等离子气、样品溶剂或样品基体衍生物的多原子，如样品消解过程引入的硝酸、磷酸或硫酸生成的 N_2^+、ArN^+、PO^+、P_2^+、ArP^+、SO^+、S_2^+、SO_2^+、ArS^+、ClO^+、$ArCl^+$ 等离子会对 Si、Fe、Ti、Ni、Ga、Zn、Ge、V、Cr、As、Se 的测定产生干扰，氧化物和氢氧化物的存在还会干扰其他离子的测定，如 ^{40}ArO 和 ^{40}CaO 会干扰 ^{56}Fe、^{46}CaOH 会干扰 ^{63}Cu、^{42}CaO 会干扰 ^{58}Ni 等；原子失去两个电子形成的双电荷离子造成的干扰，如双电荷离子 $^{136}Ba^{2+}$ 对 $^{68}Zn^+$ 造成的干扰，两者的质荷比完全相同，四极杆质量分析器无法区别，从而形成干扰。

避免同质异位素干扰最简单的方法是选择对待测物没有干扰的同位素进行分析。例如，^{114}Cd 会受到 ^{114}Sn 的干扰，因此可以选择没有同质异位素干扰的 ^{111}Cd 进行分析。氧化物和双电荷离子的干扰可以通过调谐等离子体的条件、炬管的位置和矩管周边的设计（如屏蔽炬）等方法降低。ICP-MS 中氧化物干扰比双电荷干扰更为严重，并因元素而异。正常条件下，大部分元素的氧化物产率不会超过 5%，在可以接受的范围内，但稀土元素特别是轻稀土元素在等离子体区很容易形成氧化物，从而引起较大的测量误差。稀土元素的检测过程中一定要注意氧化物离子的控制。Ce 是除 Si 外最容易形成氧化物的元素，且 CeO 很难分解，因此 CeO/Ce 比值通常用来表征 ICP-MS 的氧化物指标。在实际测量过程中，可以通过调节雾化室温度、功率、载气流速、采样深度等指标，观察 CeO/Ce 比值的变化来降低氧化物产率。

从仪器结构和使用的角度，还可以采用冷等离子体技术、屏蔽炬技术和碰撞反应池技术等方法减少质谱干扰。

冷等离子体技术的发展源于半导体高纯物质分析过程中等离子体基体造成的干扰。在半导体行业中部分干扰元素的强度远大于被分析物的强度，最为典型的例子是等离子体中 $^{38}Ar^1H$、^{40}Ar 和 $^{40}Ar^{16}O$ 分别对 ^{39}K、^{40}Ca 和 ^{56}Fe 造成干扰。半导体工业高纯物质中 K、Ca 和 Fe 的浓度低至 ppt[①]级，冷等离子体技术能够消除质谱中 Ar 原子造成的多原子离子干扰，还能够有效消除易电离元素如 Na、Li 的背景信号，从而改善这些元素的检出限，但同时也降低基体耐受性和金属氧化物分解的效率。屏蔽炬技术和碰撞反应池技术正是基于此需求发展起来的。

屏蔽炬技术指在 ICP 负载线圈和等离子体炬管之间有一个接地的屏蔽片。等离子体基体的多原子正是在该位置进行电离的。屏蔽片能够有效消除线圈和等离子体的电感耦合，等离子体的电势为 0。在冷等离子体（600～900 W）下操作时，可有效消除接口处的二次放电，从而使得背景光谱中等离子体基体的干扰基本上消除。

碰撞反应池主要是为消除多原子离子干扰而设计的。目前大多数的 ICP-MS 仪器都配备碰撞或反应系统，针对特定元素选择性消除某种干扰离子的分析。配有碰撞反应系统的仪器，可根据需要选择无气体模式、碰撞模式和反应模式三种不同操作进行分析。无质谱干扰的情况下可以选择无气体模式，如 Be、Hg、Pb

---

① 1 ppt=10^{12}。

等的分析，或干扰元素已经通过其他方式去除，如使用 HPLC-ICPMS 进行元素形态分析时，干扰元素已经通过色谱分离去除。大部分环境样品成分复杂，或多或少存在干扰，需根据需要选择碰撞模式或反应模式降低干扰、提高分析准确度。碰撞模式常使用惰性气体如氦气为碰撞气。多原子干扰离子体积都大于受其干扰的被测物，因而与 He 池气体碰撞的机会大于体积相对较小的待测离子，绝大部分多原子离子通过碰撞后结合体分解为单原子离子或原子，从而消除干扰。He 碰撞模式最大的优势是条件简单但能有效去除干扰，并且由于氦气是惰性的，不会与样品基体或分析物发生反应也不会形成新的干扰。He 碰撞的方式适用于所有受基体干扰的元素分析（如 $^{35}Cl^{16}O^+$ 对 $^{51}V^+$、$^{40}Ar^{12}C^+$ 对 $^{52}Cr^+$、$^{23}Na^{40}Ar^+$ 对 $^{63}Cu^+$、$^{40}Ar^{35}Cl^+$ 对 $^{75}As^+$），同时可将等离子体基体的干扰（$^{40}Ar^{16}O^+$、$^{40}Ar^{38}Ar^+$）减至 ppt 级。对于低质量元素如半导体分析中消除 $^{38}Ar^1H$、^{40}Ar 和 $^{40}Ar^{16}O$ 分别对 ^{39}K、^{40}Ca 和 ^{56}Fe 干扰的同时也会降低元素的信号值。在仅用碰撞模式效果不理想时，可使用反应模式。随着 ICP-MS 技术的发展，反应模式可选的气体种类也逐渐增多，目前常用的有氢气、氨气、甲烷气等。反应气的作用是使干扰物在进入质量分析器前通过加质子作用或电荷转移被"反应"除去，如 $Ar^+ + H_2 \longrightarrow Ar + H_2^+$。在这个例子中，离子化的 Ar 被 H_2 中性化，从而使得痕量 ^{40}Ca 的测定成为可能。除了氢模式，氨模式和甲烷气模式也是常用的反应模式之一。反应模式对较强的等离子体基体干扰具有最好的消除效率，其缺点在于会形成新的干扰物（例如，反应气体含 H_2、NH_3、CH_4 的情况下，会形成 MH^+），并且可能会和一些分析物发生反应。在使用反应模式时应注意选择合适的反应气体将待测物和干扰物分离，反应气体必须与干扰物迅速反应，反应气体应该不和分析物离子及基体组分反应生成新的多原子离子而增加新的干扰。

2. 非质谱干扰

ICP-MS 的非质谱干扰指基体干扰和物理干扰。基体干扰通常是样品中总溶解性固体（TDS）含量较高特别是易电离元素浓度较高时会引起等离子体平衡的转变，从而改变元素的信号。当 TDS 小于 0.2% 时，基体对样品结果的影响很小。基体干扰不严重时，可以考虑采用标准溶液基体匹配或标准加入法来增加测量的准确度。当基体干扰特别严重时，则必须考虑采用适当的前处理方法将待测元素与基体分离。物理干扰主要是由记忆效应引起的。由于 ICP-MS 测量的主要是一些痕量样品，记忆效应的影响比 ICP-OES 更为明显。附着积累在连接管路、雾化器、雾化室、炬管、采样锥等部位的残余样品会影响到后续样品测定的准确度和精密度。因此，分析应避免进高浓度样品，样品和样品之间的系统清洗液十分重要。

2.3.3　ICP-MS 的分析功能

相对原子吸收和原子发射光谱法，ICP-MS 分析背景噪声低、信号灵敏，对大多数元素检测限都可达到 ng/L 左右，特别适合痕量元素的定量分析。ICP-MS 扫描元素质量数范围为 6~260，对整个周期表上的元素有比较均匀的灵敏度，线性动态范围宽，可实现多元素同时定性定量分析。ICP-MS 在痕量和超痕量元素分析方面性能卓越，使其在环境样品分析中的应用日趋广泛，大气、水、岩石、砂土、泥土、污泥及和生态环境相关的各种植物样品都可用 ICP-MS 检测元素种类及含量，涉及的领域有环境检测、环境化学、极地环境、环境毒理学等。世界各国在制定污染物分析标准方法时也逐步引入了 ICP-MS 作为标准分析方法。例如，EPA 6020 方法就明确指出 ICP-MS 可用于废水、固体废弃物、沉积物、泥土等样品中各种元素的分析。我国生态环境部也颁布了多项使用 ICP-MS 分析环境样品中金属含量的标准方法。ICP-MS 可实现的分析功能包括全定量分析、半定量（定性）分析、同位素比值测定、同位素稀释（IDMS）定量分析等。

ICP-MS 可采用的定量方法包括外标标准曲线法、内标标准曲线法和标准加入法。ICP-MS 分析中应用更多的是内标标准曲线法。内标标准曲线法定量需选择适宜的元素作为待测元素的参比内标元素，定量加入标样和样品，然后分别对含有内标元素的标样和样品进行分析。根据待测元素信号与内标元素信号的比值与元素含量的关系可获得样品中待测元素的含量信息。实际样品分析时，基体效应、环境因素、仪器自身稳定性等多种因素都可能造成信号的波动。内标可在一定范围内校正上述各种因素引起的信号波动。

当需要了解样品所含元素的基本组成情况及其大致含量时，定性半定量是十分方便的选择。所谓半定量分析是根据已知浓度参考元素的含量对其他元素的含量进行校正，半定量分析可得到定性结果也可以得到大致的定量结果。ICP-MS 谱线简单，检测模式灵活多样，通过全扫描可以获得质荷比–信号值曲线，利用该曲线可实现半定量分析。通常 ICP-MS 的半定量分析误差可以控制在 ± （30%~50%）甚至可以更低。

ICP-MS 还可采用同位素稀释法定量，用于测量有两个及以上稳定同位素元素的准确含量。方法的基本原理是在样品中加入已知量的某一被测元素的同位素标准溶液，测定该同位素与该元素的另一参考同位素的信号强度的比值变化。根据加入和未加入同位素标准溶液的样品中同位素比值的变化可计算出样品中该元素的含量。该方法的准确度和精密度高于常规分析方法，其测定结果通常被认为是高准确性结果。

ICP-MS 的另一重要应用是测定同一种元素的两种或多种同位素的相对丰度，即常说的同位素比值。同位素比值的测定在地球科学和医学领域都十分重要，近年来在环境科学领域的应用也越来越广，主要用于地质年龄的判断以及同位素示踪。但四极杆的 ICP-MS 由于不属于高分辨质谱，同位素比值测定的精度低于多接收电感耦合等离子体发射质谱仪。

2.4　元素形态分析

2.4.1　形态分析的意义与特点

元素价态、化合态、物理形态不同时会表现出不同的物理、化学性质，从而在环境行为和生物毒性上也表现出差异。例如，Cr（III）为人体必需，而 Cr（VI）具有高毒性；As（III）的毒性高于 As（V）；游离态的铜对水生生物的毒性大于与有机体结合的络合态铜，其络合物越稳定，毒性就越低；有机汞和有机锡的危害远远高于其无机形态；而 Pb（IV）在雨水的作用下比 Pb（II）更易流失，因而表现出对自然和生态更大的危害。一般而言，不同形态的重金属的毒理特性遵循以下规律：离子态的毒性大于络合态，金属有机态的毒性大多大于金属无机态，金属羰基化合物常常具有剧毒，另外，重金属从自然态转变成非自然态时毒性往往增加。由此可见，对环境和生物的影响而言，金属元素的总量固然重要，金属元素的化学形态更是不可忽视的因素，形态分析技术也已成为元素分析技术的研究热点和发展趋势。

金属形态分析在环境样品分析中通常指化学形态（chemical speciation）分析。关于化学形态的定义目前有多种版本。汤鸿霄提出，化学形态指元素在环境中存在的离子形态或分子形态，包括元素原子所处的价态、化合态、结合态和结构态四方面；戴树桂指出在实际测试技术中所谓形态往往是化学形式和物理分散态的统称；欧洲共同体标准局规定沉积物或土壤中的物理形态包括水溶态、可交换态、碳酸盐结合态、铁–锰氧化物结合态、有机物结合态和硫化物结合态等；天然水中痕量金属的物理形态可按其粒径大小分为水合金属离子、无机络合物、有机络合物、无机胶体、有机胶体和颗粒物六类；化学形态分为筛选形态、分组形态、分配形态和个体形态四种。

实际测试中，由于不可能一次性将元素的所有形态完全分离检测，往往只是根据需要进行形态区分。目前环境样品的形态分析中有以下几类常用的形态划分方法：根据化合价不同可以将元素分成不同价态，如 Cr（III）和 Cr（VI），Pb（II）和 Pb（IV）；根据溶解性能差异可以分成水溶态和悬浮态；根据被提取性能的差异可以分成可交换态和不可交换态，对土壤而言可交换态一般指土壤中可以被中性盐类（$MgCl_2$）提取剂提取出来的部分重金属元素；根据和不同物质结合情况可以分成氧化物结合态、碳酸盐结合态、有机物结合态、蛋白质结合态、矿物结合态等。总的来说，元素形态分析的检测方法和总量分析十分接近，但由于涉及痕量元素的形态，仍具有其特殊性。首先，形态分析对仪器的灵敏度提出更高的要求。很多有毒金属元素在环境中的总量本来就很低，属于痕量级，形态分析需要将这些痕量级的元素再分成几种不同形态分别测试，势必要求仪器具有更佳的分析能力。其次，形态分析的流程一般是先分离后检测，形态分离是形态分析的关键，也是难点。目前的元素分析仪器通常都只对元素总量进行检测，很少能够直接分析元素的形态，因此必须先利用各种分离技术将同一元素的不同形态分离。元素各化学形态之间存在动态平衡，且有些形态十分不稳定，所以在取样和形态分离预处理过程必须注意不能改变样品中原有的形态平衡。

2.4.2　金属元素的五态提取法

土壤、动植物体或底泥等固体基质中重金属元素的化学形态分析一般采用Tessier 的五步连续提取法。连续提取的五种形态分别为可交换态、碳酸盐结合态、铁锰氧化结合态、有机结合态和残渣态。

可交换态：指吸附在颗粒物（主要成分是黏土颗粒及腐殖酸）上的重金属，水相中重金属离子的组成和浓度变化主要受这部分重金属吸附与解吸过程的影响。提取方法：2 g 试样中加入 16 mL 1 mol/L 的 $MgCl_2$，室温下振荡 1 h，离心 10 min（4000 r/min），吸出上清液分析。

碳酸盐结合态：指与颗粒物中碳酸盐结合在一起或本身就成为碳酸盐沉淀的重金属。这部分重金属在酸性条件下易溶解释放。提取方法：可交换态提取处理后的残余物在室温下用 16 mL 1 mol/L 的乙酸钠提取，提取前用乙酸把 pH 调至 5.0，振荡 8 h，离心，吸出上清液分析。

铁锰氧化结合态：与铁锰氧化物结合在一起或本身就成为氢氧化物沉淀的这部分重金属称为铁锰氧化物结合态。这一部分重金属在氧化还原电位降低时容易释放出来。提取方法：经碳酸盐结合态提取处理后的残余物中加入 16 mL 0.04 mol/L 盐酸羟胺在 20%乙酸中提取，提取温度在（96±3）℃，时间为 4 h，离心，吸出上清液分析。

有机结合态：指重金属硫化物沉淀及与各种形态有机质结合的重金属。提取方法：经铁锰氧化结合态提取处理的残余物中，加入 3 mL 0.02 mol/L 硝酸和 5 mL30%过氧化氢，用硝酸调节 pH 至 2，加热至（85±2）℃，保温 2 h，并在加热过程中振荡几次。再加入 5 mL 过氧化氢，调节 pH 至 2，再将混合物放在（85±2）℃温度下加热 3 h，并间断振荡。冷却后，加入 5 mL3.2 mol/L 乙酸铵的 20%（*V/V*）硝酸溶液中，稀释到 20 mL，振荡 30 min。离心，吸出上清液分析。

残渣态：指存在于石英、黏土矿物等晶格里的重金属。通常不能被生物吸收，是生物无法利用的部分。提取方法：对有机结合态提取处理后的残余物，利用硝酸–高氯酸–氢氟酸–高氯酸消解法消解分析。

一般认为，可交换态和碳酸盐结合态金属易迁移、转化，对人类和环境危害较大；铁锰氧化结合态和有机结合态较为稳定；但在外界条件变化时也有释放出金属离子的机会。残渣态一般称为非有效态，在自然条件下不易释放出来。

近几年来，一些学者根据不同的研究对象和研究目的，通过调整提取剂、提取条件（温度、时间、固液比等条件）等，对 Tessier 的五步连续提取法进行了修正和改进，相应还提出了七态、八态等连续提取法。而针对不同种类的重金属，其存在形态的分级提取方法也存在差异，应根据研究介质和研究目的，通过系统的实验研究加以确定。下面将着重介绍环境问题关注较多的 As、Hg、Cr 的形态及分析方法。

2.4.3 砷元素的化学形态及其分析方法

1. 砷形态及其毒性

砷（As）是有毒的类金属元素。砷元素能以多种化合物形式存在，各种不同的砷形态具有不同的物理及化学性质。环境中常见的含砷化合物有：亚砷酸[As（Ⅲ）]、砷酸[As（Ⅴ）]、一甲基砷酸（MMA）、二甲基砷酸（DMA）、三甲基砷氧（TMAO）、砷硼烷（AsB）和砷胆碱（AsC）；另外，还有一些更复杂的砷化合物，如砷与大的有机基团结合而成的砷糖、砷脂类化合物等。

砷是致癌、致突变因子，对动物还有致畸作用。各种不同形态的砷具有不同的毒性，以砷化合物的半致死量 LD_{50} 计，其毒性由大到小依次为 AsH_3 > As（Ⅲ）> As（Ⅴ）> MAA > DMA > TMAO > AsC > AsB > As。单质砷因不溶于水而不易吸收，一般无害；有机砷（除砷化氢的衍生物外）一般毒性较弱；三价砷对细胞毒性最强，尤以三氧化二砷（俗称信石、砒霜等）的毒性最大，其作用主要与蛋白质的巯基（—SH）结合阻碍细胞或线粒体的呼吸；五价砷离子本身毒性不强，但被还原转化为三价砷离子后，才发挥其毒性作用。砷与有机基团结合越多，其毒性越小。

由于砷及其化合物的毒性与形态密切相关，传统的总量测定法不能给出有关毒性的确切信息。因此，有效分离、测试各种形态砷化物的技术手段对掌握砷化物的生态影响及其在环境中迁移转化规律（图 2-18）具有重要意义。

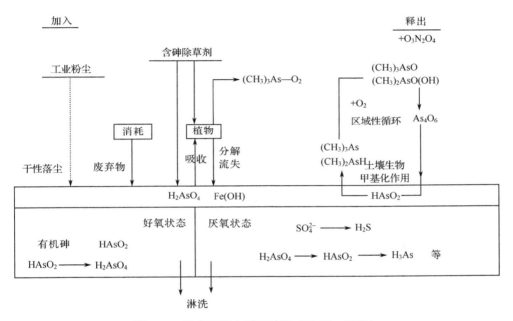

图 2-18　砷在环境中循环过程（WHO，1981）

所谓砷的形态分析就是分离、富集、鉴定和测定各种砷化合物的分析方法。砷及其化合物的沸点较低、易挥发，在形态分离和富集处理过程中要特别注意不能引起各形态发生变化。因此，经典的干法灰化、湿法酸消解以及微波消解都不适宜于形态分析。常用的砷的富集与形态分离的方法有多种，传统的方法有溶剂提取法、氢化物法（HG）、气相色谱（GC）法、高效液相色谱（HPLC）法等。随着现代仪器技术的发展，各种联用技术可直接实现砷形态的分离及分析，如 HPLC-ICPMS 法、LC-ICPOES 法等。

2. HPLC-ICPMS 分析砷形态

HPLC-ICPMS 法，其基本原理是利用离子交换色谱柱的高效分离和 ICP-MS 的高灵敏度、低检出限进行各种样品中的痕量砷形态分析，是目前国际上各实验室首选的砷形态可靠分析方法之一。水、土壤等环境介质中的砷大多以无机形式存在，生物样品包括食物样品、植物、藻类和动物组织中的砷形态较为丰富，除无机态部分外以有机形态存在。通常以水、磷酸氢铵、EDTA 等为流动相，利用阴离子交换柱进行 As（Ⅲ）、 As（Ⅴ）、MMA 和 DMA 的分离。也有以水和氢氧化钠为流动相分离监测土壤中的 As（Ⅲ）、 As（Ⅴ）、MMA 和 DMA。图 2-19 为 HPLC-ICPMS 分离分析水中 As（Ⅲ）、DMA、MMA 和 As（Ⅴ）的标准色谱图。

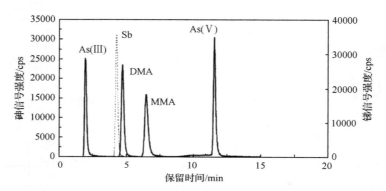

图 2-19　HPLC-ICPMS 分析 As（Ⅲ）、 DMA、MMA 和 As（Ⅴ）
内标：10 μg/L 六羟基锑酸钾

2.4.4　汞元素的化学形态及其分析方法

1. 汞形态及其毒性

汞及其化合物都是剧毒物质，汞污染已经引发了多起公害事件，是环境重点监测的金属元素之一。汞在自然界中以多种形态存在，并不断迁移转化。环境中汞的迁移转化涉及大气、土壤和水体，较为复杂。汞以零价、一价和二价三种价态存在，主要化学形式有单质汞、无机汞（一价汞、二价汞盐）和有机汞（以短链烷基为主的烷基汞和芳基汞），不同形态汞毒性也不同。汞易挥发、易被吸附，是汞污染后环境空气中的主要化学形态。进入大气的汞可以被颗粒物吸附，颗粒物或飘浮在大气中或沉降到土壤或被雨水带到地面或进入土壤和水体。无机 Hg 在环境中极易发生化学或生化反应，生成有机汞，从而使毒性增强。在水体的底层，汞可以和有机质、微生物发生生化作用转化成甲基汞、乙基汞。甲基汞是有机汞中毒性最强的汞的化合物之一，具有亲脂性、生物累积效应和生物放大效应，是除总汞外最受关注的形态汞。有机汞溶解度较大，汞又会回到水中，被水生生物摄取后在生物链中积累，如图 2-20 所示。震惊世界的水俣病就是由于长期食用被汞污染的鱼引起的。

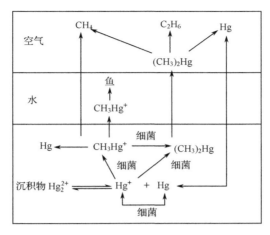

图 2-20　汞在环境中的迁移转化过程

2. 形态汞分离方法

汞的形态分析主要指各种形态的无机汞和有机汞，分离不同形态汞的方法有多种。

利用浸提的方法可以分离出多种形态的汞。去离子水恒温振荡可以得到水溶态汞；用 HCl、CuSO$_4$ 依次浸提可得到总汞；KOH 浸提过夜可以得到腐殖酸结合汞；浓 HCl 或在 0.8 mol/L 盐酸介质 60℃水浴下浸提 4 h 可提取难降解有机结合汞；王水在 60℃下浸提得到惰性汞（以硫化汞为主）和晶格态汞。

利用无机汞和有机汞的还原能力的差异也能将两者分离。氯化亚锡可以将无机汞还原成单质汞，氯化亚锡和氯化镉的混合物可以还原所有的汞，两次还原产物测试后可分别得到无机汞和总汞，两者之差为有机汞。若汞的含量太低，可以用树脂进行富集，苯乙烯系二硫代氨基甲酸盐氧化型树脂就可以用于富集痕量汞。

此外，用苯萃取–气相色谱检测可以定量分析甲基汞。用铋试剂 II 作螯合剂用于汞的柱前衍生化，用 C$_8$ 柱作为分析柱，正丁醇–甲醇–水为流动相，苹果酸为辅助络合剂，可用于分离和定量分析甲基汞、乙基汞及苯基汞。各种联用技术如 LC-ICPMS、GC-ICPMS 等也逐渐应用于汞形态的定性定量分析。

3. HPLC-ICPMS 分析汞形态

HPLC 具有广泛的适用性和良好的分离能力，ICP-MS 具有更高的灵敏度、更宽的线性范围和多元素测定能力，将二者联用可以对液体样品中废水中 μg/L 级别甲基汞和无机汞进行直接分析，如图 2-21 所示。

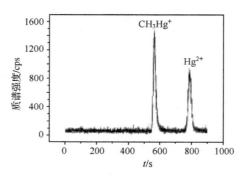

图 2-21　CH_3Hg^+ 和 Hg^{2+} 标准溶液（5 μg /L）HPLC-ICPMS 分离谱图

　　甲基汞和乙基汞均为汞的有机结合态，因此 C_{18} 液相色谱柱就可以对两者进行有效分离。流动相通常为 5%（V/V）甲醇/水溶液，也有在流动相中加入少量乙酸铵溶液进行有机汞的分离。

4. BROOKS RAND 总汞和甲基汞分析仪

　　总汞在土壤沉积物及生物样品中的含量较高，往往能达到 μg/kg，但在地表水等洁净样品中的含量要低数个数量级，甲基汞在环境样品中的含量更低，除了被污染区域的样品外，很少能达到 μg/kg 级别，有的甚至低于 ng/kg 的数量级。根据 EPA 1630 方法和 1631 方法的方法要求，MERX 总汞和甲基汞分析仪可以实现绝对量 pg 级的总汞和甲基汞分析。MERX 总汞分析流程包括氮气吹扫大体积水样，金沙管捕集单质汞，单质汞解析附后原子荧光定量分析。方法之所以能实现高灵敏度源于几方面：方法的最大上样量可达 25 mL；N_2 吹扫样品中汞转移率高；吸附管吸附容量大特异性强原子荧光法分析汞元素灵敏度高。

　　MERX 形态汞分析流程包括：通过烷基化反应将样品中的汞转化成烷基汞，吹扫样品并通过捕集阱中的 Tanex 管富集烷基汞，对捕集阱进行快速热脱附，形态汞被解析随载气进入气相色谱进行分离后高温裂解还原，最后通过冷原子荧光检测器。与总汞的分析类似，甲基汞分析过程中，样品进样量大，甲基汞转移富集效率高，可以实现 pg 级的超痕量定量分析，如图 2-22 所示。

2.4.5　铬元素的化学形态及其分析方法

　　Cr 的离子形态包括 Cr^{3+}、CrO_2^-、CrO_4^{2-} 和 $Cr_2O_7^{2-}$，以三价铬和六价铬为主，其中 CrO_4^{2-} 和 $Cr_2O_7^{2-}$ 在不同 pH 下可互相转换。铬的毒性与其存在的状态密切相关。Cr^{3+} 的溶解度都很小，因此在 pH>5 的环境中浓度很低。需要关注的主要是 CrO_4^{2-}，六价铬是已被确认的致癌物之一，其毒性表现为不能为生物降解却能被生物富集，

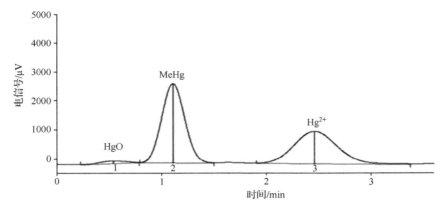

图 2-22　甲基汞（MeHg）标准样品（5pg）MERX 分析色谱图

其毒理表现为在环境中或生物体内易被还原成三价铬，而该过程以及还原产物三价铬都会引起基因突变或致癌。由于六价铬更易被生物吸收，通常认为其毒性比三价铬高出 100 多倍。环境中铬的迁移转化十分活跃，主要借助大气、水体和生物链完成，其中含铬工业废水、废渣的排放是铬污染的主要来源。大气中，铬的化合物存在于气溶胶中或被粉尘等吸附而后沉降到地面和水体中，进入地表的铬通常以离子状态随水迁移。本章前面介绍的 AAS、ICP-OES、ICP-MS 对铬元素都有较高的灵敏度，可直接用于总铬的测定。与汞类似，通过逐级化学提取法进行分离可以分别提取 Cr 的离子交换态、碳酸盐结合态、铁锰水合氧化物结合态、硫化物结合态以及残渣态。此外，用 1,2-环己胺四乙酸将 Cr^{3+} 络合成络阴离子[CrC]⁻，以甲酸盐为背景电解质溶液，利用毛细管电泳可同时分析低浓度[CrC]⁻和 CrO_4^{2-}；利用流动注射–在线预富集–AAS 技术可以实现 Cr（III）和 Cr（V）的边分离边检测，该方法的分析下限可达 μg/L 级；利用固相萃取法（SPE）和离子交换技术也可以很好地分离 Cr(III)和 Cr(V)。将上述分离方法和 ICP-OES 或 ICP-MS 联用就可以很好地实现 Cr（III）和 Cr（V）的痕量检测。

上面介绍了 As、Hg、Cr 形态分析的常用方法。事实上，元素形态分析领域方兴未艾，其中涉及的方法学、标准和仪器也是目前分析化学领域、环境监测领域都十分关注的热点问题。可以看到，随着仪器技术的蓬勃发展，元素形态分析也将实现快速、便捷、高灵敏测定。

思考与习题

1. 简述原子吸收光谱法分析的基本原理。
2. 原子吸收光谱仪由哪几部分组成，各部分的作用分别是什么？

3. 原子吸收分析中原子化的方式有哪几种，各有什么特点？

4. 原子吸收光谱法主要有哪些干扰，如何消除？

5. 原子发射光谱是如何产生的？为什么不同元素的原子都有其特征的发射谱线？

6. 电感耦合等离子体发射光谱仪由哪几部分组成，各部分的作用分别是什么？

7. 试比较原子发射光谱法和火焰原子吸收光谱法的优缺点。

8. 简述原子荧光光谱法的基本原理。

9. 试比较原子吸收光谱仪和原子荧光光谱仪结构上的异同。

10. 简述电感耦合等离子体质谱法的基本原理。

11. 电感耦合等离子体质谱仪由哪几部分组成，各部分的作用分别是什么？

12. 电感耦合等离子体质谱法主要有哪些质谱干扰，如何消除？

13. 简述元素形态价态分析的环境意义。

14. 环境样品分析常用的金属元素仪器分析技术有哪几种，各有什么优缺点？

第 3 章　分子光谱分析

3.1　荧光光谱分析

3.1.1　荧光分析基本理论

荧光分析技术是现代最灵敏的分析方法之一，其应用非常广泛，生命科学的进步大大推动荧光分析技术的革新和发展。这些发展也使得荧光分析技术在环境科学中得到广泛应用。目前，荧光分析法和时间分辨荧光分析法被认为是生命科学与水科学领域最重要的研究手段，现已发展了基于免疫荧光、蛋白质荧光、叶绿素荧光、有机质荧光、溶解氧荧光、纳米荧光等相关技术的分析和监测仪器。

1. 荧光现象的发现和应用简史

当紫外线照射到某些物质的时候，这些物质会呈现各种颜色并发射出不同强度的可见光，而当紫外线照射停止时，所发射的光线也随之很快地消失，这种光线被称为荧光。荧光现象早在 16 世纪就被人们在矿物和植物油提取液中观察到了，但是当时人们没有给予过多的描述。17 世纪 Boyle 和 Newton 等著名科学家再次观察到荧光并做了详细的描述，但仍然没有引起科学家的重视。直到进入 19 世纪，Herschel 观察到硫酸喹啉（第一个被发现的荧光团）溶液在阳光照射下发出荧光，Stokes 引入荧光术语以及 Goppelsröder 进行历史上首次的荧光分析（桑色素螯合法测定 Al^{3+}），随后，关于荧光方面的研究工作逐渐引起了科学家的注意。20 世纪以来，Jette 和 West 发明了第一台荧光分光光度计，Jablonski 建立了一种分子能量图谱（Jablonski diagram）以描述光吸收和发射过程中的发光现象。近几十年，荧光现象在理论和实际应用方面都取得了很大进展，并建立了荧光分析方法。2008 年，日本化学家下村修（Osamu Shimomura）、美国科学家马丁•沙尔菲（Martin Chalfie）和美籍华裔科学家钱永健（Roger Y. Tsien）因"发现和发展了绿色荧光蛋白技术"（green fluorescent protein）而获得诺贝尔化学奖。

荧光分析法能提供激发光谱、发射光谱、发光强度、发光寿命、量子产率、荧光偏振等许多信息，工作曲线范围宽，已成为一种重要的痕量分析方法。可以用荧光分析鉴定和测定的无机物、有机物、生物物质、药物等的种类数量与日俱增。荧光分析法越来越成为分析化学领域的工作者必须掌握的一种重要分析方法。

2. 荧光的产生机理

当光照射于某一物质时，光可能全部被吸收，或部分被吸收，也可能不被吸收。各种物质的分子具有不同的结构，因而具有它们特殊的频率。当照射的光线和被照射的物质的分子具有相同频率时，则发生共振，即入射光被该物质的分子吸收。在该物质的吸收光谱中，分子具有的特征频率处将出现吸收带。

在光的吸收过程中发生能量的转移。根据量子理论，分子从光线中吸收的光子能量可由式（3-1）表示：

$$E_1 - E_0 = h\nu = hC/\lambda \tag{3-1}$$

式中，E_1 为吸光物质的基态能级；E_0 为吸光物质较高的能级；h 为普朗克（Plank）常数；ν 为光的频率；λ 为光的波长；C 为真空中的光速。

吸收光谱和荧光光谱能级跃迁如图 3-1 所示。分子具有一系列分立的能级，各能级之间相差不大。当自某一能级转移至能量较高的其他能级时，它吸收了相当于这两个能级之差的能量。在光线照射下，一小部分分子吸收能量，跃迁至较高能级而成为激发态分子。而这部分激发态分子是不稳定的，在很短暂的时间内（约 10^{-8} s），它们首先因撞击而以热的形式损失掉一部分能量，从所处激发能级下降至第一电子激发态的最低振动能级，然后再由这一能级下降至基态的任何振动能级。在后一过程中，激发分子以光的形式放出它们吸收的能量，发出的光称为荧光。因发生荧光而发出的能量比从入射光吸收的能量略小，所以荧光的波长比入射光稍长。在荧光分析中，可采用汞弧灯或氙弧灯作为光源，以在近紫外光区及可见光区的射线为激发光，所产生的荧光多在可见光区。

激发态分子在下降至第一电子激发态的最低振动能级后，并不直接由此降落到基态的任何振动能级，而转入亚稳的三重线态，在这里逗留的时间较长（有时达 1 s 以上），然后再由这里降落到基态的任何振动能级。从三重线态降落到基态发出的光为磷光。因激发分子在三重线态逗留的时间稍长，有时在入射光光源关闭之后，还存在磷光。而荧光因激发分子在很短暂的时间内便下降到基态，所以在入射光光源关闭之后立即消失。

荧光和磷光都是一种发光，它们都是物质分子因吸收光能而成为激发分子，然后由激发态降落到基态所发出的光，其差别在于激发分子由激发态降落至基态经过的途径不同，由激发至发光的时间长短也不一样。除吸收光能可使分子激发而发光外，吸收热能、电能和化学能也能引起分子激发而发光。

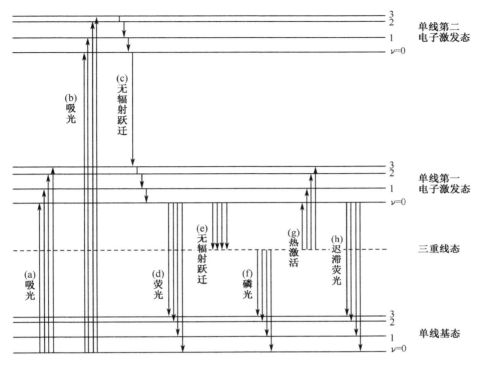

图 3-1　吸收光谱和荧光光谱能级跃迁示意图

　　荧光物质发生荧光的过程可分为四个步骤：①处于基态最低振动能级的荧光物质分子受到紫外线的照射，吸收和它具有的特征频率相一致的光线，跃迁到第一电子激发态的各个振动能级；②被激发到第一电子激发态的各个振动能级的分子，通过无辐射跃迁，降落到第一电子激发态的最低振动能级；③降落到第一电子激发态的最低振动能级的分子，继续降落到基态的各个不同振动能级，同时发射出相应的光量子，即荧光；④到达基态的各个不同振动能级的分子，再通过无辐射跃迁，最后回到基态的最低振动能级。

3. 荧光参数

　　（1）荧光强度。目前一般商品仪器都采用荧光强度来表示荧光的相对强弱，所用的单位常为任意单位，表示的强度是相对值。通过仪器测定一个物质的相对荧光强度与很多因素有关，可表示为

$$I=K\varphi_f I_0(1-e^{-\varepsilon bc}) \tag{3-2}$$

式中，I 为荧光强度；K 为仪器常数；φ_f 为量子产率；I_0 为激发光强度；ε 为摩尔吸收系数；b 为样品池的光程长度（光径）；c 为样品的浓度。从式（3-2）可以看出，

荧光强度与仪器条件有关，同一物质用不同仪器或同一仪器用不同的测定条件，得到的值常常是不同的，但通常可以用标准物质（如硫酸喹啉）特征峰或纯水拉曼峰的荧光强度来校正，这样所得数据具有一定的可比性；荧光强度与物质本身的量子产率及激发光强度成正比；荧光强度与摩尔吸收系数、样品池光径及浓度三个因素有关。摩尔吸收系数是表示某一物质吸收光的特性，分子要发射荧光首先必须吸收能量，所以吸收特性与荧光发射密切相关。样品池光径和浓度是相互有关系的两个因子，因为增加样品池光径在测定效果上就像增加样品浓度一样。

当溶液浓度很小时，$e^{-\varepsilon bc} \approx 1 - \varepsilon bc$，所以有

$$I = K\varphi_f I_0 \varepsilon bc \tag{3-3}$$

（2）总荧光量。用物质的荧光发射光谱面积来表示荧光的量，称为总荧光量。使用总荧光量进行分子荧光定量分析，可以提高灵敏度。任何发荧光的分子都具有激发和发射两个特征光谱，它们是荧光法进行定量和定性分析的基本参数与依据。

（3）激发光谱。激发光谱是在某一发射波长监控下，荧光强度随激发光波长变化的曲线。物质的激发光谱与紫外吸收光谱形状相似。这是因为荧光物质只有吸收这种波长的紫外光，才能发出荧光。吸收越强，发射荧光也越强。区别在于紫外吸收光谱测定对紫外光的吸收度，而荧光激发光谱测定发射荧光的强度。

（4）发射光谱。发射光谱是在某一波长光激发下，荧光强度随发射光波长变化的曲线。用最强的发射峰波长监控和最强的激发峰波长激发，测得的激发光谱和发射光谱为荧光物质的特征光谱，是鉴定物质的依据，也是定量测定时最灵敏的光谱条件。

荧光物质吸收不同波长的激发光后可被激发到不同的能态，然后通过振动弛豫和内部转换最终都将到达第一激发单线态的最低振动能级，再发射荧光。因此荧光发射与荧光物质的分子被激发到哪一个能级无关，即与激发光能量无关。一般来说，荧光发射光谱的形状与激发光波长的选择无关。但是当激发光波长选在远离最大激发峰的位置，发射强度小，导致灵敏度低。因此，在实际工作中应尽量选用最大激发峰波长做激发光。

（5）峰位及谱带宽度。峰位即激发峰和发射峰的波长所在位置，分别用 λ_{ex} 和 λ_{em} 表示。峰位是荧光定性鉴别的重要依据，而谱带宽度通常用半波宽来表示，即峰的强度值为一半时，其横坐标上的波长宽度。当然，表示谱带宽度的方法还有很多种，如光谱的有效面积除以峰高等。

（6）荧光寿命。荧光寿命指当去掉激发光以后，分子的荧光强度降到激发光时最大荧光强度的 1/e 需要的时间，常用 τ 表示。当荧光物质受到一个极其短的时间的光脉冲激发后，它从激发态跃迁到基态的变化可以用指数衰减定律来表示，即

$$F(t) = F_0 e^{-t/\tau} \tag{3-4}$$

式中，$F(t)$ 为 t 时的荧光强度；F_0 为激发初始时的荧光强度。

（7）斯托克斯位移。激发峰位和发射峰位的波长差称为斯托克斯位移（Stokes shift），可以通过图 3-2 所示实验进行观测。它表示分子回到基态以前，在激发态寿命期间能量的消耗。此位移常用式（3-5）表示：

$$斯托克斯位移 = 10^7 \left(\frac{1}{\lambda_{ex}} - \frac{1}{\lambda_{em}} \right) \tag{3-5}$$

式中，λ_{ex} 为校正后的最大激发波长；λ_{em} 为校正后的最大发射波长。

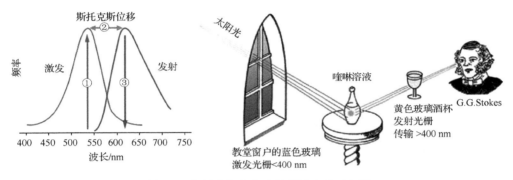

图 3-2 斯托克斯位移及其观测实验示意图

资料来源：Lakowicz，2006

4. 物质产生荧光的条件

在荧光分析中，分析对象本身必须具有荧光特性，但并非所有物质都能发荧光。从荧光产生的原因可知，分子发荧光主要取决于它自身的能量状态，即该分子的化学结构。也就是说，能产生荧光的物质首要条件是物质分子中具有吸收特性频率的官能团，即生色团。分子中能发射荧光的基团，称为荧光团。

荧光强度与分子结构关系一般具有如下普遍规律。

（1）荧光通常是发生在那些带有延伸的 π 电子轨道的分子或带有共轭双键体系的有机分子中，这种体系中的 π 电子共轭程度越大，能量越低，离域 n 电子越容易激发，荧光峰越移向长波方向（红移），荧光强度也越强。

（2）具有强烈的荧光有机分子，应具有刚性的、不饱和的、平面型的多烯体系。如果一个有机分子具有共轭双键的非刚性键，并且存在着重叠的原子轨道，而使其分子处于非平面构型，那么这样的有机分子大多不会发射荧光。

（3）在芳香化合物的芳香环上，进行不同基团的取代，对该化合物的荧光强度和荧光光谱将产生大的影响。

（4）物质分子必须有一定的量子产率。量子产率等于 0 的物质不能发射荧光，这是因为处于电子激发态的分子可通过许多方式把激发能释放出来，而荧光发射只是其中一种。物质发射荧光的量子数和吸收激发光的量子数的比值称为量子产率或称荧光效率，用 φ_1 来表示：

$$\varphi_1 = 吸收激发光的量子数 / 发射荧光的量子数 \tag{3-6}$$

很明显 φ_1 的极大值为 1，即每吸收一个光量子就发射一个光量子。但事实上大部分荧光物质 φ_1 都小于 1，可用量子产率来表示各种不同物质产生荧光的情况。荧光效率低的物质虽然有很强的紫外吸收，但吸收的能量都以非辐射跃迁的形式释放出来，所以没有荧光发射。荧光量子产率表示物质发射荧光的本领，是一切荧光测定的基本参数之一，在大分子构象的研究中占着特殊重要的地位。

（5）适宜的环境。因为一种物质吸收光的能力及量子产率都与物质所处环境紧密相关，环境条件影响分子对能量的吸收和损耗，所以环境常常是决定物质量子产率高低甚至能否发射荧光的重要因素，如溶剂、溶液的 pH、温度等都影响荧光的发射。有机物分子溶于某些溶剂中后将与溶剂中的水分子形成氢键，从而增加分子的平面性，则荧光加强。

5. 荧光分析法的特点

（1）荧光分析的最主要优点之一是灵敏度高。一般来说，荧光分析的灵敏度要比紫外–可见分光光度法高 2～4 个数量级。紫外–可见光分光光度法的灵敏度为 10^{-7} g/mL，而荧光分光光度法的灵敏度达到 10^{-10} g/mL 甚至 10^{-12} g/mL。

（2）选择性好。荧光光谱包括激发光谱和发射光谱，在鉴定物质时选择性更强，可用两个特征光谱同时对物质进行鉴别。

（3）样品用量少。由于荧光分析法灵敏度高，因而为少量样品的测定提供可靠性。

（4）能提供较多的物理参数：激发光谱、发射光谱、荧光强度、总荧光量、量子产率、荧光寿命、荧光偏振等。这些参数都能从不同角度反映荧光物质的各种特性，进而得到被研究物质分子更多的信息。

6. 影响荧光分析的因素

物质产生的荧光受环境的影响很敏感，所以在测定时干扰因素较多。例如，温度、溶剂、溶液 pH、荧光猝灭剂、散射光等都会影响荧光的特性，甚至影响发光物质的分子结构及立体构象，从而影响荧光光谱和荧光强度。

（1）温度的影响。温度对溶液荧光强度有显著的影响，一般来说，温度降低则荧光增强（温度升高 1℃，荧光强度下降约 1%）。温度降低荧光增强的原因是温度下降时，介质黏度增加，荧光物质分子与溶剂分子之间的碰撞也随之减少，使无辐射跃迁减少，导致荧光增强。从分子运动角度讲，温度升高分子运动速度加快，分子间碰撞概率增加，使无辐射跃迁增加，从而降低荧光效率。激发光源产生的热量是引起温度变化的主要原因。

（2）激发光源的影响。主要考虑稳定性和强度两个因素：光源的稳定性直接影响测量的重复性和精确度；光源的强度直接影响测定的灵敏度。光源强度弱，荧光强度低，灵敏度差。因此，光源要有足够的强度，才能保证有较高的灵敏度。但不是激发光源越强越好，还要考虑其他因素。这是因为某些荧光物质在强激发光较长时间照射下，很容易发生分解，进而引起荧光强度下降。为了避免光的分解作用所引起的误差，在进行荧光强度测定时，操作必须迅速，测定后立即切断光路。

（3）溶剂的影响。同一种荧光物质在不同的溶剂中，其荧光光谱的形状和强度都会有显著的不同。有些物质的荧光峰的波长随溶剂的介电常数的增大发生红移，荧光效率增大。溶剂的介电常数大，其极性增加。在极性大的溶剂中，$\pi-\pi^*$ 跃迁所需能量差 ΔE 小，跃迁概率大，因此使分子的紫外吸收和荧光峰波长均向长波长方向移动，强度也就增加。另外，溶剂的黏度也影响分子的荧光强度，溶剂黏度小可增加分子间碰撞，导致无辐射跃迁增加，荧光减弱，所以荧光强度随溶剂黏度的增加而增加。

（4）溶液 pH 的影响。大多数芳香族化合物都具有酸或碱的功能团，因此它们对 pH 的变化非常敏感。当荧光物质本身是弱酸或弱碱时，溶液的 pH 对荧光强度有较大的影响（图 3-3），这主要是因为在不同酸度中荧光物质分子和离子间的平衡改变，荧光强度也有差异。

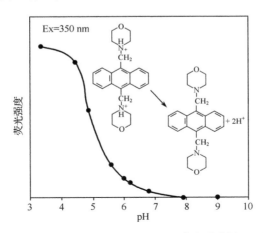

图 3-3　荧光物质 LysoSensor Blue DND-167 荧光强度随 pH 的变化曲线

（5）荧光猝灭剂的影响。荧光猝灭指荧光物质分子与溶剂分子相互作用，引起荧光强度显著下降的现象。产生荧光猝灭的原因很多：荧光物质和猝灭剂分子碰撞而损失能量；荧光分子与猝灭分子作用生成不发光的化合物；在荧光物质的分子中引入卤素离子后易发生体系跨越而转至三线态；溶解氧的存在使荧光物质氧化，或是由于氧分子的顺磁性促进体系跨越，使激发态的荧光分子转成三线态。

（6）共存物的影响。共存物的存在对荧光物质的荧光有干扰，主要表现：对荧光物质具有猝灭作用；共存物产生荧光；与荧光物质发生反应；吸收激发光或荧光。因此在荧光分析中所用试剂（包括溶剂、酸、碱等基本试剂）纯度极为重要。

（7）散射光的影响。当一束平行光投射在液体样品上，大部分光线透过溶液，小部分光由于光子与物质分子相碰撞，使光子的运动方向发生改变而向不同角度散射，这种光称为散射光。在荧光测定时，必须注意散射光的影响。容器表面的散射光、丁达尔散射光、瑞利散射光、拉曼散射光。瑞利散射光和拉曼散射光是由溶剂产生的散射光，对荧光测定都有干扰作用。但瑞利散射光、容器表面散射光、丁达尔散射光的波长都与激发光波长相同，一般离荧光峰较远，易辨认和排除。而波长比入射光更长的拉曼散射光因其波长与荧光接近，对荧光测定干扰很大，必须采取措施消除。使用荧光分光光度计在测定荧光强度时，只要减少狭缝宽度，采用截止滤光法，选用适当波长的激发光，可以消除瑞利散射光和拉曼散射光的影响与干扰。

3.1.2　荧光分析法在环境监测中的应用

1. 荧光发射光谱法

在荧光分析中，可以采用不同的实验方法以进行分析物质浓度的测量。其中最简单的是直接测定的方法，即利用物质自身发射的荧光来进行测定的方法。物质能发射荧光在于分子中的共轭双键多，共轭面宽，有刚性平面结构。具有这样结构的芳香族化合物和稠环芳香族化合物都能发射荧光，可用荧光发射光谱法直接测定，即在扫描过程中选择一个固定波长光作为激发光源来进行发射波长扫描，激发光源波长不同，扫描得出的发射光谱图也是不同的。如图 3-4 所示，三种酚类物质的荧光光谱图非常相似，仅有细微差别。

有些物质本身荧光很弱或不发荧光，可利用某些试剂（如荧光染料）与之形成发荧光的配位化合物再进行测定的方法，也称外源荧光方法或称荧光探针技术。

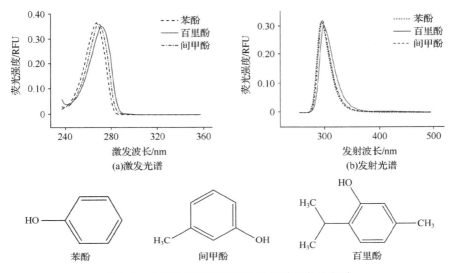

图 3-4　典型酚类物质荧光激发光谱和发射光谱

用于荧光探针的试剂称为探剂，它应具备以下条件：①与被测定分子的某一微区必须有特异性和比较牢固的结合；②探剂的荧光必须对环境条件灵敏；③结合的探剂不能影响被测定分子的结构和特性。

　　常用的荧光探剂有罗丹明（图 3-5）、荧光素、荧光胺等。荧光探针（剂）的使用为一些原来不能用荧光分析的物质打开了大门。通过这种新技术，不但可以对一些原来不发荧光的有机物和无机元素进行极微量的测定，而且利用它的特异性结合及对环境的敏感性，可以为大分子的结构和功能的研究提供很多有用的信息。

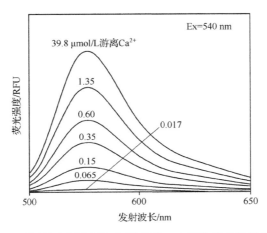

图 3-5　不同浓度钙离子加入罗丹明-2 之后的荧光发射光谱图

资料来源：生命科技公司产品资料

间接测定的方法有很多种，可按分析物质的具体情况加以适当的选择。

1）荧光衍生法

通过某种手段使本身不发荧光的待分析物质转变为另一种发荧光的化合物，再通过测定该化合物的荧光强度，可间接测定待分析物质。荧光衍生法大致可分为采用化学反应的化学衍生法、采用光化学反应的光化学衍生法和采用电化学反应的电化学衍生法。其中，前两种衍生法用得较多，尤其是化学衍生法用得最多。例如，许多无机金属离子的荧光测定方法，就是通过使它们与某些金属螯合剂（生荧试剂）反应生成具有荧光的螯合物之后加以测定的。化学衍生法采用的化学反应可以是降解反应、氧化还原反应、偶联反应、缩合反应或酶降解反应等。

（1）实例 1：乙酰化滤纸层析荧光分光光度法测定水体中的苯并[a]芘。

苯并[a]芘(B[a]P)是一种由五个环构成的多环芳烃化合物，是多环芳烃类化合物中的强致癌代表物。水中的多环芳烃及环己烷可溶物经环己烷萃取，萃取液经无水硫酸钠脱水、浓缩，而后经乙酰化滤纸分离，分离后的 B[a]P 用荧光分光光度计测量。测定激发波长为 367 nm、而发射波长为 402 nm、405 nm、408 nm 处的荧光强度，详见国家标准 GB 11895—1989 的具体步骤。

（2）实例 2：荧光衍生法测定环境样品中的邻苯二甲酸酯。

邻苯二甲酸酯类（PAEs）广泛存在于大气、土壤和水体中，并参与生物（包括人体）的代谢作用，具有致突变和致癌作用。鉴于 PAEs 本身不产生荧光，直接测定难以实现，但可以借助芬顿（Fenton）反应实现 PAEs 的间接荧光法测定。该方法原理如下。

PAEs 在碱性条件下水解后，生成水溶性的邻苯二甲酸钠（无荧光性）。利用 Fenton 反应产生·OH，进攻邻苯二甲酸钠，可产生具有荧光的羟基邻苯二甲酸钠。具体反应式如下：

$$Fe^{2+} + H_2O_2 \longrightarrow Fe^{3+} + \cdot OH + OH \cdot$$

羟基邻苯二甲酸钠的荧光光谱如图 3-6 所示。不同类型羟基邻苯二甲酸钠的 λ_{ex} 和 λ_{em} 非常接近，其最大激发波长和发射波长分别为 317 nm 和 442 nm。该方法操作简便，具有较高的灵敏度和准确度。

2）荧光猝灭法

荧光猝灭法，即被分析物本身不发荧光，然而具有使某种荧光化合物荧光猝

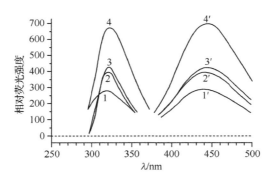

图 3-6　羟基邻苯二甲酸钠的荧光光谱

1-1′. 邻苯二甲酸二甲酯（DMP，3.07×10^{-6} mol/L）；2-2′. 邻苯二甲酸二乙酯（DEP，5.03×10^{-6} mol/L）；3-3′. 邻苯二甲酸二(2-乙基己)酯（DEHP，5.45×10^{-6} mol/L）；4-4′. DMP+DEP（9.73×10^{-6} mol/L）

灭的能力，或者被分析物的荧光可以被其他物质猝灭。通过测量荧光化合物荧光强度的降低，可以间接地测量被分析物。例如，硝基甲烷、氯化吡啶嗡、脂肪胺、溴化十六烷基吡啶等能够使多环芳烃的荧光猝灭，据此测定水样中痕量多环芳烃含量。

在用荧光猝灭法进行测定时，要特别注意选择合适的荧光试剂的浓度，适当降低荧光试剂的浓度时，往往有利于灵敏度的提高，但却会导致测定的线性范围变窄，因而荧光试剂的浓度要根据实际测定的需要加以优化选择。

3）荧光动力学分析法

荧光动力学分析法就是应用荧光法监测反应速率，从而对待测物进行检测的一种动力学分析法，该法也称为荧光速率法。催化荧光动力学分析法是荧光动力学分析法的主要类型，与荧光分析法、分光光度分析法和催化光度动力学分析法相比，已具有更高的灵敏度和更高的专属性，这是由于只有为数不多的化合物会显示出明显的荧光，以及激发波长和发射波长二者都可以选择。另外，在某些情况下，荧光特性和动力学特性之间相互影响，有助于消除某些不希望的效应。

2. 同步荧光光谱法

荧光技术灵敏度高，但常规的荧光分析法在实际应用中往往受到限制，对一些复杂混合物分析常常遇到光谱互相重叠、不易分辨的困难，需要预分离且操作烦琐。同步扫描技术与常用的荧光测定方法最大的区别：同时扫描激发和发射两个单色器波长。由测得的荧光强度信号与对应的激发波长（或发射波长）构成光谱图，称为同步荧光光谱。

同步扫描荧光光谱是激发波长和发射波长以相同的速度,保持恒定的波长差 $\Delta\lambda$ 连续扫描而成的,它在三维荧光光谱图中表现为取向于 X 轴与 Y 轴 45°角的荧光光谱切割面。同步荧光法按光谱扫描方式的不同可分为恒定(固定)波长法、恒能量法、可变角法和恒基体法。同步扫描荧光光谱因联接激发和发射波长两者的变化关系而提供一种在三维空间发射光谱中选择特征峰的手段,因此较普通荧光光谱图有了一大进步。与常规荧光分析法相比,同步荧光法具有如下优点:①使光谱简化;②使谱带窄化;③减小光谱的重叠现象;④减小散射光的影响。尤其适合多组分混合物的分析。

3. 三维荧光光谱法

三维荧光光谱法是同时进行激发波长扫描和发射波长扫描而获得三维荧光光谱图(EEM)的分析技术,如图 3-7 所示,这种荧光光谱图反映荧光团物质甲酚和苯酚的荧光强度随激发波长、发射波长的变化而变化。

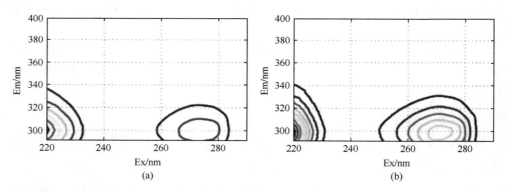

图 3-7　甲酚(a)和苯酚(b)的三维荧光光谱图
资料来源:Yu et al.,2010

1)荧光光度法测定水样中溶解有机质

溶解有机质(DOM)是一类多分散性和异源性的复杂混合物,包括腐殖质、多糖、蛋白质、脂类和核酸等。它作为全球碳循环的重要组成部分,影响着营养盐、重金属、有机污染物和新兴污染物(PPCPs、ENPs 等)的生物地球化学过程,并通过改变污染物的生物有效性而进一步对水域生态系统功能有显著影响。人们对 DOM 化学组成和结构的认识还十分有限,仅有不到 30%DOM 可以表征。尽管研究发现傅里叶变换–离子回旋共振–质谱仪(FT-ICR-MS)是比较有效的 DOM 分子结构表征手段,但是该仪器极为昂贵,对样品前处理要求苛刻以及后续质谱数据解析极为复杂,因此,一般对 DOM 的主要认识还是从整体表征的角度考虑。

目前，除了利用总有机碳仪分析其中的 DOC 含量，最为常用的方法就是紫外吸收光谱和荧光光谱分析技术。例如，以下几个来自太湖水系水样的三维荧光光谱图（图 3-8）反映 DOM 组成结构存在显著差异，这与 DOM 的来源与转化密切相关。

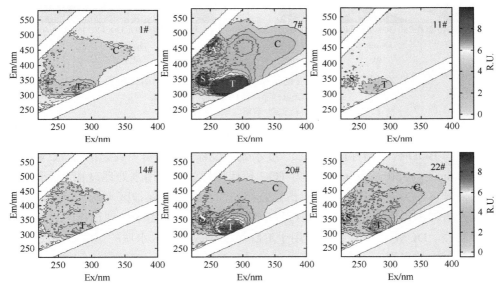

图 3-8　太湖水系 DOM 三维荧光光谱图
类腐殖质荧光团（A，C），类蛋白荧光团（S，T）
资料来源：陈锡超等，2010

　　一般单个或少量的三维荧光谱图可以通过"挑峰"方式进行谱图分析（图 3-8），即找出各荧光团中最大荧光强度对应的激发波长（Ex）和发射波长（Em），确定该峰对应的组分属性类别或来源。但对于批量样品的三维荧光谱图，这样挑峰非常烦琐。通常，可采用平行因子分析（PARAFAC）对大批量三维荧光光谱图的激发/发射数据矩阵（EEMs）进行解析，分解出若干荧光组分，这样有助于定量探讨 DOM 组分及其分布特征。例如，一项研究表明，北极地区的一个峡江型河口湾 23 个沉积物 DOM 样品的 EEMs（图 3-9）数据进行 PARAFAC 分析后，可解析出陆源类腐殖质（Ex/Em=265 nm，376 nm/478 nm）、自生源类腐殖质（Ex/Em= 244 nm，316 nm/426 nm）、自生源类蛋白质（Ex/Em=220 nm，277 nm/298，338 nm）三个荧光组分。

　　2）三维荧光光谱在水质监测中的应用

　　三维荧光光谱图含有丰富的指纹信息，其中不同荧光团信号现已被发展成很多

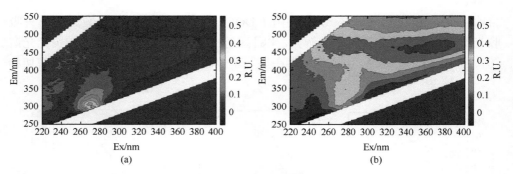

图 3-9　　孔斯峡湾表层沉积物 DOM 三维荧光光谱比较图

(a) 冰川湾顶部样品；(b) 峡湾口门外侧样品

资料来源: 蔡明红等，2012

水质指标的替代指标。例如，类色氨酸荧光团信号（T 峰，如 Ex 275 nm/Em 340 nm）可以作为 BOD 替代指标监控污水、废水处理过程，类腐殖质荧光信号（C 峰，如 Ex 350 nm/Em 420～460 nm）作为 TOC 替代指标监控饮用水处理过程，还有些荧光团信号可作为叶绿素 a 的替代指标监控湖泊及饮用水保护区水质。此外，三维荧光光谱技术也应用于废水处理过程中荧光增白剂和饮用水处理过程中天然有机质的监控。DOM 荧光特征还可用于追踪污水排放对河水水质的影响。如图 3-10 所示，英国的泰恩河（Tyne）河水在未受污染的情况下，溶解氧饱和度在 100% 附近波动，而在造纸厂排水及受排水影响的支流中溶解氧饱和度更低。图 3-11 显示在膜生物反应器不同阶段污垢提取液荧光特征的变化。

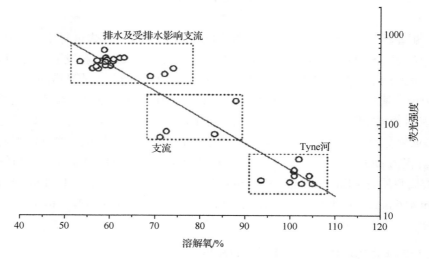

图 3-10　河水类色氨酸 DOM 荧光强度与溶解氧饱和度之间的关系

资料来源: Baker，2002

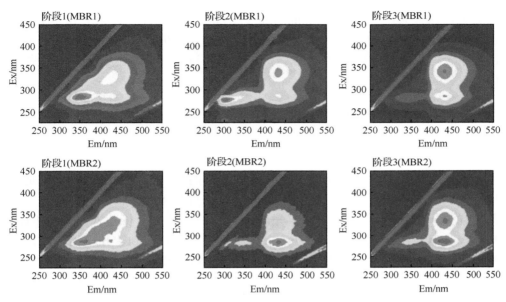

图 3-11　两个膜生物反应器不同阶段污垢提取液的荧光特征

资料来源：Miyoshi 等，2009

　　三维荧光光谱图的差谱分析可以用于快速识别样品中的有机污染物和发现样品间存在的细微差别。在日立荧光分光光度计产品说明书中有个案例：对比两个不同配比的染料溶液的三维荧光光谱图，可以看到有不同的发光颜色，再通过两个三维荧光光谱图的差减计算，可以看到是什么颜色差别，从而也可探知差别的原因。再如图 3-12 所示，长江三峡水库的溶解有机质有很

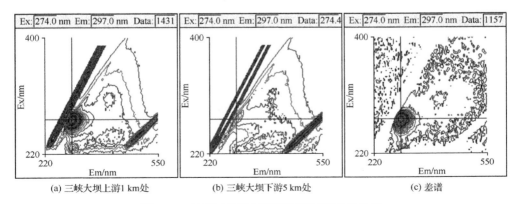

图 3-12　长江三峡地区溶解有机质的荧光特征

资料来源：向元婧等，2014

强的类蛋白荧光信号（Ex 274 nm /Em 297 nm），而类腐殖质荧光信号较弱；在大坝下游不远处却发现大部分类蛋白荧光信号消失，显然在三峡大坝下泄过程中荧光物质存在明显的"汇"（sink），通过差谱计算能够捕捉到这种变化信息。

4. 时间分辨荧光光谱

时间分辨荧光分析法是近十年发展起来的一种微量分析方法，是目前最灵敏的微量分析技术之一，其灵敏度高达 10^{-19} mol/L。

时间分辨荧光分析法实际上是在荧光分析的基础上发展起来的，它是一种特殊的荧光分析。荧光分析利用荧光的波长与其激发波长的巨大差异克服普通紫外–可见分光光度法中杂色光的影响，同时，荧光分析与普通分光不同，光电接收器与激发光不在同一直线上，激发光不能直接到达光电接收器，从而大幅度地提高光学分析的灵敏度。但是当进行超微量分析的时候，激发光的杂散光的影响就显得严重了。因此，解决激发光的杂散光的影响成为提高灵敏度的瓶颈。

解决杂散光影响的最好方法当然是测量时没有激发光的存在。但普通的荧光标志物荧光寿命非常短，激发光消失，荧光也消失。不过有非常少的稀土金属[铕（Eu）、铽（Tb）、钐（Sm）、镝（Dy）]的荧光寿命较长，可达 1～2 ms，能够满足测量要求，因此产生了时间分辨荧光分析法，即使用长效荧光标记物，在关闭激发光后再测定荧光强度的分析方法。

时间分辨荧光分析是以稀土离子标记抗原或抗体、核酸探针和细胞等为特征的超灵敏度检测技术，它克服酶标记物的不稳定、化学发光仅能一次发光且易受环境干扰、电化学发光的非直接标记等缺点，使非特异性信号降低到可以忽略的程度，达到极高的信噪比，从而大大地超过放射性同位素所能达到的灵敏度，且还具有标记物制备简便、储存时间长、无放射性污染、检测重复性好、操作流程短、标准曲线范围宽、不受样品自然荧光干扰和应用范围十分广泛等优点，成为继放射免疫分析之后标记物发展的一个新里程碑。

常用的稀土金属主要是 Eu 和 Tb，Eu 荧光寿命为 1 ms，在水中不稳定，但加入增强剂后可以克服；Tb 荧光寿命为 1.6 ms，在水中稳定，但其荧光波长短、散射严重、能量大易使组分分解，因此从测量方法学上看 Tb 很好，但不适用于生物分析，故 Eu 最为常用。

由于常用 Eu 作为荧光标记，因此增强剂就成为试剂中的重要组成。增强剂原理：利用含络合剂、表面活性剂的溶液的亲水性和亲脂性同时存在，使 Eu 在水中处于稳定状态。

5. 其他荧光分析及其联用技术

1）与流动注射技术联用

流动注射分析的基本过程：将一定体积的液体试样以"塞"的形式，间歇地注入到封闭、连续流动的载流中，试样"塞"被载流推动到反应管盘，并最后被带入检测器中，连续记录所产生的物理信号变化。流动注射分析具有简便快速、精密度好、通用性强、试样试剂消耗量少、易实现自动化等优点，与荧光光谱联用，利用其高灵敏度的优势可有效改善流动注射分析灵敏度不高的弱点，从而实现自动化快速分析和高灵敏度检测的优势互补。

2）与色谱技术联用

色谱法是一种物理化学分离和分析方法。它作为一种分离手段，比任何一种单一分离技术都更有效，更普遍适用。它与荧光分析联用，更有效地改善荧光分析法的选择性。色谱作为分离手段，利用荧光检测在环境污染物分析中已有较多应用，如图 3-13 所示。图 3-14 比较了利用高效液相色谱分析缬沙坦及其代谢产物时的色谱图，显然，荧光检测器比紫外检测器获得了更好的基线和分离度。

3）与激光诱导技术联用

激光诱导荧光光谱分析是以激光作为荧光分析光源的一种新的荧光光谱分析技术。激光具有高亮度、高单色性等优点，大大提高荧光分析的灵敏度和选择性。激光诱导荧光光谱与色谱，毛细管电泳等技术联用使其兼有色谱和毛细管电泳分离的高选择性和激光诱导荧光光谱的高灵敏度，已成为激光诱导荧光光谱分析中最为活跃的研究领域，在环境污染物分析监测中已有应用。Howerton 等利用高效毛细管液相色谱分离激光诱导荧光检测 16 种优先污染物混合样、洗煤液、污染土壤样品中的多环芳烃。Koller 等利用毛细管区带电泳激光诱导荧光检测人血浆中致癌物红曲霉素 A（OTA），线性范围为 $1\sim100$ ng/mL，检测限为 0.55 ng/mL。

这些联用技术实现了各种技术间的优势互补，在环境污染物分析中已有了长足的发展。拓宽了荧光分析法在环境污染物分析中的应用。总之，荧光光谱分析由于其高的灵敏度和较好的选择性，适应环境样品分析对象复杂、超痕量分析的要求。荧光分析新技术的不断发展及与其他技术的联用，进一步提高荧光光谱分析的灵敏度、选择性和分析过程的自动化，扩大荧光光谱分析法在环境污染物监测中的应用。可以预测，经过科学工作者的不断努力，在不久的将来荧光分析法将更加广泛，更加完善地应用于环境污染物分析，尤其是非金属及有机污染物的分析。

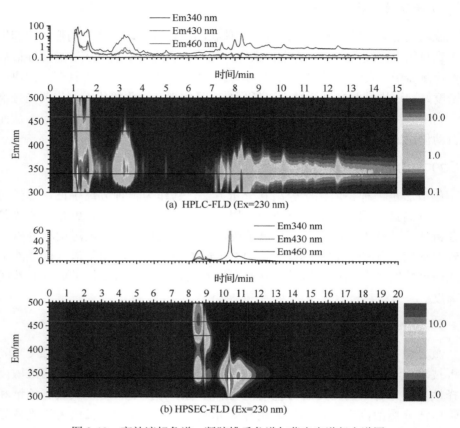

(a) HPLC-FLD (Ex=230 nm)

(b) HPSEC-FLD (Ex=230 nm)

图 3-13　高效液相色谱、凝胶排斥色谱与荧光光谱复合谱图
资料来源：Li et al.，2013

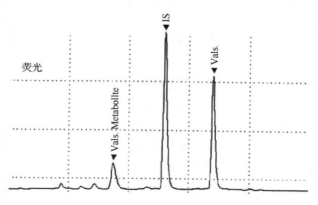

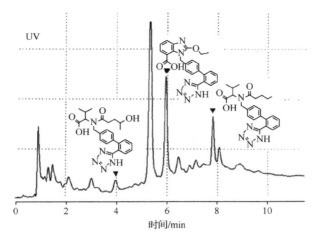

图 3-14　缬沙坦及其代谢产物的高效液相色谱图
荧光检测器（234 nm/378 nm）和紫外检测器（234 nm）

3.2　红外吸收光谱分析

当红外光照射时，物质的分子将吸收红外辐射，引起分子的振动和转动能级间的跃迁所产生的分子吸收光谱，称为红外吸收光谱法（infrared absorption spectrometry，IR）或振动–转动光谱。红外光谱技术研究始于 20 世纪初，1940年出现了商品化红外光谱仪。红外光谱仪主要经历了以下几个重要发展阶段：①棱镜型：4000～400 cm^{-1}（20 世纪 40 年代）；②光栅型：4000～200 cm^{-1}（20世纪 60 年代）；③傅里叶变换型：1969 年第一台在美国数字实验室诞生，标志着第三代红外光谱仪的问世，应用领域日趋广泛。

红外光谱的应用主要在体现在两方面：①用于分子结构的基础研究。测定分子的键长、键角，推断出分子的构型；根据所得力常数了解化学键的强弱；计算热力学函数等。②用于化学组成的分析。根据吸收峰的位置和形状推断未知物结构，依照特征吸收峰强度测定混合物中各组分含量。

3.2.1　红外吸收原理

1. 红外吸收的产生条件

分子必须同时满足以下两个条件才能产生红外吸收。

（1）分子振动时，必须伴随瞬时偶极矩的变化，即只有使分子偶极矩发生变化的振动方式，才会吸收特定频率的红外辐射。这种振动方式称为具有红外活性的振动。因此，对于对称分子，没有偶极矩，辐射不能引起共振，无红外活性，如 N_2、O_2、Cl_2 等。而非对称分子，有偶极矩，具有红外活性。

（2）红外光的能量应恰好能满足振动能级跃迁需要的能量，即只有当红外光的频率与分子某种振动方式的频率相同时，红外光的能量才能被吸收。

2. 红外吸收的基本原理

红外光谱是由于物质分子振动能级跃迁，同时伴随转动能级跃迁而产生的。

分子振动指分子中各原子在平衡位置附近做相对运动，多原子分子可组成多种振动模式，可以视作双原子分子的集合。

首先讨论双原子分子。双原子分子可以看成谐振子，根据经典力学（胡克定律），可导出如图 3-15 所示的公式。

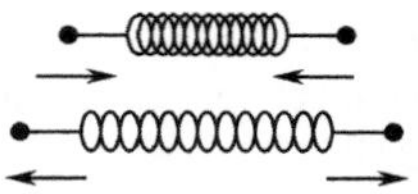

虎克定律

$$\nu = \frac{1}{2\pi}\sqrt{\frac{k}{\mu}} \qquad \mu = \frac{m_1 m_2}{m_1 + m_2}$$

图 3-15　胡克定律公式图

ν 为振动频率，Hz，用波数表示（cm^{-1}）；k 为力常数，表示每单位位移的弹簧恢复力，dyn/cm；μ 为折合质量，g

值得注意的是，在弹簧和小球的体系中，其能量变化是连续的，而真实分子的振动能量变化是量子化的。因此，影响基本振动频率（即基频峰位置）的直接原因是原子质量和化学键力常数。

当孤立分子中各原子以同一频率、同一相位在平衡位置附近做简谐振动时，这种振动方式称为简正振动。分子的简正振动可分为两类：伸缩振动和弯曲振动。伸缩振动指化学键两端的原子沿键轴方向做来回周期运动，又可以分为对称伸缩振动与非对称伸缩振动，出现在高频区。而弯曲振动又称变形振动，表示化学键角发生周期性变化的振动，发生在低频区，包括剪式振动、平面摇摆振动、非平面摇摆振动及扭曲振动。图 3-16 为亚甲基的振动模式。

在室温下，绝大多数分子处于振动能级的基态。谐振子的分子从基态（$\nu = 0$）向 ν 为 1 的激发态跃迁，这种跃迁称为基本跃迁，分子的相应吸收频率称为基频。只有 $\Delta\nu = 1$ 的跃迁，才是允许跃迁，这一规则称为谐振子跃迁选律。对于 $\Delta\nu = \pm 2$，± 3，…的跃迁属于禁阻跃迁，但是由于真实分子的非谐性，这些跃迁的概率不为 0，对于 $\nu = \pm 2$，± 3，…的跃迁分别称为一级泛音、二级泛音，又称倍频，强度很弱。如果分子吸收一个红外光子，同时激发基频分别为 ν_1 和 ν_2 的两种跃迁，此时产生的吸收频率应该等于上述两种跃迁的吸收频率之和，故称组频。对于谐振子是禁阻的，但由于分子的非谐性，使组频带仍以弱的吸收带出现。

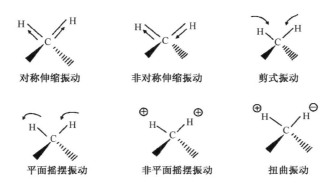

图 3-16　亚甲基的振动模式

对于多原子分子，分子振动由伸缩振动、弯曲振动以及两者间的耦合振动组成。每个原子在空间的位置必须由三个坐标来确定，则由 N 个原子组成的分子就有 $3N$ 个坐标，或称为有 $3N$ 个运动自由度。分子本身作为一个整体，有三个平动自由度和三个转动自由度。含 N 个原子的分子应有 $3N–6$ 个简正振动方式；如果是线性分子，只有 $3N–5$ 个简正振动方式。

三原子分子线形分子有 4 种简正振动模式。例如，CO_2 分子的 4 种简正振动形式如图 3-17 所示。

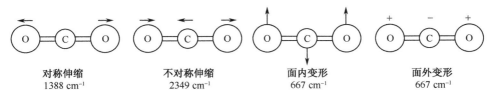

图 3-17　CO_2 分子的 4 种简正振动形式
+、–分别表示垂直于纸面向里和向外运动

三原子分子非线形分子有 3 种简正振动模式。例如，H_2O 分子的 3 种简正振动形式如图 3-18 所示。

图 3-18　H_2O 分子的 3 种简正振动形式

当然，分子振动能级间跃迁需要的能量小，一般在 0.025～1 eV，因此红外辐射的波长范围为 0.78～40 μm。按照红外射线的波长范围分区得到近红外区、中红外区和远红外区，详见表 3-1，其中最广泛应用的范围是中红外光谱。每个分子都有由其组成和结构决定的、独有的红外吸收光谱，显示出红外光谱的分子光谱特征。

表 3-1　红外光谱的分区

名　称	波长/μm	波数/cm^{-1}	能级跃迁类型
近红外区（泛频区）	0.78～2.5	12820～4000	O—H、N—H 及 C—H 键的倍频吸收
中红外区（基本振动区）	2.5～25	4000～400	分子中基团振动、分子转动
远红外区（转动区）	25～1000	400～33	分子转动，晶格振动

注：波数与波长之间的关系为波数（cm^{-1}）=10^4/波长（μm）。

3. 红外光谱图

红外光谱是分子的振动和转动谱线组成的吸收谱带。当符合一定条件的一束红外光照射物质时，被照射物质的分子将吸收一部分红外光能，使分子固有的振动和转动能级跃迁到较高的能级，光谱上即出现吸收谱带，即得到该物质的红外吸收特征光谱。通常以波数（cm^{-1}）或波长（μm）为横坐标，吸光度（A）或百分透过率（$T\%$）为纵坐标。但并非每一种振动方式在红外光谱上都能产生一个吸收带，实际吸收带比预期要少得多。减少的主要原因：①某些振动方式为非红外活性，不产生偶极矩变化。例如，CO_2 的对称伸缩振动，无偶极矩变化，如 O=C=O。②分子具有高度的对称性，造成两种振动方式的频率相同，发生简并现象。③振动频率接近，一般的红外光谱仪因分辨率不够，难以辨认。④振动吸收的能量太小，吸收信号不被仪器感知。

4. 红外光谱与分子结构的关系

绝大多数有机物的基团振动频率范围在中红外区域，该区具有非常丰富的结构信息。谱图中特征基团频率代表分子中官能团的存在，全光谱图反映整个分子的结构特征。

1）基团频率和指纹区

在红外光谱中，某些化学基团虽然处于不同的分子中，但它们的吸收频率总是出现在一个较窄的特定频带，分子的剩余部分对其影响较小，而且它们的频率不随分子构型的变化而出现较大的改变，这类频率称为基团特征振动频率，简称基团频率。利用基团频率则可以高效鉴别基团的存在。

作为鉴别官能团的依据，因为基团频率为 1500～400 cm^{-1}，频率较高，受分子其他部分振动的影响较小。例如，羰基总是在 1870～1650 cm^{-1}，出现强吸收峰。

在 1500 cm^{-1} 以下的区域，主要属于 C—X 伸缩振动和 H—C 弯曲振动频率区。由于这些化学键的振动容易受附近化学键振动的影响，因此结构的微小改变使这部分光谱的形貌发生变化。故 1500～700 cm^{-1} 区间称为指纹区。例如，可用来鉴别烯烃的取代程度、提供化合物的顺反构型信息，确定苯环的取代基类型等。

如图 3-19 所示，常见的有机化合物基团频率出现的范围：4000～670 cm^{-1} 依据基团的振动形式，分为四个区：第一峰区（3700～2500 cm^{-1}）X—H 的伸缩振动吸收；第二峰区（2500～1900 cm^{-1}）三键、累积双键的伸缩振动吸收；第三峰区（1900～1500 cm^{-1}）双键伸缩振动区；第四峰区（1500～600 cm^{-1}）X—Y 伸缩振动和 X—H 变形振动区。

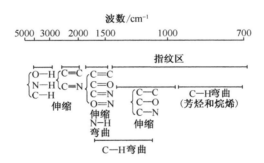

图 3-19　各种基团吸收频率的分布

2）典型有机化合物的红外光谱主要特征

烷烃：C—H 伸缩振动接近 3000 cm^{-1}。C—H 弯曲振动在 1380 cm^{-1} 和 1480 cm^{-1} 附近，其中异丙基分裂为 1385 cm^{-1} 与 1375 cm^{-1}，且两强度相似；叔丁基分裂为 1395 cm^{-1} 及 1370 cm^{-1}，强度不等。

烯烃：有三个重要特征吸收带。=C—H 伸缩振动在略大于 3000 cm^{-1} 附近，峰尖锐，强度中等；C=C 伸缩振动发生在 1650 cm^{-1} 附近；乙烯基型化合物，在 990 cm^{-1}、910 cm^{-1} 附近有两个很强的—CH=CH$_2$ 面外振动带。

炔烃：≡C—H 伸缩振动在 3300 cm^{-1}；C≡C 伸缩振动在末端炔键 2140～2100 cm^{-1}，以及中间炔键 2260～2190 cm^{-1}；≡C—H 弯曲振动在 642～615 cm^{-1}。

芳烃：=C—H 伸缩振动 3000 cm^{-1} 有三个吸收带；芳环的骨架（C=C）伸缩振动 1600 cm^{-1}、1500 cm^{-1} 及 1450 cm^{-1} 三个吸收带；=C—H 面外弯曲振动在 900～650 cm^{-1}。而典型取代苯具有的特征吸收频率列于表 3-2。

表 3-2 典型取代苯的特征吸收频率

取代类型	吸收频率（cm^{-1}）	900～650 cm^{-1}区特征吸收带数目及位置（cm^{-1}）
单取代	770～730（5H）	2（约740，约680）
邻二取代	770～735（4H）	1（约740）
间二取代	900～860（1H）	3（约860、约775、约710）
	810～750（3H）	
对二取代	860～800（2H）	1（约805）
1, 3, 5-三取代	860～810（1H）	3（约870、约830、约710）
1, 2, 3-三取代	780～760（3H）	2（约765、约720）
1, 2, 4-三取代	850～870（1H）	2（约870、约805）
	825～805（2H）	

注：括号内指相邻氢的数目。

醇和酚：O—H 伸缩振动在 3300 cm^{-1} 附近，吸收带强而宽。醇的 C—O 伸缩振动在 1260～1000 cm^{-1} 强度大，其中伯醇 1050 cm^{-1}、仲醇 1100 cm^{-1}、叔醇 1150 cm^{-1}。酚的 C—O 伸缩振动在 1200 cm^{-1}，强而宽。醇和酚的 O—H 弯曲振动在 1350 cm^{-1} 附近。

醚：其特征吸收带就是 C—O—C 伸缩振动。饱和脂肪醚在 1125 cm^{-1} 附近有强的吸收峰，若 α 碳上带有侧链，在 1170～1070 cm^{-1} 区出现双带；芳基烷基醚在 1280～1220 cm^{-1} 及 1100～1050 cm^{-1} 有两个强吸收带，前者强度更大。

酮和醛：酮的唯一特征吸收带是 C=O 伸缩振动引起的。饱和脂肪酮在 1715 cm^{-1} 附近，芳酮则向低频移动约 20 cm^{-1}。醛类有 2830 cm^{-1} 和 2720 cm^{-1} 两个吸收带。利用它们可将醛类与其他羰基化合物区别开来，但前者易与亚甲基的 C—H 伸缩振动带重叠，C=O 伸缩振动在 1700 cm^{-1} 附近吸收强度大。

羧酸：O—H 伸缩振动在 3000 cm^{-1} 附近，强而宽；C=O 伸缩振动在 1700 cm^{-1} 附近，C—O 伸缩振动在 1250 cm^{-1} 附近；O—H 弯曲振动在 1440～1395 cm^{-1}。

酯：酯的 C=O 伸缩振动频率比相应的酮类高，在 1740 cm^{-1} 附近。C—O—C 伸缩振动 1300～1000 cm^{-1} 有两个吸收带，但易与此区间内醇、羧酸、醚中的 C—O 伸缩振动带混淆。

胺类：N—H 不对称和对称的伸缩振动带分别在 3400 cm^{-1} 和 3500 cm^{-1} 附近，芳香胺的强度大于脂肪胺。伯胺的 N—H 面内弯曲振动在 1640～1560 cm^{-1}，较宽，且强度较大。芳香族仲胺的 N—H 弯曲振动带强，在 1600 cm^{-1} 附近，脂肪族则很弱。

酰胺：N—H 伸缩振动在 3300 cm^{-1} 附近；C=O 伸缩振动（酰胺 I 带）的频率比相应的酮类略低；对于 N—H 面内弯曲振动（又称酰胺 II 带），其中伯酰胺在 1640～1600 cm^{-1}；仲酰胺在 1600 cm^{-1} 以下；对于 N—H 面外弯曲振动，其中伯酰胺在 875～750 cm^{-1}；仲酰胺在 750～650 cm^{-1}。图 3-20 为苯甲酰胺的红外光谱图，该图清晰地反映苯甲酰胺整个分子的结构特征。

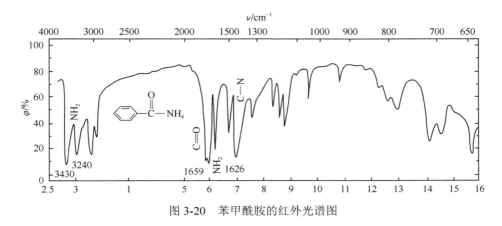

图 3-20　苯甲酰胺的红外光谱图

表 3-3 给出的是有机分子的基团与红外特征振动频率之间的基本关系。

表 3-3　基团的特征振动频率

原子团	基团频率范围/cm^{-1}
H—O—	3700～3500
H—C—C	3100～3000
H—C≡C—	3400～3300
—C≡C—	2270～2170
H—C（芳族）	3100～3050
S=C	1600～1500
F—C	1300～1100
O=C	1850～1700
—N=C	1690～1610

3）影响基团频率位移的因素

由于分子结构不同或测量环境的改变，使基团的频率发生一定程度的位移，主要影响因素如下。

（1）样品状态：同一物质由于状态不同，分子间相互作用力不同，测得的光谱也不同。一般在气态下测得的谱带波数最高，并能观察到伴随振动光谱的转动精细结构；在液态和固态下测定的谱带波数相对较低。

（2）温度效应：低温下，吸收带尖锐，随温度升高，带宽增加，带数减小。

（3）氢键影响：对于 X—H 键的伸缩振动，分子形成氢键而呈缔合状态，导致带宽及强度都增加，并移向低频。对于 X—H 键的弯曲振动，情况正好与伸缩振动相反。缔合状态导致弯曲振动频率移向高频。分子间氢键受浓度影响较大，因此可观测稀释过程峰位置的变化，来判断分子间氢键的形成。分子内氢键不受浓度影响。同时，分子间的氢键受溶剂影响，溶剂极性越大，与溶质形成氢键的能力越强，溶质分子的极性基团的伸缩振动越向低频移动。

（4）电子效应：电子效应主要是指诱导效应和共轭效应。

诱导效应指电负性不同的取代基，会通过静电诱导而引起分子中电子分布的变化，从而改变键力常数，使基团特征频率位移。例如，电负性大的基团（或原子）吸电子能力强，使 C=O 上的电子云由氧原子转向双键的中间，增加 C=O 双键的力常数，使其振动频率升高，吸收峰移向高波数。取代原子电负性越大或取代基数目越多，诱导效应越强。

由分子形成大 π 键引起的效应称共轭效应。由于共轭效应使共轭体系中的电子云密度趋于平均化，导致双键略有伸长，单键略有缩短，结果使双键频率向低频移动，单键频率略向高频移动。

当诱导与共轭共存时，双键吸收频率的位移取决于占优势的效应。例如，—OR 的氧原子的吸电子诱导效应强于氧原子中孤电子对参与的共轭效应，因此向高频移动。反之，对—SR 中的硫原子，其孤电子对的共轭效应占支配地位，因而向低频移动。

（5）偶极场效应：偶极场效应通过分子内的空间起作用，相互靠近的官能团之间，才能产生。如二氯代丙酮的三种异构体，如图 3-21 所示。

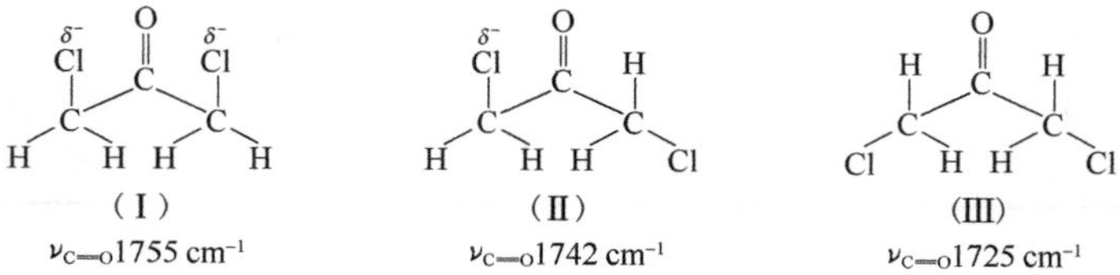

$$\text{（Ⅰ）} \quad \nu_{C=O} 1755 \text{ cm}^{-1}$$
$$\text{（Ⅱ）} \quad \nu_{C=O} 1742 \text{ cm}^{-1}$$
$$\text{（Ⅲ）} \quad \nu_{C=O} 1725 \text{ cm}^{-1}$$

图 3-21　二氯代丙酮的三种异构体图

卤素和氧都是键偶极的负极，在Ⅰ、Ⅱ中发生负负相斥作用，使 C=O 上的电子云移向双键的中间，增加双键的电子云密度，键力常数增加，因此频率升高。

（6）振动耦合：如果两个振子属于同一分子的一部分，而且相距很近，一个振子的振动会影响另一个振子的振动，并组合成同相（对称）或异相（不对称）两种振动状态，前者的频率低于原来振子频率，后者的频率高于原来振子频率，造成原来频带的分裂，这种现象称为振动耦合。例如，羧酸酐、二元酸的两个羧基之间只有 1～2 个碳原子时会出现两个 C≕O 吸收峰，这也是振动耦合产生的。

3.2.2　红外光谱仪

红外分光光度计可分为色散型和干涉型两大类。色散型又有棱镜分光型和光栅分光型两种红外光谱仪，两者的基本原理一致，但是光栅的分辨率要比棱镜高得多；干涉型为傅里叶变换红外光谱仪，它没有单色器和狭缝，是由迈克尔逊干涉仪和数据处理系统组合而成的。国内外目前主要使用的是色散型红外光谱仪和傅里叶变换红外光谱仪。

1. 色散型红外光谱仪

色散型红外光谱仪的结构同紫外–可见分光光度计相似，但使用的材料与部件的排列顺序不同，这是由红外光谱的特点决定的。其主要部件包括光源、样品池、单色器、检测器、放大及记录系统。

1）光学系统

色散型双光束红外光谱仪的光学系统如图 3-22 所示。

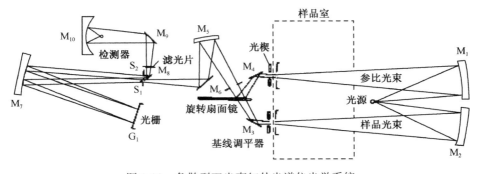

图 3-22　色散型双光束红外光谱仪光学系统

2）主要部件

（1）光源。常用的红外光源有能斯特灯和硅碳棒两种。能斯特灯的寿命较长、稳定性好，但价格较贵、操作不便。而硅碳棒使用波长范围宽，发光面大，操作方便、廉价。

（2）样品池。玻璃、石英等材料不能透过红外光，因此红外吸收池的窗口材料主要由可透过红外光的 NaCl、KBr、CsI、KRS-5（58%的 TlI 和 42%的 TlBr）等晶体制成窗片，也称为盐窗。用 NaCl、KBr、CsI 等材料制成的窗片需要注意防潮，CsI 和 KRS-5 可用于水溶液的测定。固体试样一般与 KBr 混合后压片进行测定。

（3）单色器。由色散元件、准直镜和狭缝构成。用于红外光谱仪的色散元件有两类：棱镜和光栅，目前多用光栅作色散元件。若以棱镜为色散元件，应能透过红外辐射并保持完全干燥。光栅作色散元件的最大优点：不会受水汽的侵蚀；采用几块光栅常数不同的光栅可增加波长范围；分辨率恒定，当采用程序增减狭缝宽度的办法时可提高长波部分红外辐射的分离效果。

（4）检测器。检测器的作用是接收红外辐射并使之转换成电信号。主要分为热检测器和量子检测器。前者是将大量入射光子的累积能量，经过热效应，转变成可测的相应值；后者是一种半导体装置，利用光导效应进行检测。

热释电检测器（通用型热释电检测器）：利用硫酸三苷肽（triglycine sulfate，TGS）这类热电材料的单晶薄片作检测元件。硫酸三苷肽薄片的正面镀铬，反面镀金，形成两电极，并连接至放大器。当红外辐射投射至 TGS 薄片上时，温度上升，TGS 表面电荷减少。这相当于 TGS 释放了一部分电荷，释放的电荷经放大后记录。它的响应极快，因此可进行高速扫描，在中红外区，扫描一次仅需 1 s，因而适合在傅里叶变换红外光谱仪中使用。

半导体检测器（高灵敏快速响应检测器）：一些半导体材料的带隙所需激发能较小，利用此特性制成红外光谱的检测器。半导体检测器属于量子化检测器。目前常用的半导体检测器为半导体 HgTe-CdTe 的混合物，即碲化汞镉（简称 MCT）检测器。MCT 检测器比 TGS 检测器有更快的响应时间和更高的灵敏度。因此 MCT 检测器更适合于傅里叶变换红外光谱仪。但 MCT 检测器工作时，必须使用液氮冷却（77 K）。

2. 傅里叶变换红外光谱仪

傅里叶变换红外光谱仪是 20 世纪 70 年代出现的新一代红外光谱仪，它根据光的相干性原理设计，没有色散元件，是一种干涉型光谱仪。它主要由光源（硅碳棒、高压汞灯）、干涉仪、样品池、检测器、计算机和记录系统组成。大多数傅里叶变换红外光谱仪使用迈克尔逊干涉仪。因此实验测量的原始光谱图是光源的干涉图，然后通过计算机对干涉图进行快速傅里叶变换计算，从而得到以波长或波数为函数的光谱图。图谱称为傅里叶变换红外光谱，仪器称为傅里叶变换红外光谱仪。

1）光学系统及工作原理

来自红外光源的辐射，经过凹面反射镜使成平行光后进入迈克尔逊干涉仪。离开干涉仪的脉动光束投射到一摆动的反射镜（定镜 A），使光束交替通过样品池或参比池，再经摆动反射镜（动镜 B）使光束经分束器聚焦到样品池上，再经检测系统得到红外光谱信息清晰、丰富的图谱。图 3-23 是傅里叶变换红外光谱仪的典型光路系统。

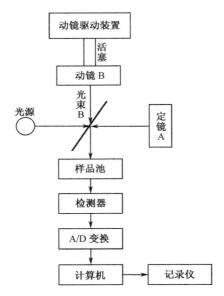

图 3-23　傅里叶变换红外光谱仪的典型光路系统

傅里叶变换红外光谱仪没有色散元件，没有狭缝，所以来自光源的光有足够的能量经干涉后照射到样品上后到达检测器。傅里叶变换红外光谱仪测量部分的核心是干涉仪。

实际的傅里叶变换红外光谱仪中，除了主干涉仪外还有两种辅助干涉仪系统，如图 3-24 所示。其一是激光参比干涉仪，使用激光光源；其二是白光干涉仪，使用白光光源。两个辅助干涉仪系统的作用是控制仪器的信号采样系统精确地对红外干涉图信号采样及信号累加平均。

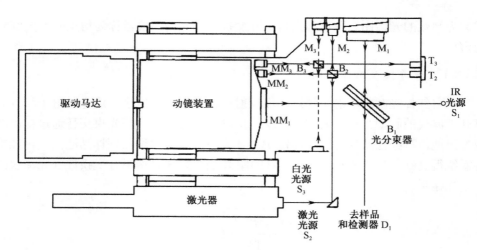

图 3-24 傅里叶变换红外光谱仪中的三种干涉仪系统示意

在傅里叶变换红外光谱测量中，主要由两步完成：第一步，测量红外干涉图——时域谱，极其复杂，难以解释；第二步，通过计算机对该干涉图进行快速傅里叶变换，从而得到以波长或波数为函数的频域谱，即红外光谱图。图 3-25 是二苯甲醇的傅里叶变换红外光谱图。

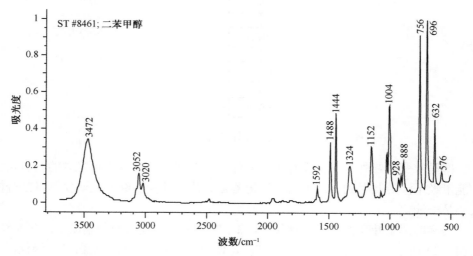

图 3-25 二苯甲醇的傅里叶变换红外光谱图

2）傅里叶变换红外光谱法特点

（1）多路优点：狭缝的废除大大提高了光能利用率。

（2）分辨率提高。分辨率决定于动镜的线性移动距离，距离增加，分辨率提高。一般可达 0.5 cm^{-1}，高的可达 10^{-2} cm^{-1}。

（3）波数准确度高。由于引入了激光参比干涉仪，用激光干涉条纹准确测定光程差，从而使波数更为准确。

（4）测定的光谱范围宽，可达 $10\sim10^4$ cm^{-1}。

（5）扫描速度极快，在不到 1 s 的时间里可获得图谱，比色散型仪器高几百倍。

3.2.3　样品的制备

要获得一张高质量的光谱图，除了仪器本身的因素，尚需具备两个条件，即熟练的仪器操作技术和合适的样品制备技术。下面将分别介绍不同样品类型的主要制备方法。

1. 气体样品

气体样品可以将它直接充入已抽成真空的样品池内，常用的样品池的长度约在 10 cm 以上。对于痕量分析，可采用多次反射使光程折叠，使光束通过样品池全长的次数成倍增加，以满足仪器检测限要求。

2. 液体和溶液样品

纯液体样品可以直接滴入两窗片之间形成薄膜后测定，可以消除加入溶剂而引起的干扰，但会呈现强烈的分子间氢键及缔合效应。

对于样品溶液，有两点值得注意：①池窗及样品池的材料必须与所测量的光谱范围相匹配。②应正确选择溶剂。对溶剂的要求：对样品有良好溶解度；溶剂的红外吸收不干扰测定。常用溶剂为 CCl$_4$（测定范围为 4000～1300 cm^{-1}）和 CS$_2$（测定范围为 1300～650 cm^{-1}）。若样品不溶于 CCl$_4$ 和 CS$_2$，可以采用 CHCl$_3$ 或 CH$_2$Cl$_2$ 等。水分子自身有红外吸收，故一般不作溶剂使用；水也会侵蚀池窗，因此样品必须干燥。配成的样品溶液浓度一般控制在 10% 左右。

3. 固体样品

固体样品可以采用溶液法、研糊法及压片法制备样品。

溶液法就是将样品在合适溶剂中配成浓度约 5% 的溶液后测量。研糊法即将研细的样品与石蜡油调成均匀的糊状物后，涂于窗片上进行测量。压片法是将约 1 mg 样品与 100 mg 干燥的溴化钾（或其他盐窗材料）粉末研磨均匀，再在压片机上压成几乎呈透明状的圆片后进行测量。采用这种处理技术的优点是干扰小，浓度可控，定量准确，且易保存。

为了保证固体样品的测试结果的准确可靠，样品制备过程中必须注意：①仔细研磨样品，使粉末粒径控制在 1～2 μm，颗粒过大会造成入射光的散射增强；②试样颗粒必须分散均匀，且保持高干燥度。

3.2.4　红外法定性定量分析

通常，红外光谱分析、鉴定的物质要求是纯样品。因为每种化合物具有特有的红外光谱图，而混合物的光谱图是其组成的光谱图叠加。同时，为了得到一张高分辨率的红外光谱图，试样制备方法的选择十分重要，同一样品通过不同的制备与测试方法得到的谱图基本相似，但谱图质量上存在差异，谱图质量直接影响定性定量分析的准确度和灵敏度。同时，要优化光谱仪的狭缝宽度、扫描速度以及灵敏度等条件，控制好试样的合适透光度，使最强的吸收带透光度在 5%左右，基线在 90%左右。

红外光谱具有高度的特征性，不但可以用来研究分子的结构和化学键，如力常数的测定等，而且广泛地用于表征和鉴别各种化学物质。

1. 定性分析

红外光谱法是如今有机物定性分析中应用较为广泛的方法，其之所以深受重视，不仅是因为该法鉴定物质可靠，而且还由于它有着操作简便、分析快速、样品用量较少的优点。用红外光谱法进行定性分析是在样品不受破坏（除采用裂解法外）的情况下进行的，这对那些量少难得而且希望能回收的样品来说尤为重要。

与物质的其他物理性质（如熔点、沸点、比重等）一样，红外光谱和物质间的对应关系很严格。但是红外光谱可以得到的是分子结构信息，比其他物理性质提供的信息多，这是因为红外光谱中吸收峰的位置和强度不仅与组成该分子的各原子质量及化学键的性质有关，而且也与化合物的几何构型有关，因此两种化合物只要组成分子的原子质量不同，或化学键性质不同，或几何构型出现差异，都会得到信息不同的红外光谱，所以红外光谱法可以区分由不同原子和化学键组成的物质以及识别各种同分异构体，如链异构、位异构、顺反异构和固体的多晶异构等，这种犹如人与指纹的严谨关系，就是红外光谱法进行定性分析的依据。

在各类分子中，相同基团大体在某一特定光谱区内出现吸收（特征频率），每一种物质的红外光谱都反映该物质的结构特征，通常用四个基本参数来表征，通过对红外光谱图的四个基本参数进行分析能够推断未知化合物的组成结构。

（1）谱带数目：由于分子振动过程偶极矩变化时才产生红外共振吸收，而相同或相近频率的振动可能发生简并、倍频、组合频等效应将导致红外光谱谱带数目与理论数目不符。但是每种物质的实测红外光谱谱带数目都是一定的。

（2）谱带位置：谱带的频率对应化合物中分子或基团的振动形式。谱带的位置是指示一定基团存在的最有用的特征，由于若干不同的基团可能在相同的频率区出现，做判断时要特别慎重。

（3）谱带形状：由物质分子内或基团内价键的振动形式决定，有时从谱带的形状也能得到基团的有关信息，这些对鉴定特殊基团的存在很有用。

（4）相对强度：每一种物质，每条吸收谱带的相对强度都是一定的，它同样是由该吸收谱带对应的价键的振动来决定的。

红外光谱定性应用包括有机化合物基团的检测、检查分离过程和分离产物的检杂、研究化学反应历程和机理、未知物的结构剖析等。样品的红外定性分析主要步骤如下。

（1）了解样品的来源和性质，确定样品的制备方法。一般样品的红外光谱定性分析可采用吸收光谱法或透射光谱法，其常规制样方法可分为压片法、糊状法和薄膜法。

（2）计算化合物的不饱和度。不饱和度 $\Omega = n_4 + 1 + (n_3 - n_1)/2$，式中 n_4 为化合价为 4 价的原子个数（主要是 C 原子）；n_3 为化合价为 3 价的原子个数（主要是 N 原子）；n_1 为化合价为 1 价的原子个数（主要是 H、X 原子）。

（3）识别基团频率区和指纹区。对样品的红外光谱图的 3300～2800 cm^{-1} 区域进行 C—H 伸缩振动吸收，以 3000 cm^{-1} 为界，在高于 3000 cm^{-1} 区域出现的相关峰由不饱和碳 C—H 伸缩振动吸收造成，官能团有可能为碳碳双键、碳碳三键、芳香环，而在低于 3000 cm^{-1} 区域出现的相关峰一般由饱和 C—H 伸缩振动吸收造成。

若在稍高于 3000 cm^{-1} 区域出现相关峰，则应在 2250～1450 cm^{-1} 区域分析不饱和碳碳键的伸缩振动吸收特征峰，其中若在 2200～2100 cm^{-1} 区域有特征峰则官能团为碳碳三键；在 1680～1640 cm^{-1} 区域有特征峰则官能团为碳碳双键；含芳香环的样品的红外光谱图一般在 1600 cm^{-1}、1580 cm^{-1}、1500 cm^{-1}、1450 cm^{-1} 区域出现特征峰。

若已确定样品含碳碳双键或芳香环，则应进一步解析红外光谱图的指纹区即 1000～650 cm^{-1} 区域，以确定取代基个数和位置（顺、反、邻、间、对）。

（4）确定样品的碳骨架类型后，再依据其他官能团如 C=O、O—H、C—N 等特征吸收峰来判定样品的官能团。

解析红外光谱图时，应注意把描述各官能团的相关峰联系起来，以准确判定官能团的存在,如在 2820 cm^{-1}、2720 cm^{-1} 和 1750~1700 cm^{-1} 区域出现的三个峰可说明醛基的存在。在实际工作中,根据样品的性质可以选择单一或者联合利用直接法、否定法和肯定法等对红外光谱进行定性分析,对红外光谱图进行解析时通常遵循先简单后复杂、先基团频率区后指纹区、先强峰后弱峰、先初查后细查、先否定后肯定的基本原则,同时应该注意与其他分析方法相结合。

在推断出化合物的结构之后,还需进行化合物结构的验证,主要验证方法如下。

(1)设法获得纯样品,绘制其红外光谱图进行对照,但必须考虑到样品的处理技术与测量条件是否相同。

(2)若不能获得纯样品,可与标准光谱图进行对照。当谱图上的特征吸收带位置、形状及强度相一致时,可以完全确证。当然绝对吻合不可能,各特征吸收带的相对强度的顺序是不变的。常见的红外谱图数据库有 Sadtler 红外光谱数据库、日本 NIMC 有机物谱图库、上海有机所红外谱图数据库、ChemExper 化学品目录、FTIRsearch、NISTChemistryWebBook。这些数据库集成多种光谱技术来解析未知物,如红外、核磁共振、质谱、拉曼、近红外和紫外–可见等在未知物鉴定、化学产品质量控制、刑侦、环境保护、食品安全、石油、塑料工业、教学和矿物分析等各个领域有着广泛的应用。除了谱图对比,还能提供混合物分析、多种谱图综合分析的功能,加强未知物解析的可信度。

(3)对复杂样品,常与紫外、质谱、核磁共振波谱等方法联合解析。

2. 定量分析

与其他辐射吸收光谱定量相同(如紫外–可见分光光度法),红外光谱定量分析的基础依然是朗伯–比耳定律(Lambert-Beer law):

$$A=abc \tag{3-7}$$

式中,A 为物质组分在某红外频率处的吸光度;a 为该频率处的吸光系数,吸光系数是物质具有的特定数值,但文献中的数值并不能通用,由于仪器精度和操作条件不同,所得数值常有差别,因此在实际工作中,为保证分析的准确度,吸光系数还得借助纯物质重新测定;b 为红外吸收的光程长度;c 为化合物的浓度。

在定量分析中,红外光谱图中吸收峰很多,如图 3-26 所示。因此在定量分析时,特征吸收谱峰或吸收谱带的选择尤为重要,首先选择的定量分析吸收峰应有足够强度,即摩尔吸光系数大的峰,且不与其他峰相重叠。同时,还要充分注意以下几点:①谱带的峰形应有较好的对称性;②没有其他组分在所选择特征谱带区产生干扰;③溶剂或介质在所选择特征谱带区应无吸收或基本没有吸收;④所选溶剂不应在浓度变化时对所选择特征谱带的峰形产生影响；⑤特征谱带不应在对二氧化碳、水及其蒸汽有强吸收的区域。

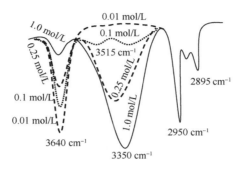

图 3-26 　乙醇在四氯化碳中不同浓度的红外光谱

红外光谱定量方法主要有测定谱带强度和测量谱带面积两种。此外，也有采用谱带的一阶导数和二阶导数的计算方法，这种方法能准确地测量重叠的谱带，甚至包括强峰斜坡上的肩峰。

红外光谱定量分析可以采用的方法很多，下面将介绍几种常用的测定方法。

1 ）直接计算法

这种方法适用于组分简单、特征吸收带不重叠，且浓度与吸收度呈线性关系的样品。

从红外分析仪上读取吸光度（A）的值，同时已知红外吸收的光程长度，按式（3-7）算出组分含量（c），从而可以推算出质量分数。这一方法的前提是必须用标准样品测得 a 值。分析精度要求不高时，可用文献报道的 a 值。

2 ）工作曲线法

这种方法适用于组分简单、特征吸收谱带重叠较少，而浓度与吸收度不完全呈线性关系的样品。

将一系列浓度的标准样品的溶液在同一吸收池内测出需要的谱带，计算出吸光度值作为纵坐标，再以浓度为横坐标，制作出相应的工作曲线。由于是在同一吸收池内测量，故可获得 A-c 的实际变化曲线。

由于工作曲线是从实际样品测定中获得的，它真实地反映了被测组分的浓度与吸光度的关系。因此即使被测组分不服从 Beer 定律，只要浓度在所测的工作曲线范围内，也能得到比较准确的结果。同时，在这种定量分析方法中，分析波数的选择同样是重要的，分析波数只能选在被测组分的特征吸收峰处。

3）解联立方程法

解联立方程法运用的对象是组分众多而频带又彼此严重重叠的样品，通常无法选出较好的特征吸收谱带。采用这一方法的条件是必须具备各个组分的标准样品且各组分在溶液中是遵守 Beer 定律的。定量分析可以根据吸光度的加和特征来进行。

例如，某一混合物由 n 个组分组成，各组分的浓度分别为 c_1，c_2，c_3，$\cdots$，c_n，它们在分析波数 ν 处的吸收系数各为 a_{ν_1}，a_{ν_2}，$\cdots$，a_{ν_n}，则样品在这个分析波数处的总吸光度为

$$A_\nu = A_{1\nu} + A_{2\nu} + \cdots + A_{n\nu} = a_{\nu_1} b c_1 + a_{\nu_2} b c_2 + \cdots + a_{\nu_n} b c_n \qquad (3\text{-}8)$$

样品中共有 n 个组分，每一组分都有一个以它为主要贡献的谱带和对应的波数值，可列出下列方程组：

$$\left.\begin{array}{l} A_{\nu_1} = a_{\nu_1} b c_1 + a_{\nu_1} b c_2 + \cdots + a_{\nu_1} b c_n \\ A_{\nu_2} = a_{\nu_2} b c_1 + a_{\nu_2} b c_2 + \cdots + a_{\nu_2} b c_n \\ \cdots \\ A_{\nu_n} = a_{\nu_n} b c_1 + a_{\nu_n} b c_2 + \cdots + a_{\nu_n} b c_n \end{array}\right\} \qquad (3\text{-}9)$$

式中，ν_1，ν_2，$\cdots$，ν_n 为与各组分别对应的波带的波数值；A_{ν_n} 为在 ν_n 波数点处的吸光度总和值；a_{ν_n} 为第一个组分在 ν_n 波数点处的吸收系数；b 为已知的吸收池厚度。

如果测出各个 a 值，则各个未知浓度 c 就可从式（3-9）解得。a 值的求法是将样品配成一定浓度后测出红外光谱，再在红外分析仪上读出某一波数处的吸光度值，由于 c 和 b 是已知的实验值，用 Beer 定律 $A = abc$ 关系即可求得各个 a 值。

联立方程定量分析时应注意以下几点。

（1）选择合适的波数点。在此点波数只应以某一组分的贡献为主，其他组分在此都只有较小的吸收贡献。

（2）读准吸光度。在实验时必须读谱图上那些没有吸收峰值的某波数上的吸光度数值。在谱带的斜坡上更需注意所读数据的准确性。

（3）求 a 值时选取合适的浓度。在测定 a 值时。各组分的纯品配制浓度应接近未知样品中该组分的浓度，且应在该量附近配制 4~5 个点以求出较为可靠的 a 值，或据此绘出工作曲线。

由于解联立方程的计算工作量很大，现代的红外光谱仪器均带有功能良好的计算机，借助配备的计算机，运用线件代数中矩阵法解联立方程成为十分实用的方法。

红外光谱法进行定量分析具有多样性，可根据被测物质的性质灵活应用，而且无论是固态、液态或是气体，红外光谱法都可利用自身的技术进行分析，因此拓宽了红外光谱的定量分析。同时，红外光谱法不需要对样品进行烦琐的前处理过程，对样品可达到无损伤非破坏，也大大地突出了较其他定量方法的优越性。另外，红外光谱中的特征光谱较多，可供选择的吸收峰多，所以方便对单一组分或是混合物进行分析。目前，随着红外自身技术和化学计量的发展，红外的定量分析方法越来越多，包括峰高法、峰面积法、谱带比值法、内标法、因子分析法、漫反射光谱法、导数光谱法、最小二乘法、偏最小二乘法、人工神经网络等。基于这些优点，红外光谱法在环境监测、化工、石油、医药、材料等领域得到广泛应用。

但是红外光谱的定量分析与其他的定量方法比较，方法灵敏度相对比较低，而且浓度与红外吸收之间的线性响应范围也比较窄，这也限制了其在环境领域中的应用。而在分析物理和化学性质上极为相似的混合物中某一组分时，特别是异构体组分，红外光谱法具有明显优势。

3.2.5　红外光谱技术在环境领域的应用

红外光谱分析技术以其快速、无损、高效、易操作、稳定性好等特点，成为20 世纪 90 年代以来发展最快、备受关注的光谱分析技术，其在环境领域的应用也日渐成熟。下面将对几个红外光谱分析技术在环境领域的典型应用实例进行简要介绍。

1. 水中油类物质的红外分光光度法测定

油类物质是一种黏性的、可燃的、不与水混溶但可溶于乙醇、正己烷、四氯化碳和四氯乙烯等有机溶剂的液态或半固态的物质。可借助合适的有机溶剂将环境样品中油类物质萃取出来，选择合适方法进行测定。测定方法包括紫外分光光度法、红外分光光度法和荧光法等。近年来，环境样品中油类物质的国家标准方法相继颁布，如《水质 石油类和动植物油类的测定 红外分光光度法》（HJ 637—2018）、《固定污染源废气 油烟和油雾的测定 红外分光光度法》（HJ 1077—2019）和《土壤 石油类的测定 红外分光光度法 》（HJ 1051—2019）。无论采用哪种测定方法，测试之前都需要进行环境样品中油类物质的萃取，常用的萃取溶剂有石油醚、己烷和四氯乙烯等非极性或弱极性的溶剂。下面将重点介绍水中油类物质的红外分光光度法。

　　水中油类物质包括石油类物质和动植物油类物质。石油类指在 pH≤2 的条件下，用四氯乙烯萃取不能被硅酸镁（80~100 目）吸附，且在波数为 2930 cm^{-1}、2960 cm^{-1}、3030 cm^{-1} 全部或部分谱带处有特征吸收的物质。动植物油指在 pH≤2 的条件下，用四氯乙烯萃取且能被硅酸镁吸附的物质。

　　用四氯乙烯萃取水中油类物质（包括石油类和动植物油类），测定总萃取油类物质含量，然后将萃取液通过硅酸镁吸附脱除动植物油等极性物质后，测定石油类的含量。总萃取物和石油类的含量均由波数分别为 2930 cm^{-1}（—CH$_2$ 基团中 C—H 键的伸缩振动）、2960 cm^{-1}（—CH$_3$ 基团中 C—H 键的伸缩振动）和 3030 cm^{-1}（芳香环中 C—H 键的伸缩振动）谱带处的吸光度 A_{2930}、A_{2960} 和 A_{3030}，经过校正系数计算得到，即

$$\rho = X \cdot A_{2930} + Y \cdot A_{2960} + Z \left(A_{3030} - \frac{A_{2930}}{F} \right) \tag{3-10}$$

式中，ρ 为测得总油类物质的浓度，mg/L；X、Y、Z 为与各种 C—H 键吸光度相对应的系数；F 为烷烃对芳烃影响的校正因子，为正十六烷和异辛烷在 2930 cm^{-1} 及 3030 cm^{-1} 处吸光值之比，即 $F=A_{2930}(H)/A_{3030}(H)$。

　　动植物油的含量按总萃取油类浓度与石油类浓度之差计算得到：

$$\rho（动植物油类）=\rho（油类）-\rho（石油类） \tag{3-11}$$

式中，ρ（动植物油类）为样品中动植物油类的浓度，mg/L；ρ（油类）为样品中油类的浓度，mg/L；ρ（石油类）为样品中石油类的浓度，mg/L。

　　计算公式中校正系数 X、Y、Z、F 的确定步骤：以四氯乙烯为溶剂，分别配制 100 mg/L 正十六烷（C$_{16}$H$_{34}$）、100 mg/L 异辛烷（C$_8$H$_{18}$）和 400 mg/L 苯（C$_6$H$_6$）标准溶液。以四氯乙烯作参比溶液，用 4 cm 比色皿分别测定正十六烷、异辛烷和苯三种溶液在 2930 cm^{-1}、2960 cm^{-1} 和 3030 cm^{-1} 处的吸光度 A_{2930}、A_{2960} 和 A_{3030}。以上三种溶液在上述波数处的吸光度分别代入上述公式，并联立方程式求解后，可得到相应的校正系数 X、Y、Z，十六烷和异辛烷的芳香烃含量为 0，即 $A_{3030} - \dfrac{A_{2930}}{F} = 0$，可得到 F 值。

　　校正系数和 X、Y、Z 和 F 的检验：准确称取正十六烷、异辛烷和苯（均应为标准品），按 65：25：10 体积比例配成混合烃标准母液。检验时，以四氯乙烯为溶剂配成 5 mg/L、10 mg/L、20 mg/L、50 mg/L 等系列的混合烃标准溶液。在 2930 cm^{-1}、2960 cm^{-1}、3030 cm^{-1} 处分别测定混合烃系列标准溶液的吸光度 A_{2930}、A_{2960} 和 A_{3030}，按上述计算公式计算混合烃的浓度，并与配制值进行比较，其回收率在 100%±10%范围内，则校正系数可采用，否则应重新测定校正系数并再次检验。

2. 微生物组成分析

在生物反应器中，很多种光合细菌（PSB）都可以利用短链的有机酸作为电子受体，利用太阳光作为能源来产氢气。但是由于这些细菌的絮凝性很差，光合细菌的细胞都很难从上清液中被分离出来。这样就导致在产氢的生物反应器中光合细菌的浓度变得越来越低。而微生物在生长过程中，会排泄一些胞外多聚物（EPS），其中蛋白质和碳水化合物的百分含量与细菌表面特征和絮凝能力密切相关。针对这些胞外多聚物成分分析将有助于了解微生物的活性状态和功能。但采用传统的化学分析方法，进行微生物细胞大分子的组分分析是十分繁琐且费时的。

借助傅里叶变换红外光谱技术，不仅可以测定不同细菌细胞组分官能团的振动，而且可以获得细胞化合物中具有红外活性的特征官能团的信息。除了对微生物进行鉴别和分类，傅里叶变换红外光谱技术也已经成为微生物细胞各部分的分子组成（细胞壁、细胞膜以及一些细菌的储存物质）常用定性和定量分析手段。

表 3-4 是两种菌种及其胞外多聚物官能团的红外光谱特征信息，即蛋白质、碳水化合物、磷脂和核酸的官能团的吸收特征信息。基于这些特征信息，可为研究生物反应中微生物活性提供可能。

表 3-4　两种菌种及其胞外多聚物官能团的红外光谱特征信息

波数/cm^{-1}	相应官能团	文献来源
1660、1540	蛋白质中氨基化合物 I 中（—CO—）和氨基化合物 II（—NH—）	Schmitt 和 Flemming, 1998
1250	核酸中的含磷基团	Schuster 和 Wolschann, 1999
1080、1160	糖类碳水化合物中—COC—基团	Gomez et al., 2003
2860、2930	脂肪中对称和不对称—CH—基团	Schmitt 和 Flemming, 1998

俞汉青等的研究结果表明，在污水生物处理过程中，通过测定胞外多聚物（图 3-27）主要组分的相对含量（如蛋白质和碳水化合物）可以了解生物反应器中细菌表面特征和絮凝能力的变化。

图 3-28 是针对两种光合菌种提取的胞外多聚物的傅里叶变换红外光谱图。特征吸收带（1660 cm^{-1}、1540 cm^{-1}、1250 cm^{-1}、1080 cm^{-1}）清晰可见，但在提取胞外多聚物后，嗜酸红假单胞菌（*Rh. Acidophilus*）在 1660 cm^{-1} 处和在 1080 cm^{-1} 处的吸收比例有所提高。荚膜红假单胞菌（*Rh. Capsulatus*）在波数为 1660 cm^{-1} 和 1250 cm^{-1} 处的吸收比例也发生了类似的变化。

表 3-5 给出用传统化学分析方法和傅里叶变换红外光谱法分别测定两种菌种及其胞外多聚物的蛋白质/碳水化合物的比值。可以发现，对于细菌细胞及其胞外多聚物，用两种分析方法测定的蛋白质和碳水化合物的比值水平相近，结果一致性好。

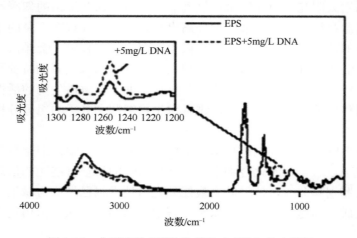

图 3-27　典型胞外多聚物的傅里叶变换红外光谱图

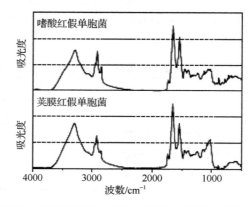

图 3-28　两种光合菌种提取的胞外多聚物的傅里叶变换红外光谱图

表 3-5 结果说明，微生物体主要组分在红外光谱中有很明显的强吸收带，从而使得定量分析细胞组分成为可能。对于胞外多聚物，主要的组分是蛋白质和碳水化合物。这两者的比值很大程度上受细胞活性的影响，因而随着培养时间的变化，蛋白质/碳水化合物吸收峰强度比值呈规律性减小，为研究生物反应器中微生物活性变化规律提供了新途径。而傅里叶变换红外光谱法分析速度快，多组分的信息可以同时测得。因此，傅里叶变换红外光谱法已成为掌握细菌细胞组分特征及其胞外多聚物特征的有效手段。

表 3-5 培养过程中荚膜红假单胞菌和胞外多聚物中蛋白质与碳水化合物比值变化

项目	培养时间/h	蛋白质与碳水化合物红外吸收信息比值	
		FTIR 法	传统化学法
荚膜红假单胞菌	12	6.20	5.67±0.18
	24	2.38	2.81±0.07
	48	2.41	2.48±0.13
	72	1.36	1.23±0.07
	120	1.89	2.11±0.11
EPS	12	2.00	1.92±0.17
	24	1.28	1.32±0.02
	48	1.10	0.91±0.02
	72	0.72	0.83±0.01
	120	0.94	0.97±0.10

思考与习题

1. 用荧光光谱分析方法可以检测水体中某种金属离子含量，请简要描述一下基本原理。

2. 如何通过荧光光谱法判断当水样经过紫外光辐照处理前后的溶解有机质组分的变化？

3. 何谓荧光效率？具有哪些分子结构的物质有较高的荧光效率？

4. 何谓荧光猝灭？荧光猝灭效应有哪些类型？

5. 影响荧光发射的主要因素有哪些？

6. 通过文献检索，请简要介绍 1～2 个荧光光谱法在环境分析中应用案例。

7. 产生红外吸收的条件是什么？是否所有的分子振动都能产生红外光谱？为什么？

8. 红外光谱定性分析的依据是什么？

9. 红外光谱定量分析的依据是什么？

10. 请简述红外光谱的基团频率区与指纹频率区之间的关系。

11. 在环境功能材料表征中，红外光谱法能发挥哪些作用？

12. 请通过文献检索，简要介绍红外光谱法在环境监测领域中应用案例。

13. 在水中石油类物质的分析中，为什么选用二氯乙烯作为萃取溶剂？

14. 请简要介绍水中动植物油类物质含量的分析方法，并给出主要的分析步骤。

第4章 气相色谱分析

环境介质中有机物的分析主要是采用色谱法，色谱法是一类重要的分离、分析方法。1903 年俄罗斯植物学家茨维特（M.S.Tswett）将植物色素的溶液放在填有碳酸钙颗粒的玻璃管中，用石油醚淋洗，观察到这种色素混合物在柱中被分离为 3 种颜色的 6 个色带。1906 年在德国植物学杂志上发表文章时称这种色带为"色谱"，把玻璃管称为"色谱柱"，把碳酸钙称为"固定相"，把纯净的石油醚称为"流动相"，这就是色谱的起源。图 4-1 是茨维特分离植物色素的装置示意。

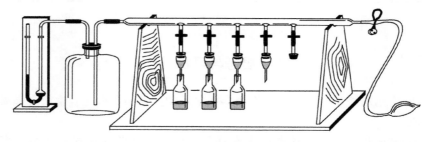

图 4-1　茨维特分离植物色素的装置

色谱技术在 20 世纪初期的发展比较缓慢。在茨维特提出色谱概念后的 20 多年里没有人关注这一伟大的发明。直到 1931 年德国的库恩（R.Kuhn）等重复了茨维特的实验，并用氧化铝和碳酸钙分离了叶绿素 a、叶黄素和 β-胡萝卜素，随之用这种方法分离了 60 多种色素；1941 年马丁（Martin）和辛格（Synge）把含有一定量水分的硅胶填充到色谱柱中，然后将氨基酸的混合物溶液加入其中，再用氯仿淋洗，实现各种氨基酸的分离。这种实验方法与茨维特的方法形式上相同，但其分离原理完全不同，其把这种分离方法称为分配色谱法，1944 年马丁等学者首先描述了纸色谱法，又与辛格用此法成功地分离了氨基酸的各种成分，对许多无机物（如含铁、钴、镍、铜、镉的盐类）和有机物（如糖类、肽类）都可进行分离与鉴定。1952 年，马丁和辛格因发明了液–液分配色谱，预言了气相色谱法，并提出了塔板理论，而荣获了诺贝尔化学奖。1956 年 范德姆特（van Deemter）等在前人研究的基础上发展了描述色谱过程的速率理论。1965 年吉丁斯（Giddings）总结和拓展了前人的色谱理论，为色谱的发展奠定了理论基础。

色谱法实质上是一种物理化学分离方法。根据固定相和流动相的不同，可对色谱法进行分类，如表 4-1 所示。流动相使用气体（如氦气、氢气或氮气等）的色谱法称为气相色谱法（GC），流动相使用液体（如甲醇、乙腈等）的色谱法则为液相色谱法（LC）。

表 4-1　按两相状态的色谱法分类

流动相	气体		流动相	液体	
固定相	固体	液体	固定相	固体	液体
名称	气固色谱	气液色谱	名称	液固色谱	液液色谱
总称	气相色谱		总称	液相色谱	

气相色谱法主要用于低质量（FM<1000）、易挥发、热稳定有机化合物的分析。该方法选择性高，对性质极为相似的同分异构体等有很强的分离能力；分离效率高，可以分离沸点十分接近且组成复杂的混合物；灵敏度高，高灵敏度的检测器可检测出 $10^{-14} \sim 10^{-11}$ g 的痕量物质；分析速度快，通常完成一个分析仅需几分钟或几十分钟，且样品用量少，液体样品仅需几微升。本章将着重介绍气相色谱法及其在环境领域的应用。

4.1　气相色谱基本理论

4.1.1　气相色谱仪和色谱分类

气相色谱仪通常由载气系统、进样系统、分离系统（色谱柱）、检测器、记录系统和辅助系统组成（图 4-2）。流动相载气由高压钢瓶或气体发生器提供，经减压阀、净化器、流速测量及控制装置后，以稳定的压力、精确的流量连续流经进样阀、气化室、色谱柱和检测器后排出。

气相色谱法按固定相可分为：①气固色谱：固定相是固体吸附剂；②气液色谱：固定相是涂在担体表面的液体。

按分配过程可分为：①吸附色谱：利用固体吸附表面对不同组分物理吸附性能的差异达到分离的色谱；②分配色谱：利用不同的组分在两相中有不同的分配系数达到分离的色谱；③离子交换色谱：利用胶体的电动效应建立的电色谱，利用温度变化发展而来的热色谱等。

按固定相类型可分为：①柱色谱：固定相装于色谱柱内，填充柱、空心柱、毛细管柱均属此类；②纸色谱：以滤纸为载体；③薄膜色谱：固定相为粉末压成的薄膜。

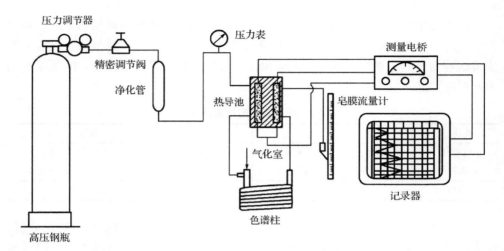

(a) 普通填充柱气相色谱仪流程

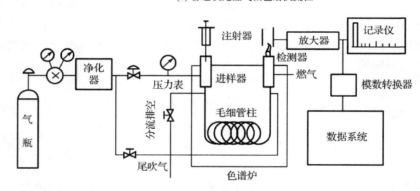

(b) 毛细管气相色谱仪流程

图 4-2　气相色谱仪结构示意

4.1.2　色谱分离过程和色谱参数

气相色谱法是一种物理化学的分离方法，即利用待分离的各组分在固定相和流动相之间具有不同的分配系数（吸附系数、渗透系数等），当两相做相对运动时，这些待测组分在两相中反复进行 n 次分配（n 为色谱柱的理论塔板数），从而使各组分得到完全分离的过程。图 4-3 为 A、B 组分在色谱柱中的分离过程。获得分离的各组分按一定顺序（沸点顺序或极性顺序）通过检测器时，随时间依次产生与组分含量成比例的信号，记录器自动记下这些信号随时间的变化，从而获得组分的峰形曲线，图 4-4 给出了色谱峰参数的介绍。

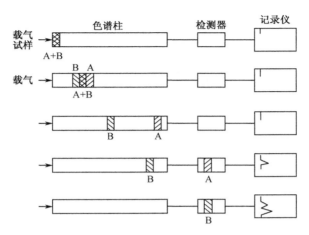

图 4-3　A、B 组分在色谱柱中的分离过程

从图 4-4 可知，没有色谱峰的地方所画平线称为基线。理论上是一条水平直线，但在高灵敏度时，基线常有一定的噪声和漂移。当在色谱图上形成峰时，从峰顶点到基线间的垂直距离称为峰高，以 h 来表示。而峰的拐点即流出曲线上二阶导数为 0 的两个点。经计算拐点位于 0.607 峰高处，拐点之间的距离是 2σ。峰宽也称基线宽度（W），其值是 4σ，指从峰两拐点作切线与基线相交之间的宽度。峰高一半处的峰宽度称为半峰宽（$W_{1/2}$），半峰宽等于 2.354 倍 σ，区别于峰宽的一半。而 0.607 峰高处峰宽的一半为标准偏差（σ）。

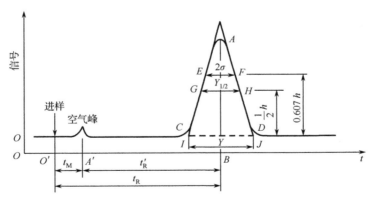

图 4-4　气相色谱标准色谱峰参数

色谱流出曲线与基线之间构成的面积为峰面积（A）。面积常用近似的计算法处理：

$$A = h \times W_{1/2} \tag{4-1}$$

几个主要色谱峰参数含义如下。

（1）保留时间（t_R）：指从进样到色谱峰顶点的时间。在实验条件一定的情况下，每个组分的保留时间应为特定值。

（2）保留体积（V_R）：指将化合物吹过色谱柱所用载气的体积，是载气流速与保留时间的乘积。

（3）死时间（t_0）：指不被固定相保留的组分（如空气或甲烷）的出峰时间。死时间代表组分在载气中停留的时间，任何溶质组分在载气中的停留时间都是一样的。死时间正比于色谱柱中空隙的体积大小。

（4）死体积（V_0）：载气流速与死时间之积。

（5）调整保留时间（t_R'）：为某组分的保留时间与死时间的差值，代表该组分与固定相真正作用的时间。

（6）相对保留值（α，又称选择性或选择性因子）：指某组分 i 的调整保留值与标准组分 S 的调整保留值之比。α 也表达为同一色谱条件下，某物质 i 的比保留体积与标准物质 S 的比保留体积之比。当固定相和流动相一定时，一对物质的 α 可以认为只是温度的函数，用于描述一对物质的分离程度好坏。

4.2　色谱分析的两个基本理论

4.2.1　塔板理论

色谱分析的塔板理论是将色谱仪的分离过程比拟成蒸馏过程，把连续的色谱分离过程分成多次平衡过程的重复。

塔板理论的假设：①在色谱柱的一小段长度 H 内，组分可以在两相之间迅速达到平衡，这一小段柱长称为理论塔板高度 H。②流动相进入色谱柱不是连续进行的，而是脉动式的，每次进量为一个塔板体积。③所有组分开始时都存在于第 0 号塔板上，而且样品沿轴向（纵向）的扩散可以忽略。④所有塔板上的分配系数都相同，与组分在某一塔板上的量无关。

描述色谱柱效的公式：

$$H = L/n \tag{4-2}$$

式中，H 为理论塔板高度；L 为柱长；n 为理论塔板数。

$$n = 5.54\left(\frac{t_R}{W_{1/2}}\right)^2 = 16\left(\frac{t_R}{W}\right)^2 \tag{4-3}$$

式中，t_R 为组分的保留时间；W 为组分的色谱峰宽。

从式(4-2)和式(4-3)可以看出，W 越小，n 越大，H 越小，柱效越高，因此，n 和 H 是描述柱效的指标。

由于 t_0 包括在 t_R 中，而实际的 t_0 不参与色谱柱内分配，计算的 n 值尽管很大，H 很小，但与实际柱效相差甚远，所以提出把 t_0 扣除，采用有效理论塔板数和有效理论塔板高度评价柱效。

4.2.2　速率理论

色谱速率方程（也称范·弟姆特方程式）为

$$H = A + B/u + Cu \tag{4-4}$$

式中，A 为涡流扩散项；B/u 为分子纵向扩散项；C 为传质阻力项；u 为载气流速。

以理论塔板高度 H 对应载气流速 u 作图，得到 H-u 流速曲线图，最低点的流速为最佳流速，如图 4-5 所示。

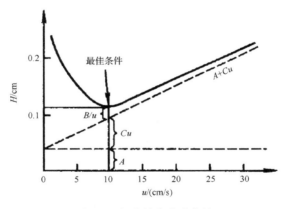

图 4-5　色谱最佳流速曲线

色谱速率方程中 A、B/u 和 Cu 的物理意义如下。

1）涡流扩散项 A

组分分子受到固定相颗粒的阻碍，在流动过程中不断改变运动方向，形成涡流流动，因而引起色谱展宽。

$$A = 2\lambda \times d_p \tag{4-5}$$

式中，d_p 为固定相的平均颗粒直径；λ 为固定相的填充不均匀因子。

由式（4-5）可知，A 与 d_p 和 λ 有关，与载气性质、载气流度和组分性质无关。因此，使用细粒度和颗粒均匀的填料，均匀填充，表现在涡流扩散引起的色谱峰较窄，减少 A 是提高柱效的有效途径。

2）分子纵向扩散项 B/u

由于待测组分在色谱柱中存在浓度差，因而产生分子纵向扩散。

$$B = 2v \times D_g \tag{4-6}$$

式中，D_g 为组分在气相中的扩散系数，cm^2/s；v 为弯曲因子（由载体引起的气体扩散路径弯曲的因素），与填料有关的因素，一般填充柱色谱 $v<1$。

3）传质阻力项 Cu

传质阻力包括流动相传质阻力和固定相传质阻力，即

$$C =（C_g + C_L）\tag{4-7}$$

式中，C_g 为固定相传质阻力；C_L 为流动相传质阻力。固定相传质阻力：组分分子由两相界面到固定相内部进行分配又返回两相界面的过程中受到的阻力，即

$$C_g = \frac{0.01k}{(1+k)^2} \cdot \frac{d_f^2}{D_g} \tag{4-8}$$

流动相传质阻力：组分分子由流动相移向固定相表面进行两相之间的质量交换时受到的阻力，即

$$C_L = \frac{2}{3} \cdot \frac{k}{(1+k)^2} \cdot \frac{d_f^2}{D_L} \tag{4-9}$$

式中，k 为分配比；D_g 为组分在气相中的扩散系数；D_L 为组分在液相中的扩散系数 d_f 为固定液液膜厚度。

4.3　气相色谱进样

气相色谱仪进样器是色谱系统中能精确定量将试样送入色谱柱的装置。进样过程中样品在气化室中瞬间气化，并被载气迅速输送到色谱柱中实现分离。

由于样品的状态、性能不同，进样量相差悬殊，进样系统的结构、进样温度、进样量、进样的准确性都对气相色谱的定性、定量结果产生直接的影响。一般认为，进样是引起分析中误差的主要来源之一。

进样过程中样品的状态可能是气态也可能是液态，还可以存在于其他基体之中，所以进样方式主要有针进样、阀进样和采用吹扫捕集、顶空装置等方式进样。下面将主要介绍几种常用于环境样品分析的进样方式。

4.3.1　针进样方式

针进样方式可分为手动进样和自动进样。常压气体样品可以用 100 μL～5 mL 的气密性进样针，液体样品则常采用 1～100μL 微量进样针，进样误差通常在 5% 左右。而自动进样方式是借助一种智能化、自动化的进样装置来实现的。只需设置好进样参数、放入待检测样品，即可完成自动进样过程。自动进样的微量注射器能完成自动清洗、取样、计量和进样等步骤。样品或溶剂瓶放在自动控制的转动试样盘上，一般最多可放一百个（百位盘）。分析的定量、定性、重复性误差可小于 1%。

常见的气化室进样口设有分流/不分流进样口，专为毛细管柱而设计。气化室有三个出口（图 4-6），一个吹扫出口（约 2 mL/min）保证隔垫清洁；小部分样品进入柱子，绝大部分从分流出口排出，这样可以提升进样量，保障色谱进样的准确性；同时克服进样量大带来的溶剂效应。很多情况下，分流比可设为 1∶100。

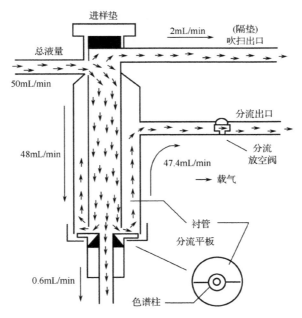

图 4-6　气相色谱分流/不分流进样气路系统

不分流进样主要应用于痕量组分分析，使样品全部进入色谱柱参与分析。在此模式中，进样过程中分流阀关闭，并在样品于衬管中气化及进入柱期间保持关闭。在进样后某指定时间，分流阀打开，将衬管中剩余的蒸气吹扫出衬管。这可避免由于进样体积大和柱流量小引起的溶剂拖尾。

值得注意的是，使用进样针进样时要注意正确选用进样垫，并在推荐的温度范围内使用，以避免出现泄漏、降解、样品丢失、鬼峰等问题。

4.3.2　顶空进样方式

顶空进样方式为试液瓶上方空间取样进样法，该方式是复杂环境样品中挥发性物质的有效提取方法。进样方法是把纯试样或溶解的试样放入试液瓶中并使其处于一定的恒温条件下，待瓶中气压达到平衡后，即可用注射针抽取上层气体（图 4-7）并进行气相色谱分析。

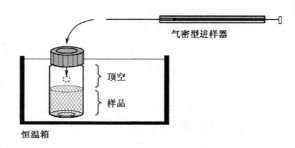

图 4-7　顶空进样原理示意图

4.3.3　吹扫捕集模式

吹扫捕集是一种为分析易挥发组分而设计的进样方式，整个系统使用动态的顶空、吸收捕集和热解析的联用技术。图 4-8 为吹扫捕集结构原理示意图。

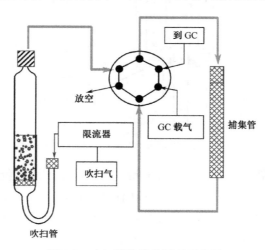

图 4-8　吹扫捕集结构原理示意图

从图 4-8 可知，样品被引入吹扫管中，以吹扫气流吹扫一定时间以带走样品中的挥发性组分。这些组分通过六通阀进入捕集管，由于捕集管中填充着大量有吸附能力的物质，如活性炭、硅胶和 Tenax 等，这些组分就滞留在捕集管中。经过一定时间的捕集后，大部分挥发性组分被吸附在捕集管内。此时加热捕集管并旋转六通阀，GC 载气反吹捕集管形成脱附过程，使得原来被捕集管捕获的组分被引入 GC 色谱柱内。

4.4　色　谱　柱

色谱柱是实现样品中组分分离的关键单元。可以说，如同检测器性能是色谱仪水平的重要标志一样，色谱柱的好坏是衡量色谱使用水平的主要标志之一。色谱柱的分离效能主要取决于柱中固定相的选择和填充工艺。同时，色谱柱的种类、材料、形状、尺寸、安装、密封、老化等都对样品的分离检测有较大影响，现分述之。

4.4.1　色谱柱分类

在气相色谱中，流动相的选择性比较小，欲得到满意的分离效果，关键是选用合适的色谱柱。色谱柱分为填充柱和毛细管柱两大类。

（1）填充柱：在柱内装有填料的色谱柱称为填充柱。它又可分为一般填充柱、复合填充柱、微填充柱和填充毛细管柱，常作为分离柱、参比柱等。

可分为分析柱和制备柱。分析柱内径为 2~6 mm，常用高效柱内径 1~3 mm，由于内填充担体粒度很小（100~200 目），柱阻力大，柱前压高限制使用柱长，但一般柱长为 1~3 m 已足够分离。制备填充柱的主要目的是提高制备量而增加柱容量，所以柱管内径可以为 8~20 mm。

填充柱的优点是柱负荷量较大，有些较浓的样品也可以直接分析，制作和操作相对简单，成本低。缺点是与毛细管柱相比柱效比较低，多组分不易获得高效分离。

（2）毛细管柱（又称为开管柱或空心毛细管柱）。通常材质为石英玻璃。归纳起来，毛细管柱的主要特点：①柱内径细，一般为 0.1~0.53 mm。②柱子长，通常为 20~100 m。③柱内体积很小。例如，内径 0.25 mm、长 50 m 的柱子，体积只有 2.45 mL。④柱负荷很低，对单一组分而言，只允许有 0.005~0.05 μL 的进样量，因此进样多采用分流进样。⑤柱子的分离效率很高，而载气流量却很小，一般只有 0.5~5.0 mL/min。

对于色谱柱，还常用下面几种参数来表述其性质。

（1）柱容量（柱负荷）。指在不影响柱效前提下的最大进样量。制备色谱柱容量指在不影响收集物纯度前提下的最大进样量。

（2）柱寿命。指色谱柱能获得按规定分离要求的使用时间。它取决于固定相的性质和色谱操作条件，如果操作条件过于激烈使得固定液流失或变质、柱填料破碎、液膜脱落、流动相及样品中的杂质致使固定相被污染或产生化学反应、柱管材料锈蚀等都会缩短柱寿命，最后使其不能再适用。柱子失效，表现为样品组分的保留值将发生较大改变，柱效能会明显下降，这时就必须更换新柱或进行色谱柱的再生处理。

（3）柱老化。在气相色谱中，色谱柱常采用加温通载气形式使其性能保持稳定的过程称为柱老化。即在色谱柱使用一段时间后，应进行老化，老化温度一般应高于最高使用柱温 5~10℃，但低于色谱柱最高使用温度 10℃；载气流速控制在 5~10 mL/min，维持 4~10 h，以便把柱中残存溶剂、难挥发性物质等老化去除，并使固定液在载体表面有一个再分布过程，达到净化色谱柱的目的。

（4）进样隔垫的老化。进样隔垫除尽量使用耐高温的进样垫，使用前通常需要在 250℃下老化 16 h。老化后的进样隔垫寿命会有所降低，需要经常更换。

（5）固定液流失。指气液色谱操作过程中发生的固定液损失现象。柱温若超过固定液最高使用温度，固定液即加快挥发，随载气流出柱外。固定液的流失不仅仅改变色谱柱的性能，而且导致基线不稳，促使检测灵敏度急剧降低，因此应尽量避免。

4.4.2　色谱柱的选择

色谱柱的选择主要是选择固定液或固定相，遵循"相似相溶"原理。试样中待测物质的色谱流出规律如下。

（1）分离非极性物质：一般选用非极性固定液，这时样品中的各组分按沸点次序先后流出色谱柱，沸点低的先流出，沸点高的后流出。

（2）分离极性物质：选用极性固定液，这时样品中的各组分主要按极性顺序分离，极性小的先流出色谱柱，极性大的后流出色谱柱。

（3）分离非极性和极性混合物：一般选用极性固定液，这时非极性组分先出峰，极性组分（或易被极化的组分）后出峰。

（4）对于易形成氢键的样品：如醇、酚、胺和水等的分离，一般选择极性或氢键性的固定液，这时样品中各组分按固定液分子间形成氢键的能力大小先后流出，不易形成氢键的组分先流出，最易形成氢键的组分最后流出。

通常认为，大部分气相色谱分析任务可由三根毛细管柱来实现：①甲基硅橡胶柱：非极性（$\sum\Delta I=217$）；②三氟丙基甲基聚硅氧烷柱：中极性（$\sum\Delta I=1500$）；③聚乙二醇-20M 柱：中强极性柱（$\sum\Delta I=2308$）。

这里，ΔI 为以标准非极性固定液角鲨烷为基准时待测固定液的相对极性——麦氏常数。而 $\sum\Delta I$ 则为相对五种不同类型化合物的麦氏常数之和，即总极性常数。表 4-2 给出各种固定液的麦氏常数比较。通过麦氏常数可以进行固定液极性的比较，即色谱柱极性比较（图 4-9），同时也可以清楚地了解到固定液的极性与柱温的密切关系。因为极性固定液热稳定性较低，所以高柱温环境不适于极性色谱柱。

表 4-2　各种固定液的麦氏常数比较

序号	固定液	型号	苯 X'	丁醇 Y'	2-戊酮 Z'	硝基丙烷 U'	吡啶 S'	平均极性	总极性常数 $\sum\Delta I$	最高使用温度 /℃
1	角鲨烷	SQ	0	0	0	0	0	0	0	100
2	甲基硅橡胶	SE-30	15	53	44	64	41	43	217	300
3	苯基（10%）甲基聚硅氧烷	OV-3	44	86	81	124	88	85	423	350
4	苯基（20%）甲基聚硅氧烷	OV-7	69	113	111	171	128	118	592	350
5	苯基（50%）甲基聚硅氧烷	DC-710	107	149	153	228	190	165	827	225
6	苯基（60%）甲基聚硅氧烷	OV-22	160	188	191	283	253	219	1075	350
	苯二甲酸二癸酯	DDP	136	255	213	320	235	232	1159	175
7	三氟丙基（50%）甲基聚硅氧烷	QF-1	144	233	355	463	305	300	1500	250
	聚乙二醇十八醚	Emulphor ON-270	202	396	251	395	345	318	1589	200
8	氰乙基（25%）甲基硅橡胶	XE-60	204	381	340	493	367	357	1785	250
9	聚乙二醇–20000	PEG-20M	322	536	368	572	510	462	2308	225
10	己二酸二乙二醇聚酯	DEGA	378	603	460	665	658	553	2764	200
11	丁二酸二乙二醇聚酯	DEGS	492	733	581	833	791	686	3504	200
12	三(2-氰乙氧基)丙烷	TCEP	593	857	752	1 028	915	829	4 145	175

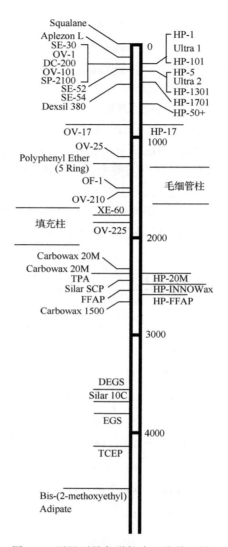

图 4-9　不同型号色谱柱麦氏常数比较

4.4.3　色谱柱使用温度的选择

选择使用合适的色谱柱后，若提高柱温可减小气相、液相传质阻力，改善色谱柱分离效果；但又可使分子扩散加剧，影响柱效；但柱温箱温度较低，则会使分析时间延长。因此，可根据待分析物质沸点选择柱温，如表 4-3 所示。柱温控制类型有两种，即恒定柱温和程序升温。

表 4-3　混合物沸点与柱温选择　　　　　　　　　（单位：℃）

混合物沸点	参考柱温
气体样品	室温
100～200	70～120
200～300	150～180
300～400	200～300

用气相色谱法分析样品时，各组分都有一个最佳柱温。对于沸程较宽、组分较多的复杂样品，采用恒温的结果会不理想。若选择某一柱温条件，对样品中低沸点化合物分离较好，那么高沸点组分的馏出时间很长，而且峰扩展严重，有时甚至不能出峰（图 4-10）。若选择高沸点的柱温条件，那么样品中低沸点组分会很快出峰而得不到良好的分离效果。若采用程序升温方法，可使各组分在最佳的柱温条件下流出色谱柱，以改善复杂样品的分离，缩短分析时间。而且在程序升温操作中，随着柱温的逐渐升高，各组分加速运动，当柱温接近各组分的保留温度时，各组分以大致相同的速度流出色谱柱，因此在恒定柱温中各组分的峰宽大致相同，称为等峰宽。

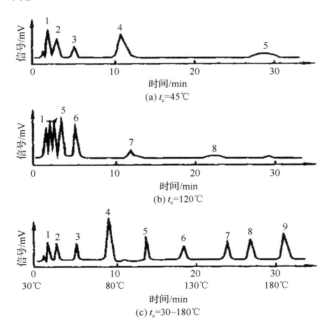

图 4-10　宽沸程试样在恒定柱温和程序升温条件下分离效果比较

1. 丙烷（−42℃）；2. 丁烷（−0.5℃）；3. 戊烷（36℃）；4. 己烷（68℃）；5. 庚烷（98℃）；6. 辛烷（126℃）；7. 溴仿（150.5℃）；8. 间氯甲苯（161.6℃）；9. 间溴甲苯（183℃）

程序升温气相色谱法操作特点是在样品分析的时间周期内，柱温随分析时间的延长呈现线性或非线性升高，使样品中的各组分实现完全分离。要做到最佳程序升温并获得理想的色谱分离、分析信息，除了要充分考虑柱温条件的优化，还必须考虑气相色谱中进样口和检测器两个重要温度的设置。具体设置原则如下。

1）柱温箱温度设置

（1）设置的初始温度应使样品中所有低沸点组分得到良好分离。

（2）设置的终点温度应使样品中的最后出峰组分（最高沸点的化合物）的峰形尖锐且完全分离，使用中应注意不可超过色谱柱的最高使用温度。

（3）设置升温速率以达到分析中各组分峰的分离，最高可设 4 阶升温速率。

（4）终止温度的选择是由样品中高沸点组分的保留温度和固定液的最高使用温度来决定的。当固定液的最高使用温度大于样品中组分的沸点，可选稍高于最高沸点的温度作为终止温度，此时终止温度仅保留较短时间就可以结束。若相反，就选用固定液的最高使用温度作为终止温度，并维持较长时间，以使高沸点组分在此恒温条件下洗脱出来。

（5）在 PTGC 中升温速率选择时要兼顾分离度和分析时间两方面，当升温速率较低时，会增大分离度，但会使高沸点化合物分析时间延长、峰形加宽、柱效下降；而当升温速率较高时，则会缩短分析时间，但又使分离度下降。

2）进样口温度设置

进样口温度至少要比终点温度高出 10℃，以使注入进样口的样品迅速气化。

3）检测器的温度设置

检测器的温度至少要比柱箱温度终点高出 30℃，以防止高沸点化合物在检测器内凝集，造成检测器污染。

总之，在保证混合物分离的基本条件下，优先选择恒温。当采用 PTGC 时，为了减少固定液在短时间内升至高温带来的流失并保持基线的稳定，应当使用耐高温固定液，如 HP-1 或 SE-30、OV-101 或 HP-5 等。另外，应注意在低的起始温度，使用黏度小的固定液，如 SE-30 和 OV-101，因为其在常温下呈液态。

4.4.4　毛细管柱与填充柱的分离性能比较

色谱动力学认为，填充柱可看作一束长毛细管的组合，其内径约等于粒子粒度，因其弯曲，多径扩散严重，故理论板数少。毛细管柱克服了这些不足，理

论板数可高达 10^6 数量级。用毛细管柱具体优势（表 4-4）在于：①分析速度快；②样品用量少；③分离效能高。

表 4-4　毛细管柱与填充柱的分离性能比较

项目	参数	填充柱	毛细管柱
色谱柱	内径/mm	2～6	0.1～0.5
	长度/m	0.5～6	20～200
	比渗透率 B_0	1～20	约 10^2
	相比 β	6～35	50～1500
	总塔板数 n	～103	约 10^6
动力学方程式	方程式	$H=A+\dfrac{B}{u}+\left(c_g+c_1\right)u$	$H=\dfrac{B}{u}+\left(c_g+c_1\right)u$
	涡流扩散项	$A=2\lambda d_p$	$A=0$
	分子扩散项	$B=2\gamma D_g;\ \gamma=0.5\sim0.7$	$B=2D_g;\ \gamma=1$
	气相传质项	$c_g=\dfrac{0.01k^2}{\left(1+k\right)^2}\cdot\dfrac{d_p^2}{D_g}$	$c_g=\dfrac{\left(1+6k+11k^2\right)}{24\left(1+k\right)^2}\cdot\dfrac{r^2}{D_g}$
	液相传质项	$c_1=\dfrac{2}{3}\cdot\dfrac{k}{\left(1+k\right)^2}\dfrac{d_j^2}{D_1}$	$c_1=\dfrac{2}{3}\cdot\dfrac{k}{\left(1+k\right)^2}\dfrac{d_j^2}{D_1}$
	进样量/μL	0.1～10	0.01～0.2
	进样器	直接进样	附加分流置
	检测器	TCD、FID 等	常用 FID
	柱制备	简单	复杂
	定量结果	重现性较好	与分流器设计性能有关

4.5　气相色谱检测器

目前可以用于气相色谱的检测器已设计出 50 余种，但商用的检测器主要仅有热导检测器、氢火焰离子化检测器、电子捕获检测器、火焰光度检测器、氮磷检测器等。这几类典型检测器在环境领域的污染物识别、痕量浓度水平检测、污染物积累、代谢、迁移和转换等方面都有广泛应用。

按检测器的响应特性分类可分为以下三类。

（1）浓度型检测器。检测器输出信号高低与进入检测器的流动相中组分浓度成正比，峰面积与载气流速成反比。当进入检测器的样品浓度不断增加而保持样品的质量流速为常数时，浓度检测器的响应增加。典型的浓度型检测器有热导检测器、气体密度天平等。

（2）质量型检测器。质量型检测器输出信号色谱峰高与单位时间进入检测器的组分质量成正比，与载气流速即样品的组分在载气中的浓度无关，因此，峰面积不随载气流速而变化。当进入检测器的样品组分的浓度保持常数而组分的质量流速（单位时间进入检测器的组分量）增加时，质量型检测器的输出信号增加，浓度型检测器输出信号不变。典型的质量型检测器有氢火焰检测器、火焰光度检测器（测磷）等。

（3）特殊型检测器。指检测器的响应特性既不属于浓度型也不属于质量型，如 FPD 测硫时检测器响应与样品浓度的平方成正比。

按检测器的适应范围分类可分为以下两类。

（1）通用性检测器。在任何温度、流速、压力下，对所有永久性气体和挥发性物质都有响应。典型的是热导检测器。一般，通用性检测器灵敏度偏低，只适于常量或半微量的分析。

（2）选择性检测器。只对某几类化合物有响应，而对其他物质不敏感。例如，氢火焰离子化检测器，应用于碳氢化合物的测定；火焰光度检测器，只对含磷、硫物质有很高的灵敏度。

由于环境样品中有机污染物种类繁多而且浓度含量多处于痕量级，故多选用气相色谱/质谱联用仪进行分析。这部分内容将在第 5 章做重点介绍。

4.5.1　热导检测器

热导检测器（TCD）是第一个用于气相色谱仪的检测器。TCD 与其他检测器相比，具有结构简单，对所有物质都有信号，性能可靠，定量准确，不破坏样品，检测限可达 0.1～0.01 mg/L 等特点。

气体具有热传导作用，不同物质有不同的热导系数。热导检测器就是根据不同物质热传导系数的差别而设计的。当被测组分从色谱柱流出与载气混合，它的热导系数与纯组分和纯载气都不相同。但要直接测量这种绝对值的差异是非常困难的，一般采用间接测量法。在热丝两端，加一个直流电压 E 使热丝发热。通常，热丝温度比池体高 100～150℃。然后把两个这样的装置组成双臂电桥，一个作测量池，另一个作参考池，如图 4-11 所示。纯载气通过测量池和参考池时，由于气体的强制对流和热传导作用，把热丝产生的绝大部分（>80%）热量传递给池体，其余热量则通过热辐射、自然对流和热丝引出端的热传导等几种方式传递出去。当系统状态（包括载气流量）不发生变化时，热丝可处于热平衡状态，桥路输出为零。

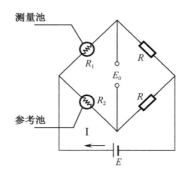

图 4-11 热导检测器原理

当进入测量池的载气中含有被测组分时，其热导系数发生变化，使热丝的温度升高或降低，测量池的热丝电阻和参考池的热丝电阻不再相等，使电桥失去平衡，桥路输出不平衡电信号。此信号就是组分含量的量度。因此，热导池工作原理实质上是测量"参考池"中载气和测量池中二元混合气的热导率之差。

TCD 对载气的要求如下。

1）载气种类

TCD 通常用 He 或 H_2 作载气，因为其热导系数远远大于其他化合物。用 He 或 H_2 作载气时，其灵敏度高，且峰形好，响应因子稳定，易于定量分析，线性范围宽。在北美因为安全性多用 He 作载气，其他地区因 He 太昂贵，多用 H_2 作载气。H_2 载气的灵敏度最高，只是操作中要注意安全，另外，还要防止样品可能与 H_2 反应。

N_2 或 Ar 作载气，因其灵敏度低，且易出 W 峰，响应因子受温度影响，线性范围窄，通常不用。但若分析 He 或 H_2，则宜选用 N_2 或 Ar 作载气。应尽量避免用 He 作载气测 H_2 或用 H_2 作载气测 He。用 N_2 或 Ar 作载气时需注意，因其热导系数小，热丝达到相同温度所需桥电流值比 He 或 H_2 作载气要小得多。

载气纯度也会直接影响 TCD 的灵敏度和峰形。

2）载气流速

TCD 为浓度型检测器，对流速波动很敏感，TCD 的峰面积响应值反比于载气流速。因此，在检测过程中，载气流速必须保持恒定。在柱分离许可的情况下，以低流速为宜。

TCD 特别适合于永久性气体、$C_1 \sim C_3$ 烃、氮、硫和各种形态碳氧化物及水等挥发性化合物的分析。采用双柱系统可将 CO_2、O_2、Cl_2、N_2 完全分离。在污水或固体废弃物的资源化处理过程中常用 TCD 来检测各处理单元的 H_2 和 CH_4 的产率。

4.5.2　氢火焰离子化检测器

氢火焰离子化检测器（FID）问世于 1957 年，属于质量型检测器。FID 灵敏度高、线性范围宽，除对水、空气等物质没有响应外，几乎对含有 C—H 键的化合物均有响应，主要适用于含有碳氢键的有机物分析。其对 CS_2 的灵敏度很低，使 CS_2 成为 FID 样品的极好溶剂；对操作条件变化相对不敏感，稳定性好，特别适合于进行环境样品中痕量有机物分析。

FID 检测器的结构如图 4-12 所示。可以看出，从色谱柱中流出的待测组分气体在氢火焰中电离成带电粒子（正离子、负离子、电子），在电场中产生电流，通过电子部件放大后输出。当只有纯载气流过时，产生一个对流速恒定的电流，这个恒定电流称为"基流"，一般基流越小越好，这样方能使电流微小变化容易区别测量出来。此时，在放大器输入端给定一个与此电流值相等、极性相反的补偿电压，可得到的谱图是一条直基线。当载气中含有待测样品时，组分分子被电离，电荷粒子数目显著增加，电流增大，于是信号被记录。形成的离子最主要是 CHO^+，其与水蒸气进一步发生离子分子反应，产生大量的水合氢离子（H_3O^+）。因此，H_3O^+ 是氢火焰电离生成的主要离子。当有机化合物燃烧时，产生的离子数量增加，极化电压把这些离子吸收到火焰附近的收集极上，产生的电流与燃烧的待测组分量成正比，此电流可被电流计检测并转换成数字信号，形成色谱信息。

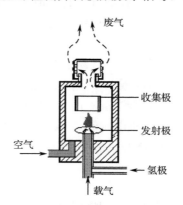

图 4-12　FID 检测器结构示意图

因 FID 只对含有 C—H 键的化合物有响应，化合物分子结构中 C—H 键数量越多，检测器响应值也越高。相对响应规律性如下：①同系物相对摩尔分子响应值与其分子中的碳原子数和分子量呈线性关系。②正异构烷烃、烯烃、炔烃、芳烃（苯和甲苯除外）、环烷烃等烃类，其相对质量响应值比较接近。因此，在做烃类的近似定量分析时，可直接用面积百分数求出质量百分数。③烃类分子中的氢原子被其他一些官能团如羟基、醛基、腈基、噻吩、吡咯等取代时，其响应值大幅降低。例如，甲烷的相对质量响应值为 0.87，而甲醇为 0.21，甲酸则为 0.009。因此，在进行烃类衍生物定量分析时，可采用准确的相对响应值。即使是相同含量的甲醇、乙醇、丁醇和己醇，也会产生不同的面积响应值。

FID 分析中的主要参数：极化电压、载气的种类和纯度、气体的流速与配比、检测器的温度等。极化电压是仪器制造厂确定的，这里主要讨论后几个因素的影响。

1）载气的种类和纯度

FID 载气有 N_2、He、H_2、空气等。大多数情况下用 N_2 作载气，为了加快分析速度，要求用 H_2、 He 作载气。

FID 是典型的质量型检测器，对气体的纯度不很敏感，敏感度操作在 $\geqslant 10^{-13} \sim 10^{-10}$ g/s 时，载气和 H_2 纯度 $\geqslant 99\%$ 即可。进行痕量有机物分析时，气体的纯度要求高（99.99%以上）。

2）气体的流速与配比

（1）氢氮比。载气 N_2 的最佳流速是根据最佳分离条件而决定的，H_2 的最佳流速可根据载气而选择。选择最佳 H_2 流速，不但响应值最高，而且 H_2 和 N_2 流速变化对响应的影响也最小。最佳的氢氮比不但可使定量分析的误差减小，而且可使基线稳定，更有利于微量组分的分析。通常在 1:2～2:1。

（2）最佳空气流速。空气在 FID 中除提供生成离子的氧气外，还起着把燃烧产物带走的清扫作用。当载气、氢气固定时，空气流速和灵敏度有关。空气流量较小时，灵敏度随空气增加而增大，当达到某一点（这一点取决于 FID 的具体结构或 N_2、H_2 流量等）后，再增加空气，灵敏度将基本不再变化。为了能起到清扫作用，选择最佳空气的原则是灵敏度不再变化时的空气流速再加上 50 mL/min 左右。若空气流速过大，火焰扰动将引起较大的噪声，也容易出现不规则的响应。对于具体某台仪器的最佳空气流速值可参考 H_2 的选择原理和方法。H_2 与空气比在 1:10 左右。

3）检测器温度

温度对 FID 的灵敏度没有明显的影响。但为防止水的冷凝和燃烧产物的污染，一般检测器应比色谱柱温高 10～50℃。另外，检测器会受冷凝水蒸气影响，所以操作温度应保持在 150℃以上。

　　FID 在化学、环境、药物、法医和食品等诸多领域应用十分广泛，可做各种常量样品的常规分析，也可做各种痕量样品检测。例如，水中挥发性极性组分的痕量分析，通常用溶剂萃取或吹扫捕集法将其浓缩后再分析，这样耗时长，工作量大，且易引入误差；选择用 FID 直接进水样分析，可测至 ng/L 级浓度水平，且简易快速，优势明显。

4.5.3　电子捕获检测器

　　电子捕获检测器（ECD）在 1961 年问世，是一种高灵敏度、高选择性检测器，对电负性大的物质特别敏感，主要分析测定卤化物、含磷（硫）化合物以及过氧化物、硝基化合物、金属有机物、金属螯合物、甾族化合物、多环芳烃、共轭羰基化合物等电负性物质。ECD 灵敏度高、结构简单、操作方便，但线性范围略窄。

　　ECD 是放射性离子化检测器，放射源为 ^{63}Ni，生成的是 β 射线，利用放射性同位素在衰变过程中放射的具有一定能量的 β 粒子作为电离源（图 4-13）。当只有纯载气分子通过离子源时，在 β 粒子的轰击下，其电离成正离子和自由电子。在所施加电场作用下，离子和电子将做定向移动，因为电子移动的速度比正离子快得多，所以正离子和电子的复合概率很小。在条件控制参数一定（直流电压大小、脉冲供电的参数、载气的流速及纯度、固定液的流失、检测器温度等）时，就形成了一定的离子流（基流），当载气带有微量的电负性组分进入离子室时，亲电子的组分大量捕获电子形成负离子或带电负分子。因为负离子（分子）的移动速度和正离子差不多，正负离子的复合概率比正离子和电子的复合概率高 105～108 倍，所以基流明显下降。将基流的下降量放大，这样就输出了一个负极性的电信号，因此与 FID 相反，在 ECD 上被测组分显示负峰。另外，氧气对电子有强的吸引能力，氧气的存在将干扰 ECD 的工作。

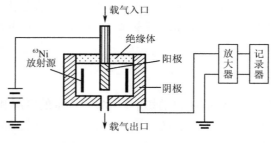

图 4-13　ECD 的结构示意图

ECD 在常用的检测器中是最难操作的检测器之一，它的性能几乎和所有操作参数都有关系。

基流对 ECD 来说极其重要，基流的大小和变化直接说明 ECD 的工作是否正常。基流的大小依赖于检测器和分析条件两大类的所有参数包括：检测器的结构尺寸，采用放射源的种类，载气的种类、纯度和流速，检测器温度和稳定性，色谱柱的种类，检测器和电极与电子部件连线的绝缘电阻，系统的密封性，检测器的污染程度，电场的供电方法等。

4.5.4　氮磷检测器

氮磷检测器（NPD）又称热离子化检测器，问世于 1961 年，是一种针对含 N、P 化合物开发的高灵敏度、高选择性的检测器。其具有与 FID 相似的结构，只是在燃烧的氢火焰和收集极之间加了一个热电离源（又称铷珠），当试样蒸气和氢气流通过碱金属盐表面时，含氮、磷的化合物便会从被还原的碱金属蒸气上获得电子，失去电子的碱金属形成盐再沉积到陶瓷珠的表面上。由于铷珠在冷氢焰中用电加热，NPD 的稳定性好、背景基流降，灵敏度高，是检测样品中痕量氮、磷化合物的专属性检测器。

NPD 的结构与操作因产品型号不同而异，典型结构如图 4-14 所示。热电离源通常采用硅酸铷或硅酸铯等制成的玻璃或陶瓷珠，珠体为 1～5 mm，支持在一根约 0.2 mm 直径的铂金丝支架上。其成分、形态、供电方式、加热电流及负偏压是决定 NPD 性能的主要因素。

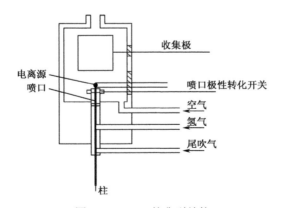

图 4-14　NPD 的典型结构

NPD 的操作有两种方式：①氮磷型操作，此为主要的操作方式，如图 4-15（a）所示，喷嘴不接地，空气和氢气流量较小，被电加热至红热的电离源，在电离源周围形成冷焰，含氮、磷的有机化合物在此发生裂解和激发反应，形成氮、磷的选择性检测；②磷型操作，如图 4-15（b）所示，喷嘴接地，电离源在正常 FID 操作状态的火焰中加热至发红，烃类化合物的信号被导入大地，而含磷的化合物被电离源激发，形成磷的选择性检测。

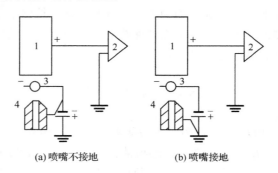

(a) 喷嘴不接地　　　　　　　(b) 喷嘴接地

图 4-15　NPD 的操作方式

1. 收集极；2. 放大极；3. 离子源；4. 喷嘴

氮磷检测器操作条件的选择：①极化电压。与 FID 相似，极化电压增加，输出信号相应增大；当电压绝对值大于 180 V 时，响应值基本不变。②电离源温度。加热电流决定电离源的表面温度，当表面温度低于 600℃时，基流和响应都小，而且容易出现溶剂猝灭现象；加热电流过大，不仅基流和噪声迅速增加，而且直接影响电离源的寿命，最好温度控制在 700～900℃，不同型号的检测器相应有不同的加热电流相对应。③气体流速。电离源周围的气体及其流速直接影响 NPD 的灵敏度和选择性。对通用型 NPD，空气流速增加，电离源表面温度降低，输出信号相应降低。氢气增加不仅可以增加反应的概率，而且可以增加电离源的表面温度，使响应迅速增加，但必须小于喷嘴点火流速，否则 NPD 就变成 FID，失去其对氮、磷的选择性。一般情况氢气流速必须小于 10 mL/min。

NPD 是痕量氮、磷化合物检测的重要手段，尤其在农药残留检验等方面。由于它专一性强，可用于复杂样品直接进样分析，从而避免麻烦的样品前处理过程。美国 EPA507、607 等十多种方法均用到 NPD。

4.5.5　火焰光度检测器

火焰光度检测器（FPD）问世于 1966 年，是一种高灵敏度、高选择性的检测器，对含磷、硫有机物和气体硫化物特别敏感，主要用于含硫、磷化合物的检测，特别是硫化物的痕量检测。

　　FPD 是利用富氢火焰使含硫、磷杂原子化合物分解，形成激发态分子，当其回到基态时，将发射出一定波长的特征光。此光强度与被测组分量成正比，所以其是以物质与光的相关关系为机理的光度检测方法。

　　FPD 主要由火焰发光和光/电信号接收系统两部分组成，常采用双光路检测系统，分别检测硫和磷，其结构见图 4-16。火焰发光部分由燃烧器和发光室组成，各气体流路和喷嘴等构成燃烧器，又称燃烧头。通用型喷嘴由内孔和环形的外孔组成。气相色谱柱流出物和空气混合后进入中心孔，过量氢从四周环形孔流出，这就形成了一个较大的扩散富氢火焰（H_2：O_2>3：1）。烃类和硫、磷化合物在火焰中分解，并产生复杂的化学反应，发出特征光；硫、磷在火焰上部扩散富氢焰中发光，烃类主要在火焰底部的富氧焰中发光，当在火焰底部加一不透明的遮光罩挡住烃类光，则可提高 FPD 的选择性。而波长选择器常用干涉式或介质型滤光片，接收装置包括光电倍增管和放大器，作用是把光的信号转变成电信号，并适当放大后输出。因 FPD 不是将所有的光信号转变成电信号，而是用滤光片选择硫、磷特征光。当含磷、硫的化合物在富氢火焰中燃烧时，在适当的条件下，将发射一系列的特征光谱，其中硫化物发射光谱波长范围在 300～450 nm，最大波长约为 394 nm，磷化合物发射光谱波长范围在 480～575 nm，最大波长约为 526 nm。

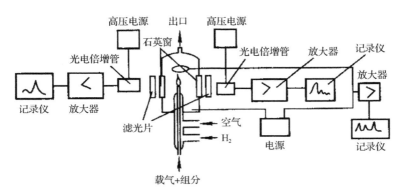

图 4-16　双光路 FPD 结构示意图

　　使用 FPD 检测器的操作要求如下。

1）气体的种类与纯度

　　用 He 作 FPD 的载气性能好；用 N_2 作载气时灵敏度略低，噪声大；使用 O_2 作燃烧气可提高分析的灵敏度。气体的纯度要求与 FID 基本相同，但在进行微量分析时，应注意除去空气中痕量含硫（磷）化合物，气流比选择则视各型号仪器具体要求进行。

2）检测器温度

为防止湿气与污染物的污染，检测器在色谱系统中的温度应设置最高。通常检测器的温度应比柱温至少高 50℃，且在柱加热以前检测器应先预加热。一般说来，检测器的温度应控制在 120~250℃。

FPD 是一种高灵敏度和高选择性的检测器，其主要特征是对硫为非线性响应。FPD 在环境分析中的典型应用有：石油精馏中硫醇分析；水质污染中硫醇分析；空气中 H_2S、SO_2、CS_2 分析；农药残毒分析；天然气中含硫化物气体分析等。

4.5.6　检测器性能评价

1）响应特性

不同响应特性的检测器对操作参数变化的灵敏度存在很大差别。浓度型检测器基线稳定性主要取决于温度的稳定（如 TCD 的不稳定因素 50%来自温度），峰面积的误差主要取决于流量的稳定。质量型检测器恰恰相反，峰高的重复性依赖于流量的稳定，而峰面积与流量波动无关。另外，ECD、NPD 的响应特性随操作条件而呈现两种类型，因此，实际操作比典型的浓度型检测器和质量型检测器更加困难。特殊响应的 FPD 响应规律就更加复杂。

2）基流（本底电流、背景电流、标准基流）

基流指只有纯载气通过检测器时，检测器的输出信号。基流的大小主要依赖于：①载气的纯净程度；②气路系统的干净程度；③固定相流失的大小；④检测器的种类等。通常认为前三项引起的基流为 0 时，只看检测器本身的基流。不同原理的检测器基流是不同的，一般高的基流，必然伴随着高的噪声。因此对于某种检测器，须掌握它固有基流的大小。在操作中，可以随时计算全系统的基流比检测器的固有基流超出多少，从而可推断出检测器的工作状态。

3）灵敏度、检测限和信噪比

检测器的灵敏度是对进入检测器样品的转换能力大小的衡量。其物理意义是单位样品量进入检测器时，检测器输出信号的大小，常用 S 表示。如果以进样量 Q 对检测器响应信号作图，就可得到一条直线，即

$$S = \frac{\Delta R}{\Delta Q} \qquad (4\text{-}10)$$

在色谱分析中，检测器的响应信号是噪声值的 3 倍时所对应的待测物质的质量或浓度为检出限，以 D 表示，则可定义为

$$D = \frac{3S}{N} \qquad (4\text{-}11)$$

检测限的物理意义是检测器恰好产生等于 3 倍噪声的最小可判断信号时，向检测器输入的样品量（图 4-17）。输入的样品量，对于浓度型检测器，指样品在载气中的浓度的最低变化量，单位为 mg/mL 或 g/mL；对于质量型检测器，指样品进入的最小速率，单位为 g/s。气相色谱中习惯上用 3 倍噪声作为最小可判断信号，一般采用检测限度或信噪比指标来判断检测器的好坏比较合适。

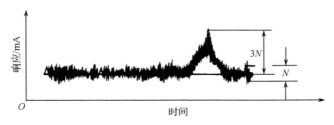

图 4-17　检测器的噪声

信噪比（S/N）是信号强度和噪声强度之比。在讨论检测器灵敏度时，已知 S 仅与进样量、响应电信号有关，即只要响应信号强，灵敏度就高。灵敏度高固然是一个优点，但并不能保证这个系统是良好的。因为气相色谱仪的主要任务是分析微量、痕量样品，经常工作在小信号状态，信号与噪声往往是同数量级的，所以在要求灵敏度的同时，应对噪声加以考虑，以期获得信噪比大的检测系统。

由于工作原理的差别，不同检测器对同一物质的灵敏度有很大不同。而同一检测器对不同物质的灵敏度有时也相差很大。为了使同类检测器能进行性能比较，常规定某种物质作为标准，如对于 TCD，我国常用其对苯的灵敏度来比较好坏；对于 FID，美国材料实验协会（American Society of Testing Materials，ASTM）推荐用正丁烷等。灵敏度的量纲是由输入检测器的物质所用单位和检测器输出电信号的单位共同决定的。

4）线性范围与动态范围

检测器的线性范围指被测物质在检测器的载气中浓度（或质量流速）变化时，

检测器灵敏度呈常数的范围。检测器的非线性范围大小和线性范围大小主要取决于工作原理，与设计制造、操作备件的选择也有一定的关系。

检测器的动态范围指被测物质在载气中的浓度（质量流速）增加时，检测器的输出信号也随之增加，直到被测物质在载气中的浓度再增加时，而输出几乎不再增加的这个范围。其下限为敏感度，上限是输出灵敏度开始变为 0 时，样品在载气中样品量。很明显，动态范围可以大于或等于线性范围，而不可能小于线性范围。在实际应用中，动态范围越大，允许检测器的进样量越大，也就是说微量样品、常量样品都能分析，这给分析带来很大方便。

5）响应时间

响应时间的定义是样品在载气中的浓度（或质量流速）发生阶跃变化时，检测器输出由 0 开始增大到最大值时所需时间的 63%定义为响应时间，又称时间常数。样品各组分通过流动和扩散才能到达检测器的敏感区，响应时间就是对这个过程快慢的度量。

一般来说，浓度型检测器的响应时间比质量型检测器长。响应时间太长会使色谱峰失真，使峰形变矮变宽，使已被分离的组分在色谱图上分离不开，影响定量。响应时间越短越好，尤其是毛细管柱广泛应用，快速 GC 和全二维 GC 发展后的今天，此指标尤显重要。

4.6 气相色谱的定性和定量分析

气相色谱法是一种先分离后检测的分析方法，因此，对其他分析方法无法分析的极其复杂的多组分样品，可同时获得每一组分的定性、定量结果。检测器对组分的识别被转化为电信号。而电信号的大小与组分的量或浓度成比例。把这些信号放大记录下来时就形成了色谱图。色谱图就是一系列表示组分性质、含量的信号–时间曲线，即横轴为时间，纵轴为检测器响应值，其包含色谱的全部原始信息。

4.6.1 气相色谱的定性分析方法

气相色谱分离、分析的原理基于不同物质在两相间具有不同的分配系数。当两相做相对运动时，样品中的各组分就在两相中进行多次分配，使得原来分配系数只有微小差别的各组分产生很大的分离效果，从而各组分彼此分离开来。目标物的高效分离则是气相色谱定性分析的基础，目前最常用的定性方法如下。

（1）标准物直接对照法。色谱峰的保留时间是定性的依据，色谱流出曲线中的一个峰代表一个物质。为了确定色谱图中某一未知色谱峰代表的组分，可选择一系列与未知组分相接近的标准纯物质，依次进样，当某一纯物质的保留时间与未知色谱峰的保留时间相同时，可初步确定该未知峰代表的组分。在色谱定性分析中，这种定性方法是最简便、最可靠的定性手段。

（2）用经验规律和文献值进行定性分析。当没有待测组分的纯标准样时，可用文献值定性，或用气相色谱中的经验规律定性。

（3）检测器联用定性。初步判断待测组分属哪类化合物，如极性或非极性含碳有机物（采用 FID）、卤素（采用 ECD）、硫或磷类有机物（采用 FPD）等。

（4）与质谱仪联用。较复杂的混合物经色谱柱分离后，通过质谱的识别鉴定进行定性。该方法是目前解决复杂未知物定性问题的最有效手段之一。还可以借助与红外光谱及原子发射光谱检测器等联用法进行定性确认。

（5）与化学法配合。带有某些官能团的化合物，经一些特殊试剂处理（柱前衍生化），发生物理变化或化学反应后，其色谱峰将会消失或提前或移后，比较处理前后色谱图的差异，可初步辨别试样中含有哪些官能团。

4.6.2　气相色谱定量方法

气相色谱定量分析是根据检测器对目标物产生的响应信号与其质量成正比的原理，通过色谱图上的面积或峰高，计算样品中目标物的含量。色谱法进行定量计算时，可以选择峰高或峰面积来进行。无论选用哪个参数，样品中组分的含量与此参数都必须在检测器的动态响应范围内。根据检测器响应机理和塔板理论，峰高与峰面积都应该满足此关系。但由于峰形展宽等原因，对绝大多数检测器来说，常用峰面积作为定量分析的依据。只有在峰形比较窄高而且对称性较好的时候，选用峰高计算比较简易。为了对待测物进行准确的定量计算，需要得到该物质的校正因子。

1）绝对校正因子

在一定的操作条件下，组分 i 的进样量 m 与峰的面积 A_i 成正比。绝对校正因子 $g_i=m/A_i$。绝对校正因子 g_i 的大小主要由操作条件和仪器的灵敏度决定，既不容易准确测量，又无统一标准；当操作条件波动时，g_i 也发生变化。故 g_i 无法直接应用，定量分析时，一般采用相对校正因子。

2）相对校正因子

相对校正因子是规定某一个组分为标准物，计算其他组分的绝对校正因子与此标准物绝对校正因子的比值。计算公式如下：

$$G_i = g_i / g_s$$

式中，g_i 为组分 i 的绝对校正因子；g_s 为标准物质的绝对校正因子。

对同一类型的不同检测器来说，在组分 i 和 s 相同的情况下，相对校正因子是基本一致的。它只与检测器的性能、待测组分的性质、标准物质的性质、载气的性质相关，与操作条件无关。也就是说基本上可以认为相对校正因子 G_i 是一个常数。相对校正因子在好多相关文献上可以查到，在无法找到所有组分标准样品的时候，可以参考使用。但是由于不同检测器的性能有一定的差异，因此相对校正因子最好在使用的色谱上单独测定。

实际中，要测定样品中所有组分的绝对校正因子很复杂，难以找到所有的标准物质并一一进行测定。考虑到相对校正因子很容易获得，通过测定一个标准组分并得到其绝对校正因子后，可以用文献值推算出其他组分的绝对校正因子，因此相对校正因子具有很高的实际应用价值。

根据标准样品在色谱定量过程中的使用情况，色谱定量分析方法可以分为百分比法、归一化法、外标法、内标法四大类。对于一些特殊样品的分析，可能综合使用其中的两种或三种，形成更复杂的定量方法，如内加法等。

1）百分比法

百分比法是直接通过峰面积或者峰高进行百分数计算，从而得到待测组分的含量。百分比法的计算公式为

$$m_i = \frac{A_i}{A_1 + A_2 + \cdots + A_n} \times 100\% = \frac{A_i}{\sum\limits_{i=1}^{n} A} \times 100\% \tag{4-12}$$

百分比法的特点是不需要标准物，只需要一次进样即可完成分析。百分比法很简单，不需要精确控制进样量，也不需要样品的前处理；缺点在于要求样品中所有组分都出峰，都能被检测器识别和响应，并且在检测器的响应程度相同，即各组分的绝对校正因子都相等。

2）归一化法

很多时候样品中各组分的绝对校正因子并不相同。为了消除检测器对不同组分响应程度的差异，通过用校正因子对不同组分峰面积进行修正后，再进行归一

化计算。其计算公式为

$$m_i = \frac{A_i g_i}{\sum\limits_{i=1}^{n} A_i g_i} \times 100\% \qquad (4\text{-}13)$$

与面积归一化法的区别在于用绝对校正因子修正了每个组分的面积，然后再进行归一化。注意，由于分子、分母同时都有校正因子，因此这里也可以使用统一标准下的相对校正因子，这些数据很容易从文献中得到。

当样品中不出峰部分的总量 X 通过其他方法已经被测定时，可以采用部分归一化来测定剩余组分。计算公式如下：

$$m_i = \frac{G_i A_i}{\sum\limits_{i=1}^{n} G \times A} \times (100 - X)\% \qquad (4\text{-}14)$$

成分相似的试样中各组分全部流出色谱柱，并在色谱图上都出现色谱峰时，可用归一化法，可用于简单定量。

3）外标法

当能够精确进样量的时候，通常采用外标法进行定量。这种方法标准物质单独进样分析，从而确定待测组分的校正因子；实际样品进样分析后依据此校正因子对待测组分色谱峰进行计算，从而得出含量。其特点是标准物质和未知样品分开进样，虽然看上去是二次进样，但实际上未知样品只需要一次进样分析就能得到结果。外标法即使用绝对校正因子的计算公式进行定量计算：

$$m_i = g_i \times A_i \qquad (4\text{-}15)$$

外标法的优点是操作简单，不需要前处理，不需要相对校正因子，只针对感兴趣组分进行分析。缺点是要求进样精确，进样量的差异直接导致分析误差的产生，同时对仪器稳定性要求高。外标法必须定期进行重新校正。外标法通常适用于日常质量控制和大量同类样品的分析。

4）内标法

选择适宜的物质作为预测组分的内标物，定量加到样品中去，依据预测定组分和内标物在检测器上的响应值（峰面积或峰高）之比和内标物加入量进行定量分析的方法叫内标法。特点是待测组分和内标组分同时进样，一次进样。内标法的优点在于不需要精确控制进样量，由进样技术和仪器稳定因素造成的误差不会影响结果；缺陷在于内标物很难寻找，而且分析操作前需要较多的处理过程，操作复杂，并可能带来误差。

一个合适的内标物应该满足以下要求：在样品中不存在；不和待测组分发生反应；与待测组分性质相似；能得到分离良好、干净利落的峰；易于做到加入浓度与待测组分浓度接近；谱图上内标物的峰和待测组分的峰接近；性质稳定、价廉物美等。

内标法的计算公式推导如下：

$$\omega_i = \frac{W_i}{W} \times 100\% = \frac{W_i}{W_s} \times \frac{W_s}{W} \times 100\% = \frac{A_i g_{\omega_d}}{A_s g_{\omega_\gamma}} \times \frac{W_s}{W} \times \% = \frac{A_i}{A_s} \times G_{\omega i/s} \times \frac{W_s}{W} \times 100\% \quad (4\text{-}16)$$

式中，A_i、A_s 分别为待测组分和内标物的峰面积；W_s、W 分别为内标物和样品的质量；$G_{\omega i/s}$ 为待测组分对于内标物的相对质量校正因子（此值可自行测定，测定要求不高时也可以由文献中待测组分和内标物组分对苯的相对质量校正因子换算求出）。

5）内加法

在无法找到样品中没有的合适的组分作为内标物时，可以采用内加法；在分析溶液类型的样品时，如果无法找到空白溶剂，也可以采用内加法。内加法也经常被称为标准加入法。内加法除需要与内标法一样进行一份添加样品的处理和分析外，还需要对原始样品进行分析，并根据两次分析结果计算得到待测组分含量。与内标法一样，内加法对进样量并不敏感，不同之处在于至少需要两次分析。下面将通用一个实际应用的例子来说明内加法的运用过程。

在各种定量方法中，外标法是所有定量方法的基础。在可以精确进样量的情况下，通常都采用外标法。归一化法不要求精确进样量，但要求所有组分都必须出峰，或者所有出峰组分的总含量已知。有些时候虽然能够精确进样量，但在所有组分都出峰的情况下，也使用归一化法。因为此时归一化法相当于外标法定量后，对总量进行归一化误差的修正。内标法是在无法精确进样量、不是所有组分都出峰的情况下，解决定量的办法。相对而言，操作和计算都很复杂。内标法的关键是能够找到合适的内标物，而且内标法的称量误差应小于色谱正常定量分析误差。在无法找到合适内标物的情况下，可以使用内加法。内加法操作复杂，计算烦琐，并不是一种常用的定量方法。

4.7　气相色谱法在环境分析领域的应用

气相色谱法在环境分析领域的应用十分广泛，以生活饮用水标准中有机物检测方法为例，其中绝大部分有机物均采用气相色谱法测定，本小节以一些具体的分析实例介绍气相色谱技术在环境分析领域的应用。

4.7.1　有机氯农药残留量的气相色谱分析方法

有机氯农药（OCPs）是具有杀虫活性的氯代烃的总称，其代表性的品种包括DDT 及其类似物、六六六和环戊二烯衍生物，它们均为神经毒性物质。这类杀虫剂具有较高的杀虫活性，杀虫谱广，加之生产方法简单，价格低廉，所以曾经被大规模生产和使用。但是它们在物理化学性质上均具有较高的化学稳定性和极低的水溶性，在正常环境中不易分解，有很强的亲脂性，易通过食物链在生物体脂肪中富集和积累，可导致残留污染严重，害虫的抗性增加。从 20 世纪 70 年代开始，许多工业化国家相继限用或禁用某些 OCPs，其中主要是 DDT、六六六及狄氏剂，但由于它们的稳定性，在世界许多地方的空气和水中能够检测出微量 OCPs 的存在。

在OCPs 分析领域最为广泛使用的检测技术是气相色谱/电子捕获检测器（GC-ECD），它具有灵敏度高、分离效果好、定量准确等特点，是一种经典的 OCPs 分析方法。针对水中 17 种 OCPs 的具体测定方法介绍如下。

1）样品前处理方法

1 L 经 0.45 μm 微孔滤膜过滤后水样经 HLB 固相萃取柱（事先用二氯甲烷、甲醇、蒸馏水各 5 mL 淋洗）处理，过柱水样流速恒定在 5 mL/min，富集完毕后将柱上水分抽干，以 15 mL 二氯甲烷分三次淋洗，收集淋洗液到 K-D 浓缩器中用高纯氮气蒸到 1 mL 左右，待净化。

在层析柱内依次装入 10 cm 硅胶、5 cm 氧化铝和 1 cm 无水硫酸钠。用 70 mL 正己烷-二氯甲烷（7∶3）淋洗净化柱，旋转蒸发至干，用 10 mL 正己烷进行溶剂置换，定量转移至 K-D 浓缩器中用高纯氮气蒸到 0.5 mL 待测定。

2）色谱分析条件

色谱柱为 HP-5（30 m×0.32 mm ID；膜厚 0.25 μm）；载气为高纯氮气；进样口温度为 250℃；柱头压为 20psi①；初始柱温为 85℃，保持 2 min，以速率 10℃/min升至 180℃，保持 15 min，20℃/min 升至 280℃，保持 5 min；ECD 温度为 300℃。在该条件下得到 OCPs 标准色谱图，如图 4-18 所示。

---

① 1 psi=6.89476×10³ Pa。

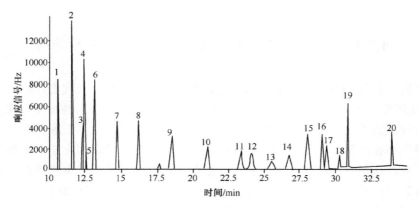

图 4-18　OCPs 标准色谱图

1. TMX（S、S）；2. α-HCH；3. β-HCH；4. γ-HCH；5. 五氯硝基苯；6. δ-HCH；7. 七氯；8. 艾氏剂；9. 七氯环氧；10. 硫丹 I；11. 狄氏剂；12. p, p′-DDE；13. 异狄氏剂；14. 硫丹 I；15. p, p′-DDD；16. 异狄氏剂醛；17. p, p′-DDT；18. 硫丹硫酸酯；19. 甲氧滴滴涕；20. PCB209（S.S）

4.7.2　固体样品中有机磷农药残留量的气相色谱分析方法

有机磷农药（organophosphoruspesticides，OPPs）是含有 C—P 键或 C—O—P、C—S—P、C—N—P 键的有机化合物。大部分有机磷农药易溶于有机溶剂，在碱性条件下易水解而失效。其毒性与结构和功能团有关，例如，含 P=O 键（如敌百虫、对氧磷）的 OPPs 毒性通常比含 P=S（如马拉硫磷）的 OPPs 毒性大。这些化合物主要是抑制生物体内的胆碱酯酶的活性，导致乙酰胆碱这种传导介质代谢紊乱，产生迟发性神经毒性，引起运动失调、昏迷、呼吸中枢麻痹甚至死亡。OPPs 是一类对食品安全有巨大威胁的化合物。

OPPs 的分析常采用气相色谱法，检测器通常有热电离检测器（碱盐火焰光度检测器、氮磷检测器）、FPD 和 ECD。下面将介绍一种固体样品中 8 种有机磷农药的气相色谱分离、测定方法。

1）样品前处理方法

称取 20 g 均匀样品，加入 5 g 无水硫酸钠和 100 mL 丙酮，振荡提取 30 min。过滤，取 50 mL 滤液，加入 50 mL 5%氯化钠溶液。以 50 mL、50 mL、30 mL 二氯甲烷分三次提取，合并二氯甲烷提取液，过无水硫酸钠柱脱水，浓缩定容至 1 mL，供测定。

2）色谱分析条件

色谱柱为 HP-1（25 m×0.32 mm ID，膜厚 0.52 m）；载气为氮气（1.6 mL/min）；

尾吹气为氮气（20 mL/min）、氢气（3.0 mL/min）、空气（60 mL/min）；柱温在
60℃保持0.5 min，以10℃/min升至250℃，保持3 min；进样口温度为250℃；
NPD温度为300℃；进样方式为不分流；进样量为1 μL。

图4-19是有机磷农药的气相色谱图，8种有机磷农药得到了很好的分离，也
为进一步的定性、定量工作奠定了良好的基础。

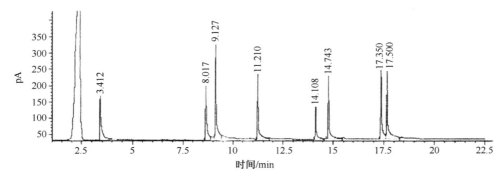

图4-19　8种有机磷农药的色谱图

3.412 敌百虫；8.017 甲胺磷；9.127 敌敌畏；11.210 乙酰甲胺磷；14.108 久效磷；
14.743 乐果；17.350 马拉硫磷；17.500 毒死蜱

4.7.3　苯系物的气相色谱分析方法

苯是一种气味芳香的无色液体混合物，易燃，在常温下极易挥发，甲苯、
二甲苯属于苯的同系物。苯和苯系物常可用作化学试剂、水溶剂或稀释剂。在
工业生产中，家具制造业等行业均广泛使用。1993年世界卫生组织（WHO）
确定苯为致癌物。苯是一种易燃而且毒性很高的物质。由于苯的挥发性很强，
因此使用苯或含苯材料或家具，可以使大量苯蒸气散入环境中，通过呼吸进入
人体内。由于苯系物的溶剂具有脂溶性的特点，可以通过完好无损的皮肤进入
人体。浓度很高的苯蒸气具有麻醉作用，短时间内可使人昏迷、发生急性苯中
毒，甚至可导致生命危险。下面将介绍一种车间空气中苯系物的气相色谱法测
定方法。

采集某车间空气样品，可选用直接进样法、溶剂萃取法、吹扫捕集法或顶空
法等进样进行气相色谱分析。图4-20是获得的苯系物色谱图。

色谱分析条件：色谱柱：HP-624石英毛细管柱（30 m×0.53 mm×3.0 μm）；检
测器：FID；载气：He或高纯 N_2；柱温程序：35℃（10 min）$\xrightarrow{4℃/min}$ 220℃
（4 min）；进样口温度：110℃；检测器温度：250℃。

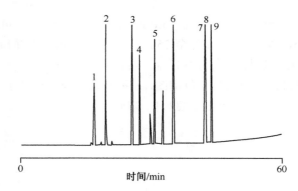

图 4-20　苯系物色谱图

1. 苯；2. 甲苯；3. 氯苯；4. 乙苯；5. 间＋对二甲苯；6. 邻二甲苯；7.1,3-二氯苯（间）；
8.1,4-二氯苯（对）；9.1,2-二氯苯（邻）

受关注的有机物种类很多，新污染物也在不断被发现，气相色谱分析方法就不能一一列举。表 4-5 列出我国近期颁布的有机物气相色谱分析方法，可根据需要选择使用。

表 4-5　有机物分析气相色谱分析方法

序号	项目	分析方法	方法来源
1	环境空气 总烃、甲烷和非甲烷总烃的测定	直接进样—气相色谱法	HJ 604—2017
2	水质 亚硝胺类化合物的测定	气相色谱法	HJ 809—2016
3	水质 15 种氯代除草剂的测定	气相色谱法	HJ 1070—2019
4	水质 苯系物的测定	顶空/气相色谱法	HJ 1067—2019
5	水质 吡啶的测定	顶空/气相色谱法	HJ 1072—2019
6	土壤和沉积物 石油烃（C6-C9）的测定	吹扫捕集/气相色谱法	HJ 1020—2019
7	水质 28 种有机磷农药的测定	气相色谱–质谱法	HJ 1189—2021
8	液态制冷剂 CFC-11 和 HCFC-123 的测定	顶空/气相色谱–质谱法	HJ 1194—2021
9	土壤和沉积物 6 种邻苯二甲酸酯类化合物的测定	气相色谱–质谱法	HJ 1184—2021
10	水质 三丁基锡等 4 种有机锡化合物的测定	液相色谱–电感耦合等离子体质谱法	HJ 1074—2019

思考与习题

1. 简要说明气相色谱分析的基本原理。
2. 试分析"相似相容"原理应用于固定液选择的合理性及其存在的局限。
3. 色谱分析的内标法是一种准确度较高的定量方法，试说明理由。
4. 简述气相色谱仪中 FID 与 FPD 的结构及其使用范围。
5. 根据你所学到的知识或实践经验，给出样品中痕量有机物的色谱分析方法建立的步骤。

　　6. 分析方法的检出限和测定下限的主要区别是什么? 两者之间的关系如何?

　　7. 气相色谱分析中欲测定: ①土壤中有机磷农药, ②污水中微量含硫有机物, ③废气中苯系物等, 宜选择哪种检测器? 并阐明理由。

　　8. 简述气相色谱分析中"三温", 并说明选择"三温"的基本原则。

　　9. 什么是气相色谱分析的程序升温? 对环境样品中半挥发性有机污染物分析时为什么常选择"程序升温"?

　　10. 某一色谱柱, 速率方程中的 A、B 和 C 值分别为 0.16 cm、0.35 cm^2/s 和 4.3×10^{-2} s, 计算最佳流速和最小塔板高度。

　　11. 试述 FPD 的工作原理, 以及影响 FPD 灵敏度的关键因素。

　　12. 气相色谱分析定性的依据是什么? 主要有哪些定性方法?

　　13. 气相色谱分析定量方法有哪些? 试比较这些定量方法的差异性及其适用性。

　　14. 在气相色谱分析中色谱柱温度是最重要的色谱条件之一, 如何选择柱温? 请简要说明柱温对色谱分析有何影响?

第 5 章　高效液相色谱分析

5.1　高效液相色谱的发展

在所有色谱技术中，液相色谱法（LC）是最早（1903 年）发明的，但其初期发展比较慢，在液相色谱普及之前，纸色谱法、气相色谱法和薄层色谱法是色谱分析法的主流。到了 20 世纪 60 年代后期，将已经发展得比较成熟的气相色谱的理论与技术应用到液相色谱上来，使液相色谱得到了迅速的发展。特别是填料制备技术、检测技术和高压输液泵性能的不断改进，使液相色谱分析实现了高效化和高速化。具有这些优良性能的液相色谱仪于 1969 年商品化。从此，这种分离效率高、分析速度快的液相色谱就被称为高效液相色谱法（HPLC），也称高压液相色谱法或高速液相色谱法。

5.1.1　高效液相色谱的特点

1. 与经典液相色谱的比较

经典液相（柱）色谱法使用粗粒多孔固定相，装填在大口径、长玻璃柱管内，流动相仅靠重力流经色谱柱，溶质在固定相的传质、扩散速度缓慢，柱入口压力低，仅有低柱效，分析时间冗长。

高效液相色谱法使用全多孔微粒固定相，装填在小口径、短不锈钢柱内，流动相通过高压输送泵进入高柱压的色谱柱，溶质在固定相的传质、扩散速度大大加快，从而在短的分析时间内获得高柱效和高分析能力。

高效液相色谱法与经典液相（柱）色谱法的比较见表 5-1。

2. 与气相色谱法的比较

高效液相色谱法与气相色谱法有许多相似之处。气相色谱法具有选择性高、分离效率高、灵敏度高、分析速度快的特点，但它仅适用于蒸气压低、沸点低的样品，而不适用于分析高沸点有机物、高分子和热稳定性差的化合物以及生物活性物质，使其应用受到限制。在全部有机化合物中仅有 20%的样品适用于气相色谱分析。高效液相色谱法却可以弥补气相色谱的不足之处，可对 80%的有机化合物进行分离和分析。两种方法的主要差别体现在以下几方面。

表 5-1　高效液相色谱法与经典液相（柱）色谱法的比较

项目	高效液相色谱法	经典液相（柱）色谱法
色谱柱：柱长/cm	10～25	10～200
柱内径/mm	2～10	10～50
固定相粒度：粒径/μm	5～50	75～600
筛孔/目	2500～300	200～30
色谱柱入口压力/MPa	2～20	0.001～0.1
色谱柱柱效/（理论塔板数/m）	$2×10^3$～$5×10^4$	2～50
进样量/g	10^{-6}～10^{-2}	1～10
分析时间/h	0.05～1.0	1～20

1）应用范围不同

气相色谱仅能分析在操作温度下能气化而不分解的物质。对高沸点化合物、非挥发性物质、热不稳定化合物、离子型化合物及高聚物的分离分析较为困难，致使其应用受到一定程度的限制。据统计，只有大约 20% 的有机物能用气相色谱分析；而液相色谱则不受样品挥发度和热稳定性的限制，它非常适合分子量较大、难气化、不易挥发或对热敏感的物质、离子型化合物及高聚物的分离分析，占有机物的 70%～80%。液相色谱和气相色谱应用范围的比较如表5-2 所示。

表 5-2　液相色谱和气相色谱应用范围的比较

GC	LC
在不衍生的情况下，GC 分析样品的分子量<500	从理论上讲，LC 分析样品的分子量没有限制
GC 的样品必须具有挥发性	LC 的样品必须可溶
GC 的样品必须具有良好的热稳定性	LC 的分析温度可以从低于室温到 100～140℃，所以对样品热稳定性没有要求

2）液相色谱能完成难度较高的分离工作

气相色谱的流动相载气是色谱惰性的，不参与分配平衡过程，与样品分子无亲和作用，样品分子只与固定相相互作用。而在液相色谱中流动相液体也与固定相争夺样品分子，为提高选择性增加了一个因素。也可选用不同比例的两种或两种以上的液体作流动相，增大分离的选择性。

液相色谱固定相类型多，如离子交换色谱和排阻色谱等，所以分析时选择余地大；而气相色谱则不同。液相色谱通常在室温下操作，较低的温度一般有利于色谱分离条件的选择。

由于液体的扩散性比气体小 10^5 倍，因此，溶质在液相中的传质速率慢，柱外效应就显得特别重要；而在气相色谱中，柱外区域扩张可以忽略不计。

3）液相色谱样品制备简单

液相色谱样品制备简单，回收样品也比较容易，而且回收是定量的，适合于大量制备。但液相色谱尚缺乏通用的检测器，仪器比较复杂，价格昂贵。在实际应用中，这两种色谱技术是互相补充的。

由于高效液相色谱法具有高柱效、高选择性、分析速度快、灵敏度高、重复性好、应用范围广等优点，该法已成为现代分析技术的重要手段之一，目前在化学、化工、医药、生化、环保、农业等科学领域获得广泛的应用。

通过以上介绍可知高效液相色谱法具有以下特点。

（1）分离效率高。由于新型高效微粒固定相填料的使用，液相色谱填充柱的柱效可达 $2 \times 10^3 \sim 5 \times 10^4$ 块理论塔板数/m，远远高于气相色谱填充柱 10^3 块理论塔板数/m 的柱效。

（2）选择性高。由于液相色谱柱具有高柱效，并且流动相可以控制和改善分离过程的选择性。因此，高效液相色谱法不仅可以分析不同类型的有机化合物及其同分异构体，还可以分析在性质上极为相似的旋光异构体，并已在高疗效的合成药物和生化药物的生产控制分析中发挥了重要作用。

（3）检测灵敏度高。在高效液相色谱法中使用的检测器大多数都具有较高的灵敏度。例如，被广泛使用的紫外吸收检测器，检测限可达 10^{-9} g；用于痕量分析的荧光检测器，检测限可达 10^{-12} g。

（4）分析速度快。由于高压输液泵的使用，相对于经典液相（柱）色谱，其分析时间大大缩短，但输液压力增加时，流动相流速会加快，完成一个样品的分析时间仅需要几分钟到几十分钟。

高效液相色谱法除具有以上特点外，它的应用范围也日益扩展。由于它使用非破坏性检测器，样品被分析后，在大多数情况下，可去除流动相，实现对少量珍贵样品的回收，亦可用于样品的纯化制备。

5.1.2　高效液相色谱的应用范围

1. 高效液相色谱的应用范围

高效液相色谱法适用于分析高沸点不易挥发的、受热不稳定易分解的、分子量大的、不同极性的有机化合物；生物活性物质和多种天然产物；合成的和天然的高分子化合物等。他们涉及石油化工产品、食品、合成药物、生物化工产品及环境污染物等，约占全部有机化合物的 80%。其余 20% 有机化合物包括永久性气体、易挥发低沸点及中等分子量的化合物，只能用气相色谱法进行分析。依据样品分子量和极性推荐各种 HPLC 分离方法的应用范围如图 5-1 所示。

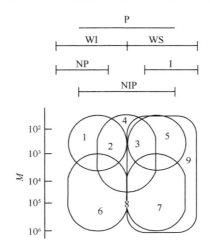

图 5-1　依据样品分子量和极性推荐

各种 HPLC 分离方法的应用：M 表示分子量；P 表示极性；WI 表示水不溶；WS 表示水溶；NP 表示非极性；NIP 表示非离子型极性；I 表示离子型．1. 吸附色谱法；2. 正相分配色谱法；3. 反向分配色谱法；4. 键合相色谱法；5. 离子色谱法；6. 体积排阻色谱法；7. 凝胶渗透色谱法；8. 凝胶过滤色谱法；9. 亲和色谱法

2. 高效液相色谱方法的局限性

高效液相色谱法虽具有应用范围广的优点，但也具有下述局限性。

（1）在高效液相色谱法中，使用多种溶剂作为流动相，当进行分析时所需成本高于气相色谱法，且易引起环境污染。当进行梯度洗脱操作时，它比气相色谱法的程序升温操作复杂。

（2）高效液相色谱法中缺少如气相色谱法中使用的通用型检测器（如热导检测器和氢火焰离子化检测器）。近年来，蒸发激光散射检测器的应用日益增多，有望成为高效液相色谱法的一种通用型检测器。

（3）高效液相色谱法不能代替气相色谱法，去完成要求柱效高达 10 万块理论塔板数，必须用毛细管气相色谱法分析组成复杂的具有多种沸程的石油产品。

（4）高效液相色谱法也不能代替中、低压色谱法，在 200 kPa～1 MPa 柱压下去分析受压易分解、变性的具有生物活性的生化样品。

综上所述，高效液相色谱法也与任何一种常规的分析方法一样，都不可能十全十美，作为使用者在掌握了高效液相色谱法的特点、应用范围和局限性的前提下，充分利用高效液相色谱法的特点，就可以在实际分析任务中发挥重要的作用。

5.2　高效液相色谱分离原理与分类

5.2.1　液相色谱分离原理

与气相色谱一样，液相色谱分离系统也由两相（固定相和流动相）组成。液相色谱的固定相可以是吸附剂、化学键合固定相（或在惰性载体表面涂上一层液膜）、离子交换树脂或多孔性凝胶；流动相是各种溶剂。被分离混合物由流动相液体推动进入色谱柱。根据各组分在固定相及流动相中的吸附能力、分配系数、离子交换作用或分子尺寸大小的差异进行分离，如图 5-2 所示。色谱分离的实质是样品分子（以下称溶质）与溶剂（即流动相或洗脱液）以及固定相分子间的作用，作用力的大小决定色谱过程的保留行为。不同组分在两相间的吸附、分配、离子交换、亲和力或分子尺寸等性质存在微小差别，经过连续多次在两相间的质量交换，这种性质上的微小差别被叠加、放大，最终得到分离，因此不同组分性质上的微小差别是色谱分离的根本，即必要条件；而性质上微小差别的组分之所以能得以分离是因为它们在两相之间进行了上千次甚至上百万次的质量交换，这是色谱分离的充分条件。高效液相色谱与经典液相色谱原理相同，在经典液相色谱基础上采用了高压泵和高灵敏检测器，具备速度快、效率高、灵敏度高和操作自动化的特点。

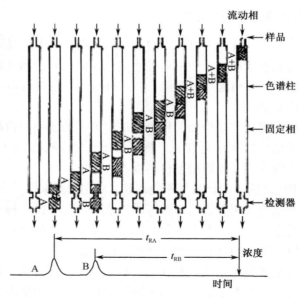

图 5-2　液相色谱分离原理

5.2.2　高效液相色谱的分类

高效液相色谱法按分离机制的不同分为液固色谱法、液液色谱法（正相与反相）、离子交换色谱法、离子对色谱法及分子排阻色谱法等。

1. 液固色谱法

液固色谱法通常称吸附色谱法，被分离组分在色谱柱上分离原理是根据固定相对组分吸附力大小不同而分离。吸附剂有活性炭、氧化铝和硅胶，在液固色谱法中用的载体都是硅胶。硅胶对溶质分子的吸附能力不是平均分布在整个硅胶表面的，在硅胶表面有一些区域与溶质分子强烈相互作用，这些区域为活性位置，硅胶与溶质分子间的主要作用是偶极距力、氢键及静电相互作用。极性越强，化合物在硅胶柱上的滞留时间越长。在液固色谱中，依靠流动相溶剂分子与溶质分子竞争固定相互活性位置，从而使溶质从色谱柱上洗脱下来。与硅胶表面活性位置结合力强的溶剂洗脱溶质分子的能力强，因而称强溶剂，反之为弱溶剂。分离过程是一个吸附–解吸附的平衡过程。常用的吸附剂为硅胶或氧化铝，粒度为 5～10 μm。适用于分离分子量为 200～1000 的组分，大多数用于非离子型化合物，离子型化合物易拖尾。常用于分离同分异构体，可用于脂溶性化合物质如磷脂、甾体化合物、脂溶性维生素、前列腺素等。图 5-3 是番茄红素异构体的液固色谱分离谱图。

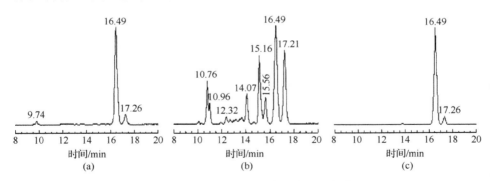

图 5-3　番茄红素异构体的液固色谱分离谱图

2. 液液色谱法

液液色谱法使用将特定的液态物质涂于担体表面，或化学键合于担体表面而形成的固定相，分离原理是根据被分离的组分在流动相和固定相中溶解度不同而分离，分离过程是一个分配平衡过程。

涂布式固定相应具有良好的惰性；流动相必须预先用固定相饱和，以减少固定相从担体表面流失；温度的变化和不同批号流动相的区别常引起柱子的变化；另外在流动相中存在的固定相也使样品的分离和收集复杂化。涂布式固定相很难避免固定液流失，所以现在已很少采用。现在多采用的是化学键合固定相，如 C_{18}、C_8、氨基柱、氰基柱和苯基柱。

液液色谱法按固定相和流动相的极性不同可分为正相色谱法（NPC）和反相色谱法（RPC）。

1）正相色谱法

在正相色谱法中共价结合到载体上的基团都是极性基团，如一级氨基、氰基、二醇基、二甲氨基和二氨基等。流动相溶剂是与吸附色谱中的流动相很相似的非极性疏水性溶剂，如庚烷、己烷及异辛烷等。由于固定相有极性，因此流动溶剂的极性越强，洗脱能力也越强，即极性大的溶剂是强溶剂。固定相与流动相的这种关系正好与液固色谱法相同，称这种色谱法为正相色谱法。常加入乙醇、异丙醇、四氢呋喃、三氯甲烷等以调节组分的保留时间。常用于分离中等极性和极性较强的化合物（如酚类、胺类、羰基类及氨基酸类等）。

正相色谱法主要根据化合物在固定相及流动相中分配系数的不同进行分离，它不适于分离几何异构体。

2）反相色谱法

在反相色谱法中共价结合到载体上的固定相是一些直链碳氢化合物，如正辛基等，流动相的极性比固定相的极性强。反相色谱法在高效液相色谱法中应用最广泛。

在反相色谱法中，使溶质滞留的主要作用是疏水作用，在高效液相色谱中又被称为疏溶剂作用。所谓疏水作用即当水中存在非极性溶质时，溶质分子之间的相互作用、溶质分子与水分子之间的相互作用远小于水分子之间的相互作用，因此溶质分子从水中被"挤"了出去。可见反相色谱中疏水性越强的化合物越容易从流动相中挤出去，在色谱柱中滞留时间也长，所以反相色谱法中不同的化合物根据它们的疏水特性得到分离。反相色谱法适于分离带有不同疏水基团的化合物，亦即非极性基团的化合物。此外，反相色谱法可用于分离带有不同极性基团的化合物。可以通过改变流动相的溶剂及其组成和 pH，以影响溶质分子与流动相的相互作用，改变它们的滞留行为。另外，反相色谱中水在流动相中所占比例伸缩性很大，可以为 0～100%，从而使反相色谱可用于水溶性、脂溶性化合物的分离。

反相色谱法中的固定相是被共价结合到硅胶载体上的直链饱和烷烃，其链的长短不同，最长的是十八烷基，这也是使用得最多的固定相。直链饱和烷烃的疏水特性随着碳氢链的长度增加而增加，在反相色谱柱中溶质由于疏水作用而滞留的时间也将随着碳氢链的长度增加而增加。在一般情况下这意味着用碳氢链长的反相色谱柱能得到较好的分辨率，在多数情况下是依靠反复选择色谱柱来实现的。由于反相色谱法的固定相是疏水的碳氢化合物，溶质与固定相之间的作用主要是非极性相互作用，或者说疏水相互作用，因此溶剂的强度随着极性降低而增加。水是极性最强的溶剂，也是反相色谱中洗脱能力最弱的溶剂，在反相色谱中常常作为基础溶剂，向其中加入不同浓度的、可以与水混溶的有机溶剂，以得到不同强度的流动相，这些有机溶剂称为修饰剂。

反相色谱中一般用非极性固定相（如 C_{18}、C_8）；流动相为水或缓冲液，常加入甲醇、乙腈、异丙醇、丙酮、四氢呋喃等与水互溶的有机溶剂以调节保留时间。适用于分离非极性和极性较弱的化合物。反相色谱在现代液相色谱中应用最为广泛，据统计，它占整个 HPLC 应用的 80%左右。

随着柱填料的快速发展，反相色谱法的应用范围逐渐扩大，现已应用于某些无机样品或易解离样品的分析。为控制样品在分析过程的解离，常用缓冲液控制流动相的 pH。但需要注意的是，C_{18} 和 C_8 使用的 pH 通常为 2.5～7.5（2～8），太高的 pH 会使硅胶溶解，太低的 pH 会使键合的烷基脱落。有报告新商品柱可在 pH 1.5～10 范围操作。

从表 5-3 可看出，当极性为中等时正相色谱法与反相色谱法没有明显的界线（如氨基键合固定相）。图 5-4 为反向色谱法分离色谱图，采用 Platinum™ C_{18}，5 μm，150 mm × 4.6 mm 色谱柱。

表 5-3　正相色谱法与反相色谱法比较表

项目	正相色谱法	反相色谱法
固定相极性	高～中	中～低
流动相极性	低～中	中～高
组分洗脱次序	极性小的组分先洗出	极性大的组分先洗出

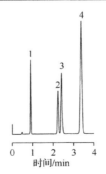

图 5-4　反相色谱法分离色谱图

1. 丙酮；2. 苯并 [a] 芘；3. 菲 [3,4-c] 并菲；4.1, 2, 3, 4-四苯基萘

5.3 高效液相色谱仪

现在的液相色谱仪一般都做成一个个单元组件，然后根据分析要求将各所需单元组件组合起来。高效液相色谱仪由高压输液系统、进样系统、分离系统、检测系统、记录系统（记录仪、积分仪或色谱工作站）五大部分组成。此外，还可根据需要配置流动相在线脱气装置、梯度洗脱装置、自动进样系统、柱后反应系统和全自动控制系统等。图 5-5 是具有基本配置的液相色谱仪的流程图。

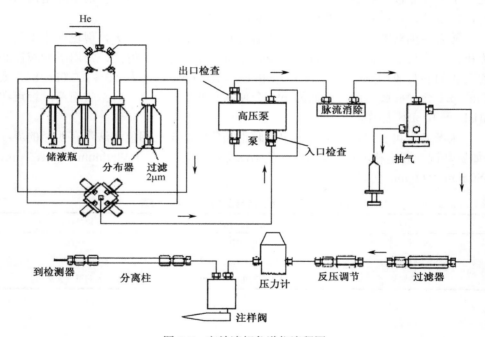

图 5-5　高效液相色谱仪流程图

高效液相色谱仪的工作过程：输液泵将流动相以稳定的流速（或压力）输送至分析体系，在色谱柱之前通过进样器将样品导入，流动相将样品带入色谱柱，在色谱柱中各组分因在固定相中的分配系数或吸附力大小的不同而被分离，并依次随流动相流至检测器，检测到的信号送至数据系统记录、处理或保存。

分析前，选择适当的色谱柱和流动相，开泵，冲洗柱子，待柱子达到平衡而且基线平直后，用微量注射器把样品注入进样口，流动相把试样带入色谱柱进行分离，分离后的组分依次流入检测器的流通池，最后和洗脱液一起排入流出物收集器。当有样品组分流过流通池时，检测器把组分浓度转变成电信号，经过放大，用记录器记录下来就得到色谱图，色谱图是定性、定量和评价柱效高低的依据。

5.3.1　色　谱　柱

1. 色谱柱的构成

色谱柱也称固定相，是实现分离的核心部件，担负分离作用的色谱柱是色谱系统的心脏。因此对色谱柱的要求是柱效高、选择性好、分析速度快等。色谱柱由柱管、压帽、卡套（密封环）、筛板（滤片）、接头、螺丝等组成。柱管多用不锈钢制成，压力不高于 70 kg/cm^2 时，也可采用厚壁玻璃或石英管，管内壁要求有很高的光洁度。为提高柱效、减小管壁效应，不锈钢柱内壁多经过抛光，也有人在不锈钢柱内壁涂敷氟塑料以提高内壁的光洁度，其效果与抛光相同还有使用熔融硅或玻璃衬里的，用于细管柱。色谱柱两端的柱接头内装有筛板，是烧结不锈钢或钛合金，孔径为 0.2～20 μm，取决于填料粒度，目的是防止填料漏出。

色谱柱按用途分为分析型和制备型两类，尺寸规格也不同：①常规分析柱（常量柱），内径为 2～5 mm（常量 4.6 mm，国内有 4 mm 和 5 mm），柱长 10～30 cm；②窄径柱（NARROWBORE，又称细管径柱、半微柱 SEMI-MICROCOLUMN），内径为 1～2 mm，柱长 10～20 cm；③毛细管柱（又称微柱 MICROCOLUMN），内径为 0.2～0.5 mm；④ 半制备柱，内径>5 mm；⑤实验室制备柱，内径为 20～40 mm，柱长 10～30 cm；⑥生产制备柱内径可达几十厘米。柱内径一般根据柱长、填料粒径和折合流速来确定，目的是避免管壁效应。其结构如图 5-6 所示。

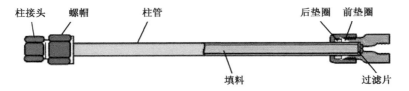

图 5-6　色谱柱结构示意图

多年来，为了提高色谱柱的使用寿命，色谱柱结构的改进工作都在进行中，如通过卡套将色谱柱与保护短柱（又称"卫柱"）紧密结合，充分发挥"卫柱"易更换和经济性高的特点。新型卡套柱结构如图 5-7 所示。

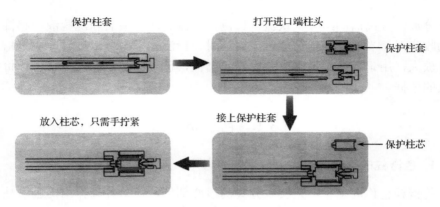

图 5-7　新型卡套柱结构示意图

2. 色谱柱的填充

色谱柱的填充一般分为干法填充和湿法填充。

干法填充：在硬台面上铺上软垫，将空柱管上端打开，垂直放在软垫上，用漏斗每次灌入 50～100 mg 填料，然后垂直台面墩 10～20 次。湿法填充：又称淤浆填充法，使用专门的填充装置（图 5-8）。

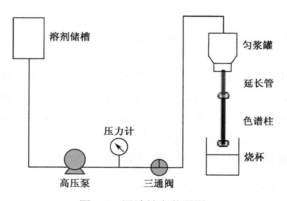

图 5-8　湿法填充装置图

3. 填料的结构

色谱填料是由基质和功能层两部分构成的。

基质：又常称作载体或担体，通常制备成数微米至数十微米粒径的球形颗粒，它具有一定的刚性，能承受一定的压力，对分离不起明显的作用，只是作为功能基团的载体。常用来作基质的有硅胶和有机高分子聚合物微球。

功能层：它是通过化学或物理的方法固定在基质表面的、对样品分子的保留起实质作用的有机分子或功能团。图 5-9 为硅胶基质的冠醚大分子固定相的结构示意图，功能层冠醚分子吸附或键合在硅胶基质的表面。

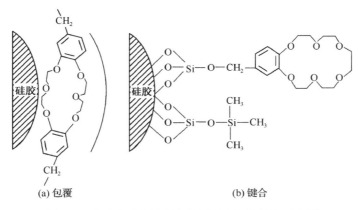

图 5-9　硅胶基质的冠醚大分子固定相的结构示意图

填料的物理结构：分为微孔型（或凝胶型）、大孔型（全多孔型）、薄壳型和表面多孔型四种类型，如图 5-10 所示。

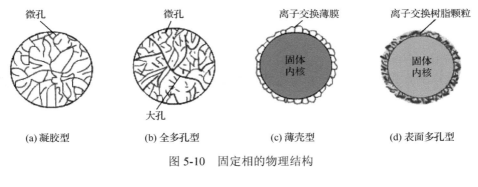

图 5-10　固定相的物理结构

5.3.2　检　测　器

检测器是 HPLC 的三大关键部件之一，是用来连续监测经色谱柱分离后的流出物的组成和含量变化的装置。HPLC 的检测器要求灵敏度高、噪声低（对温度、流量等外界变化不敏感）、线性范围宽、重复性好和适用范围广。

检测器利用溶质的某一物理或化学性质与流动相有差异的原理，当溶质从色谱柱流出时，流动相背景值发生变化，从而在色谱图上以色谱峰的形式记录下来。几种主要检测器的基本特性列于表 5-4。

表 5-4　几种检测器的主要特点

检测器	主要特点
紫外–可见光	对流速和温度变化敏感；池体积可制作得很小；对溶质的响应变化大
荧光	选择性和灵敏度高；易受背景荧光、消光、温度、pH 和溶剂的影响
化学发光	灵敏度高；发光试剂受限制；易受流动相组成和脉动的影响
电导	离子性物质的通用检测器；受温度和流速影响；不能用于有机溶剂体系
电化学	选择性高；易受流动相 pH 和杂质的影响；稳定性较差
蒸发光散射	可检测所有物质
示差折光	可检测所有物质；不适合微量分析；对温度变化敏感
质谱	主要用于定性和定量
原子吸收光谱	选择性高
等离子体发射光谱	可进行多元素同时检测
火焰离子化	柱外峰展宽

1. 检测器的分类

按测量性质可分为通用性和专属性（又称选择性）。通用型检测器测量的是一般物质均具有的性质，它对溶剂和溶质组分均有反应，如示差折光检测器、蒸发光散射检测器。通用性检测器的灵敏度一般比专属性检测器低。专属性检测器只能检测某些组分的某一性质，如紫外、荧光检测器，它们只对有紫外吸收或荧光发射的组分有响应。

按检测方式分为浓度型和质量型。浓度型检测器的响应与流动相中组分的浓度有关，质量型检测器的响应与单位时间内通过检测器的组分的量有关。检测器还可分为破坏样品和不破坏样品两种。

1）紫外–可见光检测器（UV-VIS）

UV 检测器是 HPLC 中应用最广泛的检测器，对大部分有机化合物有响应。当检测波长范围包括可见光时，又称为紫外–可见光检测器。UV 检测器的工作原理是基于朗伯–比尔定律，即被测组分对紫外光或可见光具有吸收，且吸收强度与组分浓度成正比。

很多有机分子都具有紫外或可见光吸收基团，有较强的紫外或可见光吸收能力，因此 UV-VIS 检测器既有较高的灵敏度，也有很广泛的应用范围。UV-VIS 对环境温度、流速、流动相组成等的变化不是很敏感，所以还能用于梯度淋洗。一般的液相色谱仪都配置有 UV-VIS 检测器。

用 UV-VIS 检测时，为了得到高的灵敏度，常选择被测物质能产生最大吸收的波长作检测波长，但由于选择性或其他目的也可适当牺牲灵敏度而选择吸收稍弱的波长，另外，应尽可能选择在检测波长下没有背景吸收的流动相。

图 5-11 为典型 UV-VIS 色谱图，共分离了 14 种物质，在 A 与 B 波长下存在不同响应值。

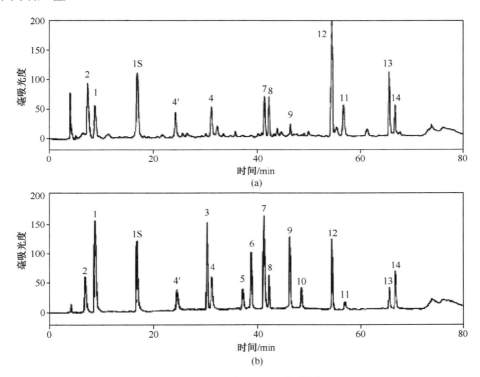

图 5-11　典型 UV-VIS 色谱图

2）荧光检测器（FLD）

许多有机化合物，特别是芳香族化合物、生化物质，如有机胺、维生素、激素、酶等，被一定强度和波长的紫外光照射后，发射出比激发光波长长的荧光。荧光强度与激发光强度、量子效率和样品浓度成正比。有的有机化合物虽然本身不产生荧光，但可以与发荧光物质反应衍生化后再进行检测。因此，利用物质的荧光特性，产生了荧光检测器。

由于荧光检测器具有非常高的灵敏度和良好的选择性，灵敏度要比紫外检测法高 2～3 个数量级。而且所需样品量很小，特别适合于药物和生物化学样品的分析，如多环芳烃（图 5-12）、维生素 B、黄曲霉素、卟啉类化合物、农药、药物、氨基酸、甾类化合物等。

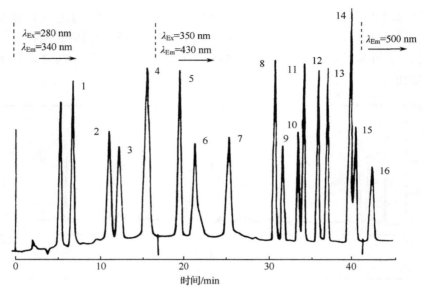

图 5-12　16种多环芳烃物质的荧光-HPLC 分离色谱图

1. 萘；2. 二氢苊；3. 芴；4. 菲；5. 蒽；6. 荧蒽；7. 芘；8. 苯并［a］蒽；9. 䓛；10. 苯并［e］芘；11. 苯并［b］荧蒽；12. 苯并［k］荧蒽；13. 苯并［a］芘；14. 二苯并［a, h］蒽；15. 苯并［g, h, i］苝；16. 茚并［1, 2, 3-c, d］芘

3）光电二极管阵列检测器（PDAD）

光电二极管阵列检测器（PDAD、PDA 或 DAD）是 20 世纪 80 年代出现的一种光学多通道检测器，它可以对每个洗脱组分进行光谱扫描，经计算机处理后，得到光谱和色谱结合的三维图谱。其中吸收光谱用于定性分析（确证是否是单一纯物质），色谱用于定量分析。常用于复杂样品（如生物样品、中草药）的定性定量分析，如图 5-13 所示。

以光电二极管阵列作为检测元件的 UV-VIS 检测器。它可构成多通道并行工作，同时检测由光栅分光，再入射到阵列式接收器上的全部波长的信号，然后对二极管阵列快速扫描采集数据，得到的是时间、光强度和波长的三维谱图。与普通 UV-VIS 检测器不同的是，普通 UV-VIS 检测器是先用单色器分光，只让特定波长的光进入流动池。而二极管阵列 UV-VIS 检测器是先让所有波长的光都通过流动池，然后通过一系列分光技术，使所有波长的光在接收器上被检测。其结构示意图如图 5-14 所示。

光电二极管阵列的主要特点如下。

（1）可以同时得到多个波长的色谱图，因此可以计算不同波长的相对吸收比。

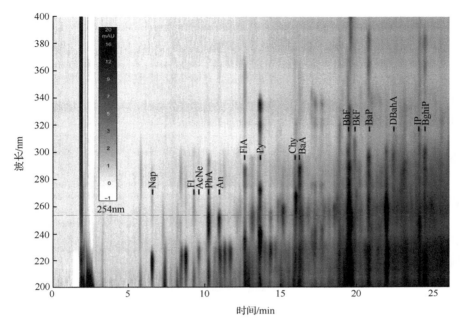

图 5-13　沉积物中 16 种多环芳烃 PDAD 检测 3D 色谱图

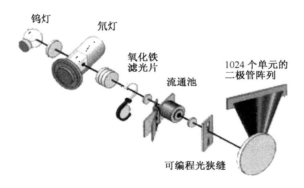

图 5-14　光电二极管阵列检测器结构示意图

（2）可以在色谱分离期间，对每个色谱峰的指定位置实时记录吸收光谱图，并计算其最大吸收波长。

（3）在色谱运行期间可以逐点进行光谱扫描，得到以时间–波长–吸收值为坐标的三维图形，可直观、形象地显示组分的分离情况及各组分的紫外–可见吸收光谱。由于每个组分都有全波段的光谱吸收图，因此可利用色谱保留值规律及光谱特征吸收曲线综合进行定性分析。

（4）可以选择整个波长范围，几百纳米的宽谱带检测，仅需一次进样，将所有组分检测出来。

4）示差折光检测器（RID）

示差折光检测器也称折射指数检测器，是除 UV 检测器外应用最多的检测器。其原理基于样品组分的折射率与流动相溶剂折射率有差异，当组分洗脱出来时，会引起流动相折射率的变化，这种变化与样品组分的浓度成正比。

绝大多数物质的折射率与流动相都有差异，所以示差折光检测法是一种通用的检测方法。虽然其灵敏度与其他检测方法相比要低 1~3 个数量级。对于那些无紫外吸收的有机物（如高分子化合物、糖类、脂肪烷烃）是比较适合的。在凝胶色谱中是必备检测器，在制备色谱中也经常使用。

示差折光检测器根据其设计原理可分为反射型[根据菲涅耳（Fresnel）定律]、折射型[根据斯内尔（Snell）定律]和干涉型三种类型。图 5-15 为示差折光检测器检测图谱。

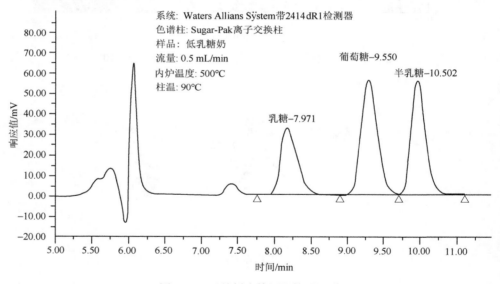

图 5-15　示差折光检测器检测图谱

2. 检测器的性能指标

1）噪声和漂移

在仪器稳定之后，记录基线 1 h，基线带宽为噪声，基线在 1 h 内的变化为漂移。它们反映检测器电子元件的稳定性，及其受温度和电源变化的影响，如果有流动相从色谱柱流入检测器，那么它们还反映流速（泵的脉动）和溶剂（纯度、含有气泡、固定相流失）的影响。噪声和漂移都会影响测定的准确度，应尽量减小。

2）灵敏度

灵敏度表示一定量的样品物质通过检测器时所给出的信号大小。对浓度型检测器，它表示单位浓度的样品所产生的电信号的大小，单位为 mV/(mL·g)。对质量型检测器，它表示在单位时间内通过检测器的单位质量的样品所产生的电信号的大小，单位为 mV/(s·g)。

3）检测限

检测器灵敏度的高低，并不等于它检测最小样品量或最低样品浓度能力的高低，因为在定义灵敏度时，没有考虑噪声的大小，而检测限与噪声的大小是直接有关的。

检测限指恰好产生可辨别的信号（通常用 2 倍或 3 倍噪声表示）时进入检测器的某组分的量（对于浓度型检测器指在流动相中的浓度，单位为 g/mL 或 mg/mL；对于质量型检测器指的是单位时间内进入检测器的量，单位为 g/s 或 mg/s）。$D=2N/S$，式中，N 为噪声；S 为灵敏度。通常是把一个已知量的标准溶液注入到检测器中来测定其检测限的大小。

检测限是检测器的一个主要性能指标，其数值越小，检测器性能越好。值得注意的是，分析方法的检测限除与检测器的噪声和灵敏度有关外，还与色谱条件、色谱柱和泵的稳定性及各种柱外因素引起的峰展宽有关。

4）线性范围

线性范围指检测器的响应信号与组分量呈直线关系的范围，即在固定灵敏度下，最大进样量与最小进样量（浓度型检测器为组分在流动相中的浓度）之比。也可用响应信号的最大与最小的范围表示。例如，Waters 996 PDA 检测器的线性范围是–0.1～2.0A。

定量分析的准确与否，关键在于检测器所产生的信号是否与被测样品的量始终呈一定的函数关系。输出信号与样品量最好呈线性关系，这样进行定量测定时既准确又方便。但实际上没有一台检测器能在任何范围内呈线性响应。通常 $A=BC_x$，式中，A 为仪器响应值；B 为响应因子；C_x 为待测物质浓度。当 $x=1$ 时，为线性响应。对大多数检测器来说，x 只在一定范围内才接近 1，实际上通常只要 $x=0.98$～1.02 就认为它是呈线性的。

线性范围一般可通过实验确定。检测器的线性范围尽可能大些，能同时测定主成分和痕量成分。此外，还要求检测池体积小，受温度和流速的影响小，能适合梯度洗脱检测等。表 5-5 为几种检测器的主要性能对比。

表 5-5　几种检测器的主要性能对比

主要性能	UV	荧光	质谱	蒸发光散射
信号	吸光度	荧光强度	离子流强度	散射光强
噪声	10^{-5}	10^{-3}	—	—
线性范围	10^5	10^4	宽	—
选择性	是	是	否	否
流速影响	无	无	无	—
温度影响	小	小	—	小
检测限/（g/mL）	10^{-10}	10^{-13}	$<10^{-9}$ g/s	10^{-9}
池体积/μL	2～10	～7	—	—
梯度洗脱	适宜	适宜	适宜	适宜
细管径柱	难	难	适宜	适宜
样品破坏	无	无	有	无

5）池体积

除制备色谱外，大多数 HPLC 检测器的池体积为 10 μL。在使用细管径柱或超高效液相色谱时，池体积应减少到1～2 μL 甚至更低，不然检测系统带来的峰扩张问题就会很严重。而且这时池体、检测器与色谱柱的连接、接头等都要精心设计，否则会严重影响柱效和灵敏度。

<h2 align="center">5.3.3　输液系统</h2>

高压输液系统由溶剂储存器、高压输液泵、梯度洗脱装置和压力表等组成。

溶剂储存器：溶剂储存器一般由玻璃、不锈钢或氟塑料制成，容量为1～2 L，用来储存足够数量、符合要求的流动相。

高压输液泵：高压输液泵是高效液相色谱仪中的关键部件之一，其功能是将溶剂储存器中的流动相以稳定的流速或压力输送到色谱系统。对于带在线脱气装置的色谱仪，流动相先经过脱气装置再输送到色谱柱，使样品在色谱柱中完成分离过程。输液泵的稳定性直接关系到分析结果的重复性和准确性。由于液相色谱仪所用色谱柱径较细，所填固定相粒度很小，因此，对流动相的阻力较大，为了使流动相能较快地流过色谱柱，就需要高压泵注入流动相。泵的性能好坏直接影响到整个系统的质量和分析结果的可靠性。

高压输液泵应具备如下性能：①流量稳定，其 RSD 应＜0.5%，这对定性定量的准确性至关重要；②流量范围宽，分析型应在 0.1～10 mL/min 范围内连续可调，制备型应能达到 100 mL/min；③输出压力高，一般应能达到 150～300 kg/cm²；④液缸容积小；⑤密封性能好，耐腐蚀。

对于一般的分析工作，流动相的流速在 0.5～2 mL/min，高压输液泵的流量一般为 5～10 mL/min。高压输液泵的流量控制精度通常要求小于±0.5%。高压输液泵必须能精确地调节流动相流量，这可以通过电子线路调节电机转速或冲程长短来实现，流量的测定通常采用热脉冲流量计。

高压输液泵按输出液恒定的因素分恒压泵和恒流泵。恒流泵按结构又可分为螺旋注射泵、柱塞往复泵和隔膜往复泵。恒压泵受柱阻影响，流量不稳定；螺旋泵缸体太大，这两种泵已被淘汰。对液相色谱分析来说，高压输液泵的流量稳定性更为重要，这是因为流速的变化会引起溶质的保留值的变化，而保留值是色谱定性的主要依据之一。因此，恒流泵的应用更广泛。

高压输液泵按工作方式分为气动泵和机械泵两大类。机械泵中又有螺旋传动注射泵、单活塞往复泵、双活塞往复泵和隔膜往复泵。几种高压输液泵的基本性能总结于表 5-6。

表 5-6　几种高压输液泵的性能比较

名称	恒流或恒压	脉冲	更换流动相	梯度洗脱	再循环	价格
气动放大泵	恒压	无	不方便	需两台泵	不可	高
螺旋传动注射泵	恒流	无	不方便	需两台泵	不可	中等
单活塞往复泵	恒流	有	方便	可	可	较低
双活塞往复泵	恒流	小	方便	可	可	高
隔膜往复泵	恒流	有	方便	可	可	中等

5.3.4　脱 气 装 置

HPLC 所用流动相必须预先脱气，否则容易在系统内逸出气泡，影响泵的工作。气泡还会影响柱的分离效率，影响检测器的灵敏度、基线稳定性，甚至无法检测（噪声增大，基线不稳，突然跳动）。此外，溶解在流动相中的氧还可能与样品、流动相甚至固定相（如烷基胺）反应。溶解气体还会引起溶剂 pH 的变化，给分离或分析结果带来误差。

溶解氧能与某些溶剂（如甲醇、四氢呋喃）形成有紫外吸收的络合物，此络合物会提高背景吸收（特别是在 260 nm 以下），并导致检测灵敏度的轻微降低，但更重要的是，会在梯度淋洗时造成基线漂移或形成鬼峰（假峰）。在荧光检测中，溶解氧在一定条件下还会引起猝灭现象，特别是对芳香烃、脂肪醛、酮等。在某些情况下，荧光响应可降低95%。在电化学检测中（特别是还原电化学法），氧的影响更大。因此，现在主要脱气装置介绍如下。

1）超声波振荡脱气

将配制好的流动相连容器放入超声水槽中脱气10～20 min。这种方法比较简便，又基本上能满足日常分析操作的要求，超声脱气比较好，10～20 min 的超声处理对许多有机溶剂或有机溶剂/水混合液的脱气是足够的（一般500 mL 溶液需超声20～30 min 方可），此法不影响溶剂组成，所以目前仍被广泛采用。但超声时应注意避免溶剂瓶与超声槽底部或壁接触，以免玻璃瓶破裂，容器内液面不要高出水面太多。同时，超声脱气法不能维持溶剂的脱气状态，在停止脱气后，气体立即开始回到溶剂中。在1～4 h，溶剂又将被环境气体饱和。

2）真空脱气

将流动相通过一段由多孔性合成树脂膜制造的输液管，该输液管外有真空容器，真空泵工作时，膜外侧被减压，分子量小的氧气、氮气、二氧化碳就会从膜内进入膜外而被脱除。图 5-16 是真空脱气装置的原理示意图。一般的真空脱气装置有多条流路，可同时对多种溶液进行脱气。

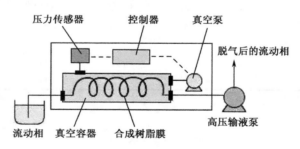

图 5-16　真空脱气装置的原理示意图

5.3.5　梯度洗脱装置

在液相色谱中流速（压力）梯度和温度梯度效果不大，而且还会带来一些不利影响，因此，液相色谱中通常所说的梯度洗脱指流动相梯度，即在分离过程中按一定程序连续改变流动相的组成或浓度，从而使流动相的强度、极性、pH 或离子强度发生相应变化，达到提高分离效果、缩短分析时间的目的。

梯度洗脱的实质是通过改变流动相中各溶剂组成的比例改变流动相的极性，使每个流出的组分都有合适的容量因子 k'，并使样品中的所有组分可在最短时间内实现最佳分离。它在液相色谱中所起的作用相当于气相色谱中的程序升温，所不同的是，在梯度洗脱中溶质 k 值的变化是通过溶质的极性、pH 和离子强度来实现的，而不是借改变温度（温度程序）来达到的。

HPLC 有等度（isocratic）和梯度（gradient）洗脱两种方式。等度洗脱是在同一分析周期内流动相组成保持恒定，适合于组分数目较少、性质差别不大的样品。梯度洗脱是在一个分析周期内程序控制流动相的组成，如溶剂的极性、离子强度和 pH 等，用于分析组分数目多、性质差异较大的复杂样品。采用梯度洗脱可以缩短分析时间，提高分离度，改善峰形，提高检测灵敏度，但是常常引起基线漂移和重现性降低。

梯度洗脱有两种实现方式：低压梯度（外梯度）和高压梯度（内梯度）。两种溶剂组成的梯度洗脱可按任意程度混合，即有多种洗脱曲线：线形梯度、凹形梯度、凸形梯度和折线形梯度。线性梯度最常用，尤其适合于在反相柱上进行梯度洗脱。

（1）线形梯度。在梯度洗脱时，流动相强度的变化与梯度时间成线性比例。在一定时间内流动相强度越大，直线斜率越大。

（2）凹形梯度。梯度起始阶段强度变化缓慢，随时间增加，强度变化加快。

（3）凸形梯度。起始阶段梯度变化速度快，终止阶段梯度变化速度慢。

（4）折线形梯度。起始阶段为线形梯度，提高流动相强度，在待测物即将洗脱出来时，改为等梯度，随后再次以线形梯度洗脱。

各种洗脱形式示意图如图 5-17 所示。

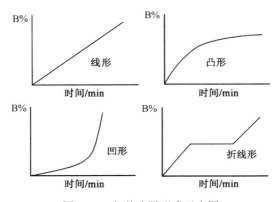

图 5-17　各种洗脱形式示意图

梯度洗脱时，流动相的输送就是要将几种组成的溶液混合后送到分离系统，所以梯度洗脱装置就是解决溶液的混合问题，其主要部件除高压泵外，还有混合器和梯度程序控制器。根据溶液混合的方式可以将梯度洗脱分为高压梯度和低压梯度。

（1）高压梯度。一般只用于二元梯度，即用两个高压泵分别按设定的比例输送 A 和 B 两种溶液至混合器，混合器是在泵之后，即两种溶液是在高压状态下进行混合的，其装置结构示意图如图 5-18 所示。高压梯度系统的主要优点是，只要通过梯度程序控制器控制每台泵的输出，就能获得任意形式的梯度曲线，而且精度很高，易于实现自动化控制。其主要缺点是使用两台高压输液泵，使仪器价格变得更昂贵，故障率也相对较高，而且只能实现二元梯度操作。

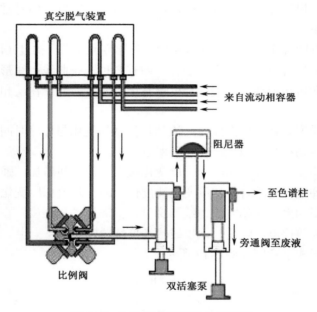

图 5-18　高压梯度装置结构示意图

（2）低压梯度。只需一个高压泵，与等度洗脱输液系统相比，就是在泵前安装一个比例阀，混合就在比例阀中完成。因为比例阀是在泵之前，所以是在常压（低压）下混合，在常压下混合往往容易形成气泡，所以低压梯度通常配置在线脱气装置，图 5-19 是四元低压梯度系统结构示意图。来自四种溶液瓶的四根输液管分别与真空脱气装置的四条流路相接，经脱气后的四种溶液进入比例阀，混合后从一根输出管进入泵体。多元梯度泵的流路可以部分空置。

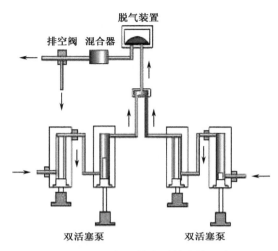

图 5-19　四元低压梯度系统结构示意图

在进行梯度洗脱时，多种溶剂混合，而且组成不断变化，因此带来一些特殊问题，必须充分重视。

（1）要注意溶剂的互溶性，不相混溶的溶剂不能用作梯度洗脱的流动相。有些溶剂在一定比例内混溶，超出范围后就不互溶，使用时更要引起注意。当有机溶剂和缓冲液混合时，还可能析出盐的晶体，尤其使用磷酸盐时需特别小心。

（2）梯度洗脱所用的溶剂纯度要求更高，以保证良好的重现性。进行样品分析前必须进行空白梯度洗脱，以辨认溶剂杂质峰，因为弱溶剂中的杂质富集在色谱柱头后会被强溶剂洗脱下来。用于梯度洗脱的溶剂需彻底脱气，以防止混合时产生气泡。

（3）混合溶剂的黏度常随组成而变化，因而在梯度洗脱时常出现压力的变化。例如，甲醇和水的黏度都较小，当二者以相近比例混合时黏度增大很多，此时的柱压大约是甲醇或水为流动相时的两倍。因此，要注意防止梯度洗脱过程中压力超过输液泵或色谱柱能承受的最大压力。

（4）每次梯度洗脱之后必须对色谱柱进行再生处理，使其恢复到初始状态。须让 10～30 倍柱容积的初始流动相流经色谱柱，使固定相与初始流动相达到完全平衡。

5.3.6　进 样 器

进样系统包括进样口、注射器和进样阀等，它的作用是把分析试样有效地送入色谱柱上进行分离。分手动和自动两种方式。

早期使用隔膜和停流进样器，装在色谱柱入口处。现在大多使用六通进样阀或自动进样器。进样装置要求：密封性好，死体积小，重复性好，保证中心进样，进样时对色谱系统的压力、流量影响小。HPLC 主要进样方式：阀进样和自动进样。

1）阀进样

一般 HPLC 分析常用六通进样阀，其关键部件由圆形密封垫（转子）和固定底座（定子）组成。由于阀接头和连接管死体积的存在，柱效率低于隔膜进样（约下降 5%～10%），但耐高压（35～40 MPa），进样量准确，重复性好（0.5%），操作方便。

六通阀的进样方式有部分装液法和完全装液法两种。

（1）用部分装液法进样时，进样量应不大于定量环体积的 50%（最多 75%），并要求每次进样体积准确、相同。此法进样的准确度和重复性取决于注射器取样的熟练程度，而且易产生由进样引起的峰展宽。

（2）用完全装液法进样时，进样量应不小于定量环体积的 5～10 倍（最少 3 倍），这样才能完全置换定量环内的流动相，消除管壁效应，确保进样的准确度及重复性。

通常使用耐高压的六通阀进样装置，其结构示意图如图 5-20 所示。

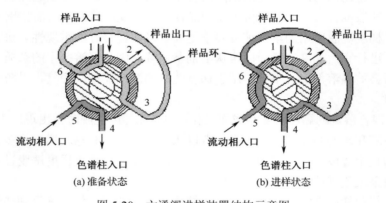

图 5-20　六通阀进样装置结构示意图

进样器要求密封性好，死体积小，重复性好，进样时引起色谱系统的压力和流量波动要很小。现在的液相色谱仪所采用的手动进样器几乎都是耐高压、重复性好和操作方便的六通阀进样器，其原理与气相色谱中所介绍的相同。

2）自动进样

自动进样主要用于大量样品的常规分析。可参考第 4 章中气相色谱的进样方法。

5.3.7　恒温装置

温度对溶剂的溶解能力、色谱柱的性能、流动相的黏度都有影响。色谱柱的不同工作温度对保留时间、相对保留时间都有影响。一般来说，温度升高，可提高溶质在流动相中的溶解度，从而降低其分配系数 K，但对分离选择性影响不大；还可使流动相的黏度降低，从而改善传质过程并降低柱压。但温度太高易使流动相产生气泡。

总的说来，在液固吸附色谱法和化学键合相色谱法中，温度对分离的影响并不显著，通常实验在室温下进行操作。在液固色谱中有时将极性物质（如缓冲剂）加入流动相中以调节其分配系数，这时温度对保留值的影响很大。

不同的检测器对温度的敏感度不一样。紫外检测器一般在温度波动超过±0.5℃时，就会造成基线漂移起伏。示差折光检测器的灵敏度和检测限常取决于温度控制精度，因此需控制在±0.001℃左右，微吸附热检测器也要求在±0.001℃以内。

在 HPLC 中色谱柱及某些检测器都要求能准确地控制工作环境温度，柱子的恒温精度要求在±0.1～0.5℃，检测器的恒温要求则更高。

5.3.8　数据处理系统与自动控制单元

早期的 HPLC 是用记录仪记录检测信号，再手工测量计算。其后使用积分仪计算并打印出峰高、峰面积和保留时间等参数。20 世纪 80 年代后，计算机技术的广泛应用使 HPLC 操作更加快速、简便、准确、精密和自动化，现在已可在互联网上远程处理数据。现在大部分的高效液相色谱都配备了高质量的数据处理系统与自动控制单元，大大提高了样品的测试效率。

数据处理系统：又称色谱工作站。它可对分析全过程（分析条件、仪器状态、分析状态）进行在线显示，自动采集、处理和储存分析数据。一些配置了积分仪或记录仪的老型号液相色谱仪还在很多实验室使用，但近年新购置的色谱仪一般都带有数据处理系统，使用起来非常方便。

自动控制单元：将各部件与控制单元连接起来，在计算机上通过色谱软件将指令传给控制单元，对整个分析实现自动控制，从而使整个分析过程全自动化。也有的色谱仪没有设计专门的控制单元，而是每个单元分别通过控制部件与计算机相连，通过计算机分别控制仪器各部分。

5.4 高效液相色谱主要参数及主要影响因素

5.4.1 与流动相相关的因素

1. 溶剂强度

在液相色谱中溶剂强度，指有机溶剂对样品的洗脱能力。它是描述溶剂色谱性能的主要指标，目前尚无统一标准定量描述不同类型液相色谱体系中的溶剂强度，通常用相对极性和溶解度参数等作为溶剂强度指标。

溶剂强度是影响高效液相色谱分离的主要参数，溶剂强度的选择决定分离效果的好坏，是影响分离的主要因素。溶剂分子与样品分子之间总的相互作用是色散、偶极、氢键和介电四种作用的结果。这四种作用的总和越大，溶剂和溶质分子之间的相互作用就越强。溶质分子和溶剂分子以这四种方式进行相互作用的能力称为分子的"极性"。因此极性溶剂优先吸引和溶解极性溶质分子。同样，溶剂强度也直接与它的极性有关。在正相分配液相色谱和吸附液相色谱中，溶剂强度随着溶剂极性的增加而增加。而在反相液相色谱中恰恰相反，溶剂的强度随极性的增加而减弱。

溶剂强度决定溶质的保留时间，各谱峰的容量因子值可随溶剂强度的改变而增大或减小。如果为反相 HPLC，溶剂强度会随水/有机流动相中的有机物含量增加而增加。一般来说，有机相比例增加 10%（体积比）将使各谱峰的值增加 2~3 倍。

正相色谱中，流动相与固定相间的相互作用越强，溶剂的吸附就越强，反之亦然。正相色谱中常用的洗脱剂可以按其吸附强度进行分类，通常以溶剂强度参数 ε^0 作为溶剂强度的度量，其定义为"单位面积标准吸附剂的吸收能"。表 5-7 为正相色谱中某些溶剂的溶剂强度，表 5-8 为硅胶柱上固色谱洗脱剂的溶剂序列。

表 5-7 正相色谱中某些溶剂的溶剂强度

溶剂	溶剂强度 ε^0	溶剂	溶剂强度 ε^0	溶剂	溶剂强度 ε^0
乙烷	0.00	二氯甲烷	0.32	乙腈	0.50
异辛烷	0.01	四氢呋喃	0.35	异丙醇	0.63
四氯化碳	0.11	乙醚	0.38	甲醇	0.73
四氯丙烷	0.22	乙酸乙酯	0.38	水	20.73
氯仿	0.26	二噁烷	0.49	乙酸	20.73

表 5-8　硅胶柱上固色谱洗脱剂的溶剂序列

溶剂强度 ε^0	I	II	III
0	戊烷	戊烷	戊烷
0.05	42%氯化异丙烷/戊烷	3%二氯甲烷 /戊烷	4%苯/戊烷
0.1	10%	7%	11%
0.15	21%	14%	26%
0.2	4%乙醚/戊烷	26%	4%乙酸乙酯 /戊烷
0.25	11%	50%	11%
0.3	23%	82%	23%
0.35/0.40	56% 2%甲醇/乙醚	3%乙腈/苯 11%	56%
0.45	4%	31%	
0.5	8%	乙腈	
0.55/0.60	20%，50%		

　　正相色谱中样品分子的 k' 值随溶剂 ε^0 值的增加而下降，因此溶剂洗脱能力序列可用于寻找特定的分离问题中最佳的溶剂强度。在正相色谱中，一般采用乙烷、庚烷、异辛烷、苯和二甲苯等有机溶剂作为流动相，往往还加入一定量的四氢呋喃等极性溶剂，即采用多元流动相的分离模式，特别是三元流动相。这不仅能够更容易找到合适的 ε^0 值，还可相应地调节选择性。正相色谱的流动相通常采用烷烃加适量极性调整剂。

　　图 5-21 为 CH_3OH 与 CH_3CN 对分离效果的影响。

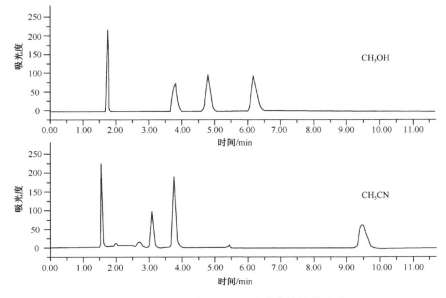

图 5-21　CH_3OH 与 CH_3CN 对分离效果的影响

如图 5-22 所示,在反相色谱柱上,增加洗脱液强度对 8 种化合物分离的影响。在图 5-22(a)中流动相包含 90%的乙腈和 10%的缓冲溶液,因为乙腈具有很高

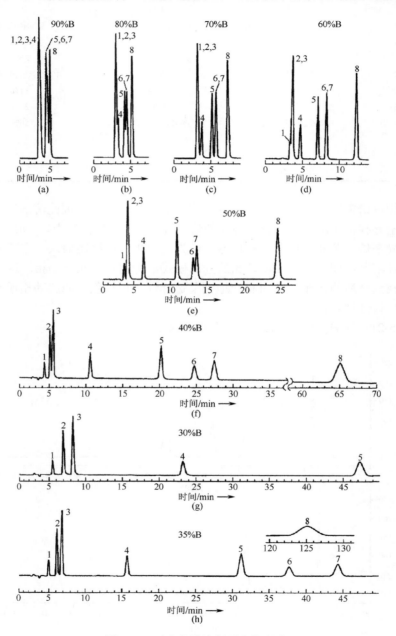

图 5-22 反向色谱溶剂强度的影响

的洗脱强度，所有的化合物都很快从色谱柱中洗脱出来，由于色谱峰相互重叠，只观察到三个色谱峰；当降低洗脱强度，使乙腈的浓度降为 80%，分离效果好一些，可以观察到五个色谱峰；当乙腈的浓度降为 60% 时，可以观察到六个色谱峰；当乙腈的浓度降为 40% 时，可以很清楚地观察到八个色谱峰，除了 2 和 3 两种物质，其他化合物都被很好的分离；继续降低乙腈的浓度（30%、35%），所有化合物都得到很好的分离，但分析时间被大大延长，检测灵敏度下降。

2. 有机溶剂类型

高效液相色谱中选用的流动相溶剂必须能保证该色谱系统的分离过程可重复进行；溶剂的纯度和化学特性必须满足色谱过程的稳定性和重复性的要求；溶剂应当不干扰检测器的工作；在制备分离中，溶剂应当易于除去，不干扰对分离组分的回收。从实用角度考虑，溶剂应当价格低廉，容易购得，使用安全，纯度高。对液相色谱溶剂的要求：①溶剂要有一定的化学稳定性，不与固定相和样品组分起反应；②溶剂应与检测器匹配，不影响检测器正常工作；③溶剂对样品要有足够的溶解能力，以提高检测灵敏度；④溶剂的黏度要小，保证合适的柱压降；⑤溶剂的沸点低，有利于制备色谱的样品回收。

根据溶剂的相对偶极矩、碱性和酸性，借助溶剂分组三角形（图 5-23），可将溶剂分类。

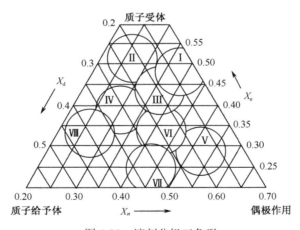

图 5-23　溶剂分组三角形

原则上，适宜于选择性变化的溶剂应有尽可能大的极性相互作用的差异，这意味着这 3 种溶剂为酸性极强溶剂、碱性极强溶剂、偶极极强溶剂。这就是说，这些溶剂在图上的溶剂选择性三角形上，彼此的距离应尽可能大。混合这样的溶剂，再加水，可得到合适的保留范围，于是能模拟到三角形内任何溶剂的可能选择性。

　　反相系统的特点是极性流动相与各种样品分之间具有强烈的相互作用。另外，样品分子与非极性固定相之间也有较弱的相互作用。这种效应说明样品分子与溶剂分子间的作用将主导反相分离中的相对保留值。这些溶剂-样品间选择性的相互作用主要由偶极吸引和氢键键合引起，这意味着溶剂的选择性受溶剂偶极矩、溶剂碱性（质子受体）和溶剂酸性（质子给体）的支配。在反相 HPLC 的情况下，有机溶剂之间及其与水之间必须完全混溶。能很好地满足这些要求，并具有实用价值的低黏度、UV 透光好的溶剂有三种：甲醇（Ⅱ组）、乙腈（Ⅵ组）、四氢呋喃（Ⅲ组）。

　　反相色谱的流动相通常以水作基础溶剂，再加入一定量的能与水互溶的极性调整剂，如甲醇、乙腈、四氢呋喃等。极性调整剂的性质及其所占比例对溶质的保留值和分离选择性有显著影响。一般情况下，甲醇-水系统已能满足多数样品的分离要求，且流动相黏度小、价格低，是反相色谱最常用的流动相。但 Snyder 则推荐采用乙腈-水系统做初始实验，因为与甲醇相比，乙腈的溶剂强度较高且黏度较小，并可满足在 UV185～205 nm 处检测的要求，因此，综合来看，乙腈-水系统要优于甲醇-水系统。

　　在正相色谱中，可将溶剂分成如表 5-9 的四类。

表 5-9　正相 HPLC 的溶剂分类

选择性类型	溶剂
非定位型	二氯甲烷（0.30）
	氯仿（0.26）
	氯丙烷（0.28）
	芳烃类（0.20～0.25）
	四氯化碳（0.11）
碱性定位型	甲基-叔-丁醚（MTBE）（0.48）
	THF（0.53）
	乙醚或异丙醚（0.43）
	二噁烷（0.51）
	吡啶（>0.6）
	二甲基亚砜（>0.6）
	烷基胺类（>0.6）
非碱基定位型	乙酸乙酯（0.48）
	乙腈（0.52）
	丙酮（0.53）
	硝基甲烷（0.5）
质子给体	醇类（>0.6）

　　对于极性较弱的样品，即一般适于采用正相 HPLC 的样品，用表 5-9 前三组溶剂较适合。最大限度地控制谱峰间距的流动相应包括表 5-9 中的四类溶剂：表 5-10

前三组每组中之一，加上一种弱溶剂控制溶剂强度而将选择性搁置一边。正己烷或 1, 1, 2-三氟、1, 2, 2-三氯乙烷一般易作弱溶剂。此类溶剂的组合很好用，它们在 UV 区无吸收、易检测，它们包括：①二氯甲烷、MTBE 和乙腈与 FC-113 的组合；②二氯甲烷、MTBE（或其他醚）和乙酸乙酯与己烷的组合。这两种组合流动相在整个组成范围中都是混溶的。图 5-24 为不同溶剂对分离效果的影响。

表 5-10　HPLC 分析柱的理想微粒特性

特性	用途
5 μm 全多孔微粒	大多数分离
3 μm 全多孔微粒	快速分离
1.5 μm 薄壳微粒	极快速分离（尤其是大分子）
±50%（均值的）粒度分布	稳定、重现、高柱效、柱压低
7～12 nm 孔径，150～400 m²/g（小孔）	小分子分离
15～100 nm 孔径，10～150 m²/g（大孔）	大分子分离

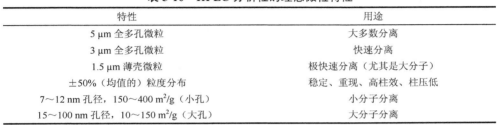

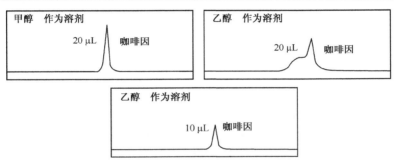

图 5-24　不同溶剂对分离效果的影响

3. 流动相 pH

由于反相色谱柱以硅胶为基质做填料，使用时一定要注意流动相的 pH 范围。一般的 C_{18} 柱 pH 范围都在 2～8，流动相的 pH 小于 2 时，会导致键合相的水解；当 pH 大于 7 时硅胶易溶解，经常使用缓冲液可使固定相降解。一旦发生上述情况，色谱柱入口处会塌陷。同样填料各种不同牌号的色谱柱不尽相同。如果流动相 pH 较高或经常使用缓冲液，建议选择 pH 范围大的柱子。流动相的 pH 除了对填料有影响，还会同时影响样品组分的解离，最终导致保留时间和峰形的变化。如图 5-25 所示，不同的 pH 对组分的分离产生了较大的影响。

当采用反相色谱法分离弱酸（$3 \leqslant pK_a \leqslant 7$）或弱碱（$7 \leqslant pK_a \leqslant 8$）样品时，常常采用离子抑制法即向含水流动相中加入酸、碱或缓冲溶液等改性剂，以使流动相的 pH 控制在一定数值，抑制溶质的离子化，减少谱带拖尾、改善峰形，以提高分离的选择性。例如，在分析有机弱酸时，常向流动相中加入磷酸（或乙酸、三氯乙酸、

1%的甲酸、硫酸），就可抑制溶质的离子化，获得对称的色谱峰。对于弱碱性样品，向流动相中加入1%的三乙胺，也可达到相同的效果。虽然RPC方法建立时最好选用pH微小改变不影响分离的流动相，但pH的较大变化往往会对分析结果产生很大影响，因此流动相pH的调节是分析过程中至关重要的一个环节。

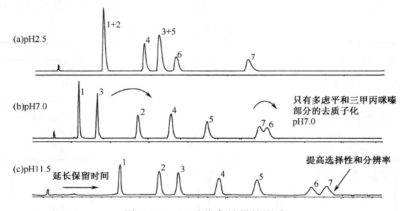

图 5-25　pH 对分离效果的影响

（a）55：20：2520 mmol 磷酸钾 pH2.5：甲醇：丙酮；（b）30：40：30 20 mmol 磷酸钾 pH7.0：甲醇：丙酮；（c）30：40：50 20 mmol 磷酸钾 pH11.5：甲醇：丙酮

对于弱酸，流动相的 pH 越小，组分的 K_a 值越大，当 pH 远远小于弱酸的 pK_a 时，弱酸主要以分子形式存在；对于弱碱，情况相反。分析弱酸样品时，通常在流动相中加入少量弱酸，常用 50 mmol/L 磷酸盐缓冲液和 1%乙酸溶液；分析弱碱样品时，通常在流动相中加入少量弱碱,常用 50 mmol/L 磷酸盐缓冲液和 30 mmol/L 三乙胺溶液。

选择恰当的缓冲液 pH，对可离解的化合物分析的重现性十分重要，不恰当的 pH 可能导致不对称峰、宽峰、分裂峰或肩峰，而尖锐的、对称的峰是定量分析中获得低的检测限以及两次分析之间较低的相对标准偏差（RSD）和保留时间的高重现性的前提。

在选择缓冲液 pH 之前，应先了解被分析物的 pK_a，高于或低于 pK_a 两个 pH 单位时，有助于获得好的、尖锐的峰，从 H-H 公式：$pH = pK_a + lg（[A^-] / [A]）$ 得知，溶液 pH 高于或低于 pK_a 两个 pH 单位，化合物中 99%以一种形式存在，而以一种形式存在的化合物才能获得好的尖锐的峰。

如果选择不到合适的缓冲液 pH，样品的 pK_a 与流动相的 pH 非常接近，那么流动相 pH 微小的变化，都会引起样品保留时间较大的变动。

4. 流动相改性剂

除了添加缓冲溶液改变流动相的 pH，为了获得更好的峰形和分离效果，还可以在流动相中加入其他试剂，如胺改性剂。由于胺对离解的硅羟基有掩蔽作用，随胺改性剂浓度的增加，碱性化合物的保留值往往会降低，这将有利于改变选择性。同理，添加 1%乙酸可以抑制酸性化合物拖尾。

常用的改性剂有三乙胺、二乙胺、乙酸等。

5. 梯度洗脱

色谱分离要求在尽量短的时间内获得足够的分辨率，但过大的分辨率会影响分析速度，并且随着容量因子值的增大，谱带展宽，使检测变得比较困难。对于容量因子值相差很大的复杂混合物，在恒定状态下洗脱，早出来的峰很尖，其容量因子值往往很小，甚至分不开，晚出来的峰很宽，无法检测。梯度洗脱是溶剂组成随时间连续变化而进行的洗脱，能使容量因子值相差 1000～10000 的样品组分在合理的分析速度下得到很好的分离。图 5-26 是梯度洗脱示意图，充分说明梯度洗脱可提高分离效率。

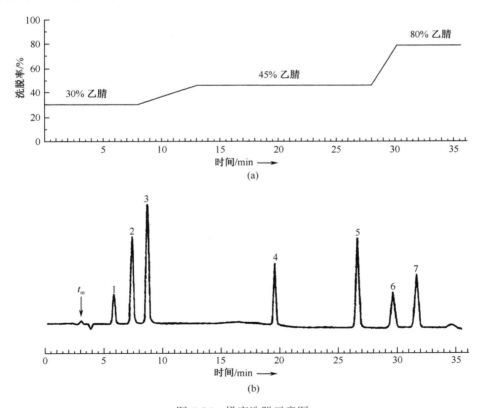

图 5-26　梯度洗脱示意图

5.4.2　与色谱柱相关的因素

色谱柱在 HPLC 分离中的重要性不必赘述。高效柱应是理所应当的,但来源不同的商用柱,甚至来源相同的同种柱之间也会有很大的差异。这些差异会严重影响 HPLC 方法的建立。色谱柱不同,理论塔板数、谱峰形状(拖尾)、保留值与选择性以及寿命均可能不同。

不同的色谱柱用于不同组分的分离,因此,色谱柱的选择对组分的分离具有举足轻重的影响。在选择色谱柱之前,首先要明确色谱柱的类型、评价指标和适用范围。

1. 色谱柱的类型

液相色谱柱通常分为正相柱和反相柱。正相柱以硅胶为主,或是在硅胶表面键合—CN、—NH_3 等官能团的键合相硅胶柱;反相柱填料主要以硅胶为基质,在其表面键合非极性的十八烷基官能团(octadecylsilyl,简称 ODS),是一种常用的反相色谱柱填料。固定相常用十八烷基键合相,因此称为 ODS 柱,常称为 C_{18} 柱,也是最常用的“万能柱”;其他常用的反相柱还有 C_8、C_4、C_2 和苯基柱等。

颗粒大小(粒度)在 HPLC 中极为重要。约 5 μm 的微粒直径很好地兼顾了分析柱的柱效、反压和寿命。更小的多孔微粒(如 3 μm)对快速分离很有用,小至 1.5 μm 的破壳微粒对极快速地分离蛋白质等大分子较有用。较窄的粒度分布(<±50%均值)能保证填充床的稳定、高效和压力降最小。总的来说,3 μm 或 5 μm 全多孔微球填充 HPLC 色谱柱,能满足大多数分离的需要,推荐大多数的方法使用这些粒度的色谱柱。

表 5-10 为 HPLC 分析柱的理想微粒特性。一般使用 7~12 nm(70~120Å)孔径的全多孔微粒。表面积为 150~400 m^2/g 的全多孔微粒分离小分子较有利。表 5-11 列出一些小 C_{18} 色谱柱硅胶担体的物理性质。对于分子量大于 10000Da 分子的分离,需用孔径大于 15 nm 的微粒,使这些溶质容易进入微孔里能迅速扩散且柱效良好。孔径至少是溶质流体力学直径的 4 倍,才能确保溶质的有限扩散,不至于使柱效下降。大孔微粒的比表面积为 10~150 m^2/g,取决于微孔直径的大小,微孔直径越大比表面积越小。图 5-27 为不同工艺加工填料对色谱分离的影响。

表 5-11　一些 C_{18} 色谱柱硅胶担体的物理性质

色谱柱	孔直径/μm	表面积/（m²/g）	体积空隙率/%（mL/mL）
Hypersil ODS	12	170	57
LiChrosorb C_{18}	10	355	71
Novapak C_{18}	6		
Nucleosil C_{18}	10	355	69
Symmetry C_{18}	10	335	66
Zorbax ODS	6	300	5
Zorbax Rx，SB，XDB	8	180	50

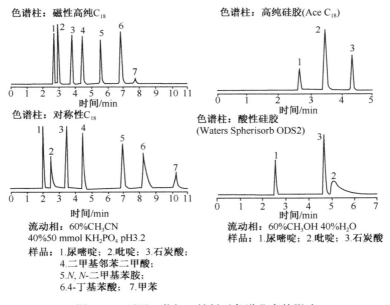

图 5-27　不同工艺加工填料对色谱分离的影响

2. 色谱柱的选择

色谱柱的选择在整个样品检测中至关重要，色谱柱类型繁多，每个生产厂商都有很多型号的色谱柱，除了根据色谱柱的用途进行选择外，还需要根据样品进行选择。图 5-28 为根据样品性质进行色谱柱选择的流程图。表 5-12 为不同色谱柱的应用范围。

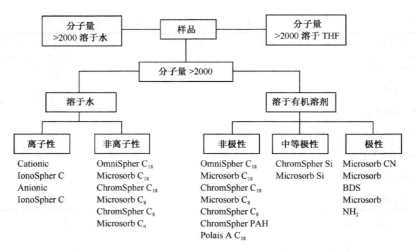

图 5-28　根据样品性质进行色谱柱选择的流程图

表 5-12　不同色谱柱的应用范围

类型	性质	分离方式	应用范围
烷基 C_{18}	非极性	反相、离子对	中等极性化合物，溶于水的高极性化合物
烷基 C_{18}	非极性	反相、离子对	与 C_{18} 类似，但保留特性不如 C_{18}
苯基 C_6H_5	弱极性	反相、离子对	非极性至中等极性化合物
酚基 C_6H_5OH	弱极性	反相	中等极性化合物，保留特性与 C_8 相似，但对多环芳烃、极性芳香族化合物、脂肪酸等保留特性不同
氰基 CN	极性	正相（反相）	正相相似于硅胶吸附，为氢键接受体，适合分析极性化合物，溶质保留值比硅胶柱低，反相可提供不同于 C_8、C_{18}、苯基的分离特性
氨基 NH_2	极性	正相（反相、阴离子交换）	正相可分离极性化合物：脂类、含氯的农药；反相分离单糖、双糖

3. 色谱柱填料的端基封尾

把填料的残余硅羟基采用封口技术进行端基封尾，可改善对极性化合物的吸附或拖尾；含碳量增高，有利于不易保留化合物的分离；填料稳定性好，组分的保留时间重现性就好。如果待分析的样品属酸性或碱性的化合物，最好选用填料经端基封尾的色谱柱。

5.5　高效液相色谱分析方法的建立

高效液相色谱分析方法用于未知样品的分离和分析，主要采用吸附色谱、分配色谱、离子色谱和体积排阻色谱四种基本方法；对生物分子或生物大分子样品还可采用亲和色谱法。

当用高效液相色谱分析方法去解决一个样品的分析问题时,往往可选择几种不同的高效液相色谱分析方法,而不可能仅用一种高效液相色谱分析方法去解决各式各样的样品分析问题。

一种高效液相色谱分析方法的建立是由多种因素决定的,除了了解样品的性质及实验室具备的条件,对液相色谱分离理论的理解、对前人从事过的相近工作的借鉴以及分析工作者自身的实践经验,都对高效液相色谱分析方法的建立起着重要的影响。

HPLC 方法建立的步骤如图 5-29 所示。

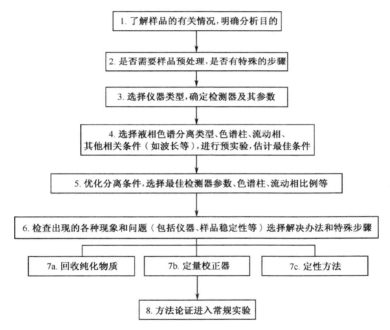

图 5-29　高效液相色谱分析方法建立的步骤

在确定被分析的样品以后,要建立一种高效液相色谱方法必须解决以下问题:①根据被分析样品的特性选择适用于样品分析的一种高效液相色谱分析方法。②选择一根适用的色谱柱,确定柱的规格(柱内径及柱长)和选用固定相(粒径及孔径)。③选择适当的或优化的分离操作条件,确定流动相的组成、流速及洗脱方法。④对获得的色谱图进行定性分析和定量分析。

已被选择的分析方法应具备适用、快速、准确的特点,要能充分满足分析目的的要求。本节从不同方面阐述建立高效液相色谱分析方法时必须考虑的重要因素。

5.5.1 样品性质及柱分离模式的选择

当进行高效液相色谱分析时,如果不了解样品的性质和组成,选用何种 HPLC 分离模式就会成为一个难题。为解决此问题,应首先了解样品的溶解性质,判断样品分子量的大小以及可能存在的分子结构及分析特性,最后再选择高效液相色谱的分离模式,以完成对样品的分析。

1)样品的溶解度

水溶性样品最好用离子交换色谱法和液液分配色谱法;微溶于水,但在酸或碱存在下能很好电离的化合物,也可用离子交换色谱法;油溶性样品或相对非极性的混合物,可用液固色谱法。

若样品中包含离子型或可离子化的化合物,或者能与离子型化合物相互作用的化合物(如配位体及有机螯合剂),可首先考虑用离子交换色谱,但空间排阻色谱和液液分配色谱也都能顺利地应用于离子化合物;异构体的分离可用液固色谱法;具有不同官能团的化合物、同系物可用液液分配色谱法;对于高分子聚合物,可用空间排阻色谱法。

2)样品的分子量范围

选择分析方法的一个重要信息是了解样品分子的大小或分子量的范围,这可通过体积排阻色谱法获得相关信息。根据体积排阻色谱固定相的性质,既可对水溶性样品又可对油溶性样品进行分析。根据分子量选择分离模式,如图 5-30 所示。

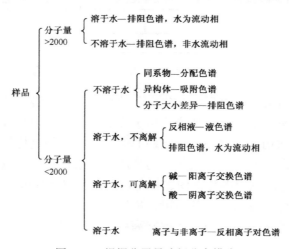

图 5-30 根据分子量选择分离模式

5.5.2　流　动　相

一个理想的液相色谱流动相溶剂应具有低黏度、与检测器兼容性好、易于得到纯品和低毒性等特征。

选好填料（固定相）后，强溶剂使溶质在填料表面的吸附减少，相应的容量因子降低；而较弱的溶剂使溶质在填料表面吸附增加，相应的容量因子升高。因此，容量因子是流动相组成的函数。塔板数 N 一般与流动相的黏度成反比。所以选择流动相时应考虑以下几方面。

（1）流动相应不改变填料的任何性质。低交联度的离子交换树脂和排阻色谱填料有时遇到某些有机相会溶胀或收缩，从而改变色谱柱填床的性质。碱性流动相不能用于硅胶柱系统。酸性流动相不能用于氧化铝、氧化镁等吸附剂的柱系统。

（2）纯度。色谱柱的寿命与大量流动相通过有关，特别是当溶剂所含杂质在柱上积累时。

（3）必须与检测器匹配。使用 UV 检测器时，所用流动相在检测波长下应没有吸收，或吸收很小。当使用示差折光检测器时，应选择折光系数与样品差别较大的溶剂作流动相，以提高灵敏度。

（4）黏度要低（应<2cP[①]）。高黏度溶剂会影响溶质的扩散、传质，使柱效降低，还会使柱压降增加，使分离时间延长。最好选择沸点在 100℃ 以下的流动相。

（5）对样品的溶解度要适宜。如果溶解度欠佳，样品会在柱头沉淀，不但影响纯化分离，且会使柱子恶化。

（6）样品易于回收。应选用挥发性溶剂。

5.5.3　高效液相色谱方法的优化

液相色谱分离模式确定以后，就可以建立相应的分析方法，首先选择适当的溶剂，然后进行初步分离，然后选择一定的梯度形式进行优化，最终得到最佳的分离效果。

1）选择适当的溶剂

根据预分离组分的性质，选择流动相，其中 A 溶剂为低强度；B 溶剂为高强度，并且 B 溶剂的强度应能够在梯度过程中使所有预测谱带都能被洗脱，并使各谱带的 k' 值在 2～10。

①1 cP=10^{-3} Pa·s。

2）初步分离

选择好 A、B 两种溶剂，先按中等强度进行配比，在此恒定强度下进行初步分离。A、B 混合溶剂强度应使所有谱带的 k' 值在 1～10。

3）梯度形式选择

经过初步分离，一般可能得到以下 3 种分离色谱图。

（1）前半部峰重叠，后半部峰分离度过大，保留时间太长；可选择线形梯度，或凹形梯度。

（2）前半部分离良好，后半部峰重叠；可选择凸形梯度。

（3）前后两部分分离良好，中间部分峰重叠。可选择折线形梯度。

梯度洗脱一般应给出下列条件：起始液（A 液）、终止液（B 液）、起始时间（min）、终止时间（min）、梯度速度（B% /min）。

图 5-31 为梯度洗脱过程示意图，通过改变梯度洗脱形式，达到最后的分离效果。

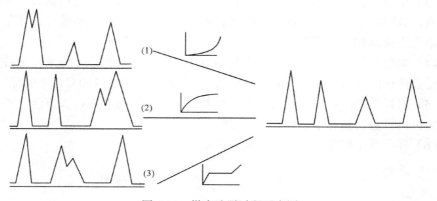

图 5-31　梯度洗脱过程示意图

5.6　高效液相色谱法在环境领域中的应用

5.6.1　沉积物样品中多环芳烃的 HPLC 定量分析

多环芳烃（PAHs）具有致癌、致畸和致突变性，其中 16 种组分已被美国 EPA 列入优先控制污染物名单。PAHs 主要是有机物在高温下不完全燃烧产生的，广泛存在于自然环境（如沉积物、土壤和水体）中。为了掌握人类所处环境受 PAHs 污染的程度，准确测定环境样品中痕量 PAHs 显得尤为重要。由于环境样品基质复杂且 PAHs 浓度低，必须对样品进行合适的预处理以富集目标组分。环境样品（大气、水环境和土壤基质）中 PAHs 的检测采用高效液相色谱分析，尤其是借助高效液相色谱–二极管阵列检测器准确定性和定量测定 PAHs 中异构体化合物。

1）沉积物样品预处理

参照美国 EPA 公布的索氏提取方法（Method 3540c），取 5.0 g 沉积物样品（干基）和 5.0 g 无水硫酸钠混合均匀，提取剂为丙酮和正己烷各 50 mL。经 22 h 索氏提取，将提取液溶剂置换成环己烷，并浓缩至 1～2 mL。利用硅胶层析柱净化样品（Method 3630），用正戊烷淋洗层析柱，废弃，再用正戊烷–二氯甲烷（3∶2）（V/V）混合液 25 mL 洗脱目标物，收集洗脱液，并置换成甲醇，浓缩至 0.5 mL 左右，最后用甲醇定容为 1 mL。

空白样品，将过筛后样品置于 500℃下灼烧 4 h，置于干燥器中冷却至室温备用。

2）色谱条件

色谱柱：Shimadzu VP-ODS C_{18} 柱（250 mm × 4.6 mm i.d.，5 μm）。

流动相：采用梯度淋洗，梯度条件为

70(A)/30(B)，$5\,\mathrm{min} \xrightarrow{25\,\mathrm{min}} 100/0$；

A：乙腈，B：去离子水；流速为 1.3 mL/min；

进样量：20 μL。

3）沉积物中 PAHs 的定量分析

图 5-32（a）标样中干扰物的影响很小，各组分在 254 nm 波长下都有响应，所以可在该波长下定量。结果表明，16 种组分已基本分离。但该定量方法由于干扰物的影响往往无法直接应用于环境样品的定量分析，图 5-32（b）是黄浦江中沉积物经过预处理后在 254 nm 波长下得到的色谱图，竖线标记各组分的保留时间。由图 5-32（b）可见，单一波长（254 nm）下不能充分反映各组分的特征信息，导致有的目标组分峰信息显著（如 PhA 和 An），而有的组分峰很弱（如 Nap），甚至有的组分峰信息未知（如 AcNe）；由于干扰物影响（如 DBahA），或是保留时间相近的组分相互干扰（如 BbF 与 BkF）。这些现象常常导致定量测定不准确或无法定量。针对前一类情况，可采用针对目标物选择更灵敏波长（如 218 nm）进行定量测定；而后一类情况，可以选择干扰物无吸收或弱吸收的波长进行定量，具体参见图 5-33。总之，强化目标响应，弱化干扰响应。

经色谱条件优化，获得的黄浦江沉积物中 16 种多环芳烃的测定数据列于表 5-13。

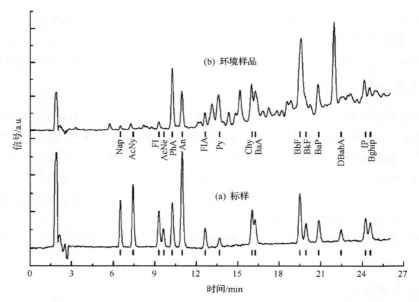

图 5-32 16 种多环芳烃混标样（a）和沉积物样品（b）在 254 nm 处色谱图

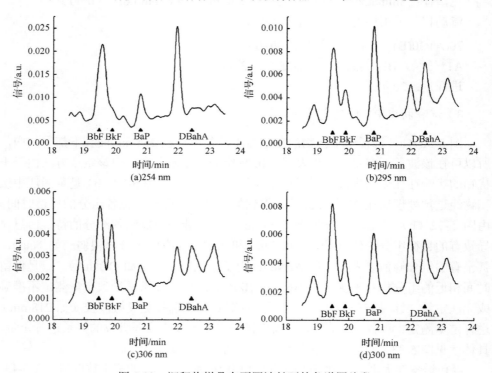

图 5-33 沉积物样品在不同波长下的色谱图片段

表 5-13　定量检测波长（λ）、方法检出限（LD）、加标回收率及黄浦江表层沉积物样品多环芳烃浓度

序号	化合物	缩写词	λ/nm	LD	加标回收率（平均值±SD）	上游（平均值±SD）	RSD/%	中游（平均值±SD）	RSD/%	下游（平均值±SD）	RSD/%
1	Naphthalene	Nap	218	3.6	90±4	68.9±1.7	2	111.5±3.1	3	229.2±3.2	1
2	Acenaphthylene	AcNy	226	4.8	103±5	N.D.		N.D.		N.D.	
3	Fluorene	Fl	254	18.3	98±5	18.8±5.1	27	51 $G_{oil/s}$ ±1.4	3	50.9±2.2	4
4	Acenaphthene	AcNe	226	1.9	93±8	10.1±1.1	11	32±1.9	6	49.4±1.3	3
5	Phenanthrene	PhA	254	1.1	98±8	86.4±1.5	2	168.4±6.8	4	130.7±3.8	3
6	Anthracene	An	254	1.8	113±6	13.5±1.1	8	44.7±2.4	5	99.4±1.1	1
7	Fluoranthene	FlA	286	5.1	111±5	123.3±1.1	1	224.2±3.3	1	139.3±8.8	6
8	Pyrene	Py	334	7.1	106±7	165±1.3	1	237.7±1.4	1	250.6±4.6	2
9	Chrysene	Chy	266	2.2	104±8	97.8±1.5	2	125.7±4.7	4	87.7±5.6	6
10	Benzo [a] anthracene	BaA	286	4.9	99±7	112.1±8.6	8	132.9±2.3	2	99.5±4.9	5
11	Benzo [b] fluoranthene	BbF	300	1.9	97±6	60.9±1.7	3	182±3.9	2	170.7±1.8	1
12	Benzo [k] fluoranthene	BkF	300	3.1	101±6	70.2±5.5	8	34.6±1.7	5	42.2±1.8	4
13	Benzo [a] pyrene	BaP	300	6.5	102±9	76.3±1.7	2	124.7±7.4	6	150.2±6.3	4
14	Dibenz [a, h] anthracene	DBahA	300	6.4	97±2	22.2±1.0	5	47±1.1	2	38.2±2.1	5
15	Indeno [1, 2, 3-c, d] pyrene	IP	249	6.4	102±5	70.8±6.3	9	99.8±1.9	2	94.7±7.8	8
16	Benzo [g, h, i] perylene	BghiP	300	6.1	87±7	19.5±2.0	10	109.3±3.0	3	110.9±2.4	2

5.6.2　土壤和沉积物中 11 种三嗪类农药的测定

1）预处理

（1）提取：以丙酮–二氯甲烷混合溶剂为提取剂，用索氏提取法或加压流体萃取法提取。

索氏提取法：将全部样品小心转入索氏提取套筒内，将套筒置于索氏提取器回流管中，在底瓶中加入 200 mL 丙酮–二氯甲烷混合溶剂回流提取 24 h，回流速度控制在 3～4 次/h，收集提取液。

加压流体萃取法：按照 HJ 783 进行样品装填，静态萃取 3 次后收集提取液。萃取参考条件：载气压力 0.8 MPa、加热温度 100℃、萃取压力 1.034×10^7 Pa（1500 psi）、预加热平衡 5 min、静态萃取 5 min、溶剂淋洗 60%池体积、氮气吹扫 60 s。

（2）过滤和脱水：在玻璃漏斗内垫一层玻璃棉或玻璃纤维滤膜，加上适量无水硫酸钠，将提取液过滤到浓缩容器中。再用 2～3 mL 丙酮–二氯甲烷混合溶剂洗涤提取容器并冲洗漏斗，一并收集到浓缩容器中。

（3）浓缩：将提取液浓缩至约 0.5 mL，加入约 5 mL 正己烷并浓缩至约 1 mL，将溶剂完全转换为正己烷，待净化。

（4）净化：将固相萃取柱固定在固相萃取装置上。依次用 5 mL 丙酮和 10 mL 正己烷活化萃取柱，保持柱头浸润。在溶剂流干之前，将浓缩后的约 1 mL 提取液转入柱内，开始收集流出液，用 3 mL 正己烷分 3 次洗涤浓缩容器，洗液全部移入柱内，用 10 mL 丙酮–正己烷混合溶剂进行洗脱，收集全部洗脱液。

（5）浓缩定容：将净化后的洗脱液浓缩至约 0.5 mL，加入约 3 mL 乙腈，再浓缩至约 0.5 mL，将溶剂完全转换为乙腈，并用乙腈定容至 1.0 mL 待测。

2）色谱条件

流动相：A 为水，B 为乙腈，梯度洗脱参考程序见表 5-14；流速：1.0 mL/min；柱温：30℃；进样量：10 μL；检测波长：222 nm，辅助定性波长：231 nm。

3）定性与定量分析

（1）定性分析：以目标化合物的保留时间定性，必要时可采用标准样品加入法、不同波长下的吸收比、紫外光谱图扫描等方法辅助定性。图 5-34 为 11 种三嗪类农药参考色谱图。

表 5-14 HPLC 梯度洗脱程序

时间/min	流动相 A/%	流动相 B/%
0	75	25
20	75	25
30	65	35
40	50	50
50	50	50
51	0	100
57	0	100
60	75	25

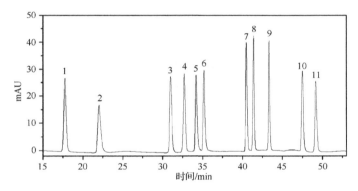

图 5-34 11 种三嗪类农药色谱图

1. 西玛津; 2. 莠去通; 3. 西草净; 4. 阿特拉津; 5. 仲丁通; 6. 扑灭通; 7. 莠灭净; 8. 扑灭津; 9. 特丁津;
10. 扑草净; 11. 去草净

（2）结果计算:

土壤样品中三嗪类农药的质量浓度按式（5-1）计算

$$w_i = \frac{\rho_i \times V_i \times V_0}{m_i \times w_{dm} \times V} \tag{5-1}$$

式中，w_i 为样品中目标化合物 i 的质量浓度，mg/kg；ρ_i 为由标准曲线所得试样中目标化合物 i 的质量浓度，mg/L；V_i 为试样定容体积，mL；m_i 为样品量，g；w_{dm} 为样品的干物质含量，%；V_0 为总提取液体积，mL；V 为分析时所用提取液体积，mL。

沉积物样品中三嗪类农药的质量浓度按式（5-2）计算

$$w_j = \frac{\rho_j \times V_j \times V_0}{m_j \times \left(1 - w_{H_2O}\right) \times V} \tag{5-2}$$

式中，w_j 为样品中目标化合物 j 的质量浓度，mg/kg；ρ_j 为由标准曲线所得试样中目标化合物 j 的质量浓度，mg/L；V_j 为试样定容体积，mL；m_j 为样品量，g；w_{H_2O} 为样品的含水率，%；V_0 为总提取液体积，mL；V 为分析时所用提取液体积，mL。

思考与习题

1. 从分离原理、仪器构造及应用范围上简要比较气相色谱及液相色谱的异同点。

2. 高效液相色谱是如何实现高效、快速、灵敏的？

3. 高效液相色谱法按分离机制主要有哪几种类型？

4. 简述液相色谱中引起色谱峰扩展的主要因素，如何减少谱带扩张，提高柱效？

5. 流动相为什么要脱气？常用的脱气方法有哪几种？

6. 简述梯度洗脱的作用、洗脱溶剂选择的依据。

7. 试比较 GC 程序升温与 HPLC 梯度洗脱有何异同？

8. HPLC 分析中色谱柱有哪些类型？如何选择？

9. 简述高效液相色谱的进样方式有哪几类？

10. 试比较紫外检测器与二极管阵列检测器的异同之处。

11. 液相色谱适合分析什么性质的有机污染物？举例说明液相色谱分析中如何选用二极管阵列检测器和荧光检测器。

12. 欲分析自来水中抗生素含量，请制订分析实施方案（包括水样采集、样品预处理与分析方法等）。

第 6 章　质谱分析技术

6.1　质谱分析概述

6.1.1　质谱分析定义及其发展史

质谱分析法是按照离子的质荷比大小对离子进行分析和测定，从而对样品进行定性和定量分析的一种方法。被分析的样品首先进行离子化，然后利用不同离子在电场或磁场的运动行为的不同，把离子按质荷比分开检测而得到质谱图，通过样品的质谱图和相关信息，可以得到样品的定性定量结果。

1910 年汤姆逊（J. J. Thomson）使用没有聚焦作用的电场和磁场组合装置，制成第一台质谱仪，并获得了抛物线族的质谱，由此质谱分析方法逐步发展起来。阿斯顿（F. W. Aston）对汤姆逊的仪器进行改进，使正离子在电场中先发生速度分散，以使其在磁场中得到速度聚焦，从而使同样质量离子束的强度得到增加，于 1919 年制成了第一台速度聚焦质谱仪（velocity-focusing mass spectrograph）。另外，丹姆斯德（A. J. Dempster）用不同的思路改进了汤姆逊的仪器，制成了第一台方向聚焦质谱仪（direction-focusing mass spectrograph），也叫单聚焦质谱仪（single-focusing mass spectrograph）。这个时期的质谱仪主要用来进行同位素测定和无机元素分析。

20 世纪 40 年代初期商业用质谱仪出现并用于有机物分析，60 年代气相色谱–质谱联用仪研制成功大大扩展了质谱仪的应用领域，开始成为有机物分析的重要仪器。计算机的应用给质谱分析带来了极大变化，使其技术更加成熟，使用更加方便。80 年代以后又出现了一些新的质谱电离技术，如快原子轰击电离、基质辅助激光解吸电离、电喷雾电离、大气压化学电离等，电离技术的发展促进了质谱仪与其他分析技术的联用，出现了比较成熟的液相色谱–质谱联用仪、电感耦合等离子体质谱仪、傅里叶变换质谱仪等。目前，质谱分析法已广泛地应用于化学、化工、材料、环境、地质、能源、药物、刑侦、生命科学、医学等各个领域。

6.1.2　质谱仪分类

质谱仪种类非常多，工作原理和应用范围也有很大的不同。从应用角度来讲，质谱仪可以分为同位素质谱仪、无机质谱仪、有机质谱仪和生物质谱仪等。对于环境学科，检测分析主要涉及的质谱仪种类为无机质谱仪和有机质谱仪。其中，无机质谱仪以电感耦合等离子体质谱仪为主（详见 2.4 节）；有机质谱仪用于分析各类环境样品中的有机化合物，主要包括各种类型的气相色谱–质谱联用仪（GC-MS）、液相色谱–质谱联用仪（LC-MS）和其他有机质谱仪。随着环境学科与其他学科不断的交叉和发展，同位素质谱仪和生物质谱仪也开始应用于环境样品的研究分析中，如稳定同位素比质谱仪、基质辅助激光解吸飞行时间质谱仪等。本章在阐述质谱仪结构与工作原理的基础上，主要介绍有机质谱仪及其在环境学科中的应用。

6.2　质谱仪结构与工作原理

　　质谱仪是利用电磁学原理使离子按照质荷比进行分离，从而对样品进行定性和定量分析的科学试验仪器，因此质谱仪必须有电离装置以将样品电离为离子，由质量分析装置把不同质荷比的离子分开，最后经检测装置以得到样品的质谱图。然而，在离子生成、存在及通过的地方，必须处于高真空状态，所以质谱仪还必须包含真空系统。尽管待分析的样品具有不同的形态、性质或不同的分析要求，电离装置、质量分析装置和检测装置在细节类型上有所不同，但是所用质谱仪的基本组成是相同的，即均由离子源、质量分析器、检测器和真空系统组成。除此之外，质谱仪一般还包括进样系统、供电系统和数据处理系统等。

6.2.1　离　子　源

　　离子源是质谱仪的核心，其作用是将被测样品分子电离成带电的离子，并对离子进行加速使其进入质量分析器。由于电离所需能量随分子的不同差异很大，因此对于不同的分子应选择使用不同的电离方法，即电离源。目前，质谱仪的离子源种类较多，主要包括电子电离源（EI）、化学电离源（CI）、快原子轰击电离源（FAB）、电喷雾电离源（ESI）、大气压化学电离源（APCI）等。除此之外，其他比较常用的电离源还有基质辅助激光解吸电离源（MALDI）、大气压光电离源（APPI）、液体二次电离源（LSI）、热喷雾电离源（TSI）、场电离源（FI）和场解吸电离源（FDI）等。下面将对有机质谱仪中常用的几类离子源进行介绍。

1. 电子电离源

　　EI 源是应用最为广泛的离子源之一，它主要用于挥发性样品的电离。图 6-1

是 EI 源的原理图，由气相色谱仪或直接进样杆进入的样品，以气体状态进入离子源后，受到灯丝发出的高能电子（通常为 70 eV）的轰击，使样品分子吸收一定的能量（一般约为 20 eV）而发生一系列的变化。首先，样品分子失去一个电子发生电离，形成自由基阳离子，即分子离子（M^+），此过程一般约需要 10 eV 的能量，形成的分子离子还具有约 10 eV 的剩余能量，这远大于有机物分子 4～5 eV 的键能，会导致键断裂或分子内原子重排，形成碎片离子（图 6-1）或重排离子（图 6-2），形成的分子离子或重排离子之间也可能发生反应而生成加合离子。这样，一个样品分子可以产生很多带有结构信息的离子，对这些离子进行质量分析和检测，可以得到具有样品信息的质谱图。由分子离子可以确定化合物分子量，由碎片离子可以得到化合物的结构。

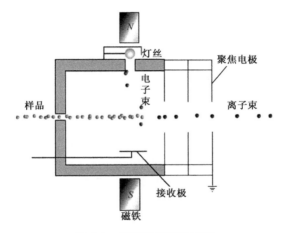

图 6-1　电子电离源原理图

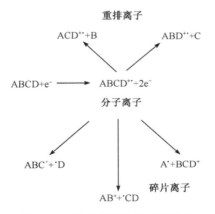

图 6-2　电子电离的主要电离过程

灯丝与接收极之间的电压为一般为 70 V，即轰击电子的能量一般为 70 eV，所有的标准质谱图都是在 70 eV 下做出的。对于一些不稳定的化合物，在 70 eV 的电子轰击下很难得到分子离子，如果为了得到分子量，可以采用 10~20 eV 的电子能量，不过此时仪器灵敏度将大大降低，需要加大样品的进样量，而且得到的质谱图不再是标准质谱图。

EI 源主要适用于易挥发有机样品的电离，在气相色谱–质谱联用仪中有着广泛的使用。其主要优点是技术成熟、工作稳定可靠、离子化效率高、结构信息丰富、有标准质谱图可以检索等；主要缺点是在电子轰击过程中可以赋予分子离子额外的能量，适用于易气化的有机物样品分析，而对某些不稳定的化合物而言，这种剩余能量会导致分子离子快速裂解，使其在质谱图中不出峰，造成分析信息的缺失，并降低质谱仪的应用价值。

2. 化学电离源

为了减少电离过程中不稳定化合物分子离子的裂解，进而开发出 CI 技术。CI 源和 EI 源在结构上主体部件是共用的，主要差别是 CI 源工作过程中需要引进一种反应气体，并且反应气的量比样品气要大得多。反应气体一般采用甲烷气较多，也可以采用氢气、丙烷、异丁烷、氨和水蒸气等气体。

在 CI 源内，灯丝发出的电子首先将反应气电离，生成初级离子；然后，初级离子与未电离的反应气分子进行一系列的分子–离子碰撞反应，生成较稳定的加合离子；最后，加合离子与样品分子发生碰撞并反应，使样品分子电离。现以甲烷气为反应气，说明化学电离的过程。

首先，在电子轰击下，甲烷首先被电离，生成初级离子，即

$$CH_4 + e^- \longrightarrow CH_4^{+\bullet} + 2e^-$$

$$CH_4^{+\bullet} \longrightarrow CH_3^+ + H^\bullet$$

然后，初级离子与甲烷分子反应，生成加合离子，即

$$CH_4^{+\bullet} + CH_4 \longrightarrow CH_5^+ + CH_3^\bullet$$

$$CH_3^+ + CH_4 \longrightarrow C_2H_5^+ + H_2$$

最后，加合离子与样品分子（BH）反应：

$$CH_5^+ + BH \longrightarrow BH_2^+ + CH_4$$

$$C_2H_5^+ + BH \longrightarrow B^+ + C_2H_6$$

生成的 BH_2^+ 和 B^+ 比样品分子 BH 多一个 H 或少一个 H，可表示为 $(M \pm 1)^+$，称为准分子离子。实际应用中，以甲烷为反应气，除 $(M+1)^+$ 外，还可能出现 $(M+17)^+$、$(M+29)^+$ 等离子，同时还出现大量的碎片离子，在后续样品结构分析时

需加以考虑。CI 一般都有正 CI 和负 CI 之分，可以通过改变质量分析器的电压来选择离子正负进而实现检测，对于含有很强的吸电子基团的化合物，检测负离子的灵敏度远高于正离子的灵敏度，比 EI 源检测的灵敏度也能提高 1～2 个数量级。CI 得到的质谱不是标准质谱，所以不能进行库检索。

尽管 CI 法也不适用于热不稳定化合物的分析，但是因为要利用离子分子反应来实现样品分子的离子化，所以 CI 是一种软电离方式，有些用 EI 方式得不到分子离子的样品，改用 CI 后可以得到准分子离子峰。并且可以说 CI 是其他"软电离"法，如 FAB、MALDI、APCI 等的基础，同时也是气相离子化学的主要技术。CI 源和 EI 源差不多，也主要用于气相色谱–质谱联用仪，适用于易气化的有机物样品分析。

3. 快原子轰击电离源

由于 EI 源和 CI 源在进行电离前，目标分析物都必须进行气化，所以均不适用于极性、非挥发性和热不稳定物质的分析。FAB 源是利用原子枪或离子枪射出数千伏的中性原子或离子（如 Ar、Xe 或 Cs$^+$ 等）束，对溶解在底物（如甘油等）中的样品进行轰击，产生[M+H]$^+$ 等离子的电离方法（图 6-3）。由于 FAB 源在电离过程中不必加热气化，所以适用于极性、非挥发性和热不稳定样品的分析，如肽类、低聚糖、天然抗生素、有机金属络合物等。

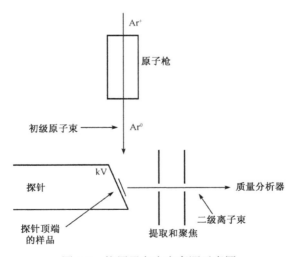

图 6-3 快原子轰击电离源示意图

FAB 源的离子化原来比较复杂，目前一般认为当高速中性原子（或离子）轰击底物溶液后，在发生"爆发性"气化的同时，发生离子–分子反应，从而产生离解性的氢质子转移反应[式（6-1）～式（6-3）]以及类似于电子电离的轰击离子化反应等。

$$(M + B) + A_{fast} \longrightarrow [M + H]^+ + [B - H]^- + A \tag{6-1}$$

$$(M + B) + A_{fast} \longrightarrow [M - H]^- + [B + H]^+ + A \tag{6-2}$$

$$M + [B + H]^+ \longrightarrow [M + H]^+ + B \tag{6-3}$$

$$(M + B) + A_{fast} \longrightarrow M^{+\bullet} + B + A + e^- \tag{6-4}$$

式中，M 为样品分子；B 为底物分子；A_{fast} 为高速原子或离子。

由上述四个主要反应可以看出，式（6-1）、式（6-2）和式（6-4）表示的反应是由具有高轰击能量的快原子造成的，其生成的离子也具有较高的能量，因此有研究者认为其产生的谱图与 EI 源类似；而式（6-3）表示的反应和 CI 源的"软电离"过程相似。因此，近年来有研究者认为 FAB 源不属于"软电离"源。

FAB 源产生的分子离子种类较多，一般较常见的为[M+H]⁺[式(6-1)]，而底物脱氢以及分解可产生[M–H]⁻[式(6-2)]，容易提供电子的芳烃化合物产生 $M^{+\bullet}$，甾类化合物、氨基霉素等还可产生[M+NH₄]⁺，糖苷、聚醚等一般可产生[M+Na]⁺，此外，由底物与粒子轰击（碰撞）诱导还原反应还可产生[M+nH]⁺(n>1)及二聚体[M+H+M]⁺和[M+H+B]⁺等。因此，在进行谱图解析时，要考虑底物和化合物的性质、盐类的混入等进行综合判断。

FAB 源得到的质谱不仅有较强的准分子离子峰，而且有较丰富的结构信息。但是它与 EI 源得到的质谱图很不相同：首先，其分子量信息不是分子离子峰 M，而往往是[M+H]⁺或[M+Na]⁺等准分子离子峰；其次，其碎片峰比 EI 谱要少。一般而言，FAB 源主要用于磁式双聚焦质谱仪。

4. 电喷雾电离源

ESI 源的原理最早可以追溯到 1917 年，但是直到 1984 年才开始应用到质谱上，并从 20 世纪 80 年代末开始逐渐受到广泛的重视。并且 ESI 技术解决了液相色谱和质谱离子源的接口问题，从而"真正"实现了液相色谱–质谱联用技术，即 ESI 源既是液相色谱和质谱之间的接口装置，同时又是电离装置。

ESI 源及其电离过程示意图如图 6-4 所示，当样品溶液由泵输送从毛细管流出的瞬间，在雾化气（N₂）、强电场（2～5 kV）和干燥气（N₂）的作用下，溶剂在毛细管端口发生雾化，产生带电液体微粒（液滴），所以称为"电喷雾"。随着液滴中溶剂的挥发液滴逐渐缩小，当电荷间的斥力克服液滴的内聚力时，发生"库仑爆炸"（coulomb explosion），较小的液滴继续蒸发，电场增强，离子向表面移动，表面的离子密度越来越大，当增大到某个临界值时，离子就可以从表面蒸发出来，从而产生单电荷或多电荷离子。当离子产生后，借助于喷嘴与锥孔之间的电压，穿过取样孔进入质量分析器。

其中，加到喷嘴上的电压可以是正，也可以是负。当所加的电压为正时，即在正离子模式下，分子结合 H^+、Na^+ 或 K^+ 等阳离子，而得到 $[M+H]^+$、$[M+Na]^+$ 或 $[M+K]^+$ 等离子；当所加的电压为负时，即在负离子模式下，分子的活泼氢电离，而得到 $[M-H]^-$ 离子。所以通过调节极性，可以得到正离子或负离子的质谱。另外，值得一提的是电喷雾喷嘴的角度，如果喷嘴正对取样孔，则取样孔易堵塞。因此，有的电喷雾喷嘴设计成喷射方向与取样孔不在一条线上，而错开一定角度。这样，溶剂雾滴不会直接喷到取样孔上，使取样孔比较干净，不易堵塞，而产生的离子靠电场的作用引入取样孔，进入质量分析器。

ESI 源是一种"软电离"方式，即便是分子量大、稳定性差的化合物，也不会在电离过程中发生分解，它适合于分析极性强的大分子有机化合物，如蛋白质、肽、糖等。电喷雾电离源的最大特点是容易形成多电荷离子，这样一个分子量为 10000 Da 的分子若带有 10 个电荷，则其质荷比只有 1000 Da，进入了一般质谱仪可以分析的范围之内。因此，根据这一特点，目前采用 ESI 源，可以测量分子量在 300000 Da 以上的蛋白质。

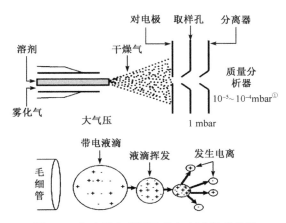

图 6-4　电喷雾电离源及其电离过程示意图

5. 大气压化学电离源

19 世纪 60 年代中期，Shahin 首次将大气压下的化学电离应用到质谱上。到了 70 年代初期，Horning 课题组利用放射性 ^{63}Ni 箔激发气相电离而开发出 APCI

①1 mbar=100 Pa。

源，稍后，他们将 APCI 源应用到液相色谱–质谱联用上，并开始使用电晕放电针。从此以后，APCI 源得到了长足的发展和应用。

最常用的 APCI 接口由样品引入毛细管组成，在其周围环绕着同轴喷雾毛细管。喷雾发生在加热管内，并用辅助气流减小目标分析物和管壁的相互影响。在加热管前端存在一个电晕放电针，用来激发 APCI 源的两阶段电离，即通过放电针的高压放电，使空气中的某些中性分子发生电离，产生 H_3O^+、N_2^+、O_2^+ 和 O^+ 等离子，同时溶剂分子也会发生电离，这些离子和目标分析物分子进行离子–分子反应，使目标分析物分子离子化，如图 6-5 所示。APCI 源的电离模式可以通过不同的路径发生，如在正离子模式下可以发生质子转移、电荷转移或加合物的形成（阳离子加合）等；而在负离子模式下，通常可以观测到质子提取、电子捕获或阴离子加合等。

在 APCI 源内，电离的开始必须存在自由电子，而自由电子的生成可以有多种方法，最常用的方法是利用电晕放电针和对电极之间 3～5 kV 电压维持的强电场或者是利用 ^{63}Ni 箔产生的 β 射线等。APCI 主要产生的是单电荷离子，所以分析的化合物分子量一般小于 1000 Da。用这种电离源得到的质谱很少有碎片离子，主要是准分子离子。

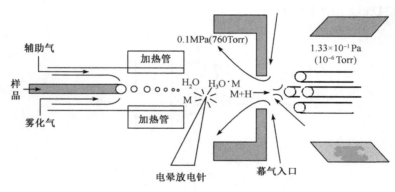

图 6-5　大气压化学电离示意图

6.2.2　质量分析器

质量分析器（mass analyzer）的作用是将离子源产生的离子按照质荷比的大小分开并排列成谱图。用于有机质谱的质量分析器有磁式双聚焦质量分析器（double focusing mass analyzer）、四极杆质量分析器（quadrupole mass analyzer）、飞行时间质量分析器（time-of-flight mass analyzer）和离子阱质量分析器（ion-trap mass analyzer）等。

1. 双聚焦质量分析器

双聚焦质量分析器是在单聚焦质量分析器的基础上发展而来的，单聚焦质量分析器是 1918 年由丹姆斯德（A. J. Dempster）开发出来的，其基本原理如图 6-6 所示。在离子源中产生的离子经电场加速后经过狭缝 S_1 进入分析器，在磁场 B 的作用下做圆周运动，其运动轨道半径可由式（6-5）表示：

$$\frac{m}{z} = \frac{H^2 R^2}{2V} \qquad (6-5)$$

式中，m/z 为质荷比；H 为磁场强度；V 为加速电压；R 为轨道半径。

由式（6-5）可知，在加速电压和磁场强度不变的条件下，m/z 不同的离子其运动半径不同，进而被质量分析器分开，m/z 相同的离子，经电场加速后的速度不同，色散角度也不同，但是经磁场偏转后，会重新聚集在一点上，即静磁场具有方向聚焦的功能，所以称为单聚焦质量分析器。如果检测器位置不变，即轨道半径不变，连续改变加速电压或磁场强度，则可以使 m/z 不同的离子按顺序进入检测器，实现质量扫描，得到样品的质谱图。单聚焦质量分析器的偏转角度可以是 180°，也可以是 90°或其他角度，因为形状像一把扇子，所以又称为磁扇形质量分析器。

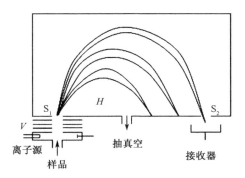

图 6-6　单聚焦质量分析器基本原理

单聚焦质量分析器结构简单，操作方便，但是分辨率低，不能满足有机物分析的要求，目前只用于同位素质谱和气体质谱仪。

单聚焦质量分析器分辨率低的主要原因在于它不能克服离子初始能量分散对分辨率造成的影响。在离子源产生的离子中，即便是 m/z 相同的离子，初始能量也可能不同，在经过磁场偏转后，就会导致轨道半径不同，这就会使单聚焦质量分析器按照离子能量的大小，而不是按照离子的 m/z 大小将离子分开，即磁场也具有能量色散作用，使得相邻质量的离子很难分开，从而降低分辨率。

　　为了消除离子能量分散对分辨率的影响，常在扇形磁场前加一个只起能量分析作用、不起质量分离作用的电场，质量相同而能量不同的离子经过静电场后会彼此分开，即静电场具有能量色散作用。如果使静电场的能量色散作用和磁场的能量色散作用大小相等，方向相反，就可以消除能量分散对分辨率的影响。这种由电场和磁场共同实现质量分离的质量分析器，同时具有方向聚焦和能量聚焦作用，被称为双聚焦质量分析器（图 6-7）。双聚焦质量分析器的优点是分辨率高，缺点是扫描速度慢，操作、调整比较困难，并且仪器的造价也比单聚焦质量分析器贵。

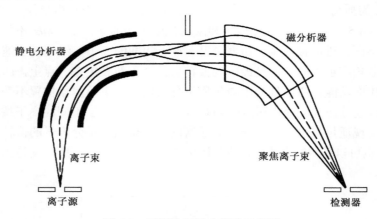

图 6-7　双聚焦质量分析器示意图

2. 四极杆质量分析器

　　四极杆质量分析器由四根径向平行的圆柱形或双曲面形电极组成，在一对电极上加+ $(U+V\cos\omega t)$ 的电压，在另一对电极上加– $(U+V\cos\omega t)$ 的电压，其中，U 是直流电压，$V\cos\omega t$ 是射频电压，并且加在两对电极上的射频电压的相位差为 180°，由此形成一个四极场，如图 6-8 所示。在电压一定的情况下，只有特定 m/z 的离子能够通过四极杆形成的电场，到达检测器。改变四极杆上的直流电压或射频电压，就能将离子按照 m/z 的大小分离开来，形成质谱图。射频电压的改变可以是连续式的，也可以是跳跃式的。当射频电压连续式改变时，就会得到全扫描谱图；当射频电压跳跃式改变时，只能检测某些 m/z 的离子，称为选择离子监测（SIM）模式。当样品量较少，而且样品中特征离子已知时，可以采用 SIM 模式，这种扫描方式灵敏度高，并且通过选择适当的离子可以消除组分间的干扰。四极杆质量分析器是一种低分辨率的质量分析器，只能检测 m/z 接近整数的离子，即仅具有单位分辨率，因此不适用于离子的元素成分分析。但是由于四极杆质量分析器的扫描速度非常快，可以在相对较高的压力下运行，而这种情况在液相色谱–质谱联用中经常遇到，所以四极杆质量分析器是液相色谱–质谱联用系统中非常理想的质量分析器。

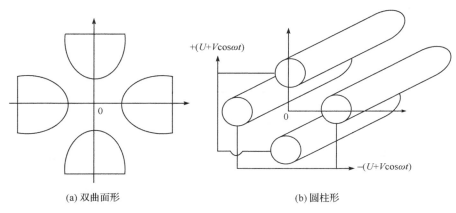

(a) 双曲面形　　　　　　　　　　　　　(b) 圆柱形

图 6-8　四极杆质量分析器示意图

3. 飞行时间质量分析器

尽管从某些方面来说，飞行时间质量分析器是最简单的质量分离器，并且它的原理也在很多年前就已经建立起来，但是其关键性技术突破和较广泛应用却是在 20 世纪 90 年代实现并发展起来的，这主要归功于基质辅助激光解吸电离（MALDI）技术的出现。

飞行时间质量分析器的主要组成部分是一个离子漂移管，由离子源产生的所有离子在加速电压 V 的作用下，获得同样的动能，并进入离子漂移管，若管长为 d，则有式（6-6）成立

$$t^2 = \frac{md^2}{2zeV} = \frac{m}{z}\left[\frac{d^2}{2eV}\right] \tag{6-6}$$

式中，t 为飞行时间；m/z 为质荷比。由式（6-6）可知，离子在漂移管内飞行时间的平方与离子质量成正比，即能量相同的离子，离子的质量越大，到达检测器所用时间越长，质量越小，所用时间越短，根据这一原理，可以把质量不同的离子分开，从而形成质谱图。

飞行时间质量分析器的主要优点是离子传输效率高、扫描速度快、质量范围宽等，但是长期以来却一直存在分辨率低的问题，这是因为在离子进入漂移管之前存在时间分散、空间分散和能量分散的问题，使质量相同的离子因生成时间、生成空间和初始动能的不同，到达检测器的时间各异，从而降低分辨率。而由式

（6-6）还可以看出，适当增加漂移管长度和降低加速电压，均可以增加飞行时间质量分析器的分辨率。然而，增加离子源和检测器之间漂移管的长度会使仪器的体积增加很多，这和当前分析仪器小型化的趋势相反，所以现在常用的解决方法之一是采用离子反射技术，使动能不同的离子得到聚焦。如图 6-9 所示，在漂移管末端放置一个离子反射装置，将经过漂移管的离子束反射到检测器 2，而不像第一代飞行时间质量分析器那样使离子直接到达检测器 1，这样在仪器体积增加较小的情况下，就可以将离子传输路径增加一倍。

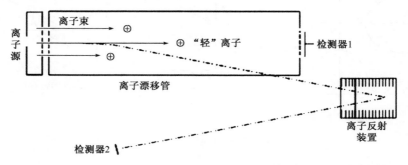

图 6-9　飞行时间质量分析器示意图

现在，飞行时间质谱仪的分辨率可达 20000 以上，最高可检离子质量超过 300000 Da，并且在化合物高达 1000 Da 时，也可以将离子质量精确到 ± 5 mDa。目前，这种质量分析器已经广泛应用到气相色谱–质谱联用仪、液相色谱–质谱联用仪和基质辅助激光解吸飞行时间质谱仪中。

4. 离子阱质量分析器

三维离子阱技术是四极杆技术的一个重大发展，所以离子阱质量分析器也称为四极杆离子阱质量分析器，它和四极杆质量分析器有很多类似的地方。离子阱质量分析器由一个环形电极和两个端帽电极组成，在两个端帽电极上各有一个小孔，其中一个用来向阱内引入离子或电子，另一个用来将阱内的离子导入检测器（图 6-10）。从外观上来看，环形电极和两个端帽电极都是绕 Z 轴旋转的双曲面，并满足 $r_0^2 = 2Z_0^2$，其中 r_0 为环形电极的最小半径，Z_0 为两个端帽电极的最短距离。在端帽电极和环形电极上施加直流电压和射频电压，当电压一定时，就会形成一个势能阱，并将某一 m/z 的离子滞留在阱内，而其他 m/z 的离子由于振幅的增加，会撞击到电极而消失。如果在环形电极上加上一定的射频电压，阱内滞留的离子将被引出，由检测器进行检测。因此，逐渐加大或减小环形电极上的射频电压，离子将按照 m/z 大小的顺序离开离子阱，到达检测器，而获得质谱图。

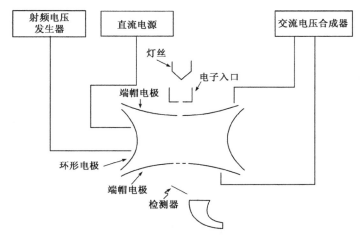

图 6-10 离子阱质量分析器示意图

离子阱质量分析器和四极杆质量分析器类似，都属于低分辨率的质量分析器，具有较快的扫描速度，并且还能够耐受较高的操作压力等。此外，利用离子阱的离子储存技术，可以选择任一质量的离子进行碰撞，实现二级甚至是多级质谱分析功能。

综上所述，不同的质量分析器具有不同的适用条件和性质，如离子源、扫描方式和分辨率等，不同质量分析器总结在表 6-1 中。

表 6-1 不同质量分析器总结

分析器	离子源			扫描方式			分辨率
	EI	CI	FI	全扫描	SIM	MS/MS	
四极杆质量分析器	√	√	×	√	√	×	低
三重四极杆质量分析器	√	√	×	√	√	√	低
离子阱质量分析器	√	√	×	√	√	√	低
飞行时间质量分析器	√	√	√	√	√	×	中高
扇形磁场质量分析器	√	√	√	√	√	√	高

注：SIM 表示选择离子扫描。
√表示可实现，×表示不可实现。

6.2.3 检 测 器

离子源产生的离子经质量分析器加以分离后，到达接收检测系统。检测器的功能是对离子进行记录并转换成电信号放大输出，输出的信号经过计算机采集和处理，最终得到按 m/z 大小排列的质谱图。质谱仪常用的检测器有法拉第杯、照相底板、电子倍增器以及光电倍增管等。

　　法拉第杯检测器是质谱检测器中最简单的一种,其结构示意图如图 6-11 所示。法拉第杯与质谱仪的其他部分保持一定的电位差,以便捕获离子,当离子经过一个或几个抑制栅极进入杯中时,就会产生电流,将电流转换放大后进行记录,就能得到质谱图。法拉第杯的优点是简单可靠,配以适当的放大器,可以检测 10^{-15}A 左右的离子流,但是法拉第杯检测器仅适用于加速电压小于 1 kV 的质谱仪,因为过高的加速电压会使离子具有较大的能量,当离子轰击入口狭缝或抑制栅极时会产生大量的二次电子甚至二次离子,从而影响信号的检测。

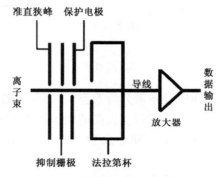

图 6-11　法拉第杯检测器示意图

　　此外,电子倍增器也是质谱仪中普遍使用的检测器之一。如图 6-12 所示,从质量分析器出来的离子打到高能打拿极产生电子,电子经过电子倍增器时产生电信号,记录不同离子的信号即可以得到质谱。其中,信号增益与电子倍增器电压有关,提高电子倍增器电压可以提高灵敏度,但是会降低电子倍增器的寿命,因此,在保证仪器灵敏度的情况下应该采用尽可能低的电子倍增器电压。

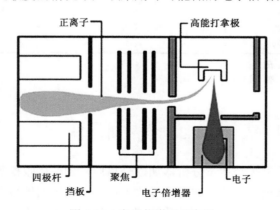

图 6-12　电子倍增器示意图

6.2.4　真 空 系 统

为了保证离子源中灯丝的正常工作，保证离子在离子源和分析器中的正常运行，消减不必要的离子碰撞、散射效应、复合反应和离子–分子反应，减小本底与记忆效应，质谱仪中的离子源和质量分析器一般都需要在高真空中运行。一般而言，离子源的操作压力介于 $10^{-4} \sim 10^{-2}$ Pa，而质量分析区的压力要求更低，介于 $10^{-6} \sim 10^{-3}$ Pa。四极杆质谱仪与飞行时间质谱仪和磁扇形质谱仪相比，在质量分析器区内能够承受相对较高的压力，而离子阱质谱仪则要在约为 0.1 Pa 的氦气气浴内运行。

质谱仪的真空系统一般由机械真空泵和扩散泵或涡轮分子泵组成。机械真空泵能达到的极限真空度一般为 1 Pa，不足以满足质谱工作要求，还需要高真空泵。扩散泵是常用的高真空泵之一，其性能稳定可靠，但是启动慢，从停机状态到仪器正常工作状态所需时间长。涡轮分子泵则相反，启动速度快，但是使用寿命不如扩散泵长。一般而言，涡轮分子泵直接与离子源或质量分析器相连，抽出的气体再由机械真空泵排到系统之外。

6.3　质谱联用技术

质谱仪是一种很好的定性鉴定用仪器，但是对混合物的分析却无能为力；色谱仪是一种很好的分离用仪器，但定性能力却很差，若将二者结合起来，则能发挥各自专长，使分离和鉴定同时进行。因此，早在 20 世纪 60 年代就开始了气相色谱–质谱联用（GC-MS）技术的研究，并出现了早期的 GC-MS 联用仪，到 70 年代末，GC-MS联用仪已经达到很高的水平，并开始研究液相色谱–质谱联用（LC-MS）技术。在 80年代中后期，大气压电离技术的出现，使 LC-MS 的技术水平提高到一个新的阶段。

目前，绝大部分有机质谱仪为各种类型的色谱–质谱联用仪。其他类型的有机质谱仪如基质辅助激光解吸电离飞行时间质谱仪和傅里叶变换质谱仪，通常用于分析生物有机大分子如蛋白、多肽、核酸、生物标志物等，某种程度上也属于生物质谱仪。当前，联用技术的发展使得质谱仪无论在定性分析还是在定量分析方面都十分方便。同时，为了增加未知物分析的结构信息和分析的选择性，采用串联质谱法（多个或不同类型质量分析器的联用）也是目前质谱仪发展的一个方向。

6.3.1　气相色谱–质谱联用仪

自 1957 年霍姆斯（J. C. Holmes）等首次实现气相色谱和质谱联用以来，

GC-MS 在分析检测和研究等许多领域中起着越来越重要的作用，特别是对复杂样品中挥发性和半挥发性有机物进行定性与定量分析时，GC-MS 已经成为必备的工具之一，如在环境、刑侦、食品、化学化工、药物、医疗等领域已经得到了广泛的应用。随着对环境痕量有机污染物研究的深入，GC-MS 在环境领域的应用日益增加，现已普遍应用在水体、土壤、固体废弃物和其他环境样品的定性、定量分析中，也是美国国家环境保护局多项标准的指定方法。

　　一般而言，GC-MS 主要由三部分组成，即气相色谱仪、质谱仪和数据处理系统。GC-MS 系统上使用的气相色谱仪和一般色谱仪基本相同，但是在 GC-MS 系统中，由于气相色谱仪是在常压下工作的，而质谱仪需要在高真空下工作，因此，需要使用分子分离器等接口装置将气相色谱的载气去除，并使样品保持气态进入质谱仪。GC-MS 系统上使用的质谱仪可以是磁式质谱仪或四极杆质谱仪，也可以是飞行时间质谱仪或离子阱质谱仪，不过当前使用最多的还是四极杆质谱仪，离子源主要是电子电离源或化学电离源。GC-MS 的另外一个组成部分是计算机系统，即数据处理系统。随着计算机技术的发展，GC-MS 的主要操作都由计算机进行控制，包括质谱仪的调谐校准，色谱条件和质谱条件的优化和设置，数据的收集、处理以及库检索等。

　　GC-MS 分析系统能够同时进行色谱分离和质谱数据采集，具有较强的抗干扰能力和较宽的动态线性范围，同时仪器检出限低，在进行全扫描时一般能够达到 0.1 ng，而在选择离子监测模式下可达 10 fg 甚至更低。GC-MS 一般适用于具有挥发性、热稳定性和弱极性有机化合物的检测分析，对于强极性、难挥发及非挥发性物质则需要进行衍生化。同时，在用 GC-MS 分析实际样品时，也需要对样品中含有羟基、氨基、羧基等官能团的物质进行衍生化。

1. GC-MS 分析条件的优化

　　为了使 GC-MS 分析系统中的每个组成部分都能协调地发挥各自的作用，使复杂样品中的各种组分得到有效分离和鉴定，必须设置合适的色谱和质谱分析条件。GC-MS 分析系统由气相色谱、质谱和中间的连接装置三部分组成，现将其优化分述如下。

　　1）气相色谱条件优化

　　（1）载气的选择

　　GC-MS 系统中，载气种类一般取决于气体的分子量、电离电位以及 GC-MS 连接装置三个因素。目前，一般选用氮气、氦气或氢气作为 GC-MS 的载气，其中最常用的是氦气。载气在使用前需要进行净化，去除其中的氧气、水分和烃类化合物，以防止对气相色谱柱造成损害。

（2）色谱柱的选择

开口毛细管柱是 GC-MS 系统中应用最多的色谱柱，其内径一般为 0.10～0.50 mm，长度为 10～300 m，固定相膜厚一般为 0.1～2 μm，可由不锈钢或熔融石英制成。不锈钢毛细管柱机械强度高、耐高温、抗震、维护简便，但材质惰性不如熔融石英；熔融石英毛细管柱，具有极性表面，可拉制成适用规格，比较经济，效能也高，但是易折断，在操作时要分外当心。现将部分气相色谱柱的性能指标总结于表 6-2 中。

表 6-2　部分气相色谱柱的性能指标

柱型	外径/in[①]	内径/in	长度/mm	最佳载气流量/（mL/min）	样品量/μg
WCOT	1/16	0.01	100～200	1.5	1～5
WCOT	1/16	0.02	200～500	6	10-20
SCOT	—	0.02	50～100	3	100
WCOT	1/16	0.03	500～1000	4	100
WCOT	1/16	0.04	500～1000	6	100
填充型	1/16	0.047	10～20	10	500
填充型	1/8	0.065	10～20	20	1000
填充型	1/4	0.155	6～10	60	5000

注：WCOT 为涂壁开口管柱；SCOT 为涂担体开口管柱。

（3）固定相的选择

GC-MS 分析中，多组分混合物能否完全分开，主要取决于气相色谱柱的效能和选择性，而后者在很大程度上取决于固定相选择是否得当。气相色谱固定相大致分为两类，即液体固定相和固体固定相。

液体固定相由固定液和载体构成。一般而言，固定液要具备以下几个条件：①蒸气压要低，热稳定性要好；②化学稳定性要好；③溶解度要大，选择性要高；④ 黏度、凝固点要低。为了获得较高的柱效，还要求固定液在载体表面能够均匀分布。同时，固定液和载体表面的化学性质越接近，固定液在载体表面形成的接触角越小，则形成的液膜越均匀，柱效就越高。

载体，亦称担体、固体支持物。在 GC-MS 系统的气相色谱中使用的载体应是一种颗粒状的具有多孔性和化学惰性的物质，并具有一定的表面结构和特征。一般而言，载体应该尽量满足以下要求：①比表面积大，并具有合适的空袭结构；②具有较强的热稳定性和化学稳定性；③具有较好的机械强度；④具有较好的浸

---

① 1in=2.54 cm。

润性，但是表面不具有吸附性。完全满足上述要求的载体是没有的，所以应根据具体的分析任务选择合适的载体。

（4）载气压力和流速优化

载气压力和流速的改变不仅会直接影响各种组分的分辨率和保留时间，而且还会严重干扰质谱离子源的压力，所以一般使用气体控制单元控制载气流速和压力，并且在必要的时候，还用其控制辅气压力。在 GC-MS 系统中，典型的载气压力一般为 0.3 MPa，载气流速一般为 1.0 mL/min。

（5）进样方式的选择

进样是 GC-MS 分析中非常关键的一步，应尽可能使所有的样品集中在色谱柱顶端范围内，保证待测组分既不会发生热降解，又不会因挥发性不同而发生分离。当前，最常用的进样方式有分流进样、不分流进样和直接进样。对分流进样而言，由于存在分流，可以采用相对较大的进样量，而对不分流进样和直接进样而言，进样量要小得多。采用分流进样时，分流比一般控制在 1∶10～1∶100 的范围内，并且内径越小的色谱柱，分流比也比较高。对三种主要进样方式的比较见表 6-3，在实际工作中，可根据自己的样品量、样品性质等因素，并综合考虑表 6-3，以选择合适的进样方式。

表 6-3　三种主要进样方式的比较

比较项目	分流进样	不分流进样	直接进样
应用范围	主要成分	痕量成分和主要成分	痕量成分和主要成分
最大进样量	取决于分流比	50 ng	100 ng
进样精度	差	好	极好
进样温度	250～320℃	200～280℃	柱温
初始柱温	任意值	比样品最易挥发组分的沸点低 20～40℃	接近溶剂沸点
优点	采用不同的分流比可以防止过载	可以直接定量	样品分辨率较低；并可以直接定量
缺点	样品损失；在进行痕量分析和直接定量方面存在不足	可用溶剂的选择面较窄	进行实验比较困难；并存在柱污染的风险

（6）温度的选择

温度的选择包括两方面，即进样口温度和色谱柱温度。进样口温度的选择应考虑样品中各组分的沸点，设定的温度应能够使样品瞬间气化。当然，也不能将温度设置得太高，以防止热不稳定组分的热分解。

柱温是影响分析时间和分离度的重要因素。选择柱温的依据是样品沸点范围、固定液的配比、允许使用温度等。提高柱温可以使保留时间减少，加快分析速度，使样品中组分完全流出，但是分离效果变差，并且当柱温接近柱子的耐温极限时，会导致严重的柱流失；降低柱温，样品有较大的分配系数，选择性高，有利于分离，但温度过低，容易引起峰形拖尾或前伸，并且分析时间长。

柱温的选择一般可根据固定液的使用温度极限和样品组分沸点进行调节。对于沸程较窄的样品，宜采用恒温分析：高沸点样品，在保证分离完全的前提下，应尽量降低柱温，一般可在低于分析物沸点 180～200℃的柱温下进行分析；沸点不太高（200～300℃）的样品，柱温可选 100℃以下；气体和气态烃等低沸点混合物，一般在室温或 50℃以下进行分析。采用恒温分析时，一般保留时间和碳数为指数关系。

对于沸程较宽的样品，宜采用程序升温分析，升温速度一般为 2～20℃/min。在采用程序升温分析时，碳数和保留时间成比例关系，但是遗憾的是基线调整比较困难，应确认空白是否出现鬼峰。

2）气相色谱与质谱连接装置的选择

在 GC-MS 系统中，待测组分经色谱柱分离后，需要进入质谱系统进行进一步的定性和定量分析。根据色谱柱、质谱仪离子源类型及其操作条件，以及真空系统的效率，GC-MS 接口可采用色谱柱后流出直接连接和通过分子分离器连接两种方式。

气相色谱与质谱的连接装置一般应满足以下要求：①不破坏离子源的高真空，也不影响色谱分离的柱效；②使色谱分离后的组分尽可能多地进入离子源，流动相尽可能少地进入离子源；③不改变色谱分离后各组分的组成和结构。

3）质谱条件优化

质谱条件的优化包括电离源类型、离子源温度和扫描方式等方面，现分述如下。

（1）离子源选择

在 GC-MS 系统中，常用的离子源有电子电离源、化学电离源和场电离源等。离子源的选择应根据样品性质、分析目的、分析要求等因素，进行综合比较，选择适合的离子源。

（2）离子源温度的选择

在 GC-MS 系统内，离子源应具有足够高的温度，以避免气相色谱柱流出物的冷凝。但也不应太高，以防止某些样品组分因热不稳定性而发生热分解。

（3）扫描方式的选择

质谱仪扫描方式有两种：全扫描和选择离子扫描。全扫描是对指定质量范围内的离子全部扫描并记录，得到的是正常的质谱图，这种质谱图可以提供未知物的分子量和结构信息，可以进行库检索。选择离子扫描只对选定的离子进行检测，其最大优点一是对离子进行选择性检测，只记录特征的、感兴趣的离子，不相关的干扰离子统统被排除，二是选定离子的检测灵敏度大大提高。选择离子扫描方式最主要的用途是定量分析，由于它的选择性好，可以把由全扫描方式得到的非常复杂的总离子色谱图变得十分简单，消除其他组分造成的干扰。

此外，为了保护灯丝和电子倍增器，在设定质谱条件时，还要设置溶剂屏蔽时间，使溶剂峰通过离子源之后再打开灯丝和电子倍增器。

2. GC-MS 定性分析

随着计算机技术的发展，人们将在电子电离源内 70 eV 电子轰击得到的纯物质的标准谱图储存在计算机内，做成已知化合物的标准质谱谱库，然后将在上述电离条件下得到的未知化合物质的质谱图和标准谱库进行比较，将匹配度高的一些化合物检出，并给出这些化合物的名称、分子量、分子式、结构式和相似度，这将对解析未知化合物和定性分析提供很大的帮助，所以质谱谱库已经成为GC-MS 中不可缺少的一部分。目前，常用的质谱谱库有：①NIST 库，由美国国家科学技术研究所（NIST）出版；②NIST/EPA/NIH 库，由 NIST、美国国家环境保护局和美国国立卫生研究院（NIH）共同出版；③Wiley 库；④农药库；⑤药物库；⑥挥发性油库。在这六个标准质谱谱库中，前三个是通用库，后三个是专用库。目前，GC-MS 中使用最广泛的是 NIST/EPA/NIH 库。

利用计算机进行库检索是一种快速、方便的定性方法，但是还应注意以下几个问题：首先，数据库中所存质谱图有限，如果未知物是数据库中没有的化合物，检索结果也给出几个相近的化合物，显然，这种结果是错误的；其次，由于质谱法本身的局限性，一些结构相近的化合物的质谱图也相似，这种情况也可能造成检索结果的不可靠；最后，由于色谱峰分离不好以及本底和噪声影响，得到的质谱图质量不高，这样所得到的检索结果也会很差。

因此，在利用数据库检索之前，应首先得到一张很好的质谱图，并利用质量色谱图等技术判断质谱中有没有杂质峰。得到检索结果之后，还应根据未知物的物理、化学性质以及色谱保留值、红外、核磁谱等综合考虑，才能给出定性结果。

3. GC-MS 定量分析

GC-MS 定量分析方法类似于色谱法定量分析。由 GC-MS 得到的总离子色谱图或质量色谱的色谱峰面积与相应组分的含量成正比，若对某一组分进行定量测定，可以采用色谱分析法中的归一化法、外标法、内标法等不同方法进行。这时，GC-MS 可以理解为将质谱仪作为色谱仪的检测器。其余均与色谱法相同。与色谱法定量不同的是，GC-MS 除可以利用总离子色谱图进行定量外，还可以利用质量色谱图进行定量，这样可以最大限度地去除其他组分干扰。值得注意的是，质量色谱图由于是用一个质量的离子做出的，它的色谱峰面积与总离子色谱图有较大差别，在进行定量分析的过程中，峰面积和校正因子等都要使用质量色谱图。

为了提高检测灵敏度和减少其他组分的干扰，在 GC-MS 定量分析中质谱仪经常采用选择离子扫描方式。对于待测组分，可以选择一个或几个特征离子，而相邻组分不存在这些离子。这样得到的色谱图，待测组分就不存在干扰，同时有很高的灵敏度。用选择离子得到的色谱图进行定量分析，具体分析方法与质量色谱图类似，但其灵敏度比利用质量色谱图高一些，这是 GC-MS 定量分析中常采用的方法。

6.3.2　液相色谱–质谱联用仪

液相色谱–质谱联用技术可以同时利用液相色谱强有力的分离技术和质谱高灵敏度的检测鉴别技术。LC-MS 系统主要由高效液相色谱仪（详见第 4 章）、接口装置（包含电离源）和质谱仪等部分组成。联用的关键是 LC 和 MS 之间的接口装置。接口装置的主要作用是去除溶剂并使样品离子化。20 世纪 70 年代初期，人们开始研究开发 LC-MS 系统，但随后的 20 多年里，限制 LC-MS 发展的技术难点在于如何解决液相色谱和质谱的接口问题，早期使用过的接口装置有传送带接口、热喷雾接口、粒子束接口等十余种，这些接口装置都存在一定的缺点，因而都没有得到广泛推广。直到 20 世纪 90 年代，随着大气压电离源（API）的成熟，LC-MS 系统才逐渐发展成熟起来。目前，几乎所有的 LC-MS 联用仪都使用 API 源作为接口装置和离子源。大气压电离源包括 ESI 源、APCI 源和 APPI 源等，其中 ESI 源应用最为广泛。

1. LC-MS 分析条件的选择和优化

本部分主要介绍经液相色谱分离后的部分，包括接口的选择、正负离子模式的选择、流动相和流量的选择、接口温度的选择和系统噪声的消除等。

1）接口的选择

APCI 源和 ESI 源都属于大气压电离技术，是 LC-MS 中应用最广泛的两种电离源，它们具有很多相似的性质。例如，从液相色谱柱流出的溶剂都是在加热和雾化气的共同作用下分散成的小液滴等。APCI 源和 ESI 源主要的区别在于液滴产生的方法和离子形成的机制，这些不同可以影响到目标分析物电离的极性范围和适用的液体流速等。一般而言，ESI 源主要用于极性较大的目标分析物，而 APCI 源主要用于中等极性的目标分析物。同时，有些目标分析物由于结构和极性方面的原因，用 ESI 源不能产生足够的离子强度，可以采用 APCI 方式增加离子产率，所以也可以认为 APCI 源是 ESI 源的补充。表 6-4 从不同方面对 ESI 源和 APCI 源进行比较，可以帮助人们针对不同的样品、不同的分析目的选用这两种接口。

表 6-4　ESI 源和 APCI 源的比较

项目	ESI 源	APCI 源
可分析样品	1. 适合中等极性到强极性的化合物，特别是在溶液中能预先形成离子的化合物； 2. 可以获得多个质子的大分子； 3. 只要有相对强的极性，ESI 源对小分子也可以获得满意的结果	1. 非极性/中等极性的小分子化合物，如脂肪酸、邻苯二甲酸等
不能分析样品	极端非极性样品	1. 非挥发性样品； 2. 热稳定性差的样品
基质和流动相的影响	1. 对样品的基质和流动相的组成比 APCI 源更敏感； 2. 对挥发性强的缓冲溶液也要求使用较低的浓度	1. 对样品的基质和流动相的组成敏感程度较 ESI 源小； 2. 可以使用稍高浓度的强挥发性缓冲液
溶剂	1. 溶剂 pH 对离子型分析物有较大影响； 2. 溶剂 pH 的调整会加强离子型化合物的电离效率	1. 溶剂的选择非常重要，并影响到电离过程； 2. 溶剂 pH 对电离效率有一定影响
流动相流速	1. 在低流速（<100 μL/min）下较好； 2. 在高流速（>750 μL/min）下比 APCI 源差	1. 低流速（<100 μL/min）下较差； 2. 高流速下（>750 μL/min）优于 ESI 源
碎片	对大部分极性和中等极性的化合物可产生显著的碎片	比 ESI 源更有效，并常有脱水峰出现

2）正负离子模式的选择

ESI 和 APCI 接口都有正负离子模式可供选择，选择的一般性原则如下：正离子模式适用于碱性样品（含有—NH$_2$ 和—CONH—等基团）；负离子模式适用于酸性样品（含有—COOH 和—OH 等基团）。此外，样品中含有仲氨基或叔氨基时，可优先考虑使用正离子模式；如果样品中含有较多的强负电性基团，如含氟、氯、溴和多个羟基时，可尝试使用负离子模式。对于酸碱性不是很明确的化合物，则可能需要进行预实验，方能解决正负离子模式选择的问题。

在正离子模式下，可用甲酸或乙酸等有机酸调节样品的 pH，使之至少小于样品组分 pK_a 值两个单位；在负离子模式下，可用三乙胺或氨水等碱调整样品的 pH，使之至少大于样品组分 pK_a 值两个单位。

3）流动相和流量的选择

ESI 源和 APCI 源分析常用的流动相为甲醇、乙腈和水以及它们各种比例的混合物，有时为了增强质谱检测信号，并改善色谱柱的分离效果，也会添加一些挥发性缓冲液，如甲酸铵、乙酸铵等。而在常规高效液相色谱仪分析中常用的磷酸盐缓冲液以及一些离子对试剂（如三氟乙酸等）要尽量避免使用，即便在不得已时也要尽量降低使用浓度。此外，在进行 LC-MS 分析时，尽量不使用正相液相色谱，因为正相流动相在离子化时不易发生电离。需要注意的是，在做正离子时，甲醇的信号强度一般好于乙腈，虽然乙腈的噪声一般较甲醇低，但是总的信噪比还是甲醇好。

流量大小对 LC-MS 系统会产生非常重要的影响，要从柱子的内径、柱分离效果、流动相的组成等角度综合考虑。需要注意的是，即使是有辅助气体设置的 ESI 源和 APCI 源，也仍是在较小的流量下获得的离子化效果高，所以在条件允许的情况下，最好采用小内径的柱子。从保证良好的分离效果角度考虑，0.3 mm 内径的柱子可选用的流量在 10 μL/min 左右；1.0 mm 内径的柱子可选用流量为 30～60 μL/min；2.1 mm 内径的柱子要求流量在 200～500 μL/min；而对于 4.6 mm 内径的柱子，流量需要在 700 μL/min 以上。

采用 2.1 mm 内径的柱子，300～400 μL/min 的流量和较高的有机溶剂配比，可以保证良好的分离和纳克级的质谱检出，这在一般的样品分析中是一个比较实用的选择。

4）接口温度的选择

ESI 源和 APCI 源操作中，温度的选择和优化主要是针对接口的干燥气体而言。一般情况下，选择干燥气体的温度要高于分析物的沸点 20℃左右即可，但是对热不稳定化合物，要选用更低些的温度，以避免其显著的分解。选择干燥气体温度时，要考虑流动相的组成，在有机溶剂比例高时，可采用适当低的温度。此外，干燥气体的设定加热温度与干燥气体在毛细管入口周围的实际温度往往是不同的，后者要低一些，这在温度设定时，也要考虑到。

5）系统噪声的消除

与 GC-MS 相比，LC-MS 的系统噪声要大得多，这主要是溶剂及其含有的杂质直接导入离子源造成的化学噪声以及在高电场中复杂行为产生的电噪声。这些信号常常会淹没信号，导致有时在总离子图中看不到峰的出现。在 LC-MS 分析中，消除系统噪声并不是一件容易的事情，但是可以从以下几方面考虑：①尽量采用超纯水（如 Milli-Q 水）和色谱纯级有机溶剂做流动相；②尽可能地纯化样品，如采用固相萃取等预处理方法制备样品；③经常清洗 LC-MS 系统管路和离子源等。

2. LC-MS 定性和定量分析

LC-MS 分析得到的质谱相比 GC-MS 较简单，结构信息少，进行定性分析比较困难，主要依靠标准样品定性，对于多数样品，保留时间相同，子离子谱也相同，即可定性，少数同分异构体例外。

用 LC-MS 进行定量分析，其基本方法与普通液相色谱法相同。即通过色谱峰面积和校正因子（或标样）进行定量。但由于色谱分离方面的问题，一个色谱峰可能包含几种不同的组分，给定量分析造成误差。因此，对于 LC-MS 定量分析，不采用总离子色谱图，而是采用与待测组分相对应的特征离子得到的质量色谱图或多离子监测色谱图，此时，不相关的组分将不出峰，这样可以减少组分间的互相干扰，LC-MS 分析的经常是体系十分复杂的样品，如血液、尿样等。样品中有大量的保留时间相同、分子量也相同的干扰组分存在。为了消除其干扰，LC-MS 定量的最好办法是采用串联质谱的多反应监测（MRM）技术。也就是，对质量为 m_1 的待测组分做子离子谱，从子离子谱中选择一个特征离子（m_2）。正式分析样品时，第一级质谱选定 m_1，经碰撞活化后，第二级质谱选定 m_2。只有同时具有 m_1 和 m_2 特征质量的离子才被记录。这样得到的色谱图就进行了三次选择：LC 选择组分的保留时间，第一级 MS 选择 m_1，第二级 MS 选择 m_2，这样得到的色谱峰可以认为不再有任何干扰。然后，根据色谱峰面积，采用外标法或内标法进行定量分析。此方法适用于待测组分含量低、体系组分复杂且干扰严重的样品分析。

6.3.3　串联质谱法

串联质谱法（tandem mass spectrometry）是利用两个独立的质量分析阶段获得更多的有关分子离子和碎片离子的结构信息，以帮助建立质谱图中离子关系的一种技术。例如，质谱串联技术可以帮助人们阐述被研究分子的裂解途径，同时，再结合 CI 和 ESI 等产生较少碎片的电离技术，人们就可以确定分析物的结构等。

一般而言，串联质谱仪可以分为两类，即空间串联和时间串联。空间串联指多个质量分析器在空间上联合使用，如三级四极杆质谱仪（QQQ）；而时间串联质谱仪是一个质量分析器内按照先后顺序完成离子选择、碰撞和子离子分析，如四极离子阱质谱仪（QIT）。然而，尽管每种串联质谱仪的运作细节都存在差别，但是生成子离子质谱图的基本原理和基本描述等还是一样的，所以下面将以三级四极杆质谱联用法为例对串联质谱法进行简要介绍。

串联质谱法中最典型的质量分析器组合方式是在离子源和检测器之间线性排列三级四极杆（图 6-13），第一级和第三级四极杆作为相互独立的质量分析器，而第二级四极杆则作为碰撞室，并且来自第一级四极杆（第一级分析器）的离子在进入第三级四极杆（第二级分析器）之前必须经过第二级四极杆（碰撞室）。为了获得子离子的串联质谱图,将第一级四极杆设置成只允许通过一种或几种特定 m/z 的离子进入碰撞室，这些选定的具有特定 m/z 的离子就是母离子，它们可以是分子离子（M^{+}）、质子化分子（MH^{+}）或者由化合物生成的任何碎片离子等。第二级四极杆内充满惰性气体，则当母离子经过时，就会和气体分子发生非弹性碰撞，将部分动能转化为内能，从而导致母离子的分解。同时，第二级四极杆还具有离子聚焦的作用，以保证母离子和生成的碎片离子能够顺利进入第三级四极杆。为了保证检测器记录的都是母离子生成的子离子的质谱信息，第三级四极杆扫描范围的上限最好仅比母离子的 m/z 稍大。这样，得到的质谱图就是子离子质谱图，它直接提供母离子及其碎片离子之间的关系。

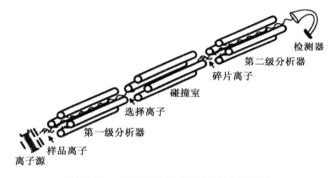

图 6-13   三级四极杆串联质谱法示意图

随着仪器的发展以及研究领域的不断交叉，串联的方式越来越多。特别是高分辨质谱的串联，出现了如四极杆飞行时间质谱（Q-TOF）、离子阱飞行时间质谱（IT-TOF）应用于医药、蛋白组学、代谢组学、高分子材料等研究领域。

6.4   有机质谱解析

6.4.1   EI 源质谱中的离子

1）分子离子

在 EI 源内，电中性的有机物分子 M 在高能电子的作用下，失去一个外层价电子而生成的带正电荷的离子，被称为分子离子，用符号 M^{+}表示，其中"+"表示有机物分子 M 失去一个电子而电离，"·"表示失去一个电子后剩下未配对的电子。分子离子在质谱图中相应的峰称为分子离子峰。在确定分子结构时，失去电子的质量相对于原子可以忽略不计，所以分子离子的质荷比就是它的分子量。

分子离子峰的强度与有机化合物结构的稳定性和离子化所需总能量有关。芳香族、共轭烯烃及环状化合物的分子离子峰强，而分子量较大的烃、脂肪醇、醚、胺等分子离子峰较弱。在实际观察中，一些熔点低、不易分解、容易升华的化合物都能出现较强的分子离子；分子中含有较多羟基、氨基和多支链的化合物，分子离子峰较弱其至观察不到。

2）碎片离子

电离后有过剩内能的分子离子以多种方式裂解生成碎片离子，碎片离子还可能进一步裂解成更小质量的碎片离子。这些碎片离子是解析质谱图，推断物质分子结构的重要信息。分子的碎裂过程和其结构密切相关，研究质谱图中相对强度最大的碎片离子峰，通过比较分析各种碎片离子峰强度，有可能获得整个分子结构的信息。

3）同位素离子

组成有机化合物的元素，常见的约有十余种，除磷、氟和碘以外，其他元素大多存在着两种以上的同位素，因此质谱图中会出现强度不等的同位素离子峰。各元素的最轻同位素天然丰度最大，因此分子离子峰是由最大丰度的同位素产生的。同位素离子峰往往在分子离子峰右边 1 个或 2 个质量单位处出现 M+1 或 M+2 峰，构成同位素离子峰簇。同时，由于各种元素的同位素基本上是按照它们在自然界中的丰度比出现在质谱中，这对利用质谱确定化合物及其碎片的元素组成有很大作用。

4）重排离子

有些离子不是由简单断裂产生的，而是发生了原子或基团的重排，这样产生的离子称为重排离子。重排的种类较多，可以分成麦氏重排、自由基引发的重排和电荷引发的重排等。

5）亚稳离子

离子在离开电离源，尚未到达检测器之前，在中途发生裂解，生成亚稳态离子，被称为亚稳离子。在质谱图中，亚稳离子峰一般强度较弱、峰较宽，其 *m/z* 常常不是整数，通过亚稳离子峰可以剖析离子的裂解部位，并确定丢失的中性碎片。

6）多电荷离子

分子失去两个或两个以上电子的离子称为多电荷离子。杂环、芳环和高度不饱和有机化合物在受到电子轰击时，容易失去两个电子而形成二价离子，这是这类化合物的特征，在进行结构分析时可供参考。

6.4.2　EI 源质谱解析

质谱的解析是一件非常困难的事情。自从有了计算机联机检索之后，特别是数据库越来越大的今天，靠人工解析 EI 质谱已经越来越少，但是作为对化合物分子断裂规律的了解，作为计算机检索结果的检验和补充手段，质谱图的人工解析还有它的作用，特别是对谱库中不存在的化合物质谱的解析。另外，在串联质谱法分析中，对离子谱的解析仍然需要人工解析。

1）分子量确定

分子离子的质荷比就是化合物的分子量，因此用 EI 质谱法研究过的有机化合物中，几乎有 75%可以直接从谱图上读出其分子量。然而，某些物质的分子离子不够稳定等因素，使得确认分子离子峰存在很大的困难。

在纯物质质谱图中，分子离子峰必须同时具备三个必要非充分条件：①一定是质谱图中质量数最大的离子峰（同位素离子除外）；②必须是奇电子离子；③在谱图的高质量区，它必须能够通过合理的中性丢失，产生谱图中重要的离子。然而，这些条件是必要非充分条件，所以即便是能够同时满足以上三个条件，还是不能百分之百确定其就是分子离子，需要用其他方法进行进一步的验证，如氮规则等。氮规则指在有机化合物分子中含有奇数个氮时，其分子量应为奇数；含有偶数个（包括 0 个）氮时，其分子量应为偶数。这是因为组成有机化合物的元素中，具有奇数价的原子具有奇数质量，具有偶数价的原子具有偶数质量，所以形成分子之后，分子量一定是偶数。

应该特别注意的是，有些化合物容易出现 M–1 峰或 M+1 峰，另外，在分子离子很弱时，容易和噪声峰相混，所以在判断分子离子峰时要综合考虑样品来源、性质等其他因素。如果经判断没有分子离子峰或分子离子峰不能确定，则需要采取其他方法得到分子离子峰，如降低电离能量、制备衍生物和采取软电离方式等。

2）分子式确定

早期运用质谱测定化合物元素组成，即它的分子式或实验式确定采用同位素相对丰度比法。但因为同位素峰一般很弱，很难精确测量其丰度值，这种方法现在已经很少使用。目前，主要使用高分辨率质谱法测定化合物的分子式。当以

^{12}C=12.000000 为基准时，各元素原子量严格来说不是整数。例如，^{1}H、^{16}O 和 ^{14}N 的精确原子量分别是 1.007823、15.994914 和 14.003074，这种非整数值是由每个原子的"核敛聚率"（nuclear packing fraction）引起的。当使用高分辨率质谱仪将化合物的分子量精确到小数点后 4～6 位，并将实验误差精确到±0.006 以内时，就会大大减少这一精确数值内可能分子式的数量，若再配合其他信息，就可以确定目标化合物的分子式。1963 年，贝农（J. H. Beynon）等将 C、H、O、N 等元素各种组合构成的分子式的精确质量数排列成质谱用质量与丰度表，这样，将实测精确分子峰质量数与该表核对，即可以很方便地得出分子式。

3）分子结构的确定

化合物分子电离生成的离子质量和强度与该化合物分子的本身结构有密切关系，即化合物质谱带有很强的结构信息，对化合物质谱进行解析，就可以得到化合物的结构。从质谱裂解产生的碎片离子可以推测分子中所含官能团或各类化合物的特征结构片段。例如，质谱图中出现 $m/z=17$ 的离子，则分子中很可能含有羟基；而出现 $m/z=26$ 的离子，则分子中很可能含有腈基等。同时，由丢失的中性碎片也可以推断分子中含有的某些官能团，如出现（M+18）$^+$峰，丢失质量数为 18 的中性分子碎片可能是水分子，化合物分子中可能含有羟基；出现（M+29）$^+$峰，丢失质量数为 29 的中性分子碎片可能是—CHO 基因，化合物分子中可能含有醛基等。

6.4.3　EI 质谱解析步骤

化合物的质谱图包含很多信息，根据使用者的要求，可以用来确定化合物的分子量、验证某种结构和某种元素的存在，也可以用来对未知化合物进行结构鉴定等。质谱解析的目的不同，解析方法和侧重点也有所不同，质谱解析的一般步骤如下。

1）库检索

利用所有可用的质谱图库对未知化合物的质谱图进行库检索，仔细比较实际谱图和检出的数据库谱图，如果匹配得不是很好，则说明检索结构可能是错误的。

2）尽可能获取化合物的化学记录

这些记录包括这种化合物来自何处、可能有哪些类型等。获取的这类信息越丰富，就越容易确定可能的化合物结构。

3）尝试确定质谱图中是否存在分子离子峰

这常常是最为关键的一步，因为不知道化合物的分子量，就不能确定化合物的结构。利用以下标准可以评价选择的分子离子峰是否合理。

（1）检验同位素峰强度。如果用合理数目的碳原子不能够调和过高的 M+1 峰强度，则 M+1 峰就极有可能是分子离子峰。

（2）检验假定分子离子的第一次丢失。如果某些丢失实际上是不可能的，或者是罕有发生的，则可以忽略。在质谱图中，如果有不可能 m/z 的峰出现，则说明存在污染或者是选择的分子离子峰不正确。

（3）尽可能降低质谱的噪声。如果背景噪声很高，就很有可能找不到低强度的分子离子峰。

（4）如果有该化合物的气相色谱数据，则将其分子量和具有相同保留时间的化合物的分子量进行比较。由于气相色谱柱大体上按照分子量的大小对化合物进行分离，所以如果待测化合物的分子量为 150，则它不可能和分子量为 300 的化合物具有相同的保留时间。

（5）如果使用 EI 源不能获取分子离子峰，可以考虑 CI 源或 ESI 源等软电离方式，这类电离技术可以减少分子离子的裂解，从而可以获得分子离子峰（或质子化分子，MH$^+$）。

（6）对化合物进行衍生化。当未衍生化合物不存在分子离子峰时，进行衍生化则可能产生分子离子峰。但是需要注意的是，在计算原化合物的分子量时需要考虑添加的衍生化基团，并且衍生化还有可能在很大程度上改变分子离子的裂解方式。

（7）降低样品的气化温度。气化温度的降低可以减小分子离子进一步断裂的可能性，使分子离子峰的相对丰度增加。例如，十三烷烃在 340℃气化时，不出现分子离子峰，但是在 70℃气化时，分子离子峰的强度接近基峰。

4）利用分子离子峰，并结合分子离子峰的高分辨率数据，给出化合物的分子式

确定分子量和主要碎片离子峰的 m/z 是奇数值还是偶数值，利用氮规则确定分子中是否含有氮元素。一般而言，如果大多数碎片离子峰的 m/z 为奇数，则化合物中很可能不含有氮。分析分子离子峰和其他主要离子峰的同位素峰强度信息，并结合分子离子峰高分辨率数据，尝试计算化合物分子中的碳原子、氧原子和其他原子的数目，给出化合物的分子式。需要注意的是，不仅含有的元素要满足同位素峰强度，而且所有元素原子量的加和也必须要等于表观 m/z；同时，碎片离子中含有的各元素的原子数目均小于或等于分子离子中含有的数目。

5）计算化合物的不饱和度

不饱和度指化合物分子中环和双键的数目。若假定化合物的分子式为 $C_xH_yN_zO_n$，则不饱和度 U 可用式（6-7）表示：

$$U = x - \frac{1}{2}y + \frac{1}{2}z + 1 \tag{6-7}$$

式中，U 为不饱和度。化合物分子式中的每种元素都可以利用其他具有相同化合价的元素进行替换，如可以用卤素代替分子式中的氢。不饱和度表示有机化合物的不饱和程度，计算不饱和度有助于判断化合物的结构。

6）研究质谱图高质量端的离子峰

质谱图高质量端的离子峰是由分子离子经由合理的中性丢失后形成的，从分子离子合理的中性丢失可以推测化合物中可能含有的取代基团。

7）详细分析质谱图低质量端的离子峰

利用质谱图低质量端的离子峰，寻找不同化合物断裂后生成的特征离子和特征离子系列。例如，正烷烃特征离子系列的 m/z 为 15、29、43、57、71 等；烷基苯特征离子系列的 m/z 为 39、65、77、91 等，根据特征离子系列可以推测化合物类型。

8）归纳出化合物的结构式

根据上述各方面研究，归纳出化合物的结构单元，然后再根据化合物的来源、分子量、分子式以及物理化学性质等，提出一种或几种最可能的结构。在必要时，可以根据红外和核磁数据得出最后的结果。

9）结果验证

将得到的化合物结构按照质谱断裂规律进行分解，看所得离子和目标分析物的谱图是否一致；核查化合物的标准质谱图，看是否和目标分析物的谱图相同；寻找标准样品进行分析，验证是否与目标分析物的谱图一致等。

6.4.4　EI 质谱解析示例

图 6-14 为某未知化合物的质谱图，假设进行库检索后没有找到合适的结果，并且也没有与其相关的化学记录，试确定其结构式。

假设进行库检索后没有找到合适的结果，并且也没有与其相关的化学记录，所以从 6.4.3 节的第三步开始。

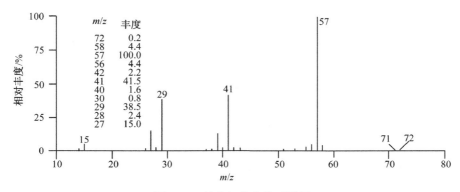

图 6-14 某未知化合物质谱图

（1）初看起来，m/z 为 57 的基峰似乎是分子离子峰，因为在谱图的高质量端仅有两个非常弱的峰，使人很容易认为那是背景噪声。但是在如此认为以前，还必须利用已知的谱图信息确认选择的分子离子峰。首先，利用假设的分子离子分析碎片丢失，如果 m/z 为 57 的峰是分子离子峰，则除了丢失·H 以外，最主要的碎片丢失应该是 16 以生成 m/z 为 41 的峰。但是数值为 16 的碎片丢失是非常不常见的，同时其还是酰胺类（—$CONH_2$）和含有偏振 N—O 键化合物的特征丢失。分子量最小的酰胺类化合物为甲酰胺（$HCONH_2$，分子量为 45）和乙酰胺（CH_3CONH_2，分子量为 59），而分子量最小的硝基脂肪族化合物为硝基甲烷（CH_3NO_2，分子量为 61），它们的结构决定它们均不会在 m/z 为 57 时产生较大的峰。另外，假设在 m/z 为 72 时产生的那个较小的峰是分子离子峰，那么 m/z 为 71 和 57 的峰则可能分别是因丢失质量数为 1（·H）和 15（·CH_3）的碎片而产生的。因此，选择 m/z 为 72 的峰作为分子离子峰似乎更合理。

（2）选用 m/z 为 72 的峰作为分子离子峰则意味着该化合物的分子量为偶数，同时谱图中所有主要碎片离子峰的 m/z 均为奇数，这也与该化合物不含有氮元素相一致。需要注意的是，如果假设 m/z 为 57 的峰为分子离子峰，则该化合物含有奇数个氮原子。

（3）尽管 m/z 为 72 的峰强度较弱，不能获得分子离子的元素组成信息，但是该分子离子除了失去·H，能够失去的最小碎片质量为 15 U，从而使得 m/z 为 57 峰族的同位素峰强度不会受到其他碎片离子的干扰，所以可以利用其包含的信息获得部分该化合物的元素组成。m/z 为 57 的峰代表的离子似乎并不含有 A+2 元素、氧元素（m/z 为 57 的峰强度太小）和氮元素，所以形成 X+1 峰的只能是碳元素。在该离子中，碳原子的数目应为 4.4/1.1=4，如果含有 4 个碳，则剩下的分子量为 $57-(4\times12)=9$，这必定是 9 个氢原子，即元素组成为 C_4H_9，为丁基离子。对 m/z

为 41 的峰的同位素峰强度而言，因为［X+1］/［X］的强度比为 2.2/41.5=5.3%，所以该离子应含有 5 个碳原子，但是这明显是不可能的，从而说明生成 m/z 为 42 峰的前体物是一个具有此表观 m/z 的碎片离子。对 m/z 为 29 的峰族而言，m/z 为 30 的峰相对于 m/z 为 29 的峰的强度为 2.1%，表明此离子中含有 2.1/1.1≈2 个碳原子。两个碳原子的分子量为 24，剩下的分子量（5）则为 5 个氢原子，因此 m/z 为 29 的峰表示乙基离子，即+CH₂CH₃。

（4）如上所述，m/z 为 71 和 57 的峰分别表示分子离子失去·H 和·CH₃ 后形成的离子。如果假定 m/z 为 41 的峰也是由分子离子失去质量数为 31U 的碎片后形成的，则说明分子中含有甲氧基，但是已经知道该分子中并不含有氧元素，所以 m/z 为 41 的峰一定是碎片的联合丢失形成的。

（5）m/z 为 57 的峰表示丁基离子，它是由分子离子失去·CH₃ 后形成的，所以该化合物的分子式为 C_5H_{12}，则不饱和度为 $5-\frac{1}{2}\times12+\frac{1}{2}\times0+1=0$，这说明其是饱和脂肪烃。$C_5H_{12}$ 有 3 种同分异构体，分别为正戊烷、异戊烷和新戊烷。但是正戊烷和异戊烷都容易失去·CH₂CH₃，生成明显的 m/z 为 43 的峰。而在本谱图中，m/z 为 43 的峰非常小，并且分子离子失去·CH₃ 后形成的 m/z 为 57 的峰最强，这说明该物质是新戊烷。

6.4.5 CI 源质谱解析

CI 源得到的质谱既与样品化合物类型有关，又与所使用的反应气体有关。解析 CI 谱图主要是为了得到分子量信息。对于正离子 CI 质谱而言，以甲烷作反应气，既可以有(M+H)⁺，又可以有(M–H)⁻，还可以有(M+C₂H₅)⁺和(M+C₃H₅)⁺等；若以异丁烷作反应气，则可以生成(M+H)⁺，又可以生成(M+C₄H₉)⁺；若以氨作反应气，则可以生成(M+H)⁺，也可以生成(M+NH₄)⁺。

如果化合物中含电负性强的元素，通过电子捕获可以生成负离子，或捕获电子之后又分解形成负离子，常见的有 M⁻、(M–H)⁻及其分解离子。CI 源也会形成一些碎片离子，碎片离子又会进一步进行离子–分子反应。但 CI 谱图和 EI 谱图有较大差别，不能进行标准谱库检索。解析 CI 谱图时，要综合分析 CI 谱、EI 谱和所用的反应气，推断出准分子离子峰。

6.4.6 FAB 源质谱解析

FAB 源质谱主要是准分子离子，碎片离子较少，常见的离子有(M+H)⁺和

$(M–H)^-$。此外，还会生成加合离子，最主要的加合离子有$(M+Na)^+$、$(M+K)^+$等。如果样品滴在 Ag 靶上，还能看到$(M+Ag)^+$；如果将甘油作为基质，生成的离子中还会有样品分子和甘油生成的加合离子。

FAB 源既可以得到正离子，又可以得到负离子。在基质中加入不同的添加剂，会影响离子的强度。加入乙酸、三氟乙酸等会使正离子增强，加入 NH_4OH 会使负离子增强。

6.4.7　ESI 源质谱解析

ESI 源质谱既可以分析小分子，又可以分析大分子。对于分子量在 1000Da 以下的小分子，通常是生成单电荷离子，少量化合物有双电荷离子。碱性化合物，如胺等，易生成质子化的分子$(M+H)^+$，而酸性化合物，如磺酸等，能生成去质子化离子$(M–H)^-$。由于电喷雾是一种很"软"的电离技术，通常碎片很少或没有碎片，谱图中只有准分子离子。同时，某些化合物易受到溶液中存在的离子的影响，形成加合离子，常见的有$(M+NH_4)^+$、$(M+Na)^+$及$(M+K)^+$等。

对于极性大分子，利用 ESI 源常常会生成多电荷离子，这些离子在质谱中的"表观"质量数为

$$m/z = \frac{M + nH}{n} \tag{6-8}$$

式中，M 为化合物分子质量数；n 为电荷数；H 为氢离子质量数。在一个多电荷离子系列中，任何两个相邻的离子只相差一个电荷，因此有 $n_1 = n_2 + 1$。

如果用 M_1 表示电荷数为 n_1 的离子的质量数，M_2 表示电荷数为 n_2 的离子的质量数。则有

$$M_2 = \frac{M + n_2 H}{n_2} \tag{6-9}$$

$$M_1 = \frac{M + n_1 H}{n_1} \tag{6-10}$$

解联立方程可得

$$n_2 = (M_1 - H)/(M_2 - M_1) \tag{6-11}$$

取 n_2 为最接近的整数值。而只要知道 n 值，就可以计算出原始的质量数

$$M = n_2 \cdot (M_2 - H) \tag{6-12}$$

现在，上述的计算过程都有程序可用，因此只要得到多电荷系列质谱图，就可以通过谱图分析软件自动计算出化合物的理论分子量。

思考与习题

1. 什么是质谱分析？列举几类质谱分析应用的领域。

2. 质谱仪的种类有哪些？列举几种环境学科涉及使用的质谱仪。

3. 质谱仪的主要构成有什么？各部分功能是什么？

4. 简述 EI 源的工作原理及优势特点。

5. 简述 ESI 源的工作原理及特点。

6. 简要说明四极杆质量分析器与飞行时间质量分析器的区别和应用范围。

7. 简述电子倍增器的工作原理。

8. 质谱仪的真空系统通常由哪两种泵来实现？

9. GC-MS 适合分析环境领域中哪些类型的样品？与常规 GC 比较优势有哪些？

10. 大力促进 LC-MS 的关键技术是什么？与 HPLC 相比，LC-MS 的优势有哪些？

11. 简述三级四极杆串联质谱的工作原理。

12. 简述 EI 源质谱图的解析流程。

第 7 章　电化学分析

7.1　电化学分析概述

电化学分析（electrochemical analysis）法也称电分析化学法，它是根据溶液中物质的电化学性质及其变化规律，建立在以电位、电导、电流和电量等电学参数与被测物质某些量之间的计量关系的基础上，对组分进行定性和定量的分析方法。

电化学分析是利用物质的电学和电化学性质进行表征和测量的科学，在研究表面现象和相界面过程方面发挥着越来越重要的作用。本章将介绍电化学分析法的主要原理，浅析电化学的相关概念和重要公式，着重阐释目前较为成熟的几种电化学分析手段，包括电位分析法、电解分析法、库仑分析法、伏安分析法，了解当前较为先进的几种谱学电化学技术，如电化学光谱技术、电化学质谱技术、电化学扫描隧道显微技术等，并介绍电化学分析法在环境分析中的应用。

7.1.1　电化学分析的历史与发展

电化学分析技术随着电化学的学科发展逐渐迈入历史舞台。早在 1801 年，铜和银的电解定性分析就已问世，经过半个多世纪才将电解分析用于铜含量的测定。1893 年、1910 年和 1913 年相继出现了电位分析、电导分析和库仑分析法。1922 年，海洛夫斯基（J. Heyrovsky）创立了极谱法，标志着电化学分析法的发展进入了新的阶段，此后相继出现了交流示波极谱、交流极谱、方波极谱等。20 世纪 60 年代，离子选择性电极及酶电极相继问世。90 年代，多种多样的修饰电极和传感器，以及超微电极和纳米电极，如雨后春笋般蓬勃发展；电化学免疫法、石英微晶天平、电化学阻抗谱法等也得到了飞速发展。

近年来，电化学的研究对象已经不仅局限于金属、碳材料、半导体和电解质溶液等传统导体，导电高分子、氧化物、膜、超导体、固体电解质等复杂体系逐渐成为科学界关注的焦点。由于电化学涉及的对象多种多样且无处不在，要全面深入认识它们组成的各种界面现象、结构、电荷转移及物质传输反应和过程是极具挑战性的。随着纳米技术、催化技术等学科发展和谱学、材料、力学等学科交叉，谱学电化学已成为在分子及原子水平上原位表征和研究电化学体系的最重要技术。光谱电化学技术已经广泛应用于各类电化学界面研究；质谱电化学技术在探究电化学反应机理等方面起到了关键性作用；扫描隧道显微技术也能够实现材料表面原子级分辨率的表面反应探测。

电化学分析法具有悠久的历史，它的发展与尖端科学技术和其他学科的交叉渗透紧密相关。随着电化学学科发展和不同学科之间的相互交叉与融合，现代电化学分析法已经成为材料、能源、生命、环境分析的重要手段。本章将对电化学分析法的定义、方法及其分类进行简要介绍，对其中的理论依据和相关参数进行阐释和分析。

7.1.2　电化学分析的特点与分类

电化学分析法的基础是在电化学池中发生的电化学反应。电化学池由电解质溶液和浸入其中的两个电极组成，两电极与外电路接通并分别发生氧化还原反应，电子通过连接两电极的外电路从一个电极流到另一个电极。电化学分析法是根据溶液的电化学性质（如电极电位、电流、电导、电量等）与被测物质的化学或物理性质（如电解质溶液的化学组成、浓度、氧化态与还原态的比率等）之间的关系，将被测定物质的浓度转化为一种电学参量加以测量的方法。

电化学分析法具有以下特点。

（1）灵敏度较高：通常为 $10^{-8} \sim 10^{-6}$ mol/L，有时可达 $10^{-10} \sim 10^{-9}$ mol/L。例如，用络合吸附催化波测定 Ti（IV），灵敏度可达到 10^{-9} mol/L。

（2）准确度高：库仑分析法和电解分析法的准确度很高，测定误差可达 0.001%，可用于测定或校正原子量。

（3）选择性较好：除电导分析外的大多数电化学分析法均具有良好的选择性。

（4）应用范围广：既可测定电活性物种，又可测定非电活性物质。例如，用张力电流法、电化学阻抗谱和石英微晶天平即可实现对非电活性物质的测定。

（5）仪器设备较简单，价格低廉，小巧，容易实现自动化。

根据不同的分析原理和手段，电化学分析法有不同的分类，下面是几种常见的分类。

（1）以化学电池中的电极电位、电量、电流和电导等物理量的突变为指示终点的滴定方法，如电位滴定法、恒电流库仑法、电流滴定法和电导滴定法等。

（2）在特定条件下，根据化学电池中的电位、电量、电流、电导等物理量与溶液浓度的关系进行分析的方法，如电位测定法、恒电位库仑法、极谱法和电导法等。

（3）将试液中某一被测组分通过电极反应，使其在工作电极上析出并称量此电沉积物的质量，从而获得被测组分含量的方法，如电解分析法。

以上所有方法的理论依据均来源于电化学学科发展过程中发现的电化学现象和定律。下面将围绕电化学分析法的基础——电化学池中的化学反应来介绍电化学的基本原理。

7.1.3 电化学基本原理

电化学反应是发生在电极和电解质溶液界面间的氧化还原反应。电化学池分为原电池和电解池两类。原电池是将化学能转化为电能，在外电路接通的情况下，反应能自发进行，并供给外电路电能。以最简单的原电池——丹尼尔电池为例，原电池用式（7-1）表示：

$$(-)\ Zn\ |\ ZnSO_4\ (C_1)\ ||CuSO_4\ (C_2)\ |\ Cu\ (+) \qquad (7\text{-}1)$$

式中，单竖为相界面；双竖为盐桥；C_1 和 C_2 分别为硫酸锌和硫酸铜溶液的浓度。电池中在锌极界面上发生氧化反应，在铜极界面上发生还原反应，电子从锌极表面经过外电路传递到铜极上，铜极上带正电，锌极上带负电，铜极的电位比锌极高，因此铜极为正极，锌极为负极。电池总反应为

$$Zn + Cu^{2+} \longrightarrow Zn^{2+} + Cu \qquad (7\text{-}2)$$

电解池和原电池相反，反应不能自发进行，需要由外电路提供电能，在电能的推动下，电极和溶液相界面间发生电化学反应，如电解硫酸铜溶液，反应为

$$阴极：Cu^{2+} + 2e^- \longrightarrow Cu$$
$$阳极：2H_2O \longrightarrow O_2\uparrow + 4H^+ + 4e^- \qquad (7\text{-}3)$$

在电解池中，外加电源的正极和电解池的正极相接，外加电源的负极和电解池的负极相接，电解池的正极就是阳极，负极就是阴极；而原电池的正极是还原极因而是阴极，负极是氧化极因而是阳极。

电化学分析法本质上是在电化学池中利用电极过程中的电学参数包括电位、电流和电量等对目标物进行分析与监测。由于电极过程是一种包含许多分步骤的复杂过程，因此研究电极过程，必须认清各分步骤的特征，进而根据电极过程体现出来的特征寻求解决电极过程重要问题的方法。下面将对电化学过程的几个重要问题进行介绍。

电极上的电荷迁移是通过电子（或空穴）运动来实现的。典型的电极材料包括固体金属（铂、镍、铁）、液体金属（汞、汞齐）、合金或金属间化合物、碳材料和半导体等。在电解液相中，电荷迁移是通过离子运动来进行的。最常用的电解质溶液是含有 H^+、K^+、OH^-、Cl^- 等离子的水溶剂或非水溶剂。此外，熔融盐、离子型导电聚合物、固体电解质等也都可以用作电解质。电化学池中发生的总化

学反应由两个半反应构成,它们分别描述两个电极上发生的氧化反应和还原反应,也就是相界面上的电荷转移过程。当电极达到更负的电势时,电子的能量升高。当此能量升高到一定程度时,电子就从电极迁移到电解液中,这种情况下,电极失去电子发生氧化,而溶液中的物质得到电子而发生还原。同理,通过外加正电位使电子的能量降低,当达到一定程度时,电解液中物质的电子就会转移到电极。电子的定向移动形成电流。电流大小反映电子转移的快慢。为了使电极表面发生的物质氧化态[O]转化为还原态[R]的过程持续进行,在发生电子转移的同时,还经常伴随其他过程。总的来说,这些过程一般包括如下分步骤:①电化学反应过程;②反应物和产物的传质过程;③电子转移步骤的前置或后续化学反应,包括均相或异相过程;④发生在电极表面的吸脱附过程、晶体生长过程等(图7-1)。

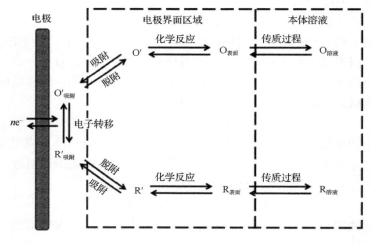

图 7-1 电极反应步骤

在电化学体系中,最简单的反应仅包括反应物向电极的传质、非吸附物质参与的异相电子转移和产物向溶液本体的传质。更加复杂的反应常常涉及一系列的电子转移、质子化、副反应、并行过程等。电极反应中,电荷在两种不同导体相之间转移,形成电极上的法拉第过程和非法拉第过程。

法拉第过程是由电荷在金属/溶液界面上的转移引起的氧化还原反应,由于这些反应遵循法拉第定律,故称为法拉第过程[式(7-4)]。式中,m 为析出或溶解物质的质量;M 为物质的摩尔质量;Q 为通过的电量;n 为阴极析出或阳极溶解 1 mol 物质所需电量;F 为法拉第常数。法拉第定律表述如下:在电流作用下,电解质的量与电量成正比,相同电量电解不同物质的质量与其化学当量成正比,而与该物质的本性无关。法拉第定律不受温度、压力、电解质的浓度、性质、电极材料的性质、形状、电流密度大小、搅拌条件诸多因素的影响，揭示通入电量与析出物质之间的定量关系。

$$m = \frac{MQ}{nF} \tag{7-4}$$

非法拉第过程指在某些条件下，对于给定的电极/溶液界面，在一定的电势范围内，由于热力学或动力学方面的不利因素，没有发生电荷转移反应，而是发生了其他过程，如吸脱附过程等，这些过程称为非法拉第过程。当发生电极反应时，法拉第过程和非法拉第过程均发生。

在电极反应中，电极电势对反应过程有很大的影响。电极电势是金属电极与溶液之间的电势差，它直接反映电极过程热力学和动力学的特征。除电极电势外，当两种不同的电解质溶液，或相同的电解液但组分浓度不同的两种溶液接触时，离子从高浓度向低浓度扩散，阴阳离子由于淌度不同，也能够产生电势差，称为液接电位。测量电极电势时必须注意尽量减小液接电位的影响。

无论外部所加电势如何，都没有发生跨越金属/溶液界面的电荷转移的电极，称为理想极化电极。这种电极仅在理论中存在，实验中只有一些电极/溶液体系能够在一定的电势范围内接近理想极化。该电极在电势变化时，电荷不能穿过理想极化电极界面，此时电极/溶液界面行为与一个电容器的行为类似，荷电物质和偶极子发生定向排列，称为电解质双电层，简称双电层。双电层的微观结构即双电层模型的建立经过了长时间的历史发展过程，在 1924 年 Stern 结合 Helmholtz 模型和 Gouy-Chapman 模型提出了一直沿用至今的 GCS 模型。在这个模型中，双电层主要分成三部分（图 7-2）。

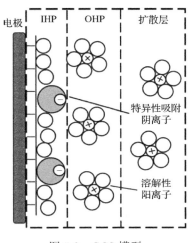

图 7-2　GCS 模型

（1）内亥姆霍兹层（IHP）：这一层包含溶剂分子和吸附离子。在该模型中，尽管吸附离子为阴离子，与带负电的电极相斥，但由于吸附力大于静电力，所以仍然能够稳定存在。

（2）外亥姆霍兹层（OHP）：这一层是溶剂化离子和反应底物能靠近电极最近的地方。电极氧化还原反应通常发生在 OHP 层，且在计算电极反应速率的时候需要进行校正。

（3）扩散层：由于静电相斥和热力学扩散，离子会形成一层浓度依次降低的扩散层。扩散层厚度与电势及电解质浓度有关，一般在几埃到几百埃之间。电势越高，电解质浓度越高，扩散层越薄。

双电层的电势一般称为绝对电极电势，它直接反映电极过程热力学和动力学的特征。但是绝对电极电势无法测量。因此，通常采用测量两个电极间相对电势的方法来分析电极的热力学和动力学过程。具体方法如下：将任一电极 M 与标准氢电极（NHE）组成无液接电位的电池，则 M 电极的标准电极电势即其与 NHE 的相对电势。由于氢电极需要高纯的氢气，且在使用上不方便，所以经常采用另外一些比较方便的参比电极作为比较标准，如甘汞电极、银–氯化银电极、汞–氧化汞电极等。

当电化学反应宏观上停止时，外电路中没有电流通过，这时电极具有的电势称为平衡电势。要使反应发生产生净电流，必须施加一个外加能量，这个能量称为过电势。而电极电势偏离平衡电势的现象叫极化。引起这一现象的原因主要分为两类：电化学极化和浓差极化。

电化学极化的产生原因在于，反应本身某一步骤不够快，电极带电程度与可逆情况时不同，从而导致电极电势偏离平衡电势，因此需要一个额外的推动力才能产生可观的电流，这种推动力称为极化过电势，具体可以分成电子转移过电势、吸脱附过电势、前置随后反应过电势等。

一般电化学极化的规律比较复杂，其过电势与电流的关系可以通过 Butler-Volmer 方程进行分析：

$$J = J_c - J_a = J_0 \left[\exp\left(-\frac{\alpha F \Delta \varphi}{RT} \right) - \exp\left(\frac{\beta F \Delta \varphi}{RT} \right) \right] \tag{7-5}$$

式中，J_0 为电极反应的交换电流密度，指电极反应平衡时，与阴阳极反应速率相当的电流密度，显然交换电流密度越大，在一定的过电位条件下电极反应净电流越大；α 和 β 为传递系数，反映电极电位的改变对阴极反应和阳极反应的影响程度，该数值越大，过电势对相应电极反应的影响越显著。传递系数随电位改变不大，一般可以认为是常数。

　　由于液相传质步骤相对于电极反应步骤来说较慢，当电极反应发生时，被转化的反应物得不到迅速补充，因此会在电极界面处和本体溶液之间出现浓度差。这种浓度差引起的电极电势改变的现象称为浓差极化。传质过程一般分为对流、扩散和电迁移三种方式。一般来说，三种传质方式总是同时发生，但其中只有一种或两种起主要作用。例如，在远离电极表面的本体溶液中，静止溶液的液流速度也比反应物的扩散和电迁移速度大得多，因此这两种传质方式可以忽略不计。但是在电极界面处的溶液薄层中，液流速度相对而言很小，起主要作用的则是扩散及电迁移。除了参与电极反应的物质，如果溶液中还存在大量不参与反应的支持电解质，反应物的电迁移作用将大大减小，即可认为在电极界面处的溶液薄层中仅存在扩散传质。这种扩散传质一般采用菲克第二定律来表示：

$$\frac{\partial c_i(q,t)}{\partial t} = D_i \nabla^2 c_i(q,t) \tag{7-6}$$

式中，$c_i(q,t)$ 为某时某处的反应粒子 i 的浓度；∇^2 为 Laplace 算符；D_i 为 i 粒子的扩散系数。溶液中的对流一般会采用静置，缩短电解时间，或者使用强制对流技术，如利用旋转圆盘电极（RDE）使溶液保持在层流的条件下来减少自然对流的影响。实际的极化过程，一般都是两种极化的耦合，所以要研究一类极化的性质，常常需要适当对电化学体系进行处理以减少另一种极化的影响。

　　为了测定单个电极的极化曲线，必须同时测定通过电极的电流和电势，为此常用三电极体系。三电极体系由工作电极、对电极和参比电极组成，电流从工作电极流到对电极，独立的参比电极只提供参比电势而无电流通过。下面将对这三种电极做简要介绍。

　　（1）工作电极：该电极上发生的电极过程为研究对象，因此要求电极具有可重现的表面性质，常用的工作电极有固体金属电极、液体金属电极和碳基电极等。

　　（2）对电极：该电极只用来通过电流以实现对工作电极的研究，对电极的面积一般大于工作电极，这样能够降低对电极上的电流密度，从而使其在测试过程中不被极化。

　　（3）参比电极：该电极是测量电极电势的比较标准，它在测量过程中具有持续且稳定的电极电势。利用参比电极和工作电极组成的测量电池测出的电动势即可计算工作电极的电极电势。参比电极的性能要求比较严格，首先该电极为可逆电极，其电势为平衡电势符合能斯特（Nernst）电极电势公式。原则上参比电极应是不极化电极，即有电流流过时，电极电势变化很小，且电极电势具有良好的稳定性和重现性，随温度的变化小，使用维护方便。

7.2　电位分析法

7.2.1　概　　述

　　电极电位与溶液中离子活度具有定量关系，因此可以通过测量电极电位实现对溶液中特定离子的定量分析。根据原理的不同，电位分析法可分为直接电位法和电位滴定法两类。直接电位法是由测量所得电极电位直接求出活度（或浓度）；而电位滴定法是通过加入滴定剂，在滴定的过程中指示电极的变化确定滴定终点，再按滴定所消耗标准溶液的体积和浓度来计算待测物质含量。

　　由于单个电极的电位无法直接测量，必须由一个电位值已知且测量过程中电位恒定的参比电极和另一个能指示待测离子活度变化的指示电极组成电化学电池，如图7-3所示。测量电池的电动势，然后由指示电极的电位计算出待测离子的活度（或浓度）。

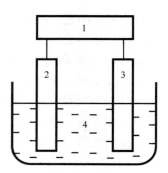

图 7-3　电化学电池示意图
1. 电位计；2. 指示电极；3. 参比电极；4. 待测溶液

电极电位与待测离子浓度的定量关系可以用 Nernst 方程式表示：

$$E = E^{\ominus} + \frac{RT}{nF} \ln \frac{a_{Ox}}{a_{Red}} \tag{7-7}$$

如果溶液比较稀，也可以用浓度近似代替活度，在 25℃时，式（7-7）可写为

$$E = E^{\ominus} + \frac{0.059}{n} \lg \frac{[Ox]}{[Red]} \tag{7-8}$$

因此，通过测量电极电位来确定某种离子的活度（或浓度）的分析方法就是电位分析法。

　　电位分析法选择性高，多数情况下共存离子干扰很小，对复杂组分可以不经

分离直接测定。目前，电位分析法可以实现对多种离子的测定，如碱金属和碱土金属离子、无机阴离子和有机离子等，且具有仪器操作简单，快速，便于自动化等优势。在研究溶液平衡方面，电位分析法也是不可或缺的手段。

7.2.2　参比电极和指示电极

选择合适的参比电极和指示电极在电位分析中是十分重要的，下面将对这两类电极的基本结构、性能及应用进行介绍。

1. 参比电极

参比电极是用于测量指示电极电位的电极，其要求是电位已知、恒定，重现性好，温度系数小等。最常用的参比电极有甘汞电极、银–氯化银电极。

1）甘汞电极

甘汞电极由金属汞和其难溶盐氯化亚汞（甘汞）以及含氯离子的电解质溶液组成，其半电池可以表示为

$$\text{Hg}_{(液)} \mid \text{Hg}_2\text{Cl}_2 {}_{(固)} \mid \text{Cl}^-{}_{(溶液)} \tag{7-9}$$

电极反应为

$$2\text{Hg} + 2\text{Cl}^- \Longrightarrow \text{Hg}_2\text{Cl}_2 + 2\text{e}^- \tag{7-10}$$

2）银–氯化银电极

银–氯化银电极由金属银丝涂上一层紧密的氯化银并浸入在含氯离子的电解质溶液中制成，其半电池可表示为

$$\text{Ag}_{(固)} \mid \text{AgCl}_{(固)} \mid \text{Cl}^-{}_{(溶液)} \tag{7-11}$$

电极反应为

$$\text{AgCl} + \text{e}^- \Longrightarrow \text{Ag} + \text{Cl}^- \tag{7-12}$$

2. 指示电极

溶液中参与半反应的离子的活度或不同氧化态的离子的活度能产生 Nernst 效应的电极，称为指示电极。

1）第一类电极

第一类电极由金属浸在含有该种金属离子的溶液中组成，实际上是金属与其离子相平衡的电极，电极反应为

$$\text{M}^{n+} + n\text{e}^- \Longrightarrow \text{M} \tag{7-13}$$

电极电位的能斯特方程为

$$E\left(M^{n+}/M\right) = E^{\theta}\left(M^{n+}/M\right) + \frac{RT}{nF}\ln a\left(M^{n+}\right) \tag{7-14}$$

2）第二类电极

第二类电极由金属和其难溶盐组成，它能间接指示与金属离子生成难溶盐的阴离子的活度（或浓度）。例如，银与氯化银和汞与氯化亚汞组成的电极，均为指示氯离子活度（或浓度）的电极。这类电极所选金属必须能起到简单金属离子电极的作用；所选难溶盐必须无水且有确定结构，且不能与水或其他溶解组分发生副反应。

3）第三类电极

第三类电极由金属与含有一种共同阴离子（或络阴离子）的两种难溶盐（或稳定金属络合物）组成。这类电极是用已知的可逆电极测量不能用第一类电极的离子。

4）膜电极（离子选择性电极）

由对某一种离子具有不同程度的选择性响应的膜构成的电极称为膜电极（也称为离子选择性电极）。膜的一面与被测离子溶液接触，另一面与电极内装的一定活度的被测离子溶液和内参比电极接触。由于膜内外离子活度不同将产生电势差，因此可把膜电极看作一个浓差电池。

7.2.3　离子选择性电极

指示电极中最为常用的就是离子选择性电极，它是一类电化学传感器，对相应的离子具有能斯特响应，它的电位与溶液中给定的离子活度的对数呈线性关系。其具有一个敏感膜（活性膜），所以也称作膜电极。

1. 离子选择性电极的一般结构

离子选择性电极主要包括三部分。

（1）敏感膜，也称活性膜，是电极最为关键的部分。膜材料是对特定离子具有选择性响应的活性材料，如具有特定成分的硅酸盐玻璃、单晶或难溶盐压片、液态离子交换剂等。

（2）内参液，也称内充液，含有对膜及内参比电极响应的离子。

（3）内参比电极，通常用银–氯化银电极，也有些离子选择性电极是在晶体膜上压一层银粉并焊接上导线或是使用涂层电极来代替内参比电极和内参液。

2. 膜电位

膜电位产生的机理比较复杂，目前仍未得到统一的理论。一般在推导膜电位时，将它看作膜内外两个界面电位和膜内电位的代数和，前者称为唐南（Donnan）电位，后者称为扩散电位。

1）唐南电位

唐南电位指的是膜与溶液界面的电位。由选择性透过膜隔开两种溶液 A 和 B，其中 A 溶液含有 Na^+、Cl^-，B 溶液含有 Na^+、S^{Z-}（S 代表某种离子），该膜不允许 S^{Z-} 通过。在达到平衡时，两边 Na^+、Cl^- 的活度各不相等，因为在 A、B 相界面有一个电位差使它们达到平衡，这个电位差便成为唐南电位（$\Delta\varphi_D$）。

可以从电化学势的概念推导出唐南电位。当离子 i 在两相界面达到平衡时，它在两相界面的电化学势相等，

$$\bar{\mu}_i^* = \mu_i^* \tag{7-15}$$

式中，$\bar{\mu}_i^*$ 和 μ_i^* 分别为 A 相和 B 相的电化学势。

物质 i 的电化学势 μ_i^* 是其化学势 μ_i 和静电势 ZF^θ 之和，即

$$\mu_i^* = \mu_i + ZF^\theta \tag{7-16}$$

而化学势 μ_i 与标准化学势 μ_i^θ 的关系

$$\mu_i = \mu_i^\theta + RT\ln a_i \tag{7-17}$$

将公式代入整理得

$$\bar{\mu}_i^\theta + RT\ln\bar{a}_i + ZF^\theta = \mu_i^\theta + RT\ln a_i + ZF^\theta \tag{7-18}$$

假设两相的标准化学势相等，并考虑 1∶1 型电解质，对阳离子取（+）号，对阴离子取（−）号，则

$$F(\varphi - \bar{\varphi}) = RT\ln\frac{\bar{a}_+}{a_+} \tag{7-19}$$

$$-F(\varphi - \bar{\varphi}) = RT\ln\frac{\bar{a}_-}{a_-} \tag{7-20}$$

唐南电位为

$$\Delta\varphi_D = \varphi - \bar{\varphi} = \frac{RT}{F}\ln\frac{\bar{a}_+}{a_+} = \frac{RT}{F}\ln\frac{a_-}{\bar{a}_-} \tag{7-21}$$

2）扩散电位

扩散电位也称液接电位，指在两种组分不同或活度不同的电解质溶液互相接

触的界面间产生的电位。当上述两种溶液相接触时，由于活度梯度的存在，会发生扩散过程。电解质中的阳离子和阴离子迁移速率不同，会造成正负电荷的分离，进而形成电位差。该电位差会影响扩散过程。迁移较快的离子将受到较大的电场阻力，而迁移较慢的离子则会受到较大动力而加速，直至达到最后的平衡状态。这种电位差即扩散电位。

在测量电池电动势时常用有液接的电池，因而液接电位成为测量误差的重要因素，必须注意测量过程中液接电位的变化。

3. 离子选择性电极的分类、响应机理和特性

1）离子选择性电极的分类

根据膜的类型和特征，1975 年 IUPAC 将离子选择性电极分类如下：

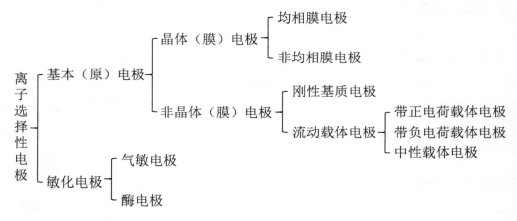

2）晶体（膜）电极

晶体电极的敏感膜由难溶盐的单晶切片或者多晶沉淀压片制成。晶体电极可分为均相膜电极和非均相膜电极两类，二者原理相同，但检测限、响应时间等性能有所差异。

晶体膜电极的导电体系可分为两种：一种由内参比电极和内参比溶液组成；另一种为固体块连接。

并非所有难溶盐都可以做成离子选择性电极，除了溶解度小还需常温下可导电。现在只知道少数晶体在室温下有离子导电的性能，如 LaF_3、Ag_2S、AgX（X 为卤素）和 Cu_2S 等。这些晶体的导电与液体电解质不同，在这些晶体中只有一种晶格离子参与导电过程，在 LaF_3 中是 F^-，在 Ag_2S、AgX 中是 Ag^+，它们是离子半径最小和荷电最少的晶格离子。晶格中有缺陷，所以存在空穴，靠近空穴的导电离子能够移动到空穴中，离子的移动能够传递电流。由于缺陷空穴的大小、形状和电荷分布只能容纳某一种离子，其他离子不能进入空穴，因此膜才具有选择性。

（1）均相膜电极。均相晶体膜电极又可分为单晶膜电极、多晶膜电极和混晶膜电极。单晶膜电极的敏感膜是将微溶盐的大块单晶切成厚约 2 mm 的薄片，再抛光制成。

A. 氟离子选择性电极

均相膜电极中最为典型、应用最为广泛的是氟离子选择性电极。该电极由 LaF₃ 单晶膜组成。为降低膜的内阻，常常在单晶中掺入少量的 EuF₂。管内装有 0.1 mol/L NaF 和 0.1 mol/L NaCl 溶液，并以 Ag/AgCl 电极为参比电极，其结构如图 7-4 所示。LaF₃ 单晶对氟离子选择性响应是由于晶体中氟离子为电荷的传递者。氟离子电极浸入被测液时，溶液中的氟离子与膜上的氟离子进行离子交换，通过迁移进入膜相参与空穴运动，而膜相的氟离子由于空穴缺陷迁移到溶液相。氟离子的迁移和聚集改变电极膜表面电荷分布，形成双电层，在一定条件下，产生电位差，即膜电位。

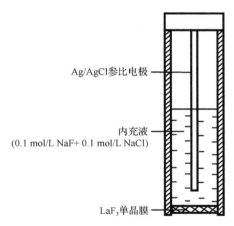

图 7-4　氟离子选择性电极

氟离子的电极电位可以表示为

$$E = E^{\theta} - \frac{RT}{F}\ln a_{F^-} \tag{7-22}$$

氟离子电极具有如下特点。

对 F⁻ 有很宽的线性范围。在 10^{-6}～1 mol/L F⁻ 活度间具有良好的线性关系。检测限可达 10^{-7} mol/L。

氟离子电极选择性高。CH_3COO^-、NO_3^-、X^-、SO_4^{2-}、PO_4^{3-} 等阴离子均不会产生干扰。但测定时需要控制 pH 在 5～6，这是因为在 pH 较高时，会发生如下反应：

$$LaF_3(s) + 3OH^- \longrightarrow La(OH)_3 + 3F^- \qquad (7\text{-}23)$$

电极表面会形成 $La(OH)_3$ 层，改变膜表面性质，并且反应产生的 F^- 也会导致测定结果偏高，造成干扰。而 pH 较低时，F^- 会结合质子形成不能被电极响应的 HF、HF_2^- 或 HF_3^{2-}，影响测定。对于会导致测定产生误差的阳离子，如 Fe^{3+}、Al^{3+} 等，一般通过加入掩蔽剂如 EDTA 或柠檬酸来消除干扰。

B. 硫化银膜电极

硫化银的溶解度极小，具有良好的抗氧化还原能力，并且导电性优异，易于加工成型，因此也是一种良好的电极材料。将粉末压制成结实的膜片，即可制成硫化银膜电极。由 Ag^+ 传递电荷，也有学者认为 S^{2-} 也参与电荷传递。其电极电位可表示为

$$E = E_{\text{ISE}}^{\theta} + \frac{RT}{F}\ln a_{Ag^+} \qquad (7\text{-}24)$$

硫化银的溶度积很小，电极工作范围应当很宽，然而实际测定范围仅为 $10^{-7} \sim 1$ mol/L，检测限不是受硫化银的溶度积限制，而是银离子容易被器壁吸附影响。

（2）非均相膜电极。非均相晶体膜电极的原理和晶体膜电极相似。由于一些难溶盐不能单独压制成机械性稳定的电极膜片，因此需要将其均匀分散在惰性材料中，它们可以改善晶体的导电性和机械性能，这样制成的电极为非均相膜电极。制备非均相膜电极的惰性材料必须有高化学稳定性，常用惰性材料有石蜡、硅橡胶、火棉胶、聚氯乙烯、聚苯乙烯等，其中以硅橡胶应用最为普遍。

在非均相膜电极当中，难溶盐和惰性材料的混合比例必须适当，一般为 1 : 1。难溶盐比例过大，会导致薄膜机械性差，太脆；而比例过低，则导电性差。该类电极在首次使用时，电极响应缓慢，必须预先浸泡以防止电位漂移。其响应机理和计算公式与晶体膜电极相同。

3）非晶体（膜）电极

（1）刚性基质电极。刚性基质电极也称玻璃电极，pH 玻璃电极是出现最早、使用最广泛，也是研究最多的电极。此外，随着玻璃电极的发展，也出现了一些对金属离子响应的玻璃电极，如 Na^+ 和 K^+ 离子电极。

pH 玻璃电极结构如图 7-5 所示。电极下端的敏感玻璃球是玻璃电极的核心部分，由特殊材料制成，敏感玻璃球内盛有内参比溶液（0.1 mol/L HCl），并在其中插入一支 Ag/AgCl 电极作为内参比电极。

玻璃电极对氢离子的选择性响应主要取决于膜的组成和结构。一个玻璃膜表面必须要经过水浸泡（水合），才会具有 pH 电极的功能。

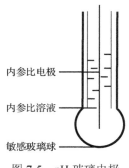

内参比电极

内参比溶液

敏感玻璃球

图 7-5　pH 玻璃电极

（2）流动载体电极。流动载体电极与上述晶体电极和玻璃电极的不同之处在于定域体可在膜内流动，因此也称液体电极。这类电极用半透膜或多孔膜把电极前端封住，管内充有非挥发性的与水不相混合的有机溶剂。在有机溶剂中溶有一种与离子发生交换或络合的有机试剂，是离子的定域体。这些有机试剂具有一定的选择性，所以能做选择性电极的活性材料。根据定域体的不同，分为带电荷载体电极和中性载体电极。

带电荷载体电极的膜是由分散在有机溶液相内的带电离子作为活动载体构成的。带正电荷的离子一般为有机阳离子，如季铵盐、过渡金属离子与邻菲罗啉形成的络合阳离子等。它们溶于适当的有机溶剂即可制成对阴离子（如 NO_3^-、Cl^-、Br^- 等）有选择性响应的电极膜。同理，带负电荷载体一般为有机阴离子，可用于制备阳离子选择性电极。

中性载体电极是由中性的有机大分子溶于有机溶剂作为定域体制成的。这些有机分子含有环氧结构，氧上的孤对电子可以和某些阳离子形成络合阳离子。有机大分子上的环氧腔内有与水相似的环境，因而能取代被选择的阳离子周围的水化层，使得阳离子进入环氧腔。由于环外部为非极性，因此载体本身仍易溶于有机溶剂中。根据有机分子环氧腔大小可以实现对不同阳离子的选择性。

4）气敏电极

气敏电极并非一支单独的电极，是将气体渗透膜和离子选择性电极结合起来联用的一种复合电极，其本质是一个化学电池。气敏电极由参比电极、离子选择性电极、中介液和气体渗透性膜四部分组成。按照结构特点可以分为隔膜式气敏电极和气隙式气敏电极两类。某些气体溶于水溶液时会生成能与离子选择性电极响应的离子，通过电极电位变化反映待测气体的浓度。以氨气敏电极为例，它的中介液为 0.1 mol/L NH_4Cl 溶液，气体渗透膜具有疏水性，可以分隔开两侧溶液保证其互不渗透，但外溶液的 NH_3 分子可以通过。当试液中溶解的 NH_3 经过气体渗透膜并进入中介液时，NH_3 与中介液薄层中的质子结合。发生如下反应：

$$NH_3 + H^+ \longrightarrow NH_4^+ \qquad\qquad (7-25)$$

其平衡常数为

$$K = \frac{a_{NH_3} a_{H^+}}{a_{NH_4^+}} = 10^{-9.25} \qquad\qquad (7-26)$$

中介液氢离子的活度为

$$a_{H^+} = K \frac{a_{NH_4^+}}{a_{NH_3}} \qquad\qquad (7-27)$$

由于 K 值很小，中介液的 NH_4^+ 离子活度变化也很小，可视作常数，而 Cl^- 离子活度也恒定，因此电极电位为

$$E = E^\theta + \frac{RT}{F} \ln a_{H^+} = k - \frac{RT}{F} \ln a_{NH_4^+} \qquad\qquad (7-28)$$

式中，常数 k 包括 Ag/AgCl 的电极电位、中介液薄层与主体溶液之间的液接电位、玻璃电极标准电极电位在内的 E^θ 以及 K、$a_{NH_4^+}$ 等常数项。式（7-28）即电极电位与试液中 NH_4^+ 活度之间的响应关系。

在环境监测中可以使用气敏电极监测大气或工业废水中的有害气体，除了上述的 NH_3，还可以分析 SO_2、HCN、HF、CO_2、NO_2、H_2S 等，具有快速简便灵敏等特点。可以说，气敏电极是环境监测中十分重要的分析手段。表 7-1 列出一些常见的气敏电极。

表 7-1　常见的气敏电极

气体	化学平衡方程式	指示电极	气体渗透膜类型	检测限/（mol/L）
NH_3	$NH_3 + H_2O \Longrightarrow NH_4^+ + OH^-$	pH 玻璃电极	聚四氟乙烯膜	$\sim 10^{-6}$
CO_2	$CO_2 + H_2O \Longrightarrow H^+ + HCO_3^-$	pH 玻璃电极	聚四氟乙烯膜	$\sim 10^{-5}$
SO_2	$SO_2 + H_2O \Longrightarrow 2H^+ + SO_3^{2-}$	pH 玻璃电极	硅橡胶膜	$\sim 10^{-6}$
NO_2	$3NO_2 + H_2O \Longrightarrow 2NO_3^- + NO + 2H^+$	pH 玻璃电极	微孔聚丙烯膜	$\sim 5 \times 10^{-7}$
HF	$HF \Longrightarrow H^+ + F^-$	氟离子电极	微孔聚四氟乙烯膜	$\sim 10^{-3}$

7.2.4　直接电位法

直接电位法是利用专门的指示电极（离子选择性电极），根据测得电位值用能斯特方程式直接计算分析的方法，包括校正曲线法、标准加入法、格兰作图法等。现将几种典型的直接电位法介绍如下。

1. 校正曲线法

校正曲线法是离子选择性电极最常用的一种分析方法。制备一系列已知活度（或浓度）的标准溶液，在相同测定条件下测定其电位值，以活度（或浓度）的对数为横坐标、以电位为纵坐标绘制 $E\text{-}\lg a$（$\lg c$）关系曲线，即校正曲线。再于相同测定条件下测定待测试液的电位值，便可通过校正曲线查得其活度（浓度）。

2. 加入法

针对组成比较复杂的样品，可以采用加入法。将小体积的标准溶液（或试液）加入到已知体积的试液（或标准溶液）中，根据加入前后的电位变化来计算试液中待测离子的浓度，该方法称为标准加入法（或试样加入法）。在有大量络合物存在的体系中，该法是使用离子选择性电极测定待测离子总浓度的有效方法。

1）标准加入法

对于试液，设待测离子浓度为 c_x，活度系数为 f_x，与离子选择性电极和参比电极组成工作电解池，所测电位符合能斯特方程：

$$E_x = E^{\theta} + S\lg c_x f_x \qquad (7\text{-}29)$$

式中，$S = \dfrac{2.303RT}{nF}$，称为能斯特系数。设 f_x 为 1，加入小体积 V_s、已知浓度 c_s 的标准溶液后，电位为

$$E_s = E^{\theta} + S\lg\left(\frac{V_x c_x + V_s c_s}{V_x + V_s}\right) \qquad (7\text{-}30)$$

由式（7-29）和式（7-30）可得

$$c_x = c_s \frac{V_s}{V_x + V_s}\left(10^{\Delta E/S} - \frac{V_x}{V_x + V_s}\right)^{-1} \qquad (7\text{-}31)$$

式中，$\Delta E = E_s - E_x$。

2）试样加入法

先测定一定体积 V_s、浓度 c_s 的标准溶液的电位，再将小体积 V_x 试液加入其中，测其电位。根据电位值变化计算试液中被测离子的浓度 c_x。

与上述推导类似，得

$$c_x = c_s \frac{V_s}{V_x + V_s}\left(10^{\Delta E'/S} - \frac{V_x}{V_x + V_s}\right)^{-1} \qquad (7\text{-}32)$$

式中，$\Delta E' = E_x - E_s$。

该方法的特点是所需试液的体积很小，适用于样品不足的情况。

3. 格兰作图法

上面讨论的加入法为一次加入法，为了使分析结果更加准确，可以使用格兰作图法，也称多次标准加入法。该方法的原理和测定步骤与前面所述加入法相似，是多次连续加入法的一种图解求算方法。设 $\sum V_i$ 为第 i 次加入标准溶液后，在试液中加入的标准溶液总体积。此时离子电极的电位为

$$E_i = E^{\theta} + S\lg\left[\frac{c_x V_x + c_s \sum V_i}{V_x + \sum V_i}\right] \tag{7-33}$$

式（7-33）为标准加入法电极电位的一般表示式。

将式（7-33）重排整理可得

$$(V_x + \sum V_i)10^{E_i/S} = 10^{E^{\theta}/S}(c_x V_x + c_s \sum V_i) \tag{7-34}$$

式（7-34）即 Gran 作图法的基本公式。不难发现，$(V_x + \sum V_i)10^{E_i/S}$ 与 $\sum V_i$ 呈线性关系，作出它们的关系图，直线延长线与横坐标相交于 V_e，$(V_x + \sum V_i)10^{E_i/S} = 0$，因此

$$c_x V_x + c_s V_e = 0 \tag{7-35}$$

$$c_x = -c_s \frac{V_e}{V_x} \tag{7-36}$$

7.2.5 电位滴定法

电位滴定法是将对应的指示电极和参比电极插入待测溶液中，每加入一定体积的滴定剂，测量一次电极电位值，将所测电位 E 和滴定体积 V 作图，由曲线的突跃部分来确认滴定终点。因此该方法是属于容量分析的范畴。对于没有合适指示剂的滴定体系如浑浊、有色溶液等，都可以选择电位滴定法。例如，络合滴定测胆汁中的钙（深褐色的胆汁导致难以分辨指示剂变色）、酸碱滴定测定硼酸（K_a太小）等，用电位滴定都可以比较准确地找到终点。

与直接电位法相比，电位滴定法的主要优点是在确定终点时，只需要测量电位的相对变化量而不是绝对值，所以可以忽略一些对直接电位法测量结果会有影响的因素，扩大电极的应用范围。

1. 电位滴定的类型

根据指示电极对待测物质的响应情况，可以把电位滴定分成如下三类。

1）直接滴定法

如果待测离子或者滴定剂有较为灵敏的离子选择性电极与之响应，便可直接用该电极作为滴定的指示电极。例如，使用 EDTA 滴定试液中的 Ca^{2+}、Cu^{2+} 时，就可直接用相应的离子选择性电极作为电位滴定的指示电极。而用滴定法测量 SO_4^{2-} 时，由于没有特定的离子选择性电极，就只能用具有对应离子选择性电极的离子作为滴定剂，如 Pb^{2+}。

2）返滴定法

若待测物质及滴定剂均无合适的指示电极，便可以使用返滴定法。该法与常规的返滴定法类似，加入过量的滴定剂，待其与试液中的待测物质完全反应后，再用有合适指示电极的另一种滴定剂滴定剩余滴定剂。

3）置换滴定法

在选择性电极无法直接指示某些离子的 pM（金属离子浓度的负对数）时，可在试液中加入另一种稳定常数小于待测离子的络离子，并用加入的这种离子对应的选择性电极作为指示电极进行电位滴定。

2. 滴定终点的确定

如前所述，滴定终点的确定方法一般是绘制滴定过程中指示电极的电位 E 对加入相应的滴定剂体积 V 的曲线，如图 7-6 所示，曲线的最大斜率处即滴定终点。如果终点比较难确定，可以 $\Delta E/\Delta V$ 为纵坐标，加入的滴定体积 V 为横坐标，绘制一级微商曲线 $\Delta E/\Delta V$-V。该曲线的最高点对应体积即滴定终点体积。也可作二级微商曲线 $\Delta^2 E/\Delta^2 V$-V，$\Delta^2 E/\Delta^2 V=0$ 时所对应体积为滴定终点体积。

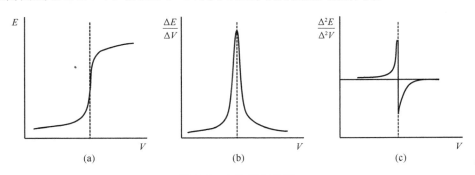

图 7-6　电位滴定曲线

（a）$E \sim V$；（b）$\dfrac{\Delta E}{\Delta V} \sim V$；（c）$\dfrac{\Delta^2 E}{\Delta^2 V} \sim V$

3. 电位滴定法的应用

1）酸碱滴定法

酸碱滴定法是用强酸（或强碱）滴定弱碱（或弱酸）溶液，通常用 pH 玻璃电极为指示电极，饱和甘汞电极为参比电极。对于离解常数不同的一元弱酸，离解常数越大，滴定终点的突跃变化越明显。弱酸的浓度变大时，终点的突跃也会变大。

2）氧化还原滴定法

氧化还原滴定法常常使用惰性金属电极作为指示电极，较为常用的有 Pt 电极、Au 电极等。特别地，在使用强氧化剂的滴定体系中，Pt 电极表面可能会被氧化生成氧化膜，这时可通过物理或者化学方法进行去除。

3）沉淀滴定法

沉淀滴定法常用的指示电极有金属电极、离子选择性电极和惰性电极等，使用最为广泛的是 Ag 电极，因为可以使用它测量卤素离子、硫离子和磷酸盐等。

4）络合滴定法

络合滴定法最常用的指示电极是汞电极，现在也可以使用更加方便的各种离子选择性电极。以汞电极为例，测定时将汞电极插入含有微量 Hg^{2+}、EDTA 和待测离子 M^{n+} 的溶液中即可。目前，以汞电极为指示电极的络合滴定法已经可以对 20 多种元素进行分析。

电位滴定法的不足之处在于体系达到平衡所需时间较长，且操作烦琐。但现在已经有商品化的自动电位滴定仪在克服上述缺陷的同时能够实现批量样品的分析。自动电位滴定仪的出现实现了电位滴定法的连续长时间跟踪测定，扩大了该方法的应用。

7.3　电解分析法和库仑分析法

7.3.1　概　　述

本节讨论的是电池中有较大电流通过的分析方法，即电解分析法和库仑分析法。电解分析法是通过称量在电解过程中沉积于电极表面的待测物质量为基础的电分析方法，又称电质量分析法。库仑分析法则是通过测量电解过程中待测物发生氧化还原反应所消耗电量来进行定量的方法。与前面所述电位分析法一样，电解分析法和库仑分析法也同样遵守法拉第定律。不同的是，它们都不需要基准物质和标准溶液，是一种绝对的分析方法，并且准确度高。

7.3.2　电解分析法

1. 基本原理

化学电池是由两个电极和电解质溶液组成的。电化学反应是发生在电极和电解质溶液界面的氧化还原反应。当直流电通过某种电解质溶液时，电极与溶液界面发生化学变化，导致电解质溶液中的物质分解，这种现象称为电解。

2. 分解电压与超电位

在电解池中，阴极与外电源的负极相连，阳极与外电源的正极相连。外电源中的电子和正电荷以同样的速度分别移动到阴、阳两极，使两电极原有的双电层结构发生改变，为了让两电极在新的条件下建立平衡，电解池中便发生氧化还原过程。

例如，在铂电极上电解硫酸铜溶液，当外加的电压不够大时，无法发生电化学反应，几乎没有或者仅有十分微弱的电流通过电解池。但如果继续增大电压直到某一数值时，通过电解池的电流会突然变大，如图 7-7 所示，这时便发生电极反应。这个引起电解质电解的最低电压即该电解质的分解电压。E_1 为理论法分解电压，其值为电池的平衡电动势。而实际实验中测得的 E_2 称为实际分解电压，两者之差（$E_2 - E_1$）为超电位（η），也称过电位。

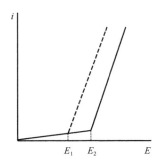

图 7-7　分解电压

实际分解电压比理论分解电压大，主要有两个原因：一是电解质溶液存在一定的电阻，因此电流通过需要用一部分电压来克服 iR，其中 i 为电解电流，R 为回路总电阻；二是用于克服极化现象产生的电极反应上的超电位。

3. 法拉第定律

电极上通过的电量与电极上析出物质的量的关系遵循法拉第定律，在电流恒定时，有

$$W = KQ = KIt \qquad (7\text{-}37)$$

式中，W 为析出金属的质量；K 为比例常数（电化当量）；Q 为通过的电量；I 为电流强度；t 为通电时间。

物质的电化当量 K 与它的化学当量成正比，化学当量是该物质的摩尔质量 M 与它的化合价的比值，

$$K = \frac{M}{Fn} \qquad (7\text{-}38)$$

式中，M 为物质的摩尔质量；F 为法拉第常数，$F=96487$ C/mol；n 为电子转移数。

将式（7-38）代入式（7-37），得

$$W = \frac{M}{Fn} It \qquad (7\text{-}39)$$

法拉第定律的正确性已被许多实验证明，它不仅可以应用于溶液和熔融电解质，也可以用于固体电解质导体。根据法拉第定律，可用质量法测得电极上析出的物质的量，再求算出通过电解池的电量；相反，如果测得通过电解池的电量，则可以求算出电极上析出的物质的量。

4. 电流效率

在一定外加电压下，通过电解池的电流实际上是所有在电极上进行反应的电流的总和。它包括被测物质电解反应产生的电解电流及其他副反应产生的电流。电质量分析法不要求电流效率为 100%，但要求副反应产物不会沉积在电极上影响沉积物纯度。库仑分析法要求电流效率为 100%，无副反应发生。但在常规分析中这是很难的，通常电流效率为 99.9%是被允许的。

电质量分析法有许多分类，在这里主要介绍恒电流电质量分析法和恒电位电质量分析法两种。

（1）恒电流电质量分析法。恒电流电质量分析法是通过控制外加电压来使电解电流恒定以进行分析，电解的电流一般控制在 2～5 A。该方法只能使还原电位在氢以下的金属和在氢以上的金属分离，若两种金属的还原电位相差不大，则会发生干扰，不能使用该方法进行测定。在分析测定时，通常可以使用加入缓冲剂或者配体的方式来消除干扰。恒电流电质量分析法至今仍然是纯铜及铜合金中较

为常用的精密测定方法之一。此外，还可以用于镉、钴、铁、镍、锡、银、锌、锑、铋等元素的测定。恒电流电质量分析法装置简单、准确度高（±0.2%）、分析时间短，但是选择性较差。

（2）恒电位电质量分析法。相较于恒电流电质量分析法，恒电位电质量分析法的选择性更好，该方法多了一个参比电极和一个用于测量阴极电位的电位差计。如果发现阴极电位有变化，则需手动调节 R 使其恢复至预设合适数值。恒电位电质量分析法是通过控制阴极电位只允许被测离子还原，以达到分离、测定的目的。在这种测量中，要求工作电极和参比电极之间的电阻 r 要尽量小，以保证它们之间的 ir 充分小，这样才能使电位计上的读数真正代表工作电极的电位。

7.3.3　库仑分析法

1. 概述

库仑分析法建立在电解分析法的基础上，该方法不一定要求待测物在电极上沉积，但要求通过电解池的电流必须全部用于电解被测的物质，不应当发生副反应和漏电现象，即电流效率必须是 100%。库仑分析法分为控制电位库仑分析法和控制电流库仑分析法。前者使用控制电极电位的方式进行电解，并用库仑计或者作图法来测定电解过程所消耗电量；后者也称库仑滴定，是在电解池中通入恒定电流进行电解，通过反应过程中产生的一种与被测物质发生化学计量反应的中间体，并使用化学指示剂等方法来确定滴定终点。

库仑分析法的独特优点是不需要基准物质，且灵敏度和准确度较高，所需样品量少，分析成本低，容易实现自动化。

2. 控制电位库仑分析法

控制电位库仑分析法首先由 A. Hickling 于 1942 年提出，其分析装置与控制电位电质量分析基本相似，不同的是在电路中串入了一个能够精确测量电量的库仑计。电解时，用恒电位装置控制工作电极的电极电位，以 100% 的电流效率进行电解，当电流趋近于 0 时，电解完成。由库仑计测得电量，根据法拉第定律求出被测物质的含量。

1）库仑计

库仑计是控制电位库仑分析装置中十分重要的组成部分，种类很多，主要可分为化学库仑计、机械积分仪和电子积分仪三种。

（1）化学库仑计。化学库仑计是一种最基本、最简单而又最准确的库仑计，如氢氧库仑计和银库仑计等。它是通过与某一标准的化学过程相比较而进行测定。库仑计本身就是一个与样品池进行串联的电解池，在100%电流效率下，由库仑计反应进行的程度和样品池相比较，通过样品的当量质量即可计算出样品的质量。按反应方式的不同，化学库仑计可以分为质量式、体积式、比色式、滴定式等类型，现将常用的三种举例如下。

A. 气体库仑计

这种库仑计是根据电解过程产生的气体体积测定电量的，如氢–氧库仑计。在平衡管和刻度管中充 0.5 mol/L K_2SO_4 溶液，电解时分别在铂片阳极和阴极上析出氧气和氢气，电解前后刻度管中液面之差就是析出的氢–氧混合气体在该条件下的体积。在标准状况下，每库仑电量会析出 0.1739 mL 氢–氧混合气体。这种库仑计使用简便，能测量 10 C 以上的电量，准确度达 ±0.1%，但灵敏度较差。

B. 滴定式库仑计

这种库仑计是用标准溶液滴定库仑池中生成的某种物质，然后计算通过电解池的电量，如碘式库仑计，在两个相连的玻璃器皿中各放置一根螺旋状铂丝分别作为阴极和阳极。以 0.5 mol/L KI 为电解液，在电解过程中 I^- 在阳极上氧化生成 I_2。电解结束后，用标准 $Na_2S_2O_3$ 滴定阳极区的 I_2 溶液，根据消耗 $Na_2S_2O_3$ 的量算出 I_2 的量，从而算出通过电解池的电量。

C. 库仑式库仑计

这种库仑计是先将待测金属离子在库仑池中电解，使其在阴极上沉积，然后把电极反向，在恒定电流下使沉积的金属溶出。当金属全部从电极上溶出时，电极恢复原状，两电极间出现明显的电位突跃，可用电子管毫伏表或数字电压表指示。根据溶出时间和所施加恒电流的乘积即可得到被测物发生电极反应所消耗的电量。例如，可用这种库仑计进行铜的测定，以 Pt 为阴极，Cu 为阳极，$CuSO_4$ 为电解液，当有电流通过库仑池时，Cu^{2+} 沉积在阴极上。电解结束，将电极反向，析出的 Cu 重新溶出。根据溶出电流和完全溶出的时间即可计算出通过电解池的电量。这种库仑计的准确度较高，相对误差不超过 ±0.1%，适用于微量物质的测定，可测 0.01~75 C 范围的电量。

（2）机械积分仪。这是用一种特殊机械装置进行电流积分的仪器。将一个直流积分电机与采样电阻并联，该积分电机的转速和流经采样电阻的电位降成正比，电机的转速可以用数字计数器进行记录，由此得到电流和时间的积分。用这种积分仪进行酸碱滴定，或电生碘测定硫代硫酸钠，准确度可达 ±0.2%，完成一次滴定大概需要 5 min，适用于一些常规的自动分析。

（3）电子积分仪。电子积分仪可分为电压–频率转换积分仪和电流–频率转换积分仪两种。这种积分仪使用集成电路装置，将流经电阻–电容的电压或将产生的电流转换为频率信号。变换频率和电压或者电流大小成正比，因而计数总数与消耗的总电量数成正比。记录频率周期数或者脉冲数，便可得到 $i - t$ 积分。积分仪的输出读数可以直接用电量或被测物质的重量等表示。

2）控制电位库仑分析法的应用

除了具有对应电解分析法准确、灵敏等特点外，控制电位库仑分析法还具有不受产物形态影响的特点，特别适用于混合物质的分析或一种物质多种氧化态的混合物测定，因此该方法得到了更为广泛的应用。在无机元素分析方面，可实现包括氢、氧、卤素等非金属、锂、钠、铜、银、金、铂族元素等金属以及镭、锆和稀土元素的分析测定，在放射性元素铀和钚的分析上应用更多。以钚的测定为例，钚在水溶液中以 Pu^{3+}、Pu^{4+}、PuO_2^+ 和 PuO_2^{2+} 等多种离子形态存在，这几种离子的平衡电位十分接近，难以电解分离。其中 Pu^{3+} 和 Pu^{4+} 两种离子比氧化物稳定，反应定量进行且可逆，但 Fe^{2+} 的干扰严重。用 Pt 网作工作电极，先控制工作电极电位在+0.25 V（对 SCE，下同），使样品中各种价态的钚离子均还原为 Pu^{3+}，然后再进行两次氧化，第一次控制电位在+0.57 V，氧化 Fe^{2+}，除去 Fe^{2+} 的干扰；第二次在+0.68 V，将 Pu^{3+} 氧化为 Pu^{4+}，反应定量进行。用此法测定核燃料材料中 5 mg 钚的相对标准偏差小于 0.1%，50 余种金属离子均无干扰。

在有机和生化领域，该方法的应用也很广泛，如三氯乙酸的测定、血清中尿酸的测定等。但是控制电位库仑分析法的缺点是需要较为复杂的实验仪器，杂质和背景电流的影响较难消除，电解耗时也较长。

3. 控制电流库仑分析法（库仑滴定）

1）基本原理

库仑滴定法是用一定强度的电流通过电解池，通过电极反应产生一种与待测物质发生化学计量作用的"滴定剂"。当被测物质反应结束时，指示系统发出信号，停止电解。记录电解时间，由 $i×t$ 得出 Q 值，根据法拉第定律计算待测物质的量。它突出的不同点在于，滴定剂并不是向被测液中滴加，而是通过恒电流电解在试液内部产生。电生滴定剂的量又与电解所消耗电量成正比，因此可以说库仑滴定是一种以电子作为"滴定剂"的容量分析。

2）仪器装置

库仑滴定法的装置主要由发生系统和指示系统两部分组成。发生系统由恒流源、计时器和电解池组成。指示系统可以使用化学指示剂或者电化学的方法。

A. 恒流源

用于库仑滴定的恒流源装置种类繁多。用电子管、半导体管恒流发生器可以供给 $1\sim10$ mA 或 μA 级的恒流源。

B. 计时器

一般可以用停表或者电钟计时。还可用现代化的电子计数式频率计等精密计时仪器，可以准确到 0.01 s。

C. 电解池

根据库仑滴定的类型不同，电解池的形式也多种多样，它包含发生电极和指示电极。指示电极包含辅助电极和工作电极，即电生滴定剂的电极。工作电极的面积必须足够大，使电流密度足够小以保证100%的电流效率，同时工作电极的材料必须和滴定反应过程相适应；而辅助电极通常用盐桥与工作电极隔开，避免滴定过程发生干扰。

3）终点指示方法

如何准确地指示终点是影响库仑滴定准确度的一个重要因素，库仑滴定终点的指示方法有许多，如化学指示剂法、电位法、电流法、电导法、比色法、分光光度法等。下面介绍几种常用的方法。

（1）化学指示剂法

这是终点指示方法当中最简单的一种。原则上普通容量分析中所使用的化学指示剂如酚酞、甲基橙等都可以用于库仑滴定中。此法可以省掉库仑滴定装置当中的指示系统。例如，在肼（NH_2—NH_2）、SCN^- 等的测定中，电生 Br_2 作为滴定剂，使用甲基橙作为指示剂。反应完全后，过量的 Br_2 与甲基橙作用使其褪色，表示到达滴定终点。然后根据电流强度和通电时间即可算出待测物质的含量。

化学指示剂的方法虽然简单，但变色范围宽，灵敏度低，对微量级别的物质测定误差较大。另外，选取化学指示剂时应当注意：①所选取的化学指示剂不能在电极上同时发生反应；②指示剂与电生滴定剂的反应必须在待测物质和电生滴定剂完全反应后发生。

（2）电流法

这种方法的基本原理为待测物质或滴定剂在指示电极上进行反应所产生电流与电活性物质的浓度成比例，终点可从指示电流的变化来确定。电流法可分为单指示电极电流法和双指示电极电流法。前者也称为极谱滴定法，后者又称为永停终点法。

A. 单指示电极电流法。该方法外加电压的选择取决于被测物质和滴定剂的电流-电压曲线。此法可用于沉淀反应、氧化还原反应和络合反应等，只要待测物质和滴定剂两者之中有一个能在电极上发生反应即可。

B. 双指示电极电流法。通常采用两个相同的电极，并加上一个很小的电压（0～200 mV），根据指示电流的变化确定滴定终点。由于外加电压很小，对于可逆体系，指示系统有电流通过，对于不可逆体系，则无电流产生。这种终点指示方法装置简单、检测快速灵敏、准确度较高、应用范围比较广，常常用于氧化还原滴定体系，也用于沉淀反应滴定中。

（3）电位法

电位法指示终点的原理和普通电位滴定法相似。在滴定过程中，每隔一段时间停止通电，记录指示电极的电极电位和时间。以通电时间为横坐标、以电位值为纵坐标作图，根据该关系图计算出待测物质的含量。

该方法同样具有简便、快速、灵敏度与准确度高的特点。

4）库仑滴定法的特点和应用

库仑滴定法具有如下特点：①不需要基准物质，它的原始标准是恒流源和计时器，目前它们的准确度都很高，因此库仑滴定法的准确度也很高；②应用范围广，该方法不存在滴定剂配制、标定、储存及稳定问题；③灵敏度高，取样量少，分析成本低且易实现自动化；④测定范围宽，既可测定常量物质，又可测定微量物质。常量分析可以鉴定物质的纯度，痕量分析时当被测物少至 $10^{-3}\ \mu g$ 时也可以完成准确测定。

库仑滴定法的应用范围很广，普通容量分析的各类反应，如中和、沉淀以及氧化还原反应等都可以电生试剂进行库仑滴定。在钢铁快速分析（C、S、N 的测定）及环境监测的某些项目（如大气中氮氧化物、臭氧等）中，它都能进行准确测定。在各种物质的纯度测定及痕量物质的分析中也有较高的准确度。最早用的滴定剂是银离子，然后是卤素。目前已有多种电生滴定剂问世，常见的无机滴定剂有 Br_2、Ag^+、I_2、Ti（III）等，常见的有机滴定剂有硫代乙醇酸、8-巯基喹啉等。

库仑滴定法既可以测定简单体系的实验，又可以配合适当的分离手段测定复杂体系中的某些组分。对于高浓度的常量试样，取少量样品进行稀释在小电流下也可以实现准确测定。

7.4 伏 安 法

7.4.1 伏安法概述

伏安法指在电解过程中利用工作电极测定活性物质电流–电压曲线的电化学

分析方法。根据工作电极可将伏安法分为以滴汞电极为工作电极的测量技术，称为"极谱法"和以非滴汞电极为工作电极的测量技术，称为"伏安法"。在伏安法中有一个特例是测定恒定电压时的电流，此时称为"电流分析法"。伏安法具有样品量少、检测精确度高、可以测定多种成分的优点。近年来，随着电极材料、数据分析处理方面的方法创新，伏安法的应用范围逐渐增加。

极谱分析是利用电解中所得的电流–电压（电流密度–电压）曲线，对目标分子进行定性或定量分析的方法。在极谱分析过程中，阳极通常采用大面积的饱和甘汞电极，由于电解时的电流又很小，因此饱和甘汞电极表面的电流密度很小，因电极反应产生的 Cl⁻浓度的变化完全可以忽略不计。另外，浓度极化的产生是极谱分析的基础，这就要求极谱分析在特殊条件下进行，而电流密度是产生浓度极化的重要因素，在极谱分析中，滴汞电极的面积越小，产生的电流密度越大，更容易产生浓差极化现象，所以极谱分析更适用于低浓度溶液的分析。极谱分析过程中定性定量的依据是极谱半波电位 $E_{1/2}$，即电流等于极限扩散电流一半时滴汞电极的电位。由于不同金属离子的析出电位不相同，离子浓度越大，析出电位越正。而半波电位是在一定底液及实验条件下，某一可还原物质的特征性常数，与浓度无关。

极谱定量分析的依据是扩散电流与目标物质的浓度成正比。但在极谱电解过程中，会产生一些与被测物浓度无关或与被测物浓度不呈线性关系的电流（包括残余电流、迁移电流、"极谱极大"现象、氧波、叠波、前波、氢波），这些电流将干扰扩散电流，统称为干扰电流。干扰电流应根据其产生的原因不同，采用适当的方法加以消除。

7.4.2　溶出伏安法

在溶出伏安法中，电极界面主要由三个连续的过程构成，首先是待测目标分析物在一定电位下富集，随后是一段平衡时间，最后测定它的溶出电流或者电量。一般说来，溶出伏安法可分为阳极溶出伏安法、阴极溶出伏安法和电位溶出伏安法。溶出伏安法中待测目标物质的浓度与电流（或电量）之间具有线性关系，可作为定性定量分析的依据。溶出伏安法灵敏度高，可同时测定 4～6 种离子，检测限可达 10^{-12}～10^{-9} mol/L 的数量级。

1. 阳极溶出伏安法

阳极溶出伏安法是目前应用最广泛的分析方法之一，检测限可达 10^{-12} mol/L，适用于多种目标物质的测定。其原理是以固体微电极作阴极，将待测离子 M^{n+} 的阴极电位控制在极限扩散电流电位范围内（一般比半波电位 $E_{1/2}$ 低 0.2～0.3 V），

使待测离子 M^{n+} 还原为金属，最终达到在电极上富集的目的。继续对电极进行施压并停止搅拌，随后经历一段平衡时间，确保待测目标物质的分布达到均匀一致。最后进行溶出操作，采用相同的速率对工作电极进行由负电位向正电位方向扫描，此时，电极上富集的物质又重新氧化成离子进入溶液中。记录实验过程中的溶出电流值，并与浓度做线性拟合。阳极溶出伏安法原理如图 7-8 所示。

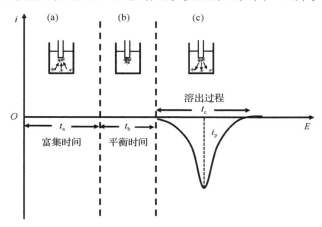

图 7-8 阳极溶出伏安法原理

（a）在电位 E_d 时富集，搅拌溶液；（b）停止搅拌，平衡时间；（c）阳极扫描溶出

2. 阴极溶出伏安法

阴极溶出伏安法分为两种情况：一是电极材料与溶液中的待测目标物发生反应在电极表面生成难溶性化合物，二是惰性电极与待测目标物质反应在电极表面生成难溶性化合物，这两种类型具有相似的电化学反应过程，均为电极—化学—电极的反应过程。此外，需要注意的一点是在阴极溶出伏安法的沉积过程中，要求电极反应产生的 $M^{(n+m)+}$ 和溶液中 L^- 的反应是快速的。换句话说，难溶化合物 $ML^{(n+m)}$ 在电极表面形成的速度要比 $M^{(n+m)+}$ 从电极表面向溶液中转移的速度快，只有达到这个要求，电极表面产生的难溶化合物的量才与溶液中目标离子的浓度成正比。

3. 电位溶出伏安法

电位溶出伏安法是在阳极或阴极溶出伏安法的基础上，进一步与离子选择性电极结合的一种方法，该方法具有高灵敏度，被广泛用于痕量金属和金属混合物的分析。电位溶出伏安法与阳极或阴极溶出伏安法的不同处在于：电位溶出伏安法经预电解富集后，通过化学试剂（氧化剂或还原剂）的氧化还原作用使待测目标物质溶出，而阳极或阴极溶出伏安法是通过电氧化还原反应将待测目标物质溶出。电位溶出伏安法具有精确度高、灵敏度高且设备要求简单的特点，是目前较为常用的分析方法之一。

在恒电位作用下，将待测目标物质预电解富集在汞膜、悬汞或者其他电极上，随后断开恒电位，利用氧化剂（或还原剂）将富集在电极上的沉积物通过氧化（或还原）作用脱落，记录该过程中工作电极的电位–时间（E-t）曲线，进行定量分析，这种方法称为电位溶出伏安法。该过程中用到的工作电极一般为玻碳电极、汞电极或金电极等，参比电极为饱和甘汞电极，对电极一般为铂或金电极。在实际应用中，对于组分含量少且简单的样本，可采用工作曲线法，而对于未知组分的样品一般采用标准加入法或内标法。

7.4.3　循环伏安法

循环伏安法（cyclic voltammetry，CV）是通过控制电极电位以不同的速率，随时间以三角波形一次或多次反复扫描，电位范围是使电极上能交替发生不同的还原反应和氧化反应，并记录电流–电位曲线。根据曲线形状可以判断电极反应的可逆程度，中间体、相界吸附或新相形成的可能性，以及偶联化学反应的性质等。线性扫描伏安法是在一定电位范围内，使电位发生快速而连续线性变化，研究电解过程中的电流-电位（i-E）曲线的方法。

在快速线性扫描中，根据电位连续改变的情况，电位向负向扫描，即

$$E = E_i - Vt \tag{7-40}$$

式中，E_i 为起扫电位；t 为扫描开始后的时间。

应用于线性扫描伏安法和有关方法的某些施加电位的波形，常见的有下列几种（图 7-9）：（a）用线性电位斜波获得的单扫描。若需要更多的扫描，可以采用锯齿波形，这种波形中，电位一旦达到 E_f，马上就回到 E_i 并且扫描又重复进行，即为多扫描。（b）两个单扫描间的延时经常用于汞膜或其他电极线性扫描伏安法，有时也用于滴汞电极的线性扫描时间同步控制。（c）循环（三角波）伏安法，与线性扫描伏安法一样，循环间的延时也是需要的。

当工作电极电位以扫描速率 v 变化时，其电位从初始值 E_0 开始变化，但在线性扫描的终点，电位变为反向扫描，并最终停在初始电位 E_0（或开始下一次循环）。扫描转向时的电位称为转换电位（E_λ），一般来说，从 E_0 到 E_λ 和从 E_λ 到 E_0 的扫描速率相同且为正值。

循环伏安图中的正向扫描和负向扫描过程中均有峰形成且其形状相似（图 7-10）。如果化学反应是完全可逆的，那么峰值相同。E_i"向正方向"扫描过程中，氧化发生在 CV 的正扫部分，还原发生在回扫部分。E_i"向负方向"扫描过程中，还原发生在 CV 正扫部分，氧化发生在回扫部分。

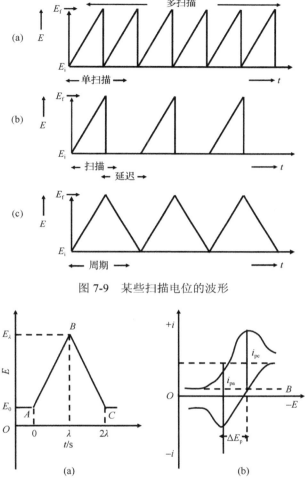

图 7-9　某些扫描电位的波形

图 7-10　（a）循环伏安扫描电位；（b）循环伏安图

与其他类型的伏安法一样，在循环伏安分析过程中，待测目标物质的电流大小与浓度成正比，所以依据法拉第定律，$i_{正扫峰}$和$i_{回扫峰}$相同意味着电改性物质可以全部恢复。

电化学可逆性的简单判断依据：①$i_{pc} = i_{pa}$；②峰电位值 E_{pa} 和 E_{pc} 与扫描速率无关；③i_p 正比于 $v^{1/2}$；④对于 n 电子转移过程，E_{pa} 和 E_{pc} 之间距离为 59 mV/n。

1. 可逆体系

若可逆反应发生在平面电极上，且符合 $O + ne^- \rightleftharpoons R$，则线性扫描伏安法的边界条件及扩散方程为

$$S_t(t) = \mathrm{e}^{-\alpha t} \left(t \leqslant t_\mathrm{f} \right) \tag{7-41}$$

若可逆反应符合 $\mathrm{A} + \mathrm{B} + ne^- = \mathrm{C}$ 方程，则线性扫描伏安法的边界条件及扩散方程式为

$$i = nFAC_\mathrm{O}\sqrt{\pi D_0 \alpha} x(\alpha t) \tag{7-42}$$

式中，$x(\alpha t)$ 与时间和电位有关。当 $x(\alpha t)$ 达到最大值时，$\sqrt{\pi} x(\alpha t)$ 值是 0.4463，式（7-42）转换为

$$i_\mathrm{p} = 0.4463 n^{\frac{3}{2}} F^{\frac{3}{2}} A (RT)^{-1/2} D_0^{1/2} C_\mathrm{O} v^{1/2} \tag{7-43}$$

在 25℃下，

$$i_\mathrm{p} = 269 n^{\frac{3}{2}} A D_0^{1/2} C_\mathrm{O} v^{1/2} \tag{7-44}$$

该方程即 Randles-Sevcik 单扫描方程，此时

$$\Delta E_\mathrm{p} = E_{\mathrm{p}/2} - E_\mathrm{p} = 0.057/n \tag{7-45}$$

式中，O 和 R 分别表示氧化态和还原态；C_O 为氧化体在溶液本体的浓度；D_0 为扩散系数；n 为转移电子数；t 为电解延续时间；A 为电极有效面积；F 为法拉第常数；R 是摩尔气体常数；T 为热力学温度。

阳极峰与阴极峰的电势差可作为判断反应是否可逆的依据。在可逆过程中，ΔE_p 一般接近于 $2.3\, Rt/nF$（或者 59 mV/n，25℃）。重复三角波扫描时，随着阴极峰电流逐渐减小，阳极峰电流逐渐加大，最终达到稳态值，此时，$\Delta E_\mathrm{p} = 58$ mV/n（25℃）。

2. 不可逆体系

在线性扫描伏安法中，可逆性指的是电子转移速率相对于电位扫描速率是快速的。因此式（7-45）在实验误差允许范围内是成立的，就一般常用于分析的扫描速率而言，如果扫描速率为 50 mV/s，此时反应速率常数足够大，则该反应是可逆的。若反应速率足够慢，致使电极与溶液界面的氧化态和还原态电活性物质浓度不符合 Nernst 方程式，则在式中就应考虑包括 α 和 K_s 的项。这种情况就像直流极谱中半可逆或不可逆的电极过程。在实际的分析工作中，如遇到不可逆的电极反应过程时，则应保持标准溶液和待测溶液的反应条件一致。

对于完全不可逆的电极过程，在 25℃时，

$$E_\mathrm{p} - E_{\mathrm{p}/2} = \frac{0.048}{\alpha n_\alpha} \tag{7-46}$$

并且

$$E_p = E^\theta - \frac{RT}{\alpha n_\alpha F}\left(0.780 + 0.5\ln\frac{\alpha n_\alpha D_0 Fv}{RT} - \ln K_s\right) \tag{7-47}$$

因此，相比较于可逆过程，E_p 取决于 K_s、α 和 v，可以由此简单判断可逆和不可逆电极过程的差异。随着 v 的增加，E_p 逐渐负移。在 25℃时，当 $\alpha n_\alpha = 1$ 时，v 每增加 10 倍，E_p 将负移约 30 mV，且 E_p 移动值随 K_s 的减小而增大。

以上现象说明电极反应的可逆与否与扫描速率密切相关，在某些化学反应中，当扫描速率较大时，电极反应表现为不可逆状态，当扫描速率较小时，电极反应表现为可逆状态，而当扫描速率处于某一范围内时，电极反应表现为准可逆过程。总而言之，可以通过循环伏安法确定电极反应过程的可逆、准可逆或不可逆的类型。

7.4.4 其他伏安法

采用经典极谱法或伏安法分析样本时，灵敏度约为 5×10^{-5} mol/mL。但是当分析物的浓度逐渐降低时，双层效应或其他非法拉第电流会使检测的准确度降低。为了提高测量的灵敏度，脉冲伏安法应运而生。目前，主要有两种脉冲方法，即"常规脉冲"和"差分脉冲"。此外，方波伏安法也越来越普及。差分脉冲伏安法（differential pulse voltammetry，DPV）是最普遍的电分析方法之一，其具有两个重要的优点：①当目标物质的特征峰确定时，可以同时测量多种目标分析物；②灵敏度较常规脉冲伏安法可提高至 $10^{-8}\sim5\times10^{-8}$ mol/mL 范围内。该方法需要在工作电极上施加一个线性变化的电位，也可以连续施加脉冲。另一种常用的电分析方法是方波伏安法，在工作电极上施加一个波形电位，与正向脉冲对应的电流称为 $I_{正向}$，与反向脉冲对应的电流称为 $I_{反向}$。方波伏安图描述的是两种电流差随施加电位变化的图形。在方波伏安图中，峰高直接与分析物浓度成正比，所以 $I_差$ 就是待测物质的分析信号。方波伏安法优点在于：①$I_差$ 比 $I_{正向}$ 或 $I_{反向}$ 都大，所以其伏安曲线峰通常比较容易辨别，检测的准确度提高。在优化条件下检测限可以达到约 10^{-8} mol/mL；②电容对总电流的贡献是最小的，因此方波法的扫描速率可以大幅提高——可以轻松实现 1 V/s 的扫描速率；③实验过程中采用方波伏安法时，不必从分析物溶液中采取除氧措施。假设分析目标物的伏安峰电位比氧的还原电位更负，则由于 O_2 的还原，$I_{正向}$ 和 $I_{反向}$ 发生相同的数值变化，它们对 $I_差$ 的影响互相抵消，故分析物溶液中 $I_差$ 与 O_2 浓度无关。

7.5　谱学电化学

7.5.1　概　　述

近年来，随着仪器性能的不断提升，谱学电化学技术的应用范围不断扩展，在表征电化学过程中的反应物、中间产物、吸附态物种和产物，以及研究电极表面的分子状态等方面都取得了很大成就。当前，谱学电化学已成为在分子及原子水平上原位表征和研究电化学体系的最重要技术。

谱学电化学的原理是采用"激励—响应—检测"的模式，利用光子、电子、原子、离子束以及探针等作为激发源，激发电极界面物质改变自身的能量、方向，甚至转化，从而发出响应，通过分析这些信号的变化得到电极界面相关的信息。近年来，利用谱学手段研究电化学体系的技术不断涌现，主要分为非原位、原位和工况技术。因为光子可以穿透大多数介质，入射光容易穿过固/液体系的溶液层入射至样品表面，可导致电极表面发生物理化学变化，产生电、热、声和光信号。因此，光谱技术已经成为原位谱学电化学的重要分支，在本节中将主要介绍红外和拉曼两种电化学光谱技术。除了读取电极表面吸附物种的化学类型、吸附构型以及覆盖等信息外，获取反应产物、中间产物、副产物的成分、数量及其生成速率的信息也是准确理解电极过程的机理与动力学不可或缺的。微分电化学质谱将在线质谱技术与电化学反应相结合，实现对电催化反应物、产物的原位跟踪监测。该方法不但能定性地鉴别溶液中的挥发性物种，而且能时间分辨地给出该物种的浓度或绝对量。电化学扫描隧道显微技术是通过制备并控制尖锐的探针，在极其近的距离内和固体电极表面发生作用，从而实现数十纳米甚至原子级的极高分辨率，获得具有远远超过光学衍射极限的超高空间分辨率的表面成像。本节将围绕电化学光谱技术、电化学质谱技术和电化学扫描隧道显微技术进行介绍，探讨不同技术的分析原理及分析的物种类型，阐释不同技术的测试和分析方法。

7.5.2　电化学光谱技术

电化学光谱技术通常是在电化学反应过程中将光子作为激发信号，在电极反应的同时监测光学信号，获得电极/溶液界面分子水平的实时信息。通过电极反应过程中电信息和光信息的同时测定，可以研究电极反应的机理、电极表面特性、反应中间体和产物性质等。迄今用于电化学研究的光谱技术主要有紫外–可见光谱、荧光光谱、红外光谱和拉曼光谱。本节将主要介绍电化学表面增强拉曼光谱（EC-SERS）和电化学衰减全反射表面增强红外吸收光谱（EC-ATR-SEIRAS）。

1. 电化学表面增强拉曼光谱

EC-SERS 实验装置（图 7-11）由计算机、波函数发生器、恒电位仪、电解池和拉曼谱仪（虚线框）共同组成。激光首先通过滤光片获得纯净的单色光，后经过反射镜反射至电解池中的样品表面。从样品收集的信号中包含激发光、瑞利散射光和拉曼散射光，可采用陷波滤光片、长通边缘滤光片或者体布拉格光栅消除激发光和瑞利散射光，然后再通过一级单色仪的分光就可以获得很好的拉曼散射信号。

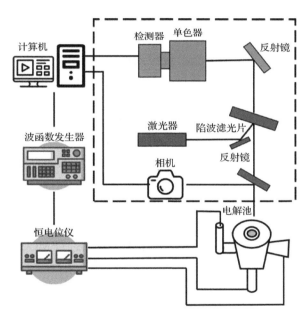

图 7-11　EC-SERS 实验装置

EC-SERS 对研究电极的大小和形状没有特殊要求，因此其可以方便地研究各类电极材料本身的结构变化。但是由于传统拉曼光谱灵敏度较低，在进行拉曼研究时，必须进行电极的预处理，使其具有表面增强能力。目前，制备 EC-SERS 活性电极表面的最普遍方法是电化学粗糙法，即将金属、碳、硅、半导体等嵌入电极套中，用 Al_2O_3 粉机械抛光后，采用电化学氧化还原（ORC）方法让表面产生大尺度和原子级粗糙度。除了 ORC 方法，化学法刻蚀，纳米粒子组装，壳层隔离纳米粒子增强等预处理方法均可实现对拉曼信号的增强。

EC-SERS 在实验过程中需要注意以下几点。

（1）由于拉曼光谱仪对环境温度和湿度十分敏感，所以实验前必须对拉曼仪器进行校正，保证拉曼频移的准确性，并使不同次实验的信号强度可对比。

（2）在实验前应进行传统电化学实验，选择电极和溶液组成，并开展常规拉曼光谱实验，获得分子或离子及其溶液的常规拉曼谱峰。

（3）在进行原位电化学拉曼测试前，应对电极表面进行预处理增强拉曼信号，同时调节溶液层厚度和光路，保证实验条件和信号强度达到最优。

在 EC-SERS 研究中，为准确获得拉曼信号和频率随电位的变化关系，应该尽可能地提高拉曼信号的强度和灵敏度。拉曼信号的强度随着入射激光功率和能量的提高而增强，但入射激光的功率、能量也不得过高，否则可能导致样品被破坏。此外，增加样品的浓度也可以提高拉曼信号。但是在电化学界面上一般只有单分子层物种，增加表面粗糙度的方法也只能使单位面积内的吸附分子数目增加 1～2 个数量级，因此若没有表面增强效应或共振拉曼效应，难以用拉曼光谱研究表面物种。在 EC-SERS 中，还可以通过化学增强效应和合适的粗糙化处理以及选择合适的激发光波长来增加物种的极化率，从而提高灵敏度。最后，还可以通过优化拉曼光谱的电解池设计，如密闭电解池、采用电位差减法等提高谱图的质量。

只有具备高灵敏度，才能充分发挥拉曼光谱高分辨率的优点。光谱分辨率方面，其主要决定因素是狭缝宽度、光栅的分辨率和光学色散系统的光程。在表面电化学研究中，其拉曼谱带较宽，因而对谱仪的光谱分辨率要求较低，通常为 $1\sim3\ cm^{-1}$，而对光栅的复位精度要求非常高，通常要求其优于 $1\ cm^{-1}$。时间分辨率方面，电化学拉曼光谱的时间分辨率极高，其检测体系在某个电位或者电流触发后的光谱响应时间一般仅为几十毫秒，如果采用电子倍增电荷耦合器件（EMCCD），读取时间将缩短至 5 ms 左右。空间分辨率方面，传统拉曼谱仪的激光点尺寸约为 0.5 mm，当采用高数值孔径的物镜并维持衍射极限条件时，一般可以获得 500 nm 左右的空间分辨率。

2. 电化学衰减全反射表面增强红外吸收光谱

EC-ATR-SEIRAS 的工作原理如下：光源发出连续红外光穿过棱镜，达到棱镜与金属薄膜电极界面，当红外光束的入射角大于全反射临界角时，红外光将在电极界面发生全反射。在光密的棱镜一侧有随表面距离呈正弦波变化的电场分量，在光疏的溶液一侧产生衰逝波。由于金属膜很薄，衰逝波可穿越金属薄膜到达界面溶液区并部分被电极表面及界面附近溶液中的物种吸收。在界面区的衰逝波电场将与棱镜一侧的正弦电场叠加（共同作用于吸附在表面以及界面附近的分子），合并成反射光进入光电导检测器，并通过计算机傅里叶转换生成红外光谱。

　　EC-ATR-SEIRAS 根据合理设计的电解池和电极，并适配相应的光路系统，可方便地应用于电极固/液界面吸附及反应的分析或原位研究。其中经典的电解池及光路系统如图 7-12 所示。该光路系统中，常用的 ATR 晶体为 Si、Ge、ZnSe 等，其中 Si 由于性质稳定而被广泛使用，但也存在碱性条件下适用性差以及 1200 cm^{-1} 波数以下指纹区信息无法有效获得等缺点。相对而言，Ge、ZnSe 虽然有较宽的红外窗口，但是在电解液中不稳定导致其应用范围有限。EC-ATR-SEIRAS 的活性电极制备分为两类：一类是在 Si 上通过真空蒸镀或溅射技术等手段干法制备金属膜电极。另一类是湿法制备，主要包括电沉积制膜和无电镀制膜。

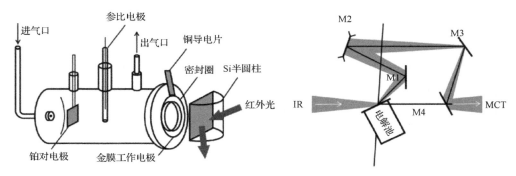

图 7-12　EC-ATR-SEIRAS 电解池及光路系统

　　EC-ATR-SEIRAS 检测首先是通过传统的电化学测试手段选择电极,确定溶液的组成，并对红外光谱仪进行仪器的校正，明确分子或离子及其溶液的常规谱峰，后将制备好的膜电极用于 EC-ATR-SEIRAS 测试中。该技术不但一次能检测到 1000～4000 cm^{-1} 范围的光谱信号，而且仪器灵敏度高，在毫秒的采谱时间内就能获得电极表面亚单层吸附物种高信噪比的红外光谱，同时仪器相对简单、便宜且易维护。因此，该技术一直是较通用的用于鉴别电极表面吸附物种化学特性、吸附取向和构型的重要表面表征技术。该方法除了可以进行简单的界面结构以及分子、离子的吸脱附行为的表征，还适合对具有较高反应电流的电催化体系进行原位动态研究。

　　EC-ATR-SEIRAS 的优点是在粗糙金属或金属薄膜表面吸附的分子相对于传统的光滑金属膜或红外窗口的红外吸收会表现出数十倍至 1000 倍的红外增强作用。这与红外吸收的增强因子和金属的化学本性以及形貌密切相关；通常化学吸附的分子比物理吸附的分子增强作用大，第一层吸附的分子比远离表面的分子的增强大许多倍。另外，EC-ATR-SEIRAS 使得红外光极少被体相电解质溶液吸收，几乎不干扰红外光谱在表面吸附的单层、亚单层物种的检测。因此光谱电解池的设计可以不考虑电解质溶液层的厚度，从而能够更好地保证在获得较强的红外信号的同时满足电极反应的反应物、产物及支持电解质离子的良好传质，避免反应过程中离子浓度的消耗导致内阻增加，同时还能保证电极表面的电流分布均匀。

在线电化学光谱技术能够提供电极表面分子的翔实信息，为深入认识电极表面吸附结构、阐释反应机理提供可能。未来，在线电化学光谱技术还将与纳米科学技术和其他分析手段结合，为电化学界面的研究和更深入的理解提供更为丰富的信息，为电化学研究提供更有力的方法学支撑。

7.5.3　　电化学质谱技术

如前文所述，原位电化学光谱技术可通过测量电极/溶液界面处的分子振动光谱信号，获得电极表面吸附物种的种类、状态以及覆盖度等信息。除此之外，获取反应产物、中间产物的类型、数量以及生成速率等信息也是剖析电化学反应机理与动力学不可或缺的。当前，尽管存在很多技术能够实现对溶液的组成和含量进行分析，但是其中大部分技术目前还无法实现对电催化体系的原位测量。

质谱法是判断物质结构及其含量的一种重要手段。该方法按照离子的质荷比大小对物质进行分析和测定，从而对样品进行定量和定性分析。微分电化学质谱法（DEMS）以质谱法为基础，将电化学池、两级分子泵和四极杆质量分析器结合，实现了对电化学反应产物及中间产物原位跟踪监测。本节将围绕 DEMS的工作原理、器件选择、真空系统的设计、信号测量与校正等问题进行介绍和阐释。

DEMS 的具体工作原理如图 7-13 所示：由恒电位仪控制的电化学池产生的气相物质在真空系统的作用下进入电离室电离，后进入四极杆质量分析器分离，再通过法拉第杯/二次电子倍增器进行检测，后利用静电计放大器放大后传输为质谱信号。

在电化学反应体系中，电解质溶液中的反应物和产物的浓度较低，因此在单位体积下，水的浓度是其他待测物质的几十倍到几十万倍。尽管水分子的挥发性不强，但在实际情况中进入质谱真空体系中的物质，水还是占较大比例。进入质谱仪的水分子经离子化后很容易电离产生高氧化活性的分子片段，因此，所选择的阴极离子源材料必须具有一定的抗氧化性。法拉第杯和二次电子倍增器是DEMS 较合适且常见的离子检测器。其中，法拉第杯能够在相对较低的真空度下工作，适合检测信号较强的物种，而二次电子倍增器的灵敏度和信噪比均高于法拉第杯，且时间分辨率较高，但是它必须在更高的真空度下工作，不适合检测信号较强的物种。特别地，可以使用二次电子倍增器对信号较强物种的相对丰度较小的质量碎片进行检测，这样在保留高灵敏度的同时可以避免超过量程。

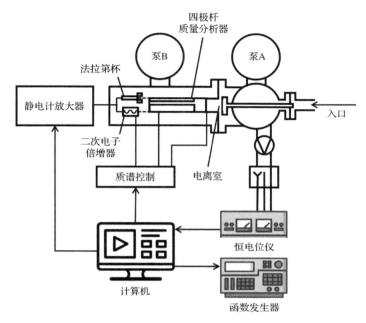

图 7-13　DEMS 的具体工作原理示意图

　　另外，DEMS 检测到的信号只对应着一极短的时间范围内的待测物种总生成/消耗量。为了避免累加效应，前一阶段的待测物种离子应在后续阶段的待测物种离子到达检测器前被泵完全抽离。这也是 DEMS 不但可定性检测反应产物或反应物种类，而且可以定量检测其生成速率或消耗速率的最主要原因。

　　显然，与常见的质谱技术相比，DEMS 多了一项重要参数——时间分辨率或者称为时间常数。该常数定义为

$$\tau = \frac{V_0}{S} \tag{7-48}$$

式中，V_0 为离子源所处的真空室体积；S 为真空泵的抽吸速度。如果 V_0=1 L，而 S=200 L/s，那么 τ =5 ms，表明 DEMS 能达到毫秒级的时间分辨率。如果泵的功率较小，通常可以通过降低待测气体进入真空室的速度，或者缩小真空室的体积来获得同样的时间常数。除了已检测物种的捕获和抽离外，质谱仪的离子化速率、不同质荷比离子的分离和检测过程也都能在 1 s 内完成，完全能满足实时在线测量的需要。值得注意的是，待测物种经电极表面生成，抽吸进质谱仪，再进行质谱分析的过程需要一定的时间，DEMS 检测通常比相应的电化学检测滞后。这种滞后与质谱的时间常数无关，其主要原因在于被分析物种从电极表面到质谱仪的传质过程需要时间，滞后时间的长短主要由电解池结构和电解液的流速决定，可

以通过合理设计电解池并缩短电极与质谱进样膜之间的距离将滞后时间控制在 1 s 以内。

与分析化学中常用的各种色谱手段相同，DEMS 在定量方式主要依赖于精确的校正，即如何从质谱信号强度准确地计算溶液中待测物质的浓度及电极上待测物质的生成速率等重要信息。而质谱的校正与待测物质的传质情况以及在质谱仪中的分析效率、进样损失等有关。因此，质谱的校正需针对每一次实验进行，在每一次实验中都需要保证各参数与校正时的参数相同。另外，不同物质的进样效率、离子化效率、裂解情况等不尽相同，因此也需对每一种物质分别进行质谱校正。由于进入质谱仪的待测物质浓度与其质谱信号强度成正比，而待测物质的浓度又与其法拉第电流成正比，因此，只需要通过测量反应的法拉第电流以及相应生成物种的质谱电流，就能得到实验条件下该物种的质谱校正系数 K。利用该系数即可根据质谱信号得到某一物种对应的法拉第电流信号，计算该物质的生成量和速率，再结合由一般电化学表征手段得到的总电流信息就能计算生成该物种的电流效率，从而给出具体某一反应途径对总反应的贡献。

本节系统地介绍微分电化学质谱的工作原理、真空系统及校正方法等。可以说，微分电化学质谱是一种定性定量反应生成或脱附物种的重要工具，极大地丰富了实验所需信息，为产物分布、反应路径分析以及吸脱附机理研究提供重要信息，是电化学领域进行反应产物与副产物在线定量分析的首选技术。随着能源和环境问题的日益凸显，这些技术将在能源电化学转换领域发挥重要的作用。

7.5.4　电化学扫描隧道显微技术

电化学扫描隧道显微技术（ECSTM）能在控制电极电位的条件下在电解质溶液中获得电极表面原子水平的结构信息，这种具有极高空间分辨率的电化学原位技术相对于其他原位电化学表征技术能够获得电极溶液界面更为丰富的信息，同时也能够与其他原位电化学表征手段优势互补。

ECSTM 是一种基于扫描隧道显微技术（STM）建立起来的一种电化学原位表征技术。STM 基于量子隧穿效应进行工作，该效应是微观粒子波动性的一种表现，以金属/真空/金属体系中电子隧穿的情况为例：M_1 和 M_2 两块金属之间的距离足够小时，两种金属的电子波函数发生重叠，金属 M_1 和 M_2 的电子可以发生相互转移，即电子隧穿，但此时并不形成可检测的电流。如果两块金属之间施加一个较低的偏置电压，将会形成净的定向隧道电流，从而可进行检测。在 STM 仪器的设计中，将 M_1 作为一个金属针尖，将 M_2 换为需要研究的样品，在两者之间施加一个偏压,二者的距离足够小时(小于 1 nm),则会形成可检测的隧道电流,隧道电流与针尖和样品间的距离呈十分敏感的指数关系,导致 STM 具有原子级的空间分辨能力。

如图 7-14 所示,STM 仪器主要由三部分组成:显微镜探头部分、电子线路控制部分以及计算机控制部分。ECSTM 中为实现电化学反应的在线分析增加电化学控制部分。显微镜探头部分除了样品及探针,其核心是一种管状的压电陶瓷扫描器,其内外均镀有一层薄而均匀的金属镀层作为电极,外柱面的电极分为 X、–X、Y 和–Y 的四个区域,内柱面的电极为金属镀层。如果对外电极间施加偏压,压电陶瓷管将发生偏转,由此实现 X-Y 面内的扫描,对内电极 Z 施加偏压,则使整个陶瓷管发生伸缩,从而实现对 Z 方向高度的控制。电子线路控制部分可控制扫描器的扫描方向,预设隧道电流,比较实际隧道电流值与预设值的区别,并将差值反馈给压电陶瓷扫描器。计算机控制部分用于设置扫描参数,并收集扫描后得到的信息,生成 STM 图像。

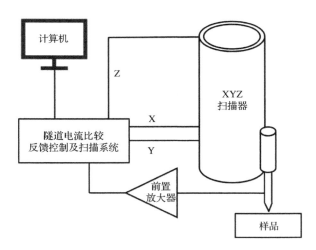

图 7-14　ECSTM 实验装置

由于在电解液环境中工作,ECSTM 采用双恒电位仪作为电化学控制部分,独立地控制样品和针尖的电位。ECSTM 的显著特征:针尖和基底上均有电化学反应发生,产生的法拉第电流将干扰对隧道电流的检测,从而影响成像。因此,需要对针尖进行绝缘包封从而使尽可能小的金属尖端露出,以减小叠加在针尖上的电化学反应电流。此外,还需要对针尖的电极电位进行独立的控制,施加不同的针尖电位使该材料保持在给定电解液中的双层充电电位,从而减小法拉第电流的影响。

ECSTM 实验除了电子线路部分,测试的主要部件包括针尖和样品两个工作电极，以及对电极和参比电极、电解池。其中，针尖的制备和包封决定 ECSTM 的图像质量。最常用的针尖材料是铂铱合金和钨。电化学刻蚀法是实验中采用的主要针尖制备方法，所制备的针尖形状对称，便于包封。包封材料必须是绝缘的，所含的杂质应该足够少，且能够与针尖较好地结合并在电解液中稳定存在。常用的包封材料包括指甲油、电泳漆、封蜡、热熔胶、玻璃等。

　　为了发挥 ECSTM 原子级高空间分辨率的优点，ECSTM 的研究目前仍集中在使用单晶样品，即这些基底通常具有原子级平整的表面，从而能在原子水平上分析电极结构与电化学过程的关系。但不管是购买的商用单晶电极，还是通过 Clavilier 方法合成的单晶电极，都需要经过退火或电化学抛光处理来获得清洁的大面积原子级平整表面。

　　用于加工 ECSTM 电解池的材料通常为化学稳定性良好的聚四氟乙烯（Teflon）、聚偏二氟乙烯（PVDF）或聚三氟氯乙烯（Kel-F）。电解池由 Fe 垫片、O 型圈组成，Fe 垫片用于放置工作电极，O 型圈将工作电极紧压在 Fe 垫片上以防止漏液。在电解池装配前，电解池、O 型圈、对电极和参比电极都需要用酸、纯水清洗，并用氮气吹干，装配时也应尽可能缩短时间，减少由于电极暴露引入的污染物。

　　除了尽可能减少样品的污染外，ECSTM 在测试前还需设置合适的工作电极和针尖电位，在控制电位的前提下加入所需电解液，否则可能导致工作电极被氧化破坏。针尖电位可通过测量稳态极化曲线来选择合适的针尖电位范围。此外，由于压电陶瓷本身的特性，扫描器也需定期扫描更新参数表，避免老化引起的实验误差。

　　经过二十余年的发展，ECSTM 已不局限于电极表面结构的表征和电极溶液界面的谱学测量。在纳米科技发展的需求和驱动下，ECSTM 已成为利用电化学的优势在电化学环境中进行纳米结构制备和纳电子学研究的重要手段。新研究领域的出现将为 ECSTM 的理论和实验技术的发展提供新的契机，而 ECSTM 也将在认识新领域方面发挥重要作用。

7.6　电化学技术在环境分析中的应用

　　自然灾害和一些人为活动，如过度的人口增长、快速的工业化，导致大量的有机、无机污染物直接排放到环境中。以水资源为例，大部分未经处理废水的排放造成现有水体的污染，此外，供水的主要来源是地表水，由于上述原因，地表水受到了污染，导致人们因饮用受污染的水而面临健康问题和疾病传播的风险。因具有快速、稳定、灵敏度高和现场原位监测的特点，电化学技术被广泛应用于环境领域。本节主要介绍电化学技术在环境分析领域的应用。

7.6.1 电化学分析在水体环境分析中的应用

1. 水体环境样本中抗性基因的电化学检测

基于等温链置换反应和"信号开启/关闭"策略提出一种双标记的比率电化学生物传感器，用于高灵敏度和选择性检测 *mecA* 基因。在 *mecA* 基因存在时，*mecA* 基因与二茂铁（Fc）标记发夹探针形成双链结构，亚甲基蓝（MB）标记的引物和聚合酶的加入改变 *mecA*–发夹探针的双链结构，从而释放出目标基因，释放的目标基因又参与下一轮的循环，最终实现信号放大策略。通过这一过程，Fc（I_{Fc}）和 MB（I_{MB}）的电化学响应呈现出降低/升高的变化，从而保证 I_{MB}/I_{Fc} 的值能够准确反映 *mecA* 基因的真实检测水平。结果表明，该生物传感器对水样中 *mecA* 基因的测定具有良好的可行性，这将为环境介质中 ARGs 的筛选提供一种新方向。

1）实验仪器与试剂

电化学工作站：CHI 660E 电化学工作站，三电极体系：金电极作为工作电极，银–氯化银电极作为参比电极，铂电极作为对电极。

TE 缓冲液寡核苷酸链购于生工生物工程（上海）股份有限公司，四氯金酸、硫酸购于国药集团化学试剂有限公司，Tris-HCl 缓冲液、6-巯基-1-己醇购于上海阿拉丁生化科技股份有限公司。

2）电化学分析

采用差分脉冲伏安法测定 Fc 和 MB 信号的电流值，DPV 参数设置：电位扫描范围为–0.5～0.5 V，振幅为 0.05 V，脉冲宽度为 0.05 s。

图 7-15 为 DPV 研究不同浓度 *mecA* 基因的伏安图与其浓度和电流值之间的关系。通过标记电活性分子，采用间接法测定 *mecA* 基因，在 0.01～3000 pmol/L 浓度范围内，电流值与浓度的关系为 $\lg (I_{MB}/I_{Fc}) = 2.648+0.271 \lg C$，检测限为 3.33 fmol/L。此外，污水样本中的加标回收率在 95%～115%范围内，具有可接受性，且重复性相对标准偏差为 4%，说明该方法对水样中 *mecA* 基因的测定具有良好的可行性。

2. 水体环境样本中抗生素的电化学检测

头孢类抗生素是一类广谱性抗菌剂，然而头孢类抗生素主要可通过两种途径进入环境中：一是通过动物和人类的排泄物不经降解直接排出体外并进入城镇污水收集系统，二是被排出的头孢类抗生素经吸附作用在土壤中蓄积，通过生物或

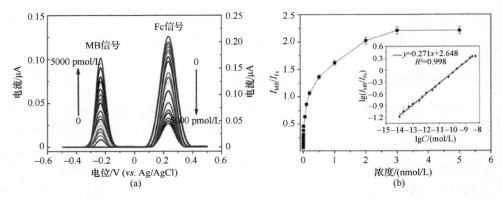

图 7-15　不同浓度 *mecA* 基因的伏安图（a）和校准曲线（b）

非生物作用降解或转化。进入环境中的头孢类抗生素及其残留物质不仅能在土壤–水环境系统中保持生物活性，且易在不同环境条件下发生水解转化，形成毒性和持久性更强的水解产物。在中性介质中，头孢羟氨苄及其转换产物具有形状良好的氧化峰，可用于头孢羟氨苄在水体环境中降解过程的分析。

1）实验仪器与试剂

电化学工作站：CHI 660E 电化学工作站，三电极体系：玻碳电极作为工作电极，银–氯化银电极作为参比电极，铂电极作为对电极

头孢羟氨苄标准品购于上海源叶生物科技有限公司，实验过程中溶液配制均采用超纯水。

2）电化学分析

采用方波伏安法研究头孢羟氨苄在 40 天内的降解过程，方波伏安法扫描参数：电位为 0～1.5 V，扫描速率为 100 mV/s，电解液为磷酸缓冲液。

图 7-16 为方波伏安法研究 40 天内头孢羟氨苄降解伏安图及其两个特征峰浓度与电流值之间的关系。在电解池中加入一定量的头孢羟氨苄标准溶液，采用 SWV 研究 40 天内头孢羟氨苄的降解过程，并计算其水解速率。随后，通过 SWV 测定了真实水体环境中头孢羟氨苄的降解过程，确认了头孢羟氨苄在水体环境中降解的过程。

3. 水体环境样本中农药的电化学检测

有机磷农药对环境、公众健康和农业安全具有严重的潜在危害。基于 Michael 加成反应，本书提出一种以 *N*-氨甲酰基马来酰亚胺功能化碳点（*N*-MAL-CDs）为纳米稳定剂的超灵敏乙酰胆碱酯酶（AChE）传感器（AChE/*N*-MAL-CDs）用于

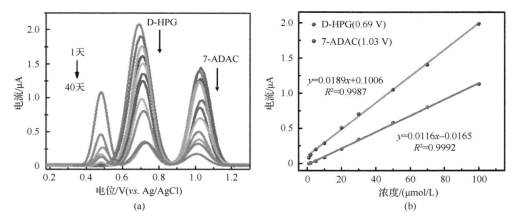

图 7-16　方波伏安法研究 40 天内头孢羟氨苄降解伏安图（a）及其两个特征峰浓度与电流值之间的关系（b）

测定多种有机磷农药（包括甲基对硫磷、对氧磷、乐果和 *O,O*-二甲基-*O*-2,2-二氯乙烯基磷酸盐）。基于 AChE/N-MAL-CDs 的 ATCh 具有较高的电催化能力，这主要归功于 CDs 的纳米尺寸效应以及 TCh 与 N-MAL-CDs 之间 Michael 加成形成的 C—C—S 键的中间过渡态，能够稳定并富集 TCh。结果表明，AChE/N-MAL-CDs/SPE 的电化学信号明显提高，检测限明显降低。该方法有望为快速、简便、灵敏的环境和生物样品中有机磷农药的分析提供新的契机。

1）实验试剂与仪器

电化学工作站：Autolab PGSTAT 302N 购于瑞士 Metrohm 公司，碳丝网印刷电极：碳电极作为工作电极和对电极，银–氯化银电极作为参比电极。

浓度为 100 μg/mL 的标准溶液（甲基对硫磷、对氧磷、乐果、敌敌畏、醚菊酯）购于北京普天同创生物科技有限公司，制备 pH 7.5 的磷酸缓冲溶液，所有试剂均为分析纯，并使用超纯水制备溶液。

2）电化学分析

采用循环伏安法研究乙酰胆碱酯酶的电催化性能，扫描参数：扫描电位范围为 0.1～0.9 V，调制振幅为 50 mV，扫描速率为 100 mV/s，步电位为 10 mV。

图 7-17 为甲基对硫磷（a）和对氧磷（b）的电流值与其相对应浓度之间的关系。两种有机磷化合物的浓度分别在 $3.8 \times 10^{-15} \sim 3.8 \times 10^{-10}$ mol/L（甲基对硫磷）和 $1.8 \times 10^{-14} \sim 3.6 \times 10^{-10}$ mol/L（对氧磷）浓度范围内，与其相对应的电流值呈现良好的线性关系，线性关系分别为甲基对硫磷：$I = -1.41 \lg (2.63 \times 10^{-3} C) - 11.39$（$R^2=0.999$），对氧磷：$I = -1.76 \lg (4.95 \times 10^{-3} C) - 15.06$（$R^2=0.991$），检测限分别为

1.4×10^{-15} mol/L（3.7×10^{-13} g/L）（甲基对硫磷）、4.8×10^{-15} mol/L（1.3×10^{-12} g/L）（对氧磷）。采用标准添加法，将电化学传感器用于未进行过滤等处理的自来水样品中的甲基对硫磷和对氧磷的测定，水样加标回收率分别为 102.6%～110.5%和97.2%～108.3%。

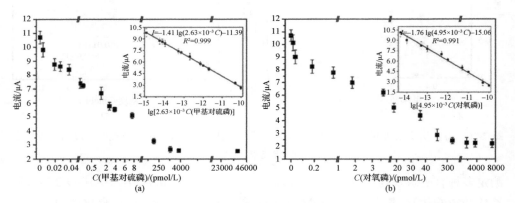

图 7-17　甲基对硫磷（a）和对氧磷（b）的电流值与其相对应浓度之间的关系

7.6.2　电化学分析在气态环境分析中的应用

1. 电化学水处理过程中的气相物质检测及反应路径分析

由于生活污水、工业废水的排放及入渗，尤其是氮肥的过量使用和动物排泄物的处置不当，地下水中硝酸盐氮含量不断升高，对人体健康构成重大威胁。人体摄入过量硝酸盐氮会导致高铁血红蛋白症、地方性甲状腺肿等疾病。此外，硝酸盐氮在人体内特定的条件下能够形成高致癌性、致畸性和致突变性的亚硝基化合物（亚硝基胺、亚硝基酰胺等）。目前用于去除水中硝酸盐氮的技术主要有物理法、生物法和化学法。电催化还原技术在净化受硝酸盐氮污染的地下水方面显示出巨大优势和应用潜力。电催化还原硝酸盐氮的过程非常复杂，涉及很多步化学反应、产物和稳定的中间体，如氮气、氨、亚硝酸盐、肼、羟胺、一氧化氮和一氧化二氮等。利用DEMS 能够在线检测反应过程中的气相产物，探明电催化还原硝酸盐氮的反应路径，避免反应过程中可能出现的二次污染，保证电催化还原硝酸盐氮过程的绿色高效。

1）实验仪器与试剂

电化学工作站：CHI 660E，采用三电极体系：涂有催化剂的 PTFE 膜为膜工作电极，银–氯化银作为参比电极，铂丝作为对电极。

采用 50 mg/L 的 $NaNO_3$ 和 0.1 mol/L 的 Na_2SO_4 为电解质。

2）电化学分析

将膜进样电解池组装后与 DEMS 进样系统连接，以 10 mV/s 扫描速率在–1.6～0 V 进行线性扫描伏安（linear sweep voltammetry，LSV）测试。当气态中间体和产物在电极表面形成时，立即被真空泵带入在线质谱仪，通过质荷比对气体分子进行了识别。此外，还可以根据信号强度实时反映中间体和产物的浓度。图 7-18 为硝酸盐氮电催化还原过程中的挥发性产物及中间产物的质谱信号图。从图 7-18（a）可以看出，代表氮气质荷比 $m/z=28$ 信号最强，这表明催化剂具有高 N_2 选择性。此外，还可以通过较小的质谱信号（$m/z= 30$、44、33、17）证明中间产物的存在，表明硝酸盐氮通过 $*NO$—$*N_2O$—$*N_2$ 的路径还原为氮气［图 7-18（b）］。当电化学 LSV 过程结束时，信号恢复到基线。为了避免实验误差，随后在相同条件下进行三次 LSV 测试。

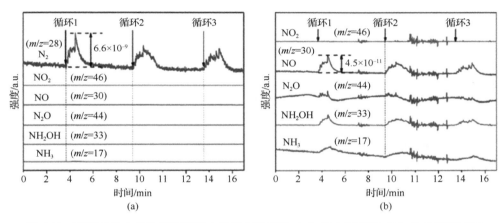

图 7-18　硝酸盐氮电催化还原过程中的挥发性产物（a）及中间产物（b）的质谱信号图

2. 气态环境样本中氮氧化物的电化学检测

氮氧化物 NO_x（NO 和 NO_2）作为大气污染中的主要气体，大多是由燃料（煤、燃料油）燃烧、汽车尾气、化工过程产生的。NO_x 不仅能破坏臭氧层，转化成酸雨，且在阳光下易与碳氢化合物或挥发性有机物作用，引起呼吸道疾病，严重威胁着人类的生存与健康。

1）实验仪器与试剂

电化学工作站：CHI 660B，三电极体系：玻碳电极作为工作电极，银-氯化银电极作为参比电极，铂电极作为对电极。

NO 气体的制备：将 0.1 mol/L 磷酸缓冲液充氩气 30 min 除氧，然后用纯 NO

气体鼓泡 30 min，制备 NO 饱和溶液。室温下饱和 NO 溶液的浓度为 1.8 mmol/L。NO 标准溶液现配现用，按原液适当稀释制备。

2）电化学分析

采用差分脉冲伏安法研究 NO 浓度与相对应电流值之间的关系，DPV 参数设置：电位扫描范围为 0.2～1.0 V，振幅为 0.05 V，脉冲宽度为 0.2 s。

图 7-19 为 NO 气体的差分脉冲伏安图（a）和线性关系（b）。采用微分脉冲伏安法和安培法在磷酸缓冲液底液分析不同浓度 NO，NO 在+0.724 V（*vs.* Ag/AgCl）电位处产生一波形较好的氧化峰电流，在 0.02～10 μmol/L 浓度范围内与峰电流呈线性关系，相关系数为 0.992 和 0.988，检测限为 3.69 nmol/L，常见离子或有机分子的干扰可以忽略。

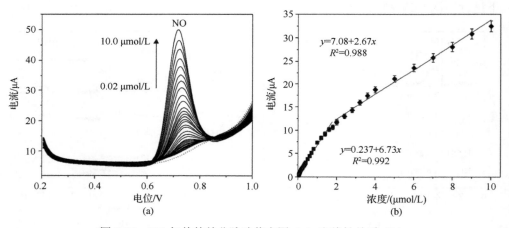

图 7-19　NO 气体的差分脉冲伏安图（a）和线性关系（b）

7.6.3　电化学分析在土壤环境分析中的应用

重金属污染源是土壤污染的主要来源之一，土壤污染主要由镉（Cd）、铅（Pb）、铬（Cr）、铜（Cu）、锰（Mn）和锌（Zn）等重金属构成，重金属在土壤环境中积累，并通过生长在土壤中的植物转移到食物链中造成严重的环境污染问题。重金属可通过摄食、吸入和皮肤接触三种途径进入人体，其中农作物摄食是人类接触重金属的主要途径，因此，受重金属污染的土壤会对作物生长、人类健康和食品安全等造成严重威胁。

1）实验仪器与试剂

电化学工作站：便携式电化学工作系统；丝网印刷电极：采用传统三电极系

统，由参比电极、工作电极和对电极组成，215 型 pH 计用于调节缓冲溶液 pH。

Bi（Ⅲ）和 Cd（Ⅱ）（1000 mg/L）购于国家标准物质中心。采用超纯水将 Cd（Ⅱ）标准溶液逐级稀释配制不同浓度的待测样本，备用。在 0.1 mol/L 磷酸缓冲液中，用 SWASV 对 4.0 μg/L 的 Cd（Ⅱ）进行分析检测。

2）电化学分析

Cd（Ⅱ）的电化学测量过程主要由四部分组成：①沉积；②静置；③剥离；④清洗。其中，沉积和清洗过程需要在搅拌状态下进行。工作电极上沉积过程参数设置：沉积时间为 120 s，沉积电位为−1.2 V。静置 20 s 后，剥离过程参数设置：电位扫描范围为−1.2～0 V。在每次循环之前，需要在 0.3 V 电位下搅拌清洗 30 s，以除去残留的铋膜。

图 7-20 重金属 Cd（Ⅱ）的方波阳极溶出伏安法图。采用方波阳极溶出伏安法（SWASV）对痕量镉离子进行了灵敏的检测。镉的分析校正曲线在 5～70 μg/L 范围内具有良好的线性关系（$y = 0.3221x - 0.1909$），相关系数为 0.9975，检测限为 3 μg/L。环境水样中常见离子的存在不干扰痕量镉的测定。

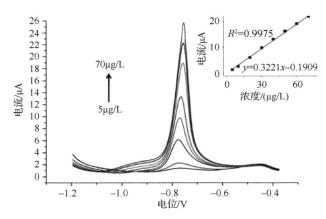

图 7-20　重金属 Cd（Ⅱ）的方波阳极溶出伏安法图

插图为线性关系

7.6.4　电化学分析在细胞毒性分析中的应用

芴是一种常见的多环芳烃，由于其在环境中大量分布，且对人体危害极大，因此，快速、准确地检测芴的细胞毒性具有重要意义。根据 MCF-7 细胞溶液中鸟嘌呤/黄嘌呤的变化，采用电沉积还原氧化石墨烯量子点（RGOQDs）技术制备一种超灵敏的电化学生物传感器用于评价芴对 MCF-7 细胞的毒性。并与甲基噻唑四唑的实验结果进行比较，结果证明基于 RGOQDs/GCE 的电化学生物传感器不仅可用于评价多环芳烃的细胞毒性，还可用于检测细胞内嘌呤核苷酸代谢相关的生理过程。

1）实验仪器与试剂

电化学工作站：CHI 660 电化学工作站，三电极体系：玻碳电极作为工作电极，银–氯化银电极作为参比电极，铂电极作为对电极。

氧化石墨烯量子点（GOQDs）购自南京先丰纳米材料科技有限公司；尿酸（UA）、鸟嘌呤（G）、黄嘌呤（X）购自 Sigma 试剂公司；芴购自阿拉丁化学（中国）有限公司。MCF-7 细胞株购自中国科学院（上海）细胞库，实验室所用水为超纯水。

2）电化学分析

采用差分脉冲伏安法研究细胞裂解液的电化学行为，扫描范围为 0.1～0.9 V，温度为 25℃，读取峰电位 0.25 V 和 0.61 V 处的峰电流，同时做空白试验。

图 7-21 为采用 DPV 研究不同浓度芴对 MCF-7 细胞活性的影响（插图为低浓度放大部分）。基于所制备的电化学生物传感器评价了芴对 MCF-7 细胞活性的影响，得到了满意的结果。结果表明，在 0～0.05 mmol/L 范围内，荧光剂对 MCF-7 细胞有促进增殖作用，当浓度高于 0.05 mmol/L 时，荧光剂对 MCF-7 细胞有抑制作用，这与常规 MTT 法检测结果一致。基于 RGOQDs/GCE 的电化学生物传感器为评价多环芳烃的细胞毒性提供了一种新的方法。

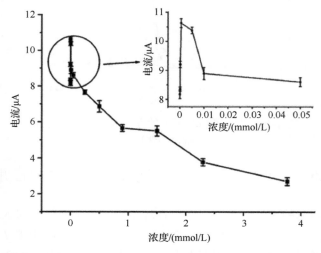

图 7-21　采用 DPV 研究不同浓度芴对 MCF-7 细胞活性的影响

插图为低浓度放大部分

思考与习题

1. 三电极体系由哪三种电极组成，在电化学反应中分别有什么作用？

2. 何为极化现象？根据极化产生的原因可分为几类？

3. 简述 pH 玻璃电极测定 pH 的原理。

4. 什么称为电位滴定法？确定终点的方法有哪些？

5. 简述氟离子选择性电极的结构及响应原理。

6. 什么称为分解电压？为什么实际分解电压会比理论分解电压大？

7. 用两个铂电极电解含有 1 mol/L H_2SO_4 的 0.1 mol/L $CuSO_4$ 溶液。氧在铂上析出的超电位为 0.40 V，氢在铜上析出的超电位为 0.60 V。

（1）电压达到何值时铜才开始在阴极上析出？

（2）如果外加电压刚好等于氢析出的分解电压，当电解完毕时留在溶液中未析出的铜的浓度是多少？

8. 解释极谱分析的原理，常用的定量分析方法有哪些？

9. 在循环伏安图中，可逆是什么含义？

10. 解释阳极溶出伏安法的基本原理及灵敏度高的原因。

11. 电化学拉曼光谱技术的实验步骤是什么？该技术的分辨率由哪些因素决定？

12. 电化学质谱技术如何进行校正？

13. 电化学扫描探针技术的探针为什么要进行包封，常用的包封材料有哪些？

14. 环境污染物有哪些类别，目前着重关注的环境污染物具有哪些特性？

15. 简单介绍电化学分析技术在环境中的发展趋势。

第 8 章　环境生物学分析

8.1　生物学分析

天然水体中的病原体可划分为四类：病毒、细菌、病原原生动物、病原蠕虫。

随着社会工业化进程的加快，人类在工农业生产及日常生活中向水体排入大量污染物，造成水体受到不同程度的污染，其中一些痕量污染物质特别是生物污染物对水体的卫生健康构成了严重威胁，微生物等物质的检测越来越得到人们的重视。本章主要就微囊藻毒素、贾第鞭毛虫和隐孢子虫（两虫物质）、军团菌的检测方法做简要介绍。

8.1.1　微囊藻毒素检测技术

随着社会工业化进程的加快，人类在工农业生产及日常生活中向水体排入大量含有氮、磷的污染物，加速了淡水水体和海洋水体的富营养化程度。水华和赤潮的暴发日益频繁，藻类大量繁殖，导致水质日益恶化，对人类的生存环境造成了严重的威胁。进入 20 世纪 90 年代，全国淡水水体富营养化状态日益严重，涉及范围不断扩大，在长江、黄河、松花江等主要河流和太湖、巢湖、鄱阳湖、武汉东湖、昆明滇池等主要淡水湖泊都曾发现有大量藻类繁殖，并有毒素产生。藻类及其藻毒素的研究得到了越来越多的重视，引起了世界各国的广泛关注。

1. 藻类及其藻毒素的分类

1）产毒藻种

水体产毒藻种主要为蓝藻如微囊藻、鱼腥藻和束丝藻等，可产生毒素。微囊藻可产生肝毒素，导致腹泻、呕吐、肝肾等器官的损坏，并有促瘤致癌作用。鱼腥藻和束丝藻可产生神经毒素，损害神经系统，引起惊厥、口舌麻木、呼吸困难甚至呼吸衰竭。图 8-1 为几种主要的产毒藻种。

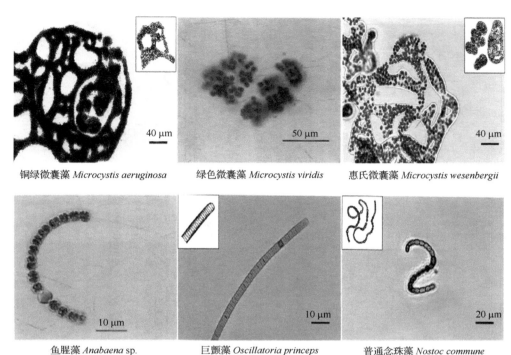

铜绿微囊藻 *Microcystis aeruginosa*　　绿色微囊藻 *Microcystis viridis*　　惠氏微囊藻 *Microcystis wesenbergii*

鱼腥藻 *Anabaena* sp.　　巨颤藻 *Oscillatoria princeps*　　普通念珠藻 *Nostoc commune*

图 8-1　几种主要产毒藻种

2）藻毒素

目前，淡水藻类产生的毒素可分为多肽毒素、生物碱毒素和其他毒素 3 类。对于毒性较强的蓝藻产生的毒素，大体可以分为 4 类，即神经性毒素、致癌性毒素、皮肤型毒素、肝毒素。而根据化学结构又可分为环状缩氨酸、另一种酸、生物碱 3 种类型。现在大多数科学家都在研究具有环状缩氨酸的肝毒素类，因为其他毒素没有像环状缩氨酸那么强的传播性。在环状缩氨酸的肝毒素中，最具有代表性的是微囊藻毒素。

微囊藻毒素是环状的七氨酸结构。微囊藻毒素结构中含有 5 种不变的氨基酸，分别在 1 号、3 号、5 号、6 号、7 号位上；含有两种可变的氨基酸，分别在 2 号、4 号位上，详见图 8-2。5 号位上的氨基酸是一种独特的 β 氨基酸，简称作 Adda。微囊藻毒素是一种极性分子，毒素的命名依靠两种可变的氨基酸：2 号位和 4 号位。目前已发现的微囊藻毒素种类有 70 多种。其中，微囊藻毒素-LR 是最常见的一种，详见图 8-3。

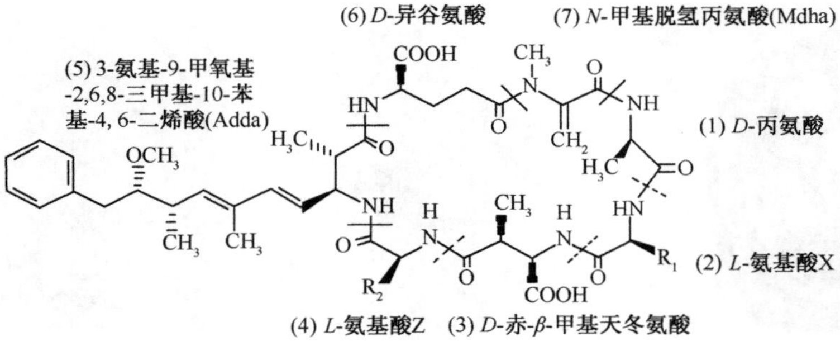

(6) D-异谷氨酸　　(7) N-甲基脱氢丙氨酸(Mdha)

(5) 3-氨基-9-甲氧基-2,6,8-三甲基-10-苯基-4,6-二烯酸(Adda)

(1) D-丙氨酸

(2) L-氨基酸X

(4) L-氨基酸Z　(3) D-赤-β-甲基天冬氨酸

图 8-2　微囊藻毒素化学结构简图

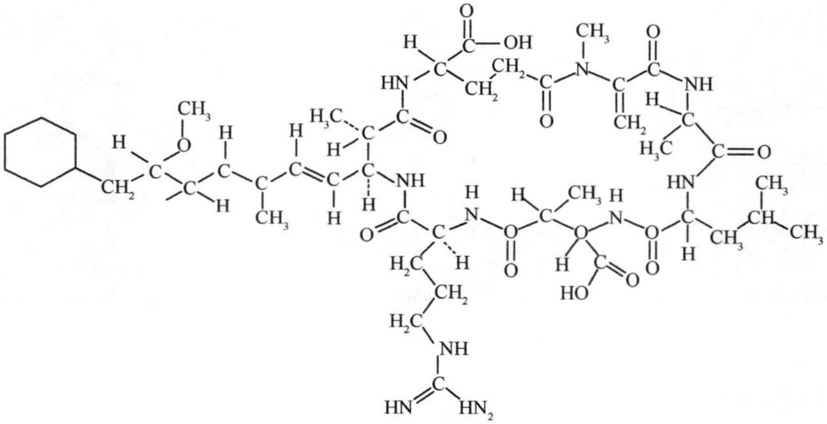

图 8-3　微囊藻毒素-LR 的化学结构

鉴于此，世界卫生组织（WHO）考虑到水中蓝藻细胞的存在而制定了水安全的标准，如表 8-1 所示。

表 8-1　WHO 关于饮用水藻毒素含量的限制

风险类别	细胞密度/（cells/mL）	建议措施
低危险级	20000～100000	无
中危险级	>100000	相对使用
高危险级	聚集体可视	禁止使用

2. 微囊藻毒素检测分析方法

微囊藻毒素检测主要分为生物（生物化学）检测法和物理化学检测法，微囊藻毒素监测方法比较如表 8-2 所示。

表 8-2 微囊藻毒素监测方法比较

检测技术	优点	缺点	检测限
生物测试法	操作简单、结果直观、快捷,可检测未发现的新毒素	耗用量大、灵敏度和专一性不高;无法准确定量,不能辨别毒素的异构体类型;小鼠的维持费用高,工作量大;动物权益问题	用半致死量和致死量衡量
细胞毒性检测技术	灵敏度高	生产工作量大	10~20 ng/mL
高效液相色谱法(HPLC)	对不同毒素可进行精确地定性和定量	灵敏度低、毒素需预处理、技术含量高、标准品价格昂贵、各实验室的检测程序和条件差别较大	1 ng/mL
液质联用法(LC-MS)	快速、准确、灵敏度高,可测定不同藻毒素的异构体	技术含量高,前处理过程复杂	1 ng/mL
酶联免疫法(ELISA)	可检测到毒素的不同同系物,商品试剂盒的出现大大方便了操作,灵敏度高	对多种同系物的识别需要广谱抗体	0.2 ng/mL
蛋白磷酸酶抑制分析法	反映各种毒素的总量,检测灵敏度高而且测定时间较短,干扰小,灵敏度高	不能区分特异性的同系物,需要新制备的放射性底物,放射性底物处理困难	2.5 ng/mL

各方法的不同点在于方法原理、前处理阶段的复杂程度及检测结果的表现形式。最终选择哪种检测方法取决于方法的可选择性和灵敏度,技术的可靠性与所需结果的表现形式也是衡量检测方法最重要的依据。

3. 国标检测藻毒素的方法

2007 年 1 月 1 日,我国开始执行《水中微囊藻毒素的测定方法》(GB/T 20466—2006)标准,标准规定了采用高效液相色谱法(HPLC)和间接竞争酶联免疫法测定饮用水、湖泊水、河水及地表水中的微囊藻毒素。《生活饮用水标准检验方法–有机物指标》(GB/T 5750.8)规定了采用高压液相色谱法测定生活饮用水及其水源水中的微囊藻毒素。以下对高压液相色谱法予以介绍。以下介绍使用高效液相色谱法检测微囊藻毒素-LR 的方法。

1)方法原理

水样过滤后,滤液(水样)经反相硅胶柱富集萃取浓缩,藻细胞(膜样)经冻融萃取,反相硅胶柱富集萃取浓缩后,分别待高压液相色谱分析。

该方法的最低检测质量分别为:微囊藻毒素-RR(MC-RR),6 ng;微囊藻毒素-LR(MC-LR),6 ng;若取 5 L 水样,则它们的最低质量检测浓度都是 0.06 μg/L。

2)方法建立

(1)色谱条件。色谱柱温度:40℃;色谱柱:C_{18} 反相色谱柱(4.6 mm×250 mm,

5 μm）；流动相：甲醇与磷酸缓冲溶液按体积比 57∶43 混合；流速为 1 mL/min；检测器：紫外–可见光检测器，波长为 238 nm。

（2）建立标准曲线。用 20%（体积分数）甲醇将微囊藻毒素标准储备液分别稀释至 0 μg/L、0.1 μg/L、0.2 μg/L、0.5 μg/L、1 μg/L、2 μg/L、5 μg/L、10 μg/L。用进样器分别吸取 10 μL 各标准系列溶液，注入高效液相色谱仪。以响应峰面积为纵坐标，标准系列溶液的浓度为横坐标，绘制标准曲线或计算回归方程。

在上述色谱条件下，MC-RR、MC-YR、MC-LR 的保留时间分别约为 8.8 min、9.5 min、10.6 min。水样中微囊藻毒素的高效液相色谱图如图 8-4 所示。

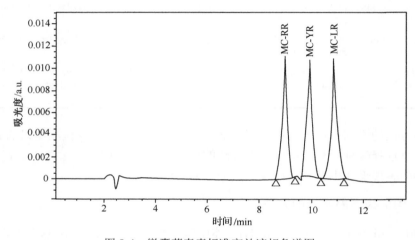

图 8-4　微囊藻毒素标准高效液相色谱图

3）水样分析

用采样器采集 1500～2000 mL 水样（水样采集后，应在 4 h 内完成前处理），随后用 500 目的不锈钢过滤器过滤以除去水样中大部分浮游生物和悬浮物。取过滤后的水样 1200 mL 于玻璃杯式滤器（250 mL）中，依次经 GF/C 玻璃纤维膜和 0.45 μm 乙酸纤维酯滤膜减压过滤，准确量取 1000 mL 滤液置于棕色试剂瓶中。

富集之前先用 10 mL 甲醇和 10～15 mL 纯水将 C_{18} 固相萃取柱活化，然后控制流速在 8～10 mL/min 富集水样中的微囊藻毒素。富集完毕后，依次用 10 mL 纯水和 10 mL 20%（体积分数）甲醇溶液淋洗，再用 10 mL 洗脱溶液洗脱微囊藻毒素。根据需要可对样品进行二次富集和洗脱。将两次洗脱液混合，在 40℃下用旋转蒸发仪或氮吹仪浓缩至干。用 1 mL 甲醇分两次溶解浓缩至干的物质，用涡旋混合器充分混合 1 min。用尖嘴吸管取出，小股氮气流吹干（或离心干燥），加 50%（体积分数）甲醇溶液定容至 100 μL 进行检测。

水样中微囊藻毒素的高效液相色谱图见图 8-5。

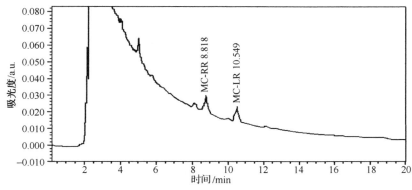

图 8-5　微囊藻毒素水样高效液相色谱图

定量分析：通过色谱峰面积或峰高，在标准曲线上查出萃取液中目标物质量浓度，按式（8-1）计算水样中微囊藻毒素的质量浓度：

$$\rho(\text{MC}) = \frac{\rho_1 \times V_1}{0.6 \times V} \tag{8-1}$$

式中，$\rho(\text{MC})$ 为水样中微囊藻毒素的质量浓度（包括水样和藻细胞），$\mu g/L$；ρ_1 为水样及藻细胞萃取液中微囊藻毒素的质量浓度和，$\mu g/mL$；V_1 为萃取液体积，L；V 为水样体积，L。

4. 藻毒素检测方法展望

随着全球水体富营养化的加剧，水华和赤潮暴发日益频繁，藻类毒素的研究得到了越来越多的关注。随着对毒素性质的进一步了解和分析手段的不断提高，毒素检测和分析的方法越来越多。今后藻毒素的检测与分析将向以下几个方向发展。

（1）建立和完善更加快速、灵敏的检测方法，特别是 ELISA 法、蛋白磷酸酶抑制试验和神经受体结合试验等生化方法，并研制成方便使用的试剂盒。

（2）寻找更加简单、精确的化学检测方法，定量检测各种已知类型的毒素，并对新发现的毒素进行结构、性质等方面的分析。

（3）对饮用水、娱乐用水以及贝类、鱼类等海产品制定合理的安全标准。

（4）将藻毒素的检测和分析与各种理化环境因子的监测相结合，探索毒素产生的规律及有效控制方法。

（5）运用化学方法大规模提纯毒素。纯毒素不但可作为检测分析的标准，还可开发为各种工具药和治疗药。

8.1.2　水中贾第鞭毛虫和隐孢子虫检测技术

贾第鞭毛虫（图 8-6）是一种寄生性的原生动物。当肠贾第鞭毛虫的孢囊进入人体消化道后，可以引起腹痛、腹泻、呕吐、发热和吸收不良等症状，若不及时治疗，多发展为慢性病，病程可长达数年，当虫体寄生于胆道系统时，可引起胆囊炎或胆管炎。贾第鞭毛虫的致病机制目前尚不清楚，一般认为与虫株毒力、机体反应、共生内环境等多种因素有关，特别是与宿主的免疫状态有关，如免疫功能低下或艾滋病患者，易发生严重感染。

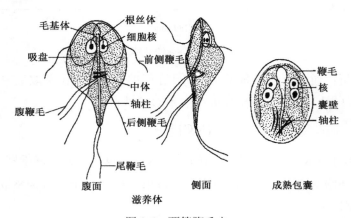

图 8-6　贾第鞭毛虫

隐孢子虫广泛存在于动物中，其卵囊见图 8-7，寄生在人体的主要是微小隐孢子虫（*C. parvum*），是机会致病原虫，可引起隐孢子虫病（Cryptosporidiosis）。该虫主要寄生于小肠上皮细胞，空肠近端虫数最多，严重者可扩散到整个消化道，肺、扁桃体、胰腺、胆囊等器官也有发现。本病的临床症状和严重程度取决于宿

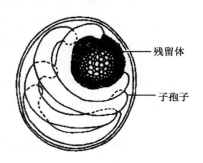

图 8-7　隐孢子虫卵囊

主的免疫功能与营养状况，正常人感染后症状较轻，主要表现为急性水样腹泻，一般无脓血，而免疫功能受损者感染后症状明显，最常见症状为持续性霍乱样水泻，同时伴有肠外感染，使病情更加严重复杂，是艾滋病患者主要致死病因之一。

贾第鞭毛虫和隐孢子虫（简称"两虫"）是肠道原生寄生虫，它们能感染人类与动物的胃肠道，导致贾第鞭毛虫病和隐孢子虫病。当含有两虫的粪便被堆积并流入水中时，饮用水源就会受到污染。若水处理不充分，饮用水中的两虫就可能达到足以致病的数量。两虫抵抗外界环境影响的能力极强，即使在湿冷的环境中亦可存活数月，其卵囊（孢囊）对饮用水的常规氯消毒工艺具有很强的抵抗能力。其直径小，少量卵囊（孢囊）可通过滤池，对当前市政水处理系统采用的常规处理工艺提出了挑战。

贾第鞭毛虫病和隐孢子虫病呈世界性分布，其发病率与空肠弯曲菌、沙门菌、志贺菌、致病性大肠埃希菌相近，在寄生虫性腹泻中分别占首位和第二位。迄今世界上已经有六大洲 80 多个国家报道了这两种病，资料表明，美国 1991～1994 年介水疾病暴发中贾第鞭毛虫病占 25%，隐孢子虫病占 22%。英国在 1986～1995 年共报道了 21 起介水隐孢子虫病和贾第鞭毛虫病。加拿大在 1993～1996 年共报道了 4 起介水隐孢子虫病和贾第鞭毛虫病。我国在江苏、重庆、安徽、内蒙古、福建、山东和湖南等地均有病例报道。亚洲、非洲、拉丁美洲每年病例总数为 2.5 亿～5.0 亿人。

地表水中贾第鞭毛虫和隐孢子虫污染是普遍存在的现象，尤其当被生活污水和农业污水污染后情况更为严重。据美国的一项专项调查，隐孢子虫卵囊的地表水检出率高达 65.0%～97.0%，平均卵囊数为 43 个/100 L，饮用水中卵囊检出率为 28.0%，只有在没有受地面水污染的纯净地下水中才不易查出其卵囊。日本的调查表明，饮用水净水厂的原水中隐孢子虫卵囊的检出率是 100%（13/13），贾第鞭毛虫孢囊的检出率为 12/13，即使在滤后水中，隐孢子虫卵囊的检出仍达 35%（9/26）。我国珠江水系西江珠海段的定期监测显示，水中贾第鞭毛虫孢囊量为 0～152 个/100 L，隐孢子虫卵囊的浓度为 0～182 个/100 L。因此，为保障饮水安全，对公共水体中贾第鞭毛虫隐孢子虫的污染状况进行检测是必要的。

饮用水中浓度较低的隐孢子虫的精确检测是一项技术难题。美国 EPA 最早推荐 ICR 方法作为两虫信息搜集检测方法。为克服 ICR 方法的不足，美国 EPA 于 1996 年开始采用免疫磁珠分离（IMS）法等新技术对隐孢子虫进行分析检测，提出了单独检测隐孢子虫的 EPA 1622 法，并于 1999 年 1 月将其作为一项正式的检测标准发布，1999 年 2 月又发布了能同时检测隐孢子虫和贾第鞭毛虫的 EPA 1623 法。另外，用于两虫检测的方法还有流式细胞计法、PCR 法、荧光原位杂交和 SPR 生物传感器等。我国于 2007 年 7 月 1 日起实施的《生活饮用水卫生标准》（GB

5749—2006）中规定，饮用水中贾第鞭毛虫和隐孢子虫含量应小于 1 个/10 L。这对我国两虫检测方法的制定与执行提出了紧迫的要求。下面将对几种检测方法做简要介绍。

1. EPA 1622 法和 EPA 1623 法

EPA 1622 法用于检测水中两虫，检测分为 3 个阶段：样品收集、浓缩与活性检测，即从污染的碎屑中分离出卵囊（孢囊），检测卵囊（孢囊）并确定其生物活性。EPA 1623 法采用滤筒过滤，免疫磁珠分离和免疫荧光（IFA）显微镜检测与计数两虫，并借助 DAPI（4,6-diamidino-2-phenylindole）染色和微分干涉（DIC）显微镜观察其内部的特征结构来证实卵囊与孢囊的存在（图 8-8、图 8-9）。具体步骤如图 8-10 所示，该方法的回收率较高，准确性也很好，是目前国际上普遍采用的方法。

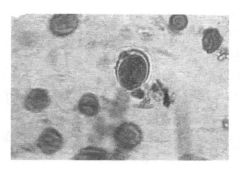

图 8-8　显微镜观察到的蓝氏贾第鞭毛虫孢囊（碘液染色）

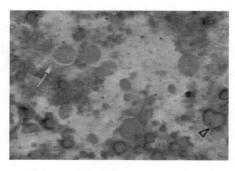

图 8-9　显微镜观察到的隐孢子虫卵囊（改良抗酸染色）

研究人员采集以水库水为源水的 8 家某村镇水厂水样及 3 家污水处理厂排出水，共 21 份样品，采用 EPA 1623 法对水样作抽滤、淘洗、磁分离、染色鉴定的处理，检测贾第鞭毛虫孢囊和隐孢子虫卵囊含量。结果表明，该市 8 家村镇级水

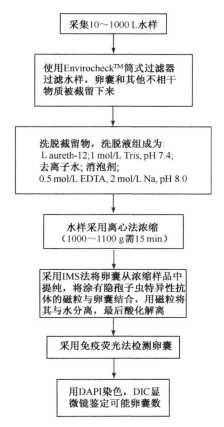

图 8-10 EPA 1623 法检测水样中"两虫"流程图

厂有 6 家源水检出贾第鞭毛虫孢囊，1 家水厂的源水检出隐孢子虫卵囊，3 家污水处理厂中有两家污水处理后排出水检出贾第鞭毛虫孢囊和隐孢子虫卵囊。

然而，EPA 1622 法和 EPA 1623 法操作强度大、耗时长，并且需要丰富的实验室操作经验以解释实验结果，评价卵囊的活性和传染性。此外，EPA 1622 法也存在无法鉴别隐孢子虫的种类及其宿主种类的局限性。

2. 流式细胞计

通过细胞分类法能有效地把隐孢子虫卵囊从水样浓集物中分离出来。该法用一种特定的荧光标识物染色，将水样浓集物通过荧光活性细胞计，目标物即依照事先确定好的大小、形状和发光特性等被分离出来。由于其他相似大小的生物体可能会和隐孢子虫单克隆抗体发生交叉作用，以及具有相似发光特性物质的存在，假阳性结果可能会发生。使用流式细胞计法检测含有 179 个卵囊的 100 L 水样，回收率大于 92%。

3. PCR 法

聚合酶链反应（PCR）是一种特异性扩增目标 DNA 片段的技术手段，利用该方法检测隐孢子虫的关键是根据其特异性 DNA 片段设计扩增引物。进行扩增反应时，引物与变性的隐孢子虫染色体 DNA 退火结合，在 DNA 聚合酶催化下起始合成反应，经过多个循环，可扩增出足量的 DNA，然后借助凝胶电泳、染色、紫外观察等方法来检测 PCR 产物。该方法的敏感性达 50～100 L 水样 1 个卵囊，比传统的 IFA 检出率高，有些 IFA 检测阴性的水样用 PCR 也能检出。虽然 PCR 技术具有快速、敏感、特异性强等优点，但也受一些因素影响，影响因素之一是水样中抑制剂的存在，如腐殖酸对 PCR 有明显的抑制作用等。

利用 PCR 技术检测隐孢子虫时，引物的设计非常重要，因为如果样品中含有与引物序列互补的杂质 DNA，其也可被扩增。因此，该方法对 DNA 污染敏感，一般可采用免疫磁力分离纯化后再采用 PCR 的方法来提高 PCR 特异性。另外，还可根据特异性要求（如隐孢子虫属特异性或隐孢子虫种特异性）来设计引物，以达到鉴定隐孢子虫种类的目的。

4. 荧光原位杂交（FISH）

18S rRNA 通常只存在于活体细胞中，在经过染色或灭活的细胞被细胞内的 RNA 酶降解。荧光杂交方法将具有荧光标记的寡核苷酸探针导入卵囊内部，使之与子孢子 18S rRNA 结构结合，因此用该方法仅能标记有活力的卵囊。当使用亲水的聚四氟乙烯膜，经洗脱、热酒精定色、荧光标记的寡核苷酸探针杂交等过程后，浓缩的卵囊仍保留 98.8%±0.4%。FISH 可将环境水样中的帕沃木氏隐孢子虫与其他种类成功区分，并能辨别卵囊的活性。但该法的定色过程较长，且比直接免疫荧光法等荧光技术的劳动强度大。

由于存在于环境中的非活性贾第鞭毛虫孢囊和隐孢子虫卵囊对公共卫生没有威胁，因此检测处理水或原水水样中卵囊（孢囊）的重要性就不是很明显。因此，当评估贾第鞭毛虫和隐孢子虫的潜在威胁时，卵囊（孢囊）的活性和传染性的测定是非常必要的。常用的分析水中两虫活性及传染性分析的方法有动物感染模型、体外脱囊、荧光染色、动物细胞培养以及反转录 PCR 等（这里不做具体介绍）。

总之，现有的直接检测方法都存在操作复杂、检测周期长、回收率低、可靠性差、不够敏感等问题，对操作水平要求也很高，不同的分析人员、化验室和分析方法的检测结果差异性很大。因此，各国研究者试图通过考察其他水质指标与两虫的相关关系来寻找两虫密度和活性的有效替代指标，以间接反映两虫在水体中的存在水平，其中包括浊度、颗粒计数等物理学指标以及细菌、细菌孢子、病毒、噬菌体等生物学指标。

8.2　现代生物分析技术在环境微生物学中的应用

环境污染问题日益凸显，微生物在有毒污染物的降解过程中的作用机制的研究也越发重要。传统方法在分离培养细菌方面的局限性限制了人们对微生物的认识。近年来以核酸技术为主要内容的现代生物技术的飞速发展，为揭示环境中微生物多样性的研究提供了新的方法，开拓了现代生物分析技术与微生物生态学的交叉领域。微生物生态学采用的现代生物技术主要有 PCR 扩增、核酸探针技术、梯度凝胶电泳方法、限制性内切酶长度多态性分析、DNA 序列测定及基因文库构建、流式细胞术等，这些技术可根据研究目的与对象的不同，单独使用或选择组合使用。

8.2.1　DNA 的提取

环境样品性质复杂，在 DNA 提取前通常要进行适当的预处理，以去除样品中有机物等杂质。DNA 通常与蛋白质及部分 RNA 结合成染色体而存在，因此分离核酸首先要破碎细胞，然后采用各种方法将 DNA 中的蛋白质、糖类、脂类和盐类等物质去除以纯化 DNA。在提取过程中，要保证 DNA 不被内源或外界污染的 DNAse 降解以保持 DNA 的完整性，并要排除其他分子的污染。常用的细胞破碎（在缓冲液中）有以下几种方法。

（1）机械法。包括用组织捣碎机、玻璃匀浆器、研钵研磨。机械法在操作过程中不够温和，容易使 DNA 破碎，所以这种方法多用于小质粒分离，而在研究活性污泥过程中使用较少。

（2）物理法。反复冻融法（–15～20℃，主要用于动物细胞）、冷热交替法（90℃至冰冻，主要用于细菌病毒）、超声波处理法（多用于微生物）。

（3）化学及生化法。自溶法（在一定的条件下加防腐剂，自身酶系破坏细胞，因时间不易控制，一般少用）、溶菌酶（破坏细菌细胞壁）、纤维素酶（用于植物细胞）、表面活性剂（SDS 和 TritonX-100 等）。

各种方法的提取效率因细胞壁结构、细胞大小、DNA 分子量等而不同，一般来说，温和的提取方法如超声波、溶菌酶易造成细胞裂解不完全，丢失微生物种类；剧烈的提取方法如玻璃珠的强烈击打又易造成 DNA 片段的破碎。因此，要根据样品的特点进行 DNA 提取方法的优化。无论采取哪种方法提取 DNA，都有不同程度的蛋白质、多糖以及一些盐类污染，常用有机溶剂抽提、沉淀、梯度离心法、酶温化法等，对提取的 DNA 进行纯化以保证后续的处理效果。

8.2.2　PCR 技术及其应用

1. PCR 的原理

由环境样品提取的总 DNA 分子浓度相当低，以至于无法直接进行后续分析，这个缺点可借由聚合酶链式反应（PCR）的技术解决。PCR 是一种将原样品 DNA 一直复制的步骤，加入适当的两段寡核苷酸作为反应的引物、4 种脱氧核苷三磷酸 dNTP、DNA 聚合酶等反应物，利用机器反复升温降温，精确扩增模板 DNA 片段。

PCR 反应分变性、退火、延伸 3 步。反应时，首先在引物 dNTP 的参与下对模板 DNA 进行加热变性；随后，将反应混合液冷却至某一温度，在这一温度下引物与它的靶序列发生退火。此后退火引物在 DNA 聚合酶作用下得以延伸，如此反复进行变性、退火和延伸的这种循环。由于这种扩增产物是以指数形式积累的，经 25～30 个循环后，扩增倍数可达 10^6。

2. PCR 引物的选择和设计

PCR 引物和用于杂交的核苷酸探针的设计是分子生态学方法中最基础、最关键的技术，决定整个 PCR 反应的特异性和成败。引物是与扩增 DNA 片段两端互补的寡核苷酸，进行 PCR 反应时，根据不同的目的设计特异性不同的引物。引物的特异性可以在界、门、纲、目、科、属、种甚至菌株等水平上显示。要确定引物的特异性需要将所要扩增的类群的 16S rDNA 序列与所有细菌的 16S rDNA 序列进行对排，然后找出合适的寡核苷酸序列，这些寡核苷酸序列与所要扩增的种属 16S rDNA 全部匹配，但与其他所有的 16S rDNA 有错配或尽可能少地全配。目前有不少数据库可以帮助进行序列比较，有人建立了专门的核糖体小亚基 16S 和 18S rDNA 序列数据库（RDP）。该数据库的功能之一就是通过网络或电子邮件（rdp@phylo.life.uicu.edu 或 server@rdp.life.uiuc.edu）提供探针特异性检查服务。

3. PCR 类型

在分子生态学中，PCR 技术常与其他技术结合起来使用，如免疫 PCR、套式 PCR、反转录 PCR、竞争 PCR、反向 PCR、标记 PCR、不对称 PCR、实时荧光定量 PCR、原位 PCR、重组 PCR 等。

免疫 PCR 将一段已知序列的 DNA 片段标记到抗原抗体复合物上，通过 PCR 方法将这段 DNA 扩增，然后常规检测 PCR 产物，该方法适用于微量抗原的检测。

套式 PCR（nested PCR）是指利用两套 PCR 引物（套式引物）对进行两轮 PCR 扩增反应。在第一轮扩增中，外引物用以产生扩增产物，此产物在内引物的存在下进行第二轮扩增。

反转录 PCR（RT-PCR）是在 mRNA 反转录之后进行的 PCR 扩增，可以用来分析不同生长时期的 mRNA 表达状况的相关性。

竞争 PCR（C-PCR）是一种定量 PCR，通过向 PCR 反应体系中加入人工构建的带有突变的竞争模板、控制竞争模板的浓度来确定目的模板的浓度，对目的模板进行定量研究。

反向 PCR（inverse PCR）是利用连接酶将一段未知序列两端连接成环状，利用单一限制酶原点切开已知序列，据已知序列的碱基顺序设计 3′端和 5′端引物扩增未知序列。

标记 PCR 是利用同位素或荧光素对 PCR 引物的 5′端进行标记，以检测是否存在靶基因。

不对称 PCR（asymmetric PCR）采用不同的引物浓度，经 PCR 扩增得到单链 DNA。一般采用（50∶1）～（100∶1）比例的引物浓度，低浓度引物通常为 0.5～1.0 pmol/L。在 PCR 前 25 个循环中，主要生成双链 DNA 产物。在低浓度引物逐渐耗尽时，由高浓度引物介导的 PCR 反应就会产生大量单链 DNA，分离扩增产物中单链 DNA，利用原引物或扩增单链 DNA 序列内的另一条引物直接测序。

定量 PCR（quantified PCR）的原理是以 mRNA 为模板合成 cDNA 后，再在同一反应管内同时加入参照基因和待测基因，参照引物和待测基因引物进行 PCR 扩增，以参照基因的扩增产物为基础，观测待测基因产物的相对量，常用于 mRNA 定量。

实时荧光定量 PCR（fluorescent quantitative PCR，FQ-PCR）结合 PCR 和 DNA 探针杂交技术的特点，通过实时监控 PCR 体系中的荧光信号，对样本中初始模板进行定量分析。与常规 PCR 相比，实时荧光定量 PCR 具有更强的特异性，能有效解决 PCR 产物的污染，同时能对起始模板进行准确定量。

原位 PCR 技术是以组织固定处理细胞内的 DNA 或者 RNA 作为靶序列进行 PCR 反应的过程，不必从组织细胞中分离模板 DNA 或 RNA。原位 PCR 将 PCR 技术的高度敏感性和原位杂交的细胞定位能力结合起来，既能鉴定带有靶序列的细胞，又能准确标明靶序列在细胞内的位置。

重组 PCR 是将两个不相邻的 DNA 片段重组在一起的 PCR。其基本原理是将突变碱基、插入或缺失片段或一种物质的几个基因片段设计在引物中，先分段对模板扩增，除去多余的引物后，将产物混合，再用一对引物对其进行 PCR 扩增，所得到的产物是一重组合的 DNA。

共享引物 PCR 的原理是利用 3 条引物扩增两种不同的 DNA 序列，其中一条引物与两种待扩增序列都互补，它与另两条引物分别组成两对 PCR 引物。此种 PCR 常用于细菌学鉴定，确定同一种属细菌的不同种类。

多重 PCR 又称复合 PCR，它是在同一个 PCR 反应体系中加入两对以上的引物，同时扩增一份 DNA 样品中不同基因位点的不同序列。由于多重 PCR 能在一支 PCR 反应管内同时检出多种病原微生物，因此可以节省时间和经费。

连接酶扩增反应（PCR-LCR）是以 DNA 连接酶将某一 DNA 链的 5′磷酸与另一相邻链的 3′羟基连接为基础的循环反应，能准确分析基因序列中的单个碱基突变。

由于 PCR 反应极强的扩增能力和检测的灵敏性，微量样品污染便有可能导致结果的假阳性。因此在实验操作中应谨防污染的发生，设置严格的阳性、阴性及试剂对照，以提高 PCR 结果的可靠性。

8.2.3　环境微生物的现代生物学分析方法

1. 基于 PCR 的分子生物技术

由于特定 DNA 序列的微小变化，可以提供含有关键基因的微生物群落关于结构和多样性的重要信息，所以在研究微生物生态系统时可以采用不同的 DNA 多态性技术。一般这些技术与 PCR 结合使用，来分离和检测具有微小差别的含量很低的特殊 DNA 序列，从而分离和鉴定出那些大小相同但核酸序列稍有差别的 DNA 扩增产物。基于 PCR 的分子生物学分析方法有随机扩增多态性 DNA（randomly amplified polymorphic DNA，RAPD）、肠杆菌科基因间重复一致序列 PCR（PCR-ERIC）、PCR 单链构象多态性（PCR-SSCP）、变性/温度梯度凝胶电泳（DGGE）、PCR-酶联免疫吸附剂测定（PCR-ELISA）等。

1）随机扩增多态性 DNA

RAPD 技术使用一系列具有 10 个左右碱基的单链随机引物,对基因组的 DNA 全部进行 PCR 扩增以检测多态性。由于整个基因组存在众多反向重复序列，因此需对每一随机引物单独进行 PCR。单一引物与反向重复序列结合，使重复序列之间的区域得以扩增。引物结合位点 DNA 序列的改变以及两扩增位点之间 DNA 碱基的缺失、插入或置换均可导致扩增片段数目和长度的差异，经聚丙烯酰胺或琼脂糖凝胶电泳分离后通过 EB 染色以检测 DNA 片段的多态性。RAPD 分析用于探测含有混合微生物种群的各种生物反应器中的微生物多样性，不需要生物 DNA 序列，而且 DNA 用量少，无须制备克隆、探针标记和分子杂交等。RAPD 分析得到的基因组指纹图谱可用于比较一段时间内微生物种群的变化及小试规模和中试规模的反应器，但不足以用来估测群落的生物多样性。

扩增的 rDNA 限制酶切分析技术（ARDRA）依据原核生物 rDNA 序列的保守性，将扩增的 rDNA 片段进行酶切，然后通过电泳图谱来分析细菌的多样性。任意引物 PCR 技术（AP-PCR）和 DNA 扩增指纹（DAF），大体上与 RAPD 相类似，只是反应条件、引物长度稍有不同，使扩增的随机性更强，产生的带型更丰富。由 RAPD、AP-PCR 和 DAF 组成的多态性分析方法统称为多点位随机扩增图（MAAP），其中 RAPD 技术较常用。

2）肠杆菌科基因间重复一致序列 PCR

PCR-ERIC 是一段在肠杆菌中发现的重复序列，可以形成稳定的茎环结构，定位于基因组内可转录的非编码区域或与转录有关的区域，它在不同菌基因组中的定位和拷贝数不同。PCR-ERIC 是 Versalovic 等根据 ERIC 序列中部高度保守区设计的一对特异外向引物，通过 PCR 扩增两段 ERIC 序列间的 DNA 片段，构建 DNA 指纹图谱。每一种菌都有其独特的稳定的 ERIC-PCR 指纹图谱，因此该技术常被用于属、种，甚至菌株水平上的细菌分类与鉴定，可广泛应用于微生物分类鉴定、环境微生物动态分析等方面。

3）PCR 单链构象多态性

PCR-SSCP 分析的原理是基于序列不同的 DNA 单链片段，其空间构象亦有所不同，当其在非变性聚丙烯酰胺凝胶中进行电泳时，电泳的位置会发生变化，表现出不同序列单链电泳迁移频率的差异，从而判断有无突变存在。对于一段 DNA，其单链具有特定的空间构象，这种空间构象的形成与该段 DNA 的碱基序列有关，空间构象亦随之改变。研究发现，不同空间构象的 DNA 单链在中性聚丙烯酰胺凝胶电泳时的迁移效率有所不同，这样对于同一段单链 DNA，这种空间构象的变化及电泳迁移的改变即能说明其有突变的发生。因此，PCR 扩增后的 DNA 片段经变性成单链，然后在中性胶中电泳，即可检出有无突变。

PCR-SSCP 法检测小于 200 bp 的 PCR 产物时，突变检出率可达 70%～95%；当片段大于 400 bp 时，检出率仅为 50% 左右。该法可能会存在 1% 的假阳性率，同时它不能测定突变的准确位点，还需通过序列分析来确定。

4）变性/温度梯度凝胶电泳

DGGE 也称为温度梯度凝胶电泳（TGGE）原是在医学研究中产生的，用于检测遗传连锁研究中的点突变，Muyzer 等首先把它引入微生物分子生态学中，以确定自然环境中微生物群体的遗传多样性。变性梯度凝胶电泳用来分析从群落 DNA 抽提物或不同细菌分离得到的 PCR 扩增的 16S rDNA 序列，它的原理是使用一对特异性引物 PCR 扩增微生物自然群体的 16S rRNA 基因，产生长度相同但序列有异的包含 DNA 片段的混合物，然后用 DGGE 分离。DNA 的分离基于凝胶中不同 DNA 片段的电泳迁移率的变化，DGGE 胶是在 6%聚丙烯酰胺凝胶中添加线性梯度的变性剂，变性剂的浓度由上到下（或从左到右）、从低到高呈线性梯度。在一定温度下，在同一浓度的变性剂浓度下，序列不同的产物其解链程度也不同，而产物解链程度又直接影响其电泳迁移率，从而使不同的产物在凝胶上分离开来（图 8-11）。

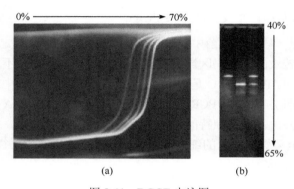

图 8-11　DGGE 电泳图
（a）垂直梯度变性凝胶电泳；（b）平行梯度变性凝胶电泳

富含 GC 的序列或 GC 夹（由富含 GC 序列的 40～45 个碱基组成）起着高温解链结构域的作用，可防止 PCR 产物完全解链，使 DGGE 对序列差异的分辨率提高到近 100%，GC 夹一般连接在正向引物的 5′端。只带有少数碱基突变体的片段能在 60℃直线增加的尿素和甲醛变性梯度中被有效分离。相反，直线增加的温度梯度中具有等浓度的甲醛和尿素，用它来分离 TGGE 中 PCR 产物，即 DGGE/TGGE 方法可用于微生物群落结构的研究、微生物种群动态的分析、富集培养物及分离物的分析、核糖体 RNA 同源性的分析。

群落 DNA 的抽提无须事先培养分离菌，就能对存在的优势 16S rDNA 进行判断。不过，单一机体的 rDNA 操纵子之间的序列有明显的变化，因此单一机体有在梯度凝胶上产生多重带型的可能性。DGGE/TGGE 只能提供微生物存在的静态信息，不能提供这些微生物的活性信息，也不能对微生物种群多样性的演替进行动态监测。并且 PCR 扩增过程中可能存在碱基插入的错误，且不同微生物细胞破壁难易程度不同，从而造成分析结果的偏差。

5）PCR-酶联免疫吸附剂测定

PCR-ELISA 是在 PCR 扩增后，在微孔板上用酶联免疫吸附试验的原理，使用酶标抗体，进行固相杂交来实现定量。具体步骤是用亲和素包被微孔板，再用生物素标记捕获探针 3′端（捕获探针 5′端和待检靶序列 5′端的一段互补），通过生物素与亲和素的交联作用将捕获探针固定在微孔上，制成固相捕获系统。在 PCR 扩增时，引物用抗原（生物素、地高辛、萤光素酶等）标记，这样扩增产物中就会带有抗原，扩增产物与微孔上的捕获探针杂交，靶序列被捕获。再在微孔中加入用辣根过氧化物酶标记的抗体，抗体与靶序列上的抗原结合，再加入底物使之显色从而实现定量。PCR-ELISA 的灵敏度较 FQ-PCR 略高，可用来监测样品 PCR 平均效率。

2. 核酸探针技术

核酸探针技术原理是碱基配对，互补的两条核酸单链通过退火形成双链，这一过程称为核酸杂交。核酸探针指带有标记物的已知序列的核酸片段，它能和与其互补的核酸序列杂交，形成双链，所以可用于待测核酸样品中特定基因序列的检测。常用的核酸探针技术有限制性片段长度多态性分析（RFLP）、荧光原位杂交（FISH）、原位杂交、Southern 印迹杂交、流式细胞术（FCM）等。

1）限制性片段长度多态性分析

基于 Southern 印迹杂交的 RFLP 标记是在生物多样性研究中广泛应用的 DNA 分子标记。它是指应用特定的核酸内切限制酶切割有关的 DNA 分子，经过电泳、原位膜印迹、探针杂交、放射性自显影后，分析与探针互补的 DNA 片段在长度上的简单变化。

RFLP 分析常用于特异细菌分离，首先从细菌分离菌的纯培养物中提取总 DNA，基因组 DNA 随后被限制酶切割成小片段。这些片段通常用凝胶电泳分离，随后用溴化乙锭染色和紫外线照射显色检出多态性。如果限制酶在基因组 DNA 内许多位点切割，就能产生几个甚至几百个 DNA 片段，电泳后这些片段的图形和探针会产生具有原始细菌分离后的特征指纹。一般来说，扩增的 DNA 至少用两种酶切割，以确保不同分离菌的判别。因为使用一种特异酶通常产生 2～4 个片段，某些情况下会因为核糖核酸分型无法辨别而不能区分分离菌。

RFLP 分析对样品纯度要求较高，样品用量大，多态性水平过分依赖于限制性内切酶的种类和数量，且技术步骤烦琐、工作量大、成本较高，所以限制了它的应用。

2）荧光原位杂交

FISH 是目前单个细胞水平上分析微生物群落结构的常用分子生态学方法。根据已公布的、定位在不同分类等级的 rDNA 分子的特征位置，以核酸分子杂交技术为核心，设计以 rDNA 为靶点的寡核苷酸探针，探针是能与特定核苷酸序列发生特异性互补的已知核酸片段（通常是化学合成的长度为 15～25 bp 的单链 DNA 分子），然后用荧光标记探针，根据碱基互补配对的原则，被标记（放射性或非放射性的）的核苷酸探针以原位杂交、Southern 印迹杂交、斑点印迹和狭线印迹杂交等不同的方法，可直接用来探测溶液中、细胞组织内或固定在膜上的同源核酸序列。

由于核酸分子杂交的高度特异性及检测方法的高度灵敏性，用光密度测定法直接比较核酸杂交得到的阳性条带或斑点就能得出定量的结果，从而反映出相关微生物的存在及功能，使得核酸分子杂交技术广泛应用于环境中微生物的检测。由于核酸抽提和 PCR 扩增都有一定程度的偏差，而 FISH 技术作为一种不依赖于 PCR 的分析技术，可以将整体微生物环境清晰地呈现出来，避免由核酸抽提和扩增引起的偏差，是以上各种分子标记技术的有益补充，并同时提供形态学、数量、空间分布与细胞环境方面的信息，使人们可以对自然生境中的微生物进行动态地观察和鉴定。

3）流式细胞术

流式细胞术（flow cytometry，FCM）是利用流式细胞仪对处于快速流动的细胞等生物粒子的理化及生物学特性（细胞大小、DNA 含量、细胞表面抗原表达等）进行多参数的快速定量分析和分选的方法。FCM 的工作原理是将待测细胞染色后制备成单细胞悬浮液，在高压氮气驱动下和外层鞘液约束下，高速从流动室的喷嘴喷出，形成单细胞排列的圆形液柱。光源发出的激光束与液柱垂直相交，形成测量区。通过测量区的细胞在激光照射下产生散射光和荧光，被检测系统接收后，将光信号转变成电信号，经计算机处理分析得出被测细胞多组参数，测量分析速度可达每秒数千乃至上万个细胞（图 8-12）。它集中单克隆抗体技术、激光技术、计算机技术、细胞化学和免疫化学技术。流式细胞仪主要由流动室及液流系统、激光光源、光电检测系统、信号处理系统组成。

应用流式细胞仪对细胞表面或内部抗原进行检测时，可选用的荧光素多种多样，包括单标记抗体荧光素、双标记抗体荧光素、三标记抗体荧光素等，它们分子结构不同，激发光谱和发射光谱也不同。选择荧光染料或单抗标记的荧光素时必须考虑流式细胞仪配备的激光光源的发射光波长，目前台式机流式细胞仪通常

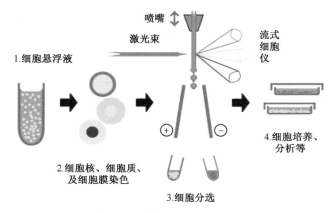

图 8-12　流式细胞测定原理图

配置的激发器光源波长为 488 nm，常用的荧光染料有异硫氰酸荧光素（FITC）、藻红蛋白（PE）、碘化丙啶（PI）、花青素（CY5）、叶绿素蛋白（preCP）、藻红蛋白–得克萨斯红（ECD）等。

　　流式数据可以用一维直方图、二维散点图、等高线图、密度图等来表示。图 8-13（a）是流式细胞二维散点图，每个黑点代表一个细胞；横坐标是前向角散射的对数（FS lg），纵坐标是侧向角散射的对数（SS lg）。图 8-13（b）是流式细胞数据的一维直方图，每个细胞单参数的测量数据可以整理成统计分布，绘直方图。横坐标表示荧光信号或散射光信号相对强度的值，其单位是道数，可以是线性（line）或者对数（lg），纵坐标是细胞数（count）。

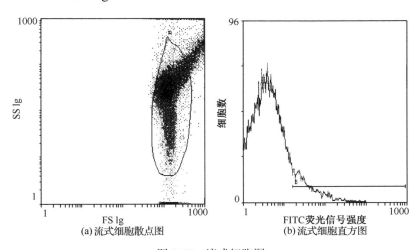

(a) 流式细胞散点图　　　　　(b) 流式细胞直方图

图 8-13　流式细胞图

环境系统涉及地球生物化学环境中广泛的自然条件，如离子强度、pH、特殊物质等，正是由于环境样品具有复杂的物理、化学性质，FCM 在环境领域中的应用变得复杂。FCM 在环境样品的应用中，荧光检测的阈值由自发荧光、样品不均匀性、荧光分布、仪器信噪比、探针与目标片段的杂交效率等决定。海水、淡水中的光合色素及其他有机物产生的自发荧光及非特异性染色影响荧光标记法在海水与淡水中的应用。

除了自发荧光，在水相和地表水生物样品中，大量存在着如细菌大小的非生物颗粒，也对光学检测法的应用提出了挑战。海水与淡水的生物地球化学特性的差异造成的如离子强度的变化，也影响 FCM 的应用。FCM 在环境样品的应用中，需要针对不同种类的样品采取特定的样品预处理方法，才能观察到微生物成分的变化。

样品的可分析程度与样品的复杂性直接相关（如沉积物样品比地表水样品更难于分析），然而，微生物检测的分子方法、不同类型样品预处理方法学、合适的实验控制等方面的发展进步，可以克服由样品的复杂性导致的分析困难。

3. DNA 序列分析及基因文库构建

DNA 序列分析能充分地揭示 DNA 的多样性，尤其是荧光标记的核酸自动测序仪的普遍使用，更推动 DNA 序列分析的发展。随着分子信息学的发展，已有许多功能基因及专门的 rDNA 序列数据库软件供序列比较，使核酸基因的序列分析可揭示更高水平的多态性。生态学上常用通用引物扩增某些基因的 DNA 片段，随后用通用引物直接测序。有了微生物 16S rDNA 序列，不论是全长还是部分，都可以提交到 GenBank，采用 BLAST 程序与已知序列进行相似性分析。GenBank 将按照与测得序列的相似性高低列出已知序列名单、相似性程度以及这些序列相对应的微生物种类，但更为精确的微生物分类还依赖于系统发育分析。系统发育分析，就是根据能反映微生物亲缘关系的生物大分子（如 16S rDNA、ATP 酶基因）的序列同源性，计算不同物种之间的遗传距离，然后采用聚类分析等方法，将微生物进行分类，并将结果用系统发育树表示。计算菌属、菌种之间的遗传距离、构建进化树都可以采用不同的算法，不同的算法适用目标不同。图 8-14 是降解 2-氯酚的厌氧反应器中颗粒污泥的古菌系统发育树，用 Vector NTI 9.0 Advanced 软件进行序列对比，以 Kimura 2-参数模型和 NJ 算法为基础，用 MEGA 3.1 软件绘制的系统发育关系分析，其中括号里面的字母代表序列的登录号。

4. 高通量测序技术

高通量测序技术又称"下一代"测序技术和深度测序，它能一次并行对几十万

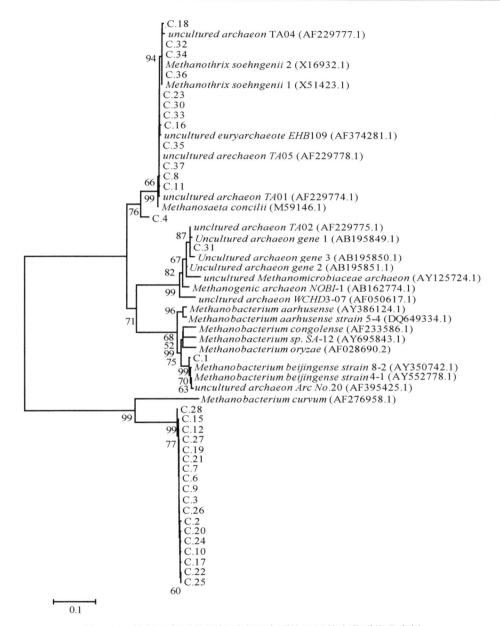

图 8-14 降解 2-氯酚的厌氧反应器中颗粒污泥的古菌系统发育树

到几百万条 DNA 分子进行序列测定，并使得对一个物种的转录组和基因组进行细致全貌的分析成为可能。高通量测序技术是 DNA 测序发展历程的一个里程碑，它为现代生命科学的研究提供了前所未有的机遇，也为环境微生物学领域研究的深入开展提供了契机。

现在新测序技术的主要平台主要有罗氏公司（Roche）的 454 测序仪（Roche GS FLX sequencer）、Illumina 公司推出的 Solexa 基因组分析平台（genome analyzer platform），以及 ABI 公司推出的 SOLiD 测序仪（ABI SOLiD sequencer）。这三个测序平台为高通量测序平台的代表。

454 测序仪的测序原理是基于焦磷酸测序法，依靠生物发光对 DNA 序列进行检测。454 焦磷酸法平台是最早上市的循环微阵列法平台，使用的是边合成边测序（sequencing by synthesis，SBS）技术。其主要测序原理如下。

（1）首先将待测的目的 DNA 分子打断成 300~800 bp 的片段，然后在 DNA 片段的 5′端加上一个磷酸基团，3′变成平端，在两端分别加上 44 bp 的 A、B 两个衔接子，组成目的 DNA 的样品文库。

（2）目的 DNA 片段固定到一个磁珠上之后，将磁珠包被在单个油水混合小滴（乳滴），在这个乳滴里进行独立的扩增，而没有其他的竞争性或者污染性序列的影响，从而实现了所有目的 DNA 片段进行平行扩增乳滴 PCR（emulsion PCR，emPCR），经过富集之后，每个磁珠上都有约 10^7 个克隆的 DNA 片段。

（3）随后将这些 DNA 片段放入 PTP（pico titer plate）微孔反应板中进行后继测序。PTP 反应板含有 160 多万个由光纤组成的孔，孔中载有化学发光反应所需的各种酶和底物。

（4）测序开始时，放置在四个单独的试剂瓶里的四种碱基，依照 T、A、C、G 的顺序依次循环进入 PTP 反应板，每次只进入一个碱基。如果发生碱基配对，就会释放一个焦磷酸盐（PPi）分子。PPi 在 ATP 硫酸化酶的催化下与腺苷酰硫酸反应生成 ATP，ATP 与虫萤光素反应发光，光信号的最大波长约为 560 nm。

（5）此反应释放出的光信号实时被仪器配置的高灵敏度 CCD 捕获到。有一个碱基和测序模板进行配对，就会捕获到一分子的光信号，由此一一对应，就可以准确、快速地确定待测模板的碱基序列，读长可达到近 500 bp。

Solexa 基因组分析仪通常也被称为 Illumina 测序仪，所使用的方法是克隆单分子阵列技术。主要测序原理如下。

（1）将目的 DNA 分子打断成 100~200 bp 的片段，随机连接到固相基质上，经过 Bst 聚合酶延伸和甲酸铵变性的桥 PCR 循环，生成大量的 DNA 簇，每个 DNA 簇中约有 1000 个相同序列的 DNA 片段。

（2）之后的反应与 Sanger 法类似，加入用 4 种不同荧光标记并结合了可逆终止剂的 dNTP。固相基质上每个孔有八道独立检测的位点，所以一次可以并行 8 个独立文库，可容纳数百万的模板克隆，可把多个样品混合在一起检测，每个固相基质上一次可读取 10 亿个碱基。

（3）DNA 簇与单链扩增产物的通用序列杂交，由于终止剂的作用，DNA 聚合酶每次循环只延伸一个 dNTP。每次延伸产生的光信号被标准的微阵列光学检测系统分析测序，下一次循环中把终止剂和荧光标记基团裂解掉，然后继续延伸 dNTP，实现边合成边测序技术。

（4）其主要的缺点是光信号衰减和移相使得序列阅读长度较短，可以进行每个 DNA 测序片段的阅读长度仅为 75 bp 的末端双向测序反应。

SOLiD 测序即寡聚物连接检测测序，其基本原理是通过荧光标记的 8 碱基单链 DNA 探针与模板配对连接，发出不同的荧光信号，从而读取目标序列的碱基排列顺序。在该方法下，目标序列的所有碱基都被读取两遍，因此 SOLiD 最大的优势就是准确率高。由于 SOLiD 系统采用的不是 PCR 反应进行 DNA 合成与测序，因此对于高 GC 含量的样本，SOLiD 系统具有非常大的优势。SOLiD 的主要测序原理如下。

（1）首先制备 DNA 文库。SOLiD 技术支持两种测序文库，分别是片段文库和配对末端文库。将待测的 DNA 分子打断，并在两端加上接头，则可组成片段文库。而配对末端文库则是先把 DNA 分子打断，在中间加入 EcoP15 酶切位点和 internal 接头后进行环化，然后用 EcoP15 酶切，使得接头的两端各有 27 bp 的碱基，最后在两端加上接头，构成文库，适用于全基因组测序、SNP 分析、结构重排及拷贝数的分析等相关领域。

（2）第二个阶段与 454 焦磷酸测序法相同，加入磁珠等反应元件进行 emPCR 平行扩增，不同的是该方法的磁珠只有 1μm。在连接测序中，底物是 8 个碱基的八聚体单链荧光探针，在 5′末端分别标记了 CY5、Teaxs Red、CY3、6-FAM 这四种颜色的荧光染料。3′端的第 1、第 2 位碱基类别排序分别对应着一个固定的荧光染料，第 3～第 5 位碱基"n"是随机碱基，第 6～第 8 位碱基"z"是可以和任何碱基配对的特殊碱基。

（3）一次测序中包括五轮连接反应。每轮连接反应首先是由 3 个碱基"n"介导，将八聚体连接在引物上，测序仪记录荧光染料信号，然后断裂掉碱基"z"，准备连接下一个八聚体。一次循环后，将引物重置，进行第二轮连接反应，反应位置比前一轮错开一位，这样引物上的每个碱基都会有两次与第 1、第 2 位的碱基相连接，显著减小测序误差。

目前，高通量测序技术已广泛地应用于环境微生物学研究中，它使得直接研究自然状态下的微生物中的种群结构成为现实。同时，高通量测序技术有助于在矿山、废水、海洋、土壤、大气等差异性环境样本研究中获得更加完整的 DNA。高通量的发展为环境微生物在物质循环、生态系统调节及污染处理等方面的深入研究提供了机遇，也为极端环境下（如耐重金属、持久性有机污染物）的功能微生物在耐受性驯化、代谢机理研究等方面提供了有力支持。然而，高通量测序技术也存在着一些缺点。它可能会高估或低估一些微生物类群的相对丰度及多样性等。例如，高通量测序针对环境中所有的 DNA 样品，死的生物也可能被检测到。高通量测序技术产生的海量数据分析难，这种海量数据使得生物信息学分析面临挑战，加大了土壤学或微生物学研究者对高通量测序结果分析的难度。此外，高通量测序仪价格昂贵，一般的小型实验室难以承受。虽然高通量测序技术过程中依然存在一些问题，但是其检测快、通量高和信息丰富等特点，使其在环境微生物学研究中的应用具有独特优越性。

现代生物学技术在生态学研究中的应用大大推动了微生物生态学的发展，导致微生物分子生态学的产生。微生物分子生态学方法弥补了传统的微生物生态学方法的不足，使人们可以避开传统的分离培养过程而直接探讨自然界中微生物的种群结构及其与环境的关系，并在分子水平上对其种群结构、生态功能进行阐述，有利于深入解析生态问题的机制。在实际工作中，往往需要将传统方法和分子生物学方法结合起来使用，才有可能对复杂的微生物生态系统中的微生物多样性和群落结构进行分析和研究。

8.3　环境毒理学研究方法与技术

环境毒理学是利用毒理学方法研究环境，特别是空气、水和土壤中已存或即将进入的化学污染物及其转化产物对生物有机体，尤其是对人体健康的损害作用及其作用机理的一门科学。我国环境毒理研究工作始于 20 世纪 60 年代初，当时制定了一批大气中有害物质卫生标准和地表水中有害物质卫生标准。80 年代以来，环境毒理研究工作进入了新的时期：在研究内容上涉及环境污染的各个侧面，重点研究低浓度环境污染物（金属、农药、烃及多环芳香烃等）对生物的危害及致毒机理；在研究方法上除一般毒性研究外，更广泛地开展了致突变作用、致癌作用以及生殖毒性和发育毒性等。近年来，又先后开展了分子生物学水平的研究。随着环境毒理学研究内容的扩展和方法学的不断发展，毒理学的生物测试方法在环境监测和环境质量评价上逐渐得到广泛运用。

8.3.1　环境污染物的生物测试方法

生物测试（bioassay）又称生物检测，是系统利用生物反应测定一种或多种污染物或环境因素，单独或联合存在时，导致的影响或危害。生物测试所利用的生物反应包括分子、细胞、组织、器官、个体、种群、群落、生态系统各级水平上的反应。本章将就生物个体、组织、细胞和分子水平上环境毒理学的研究方法进行介绍。

1. 个体水平测试

20 世纪 80 年代初期，发达国家和组织就制定了针对化学品生物毒性效应的一系列标准和工作指南。例如，美国国家环境保护局、经济合作与发展组织（OECD）及德国标准研究所（DIN）均颁布了一整套毒性测试方法。到目前，应用较多的有发光菌毒性试验、鱼类和大型蚤急性毒性试验以及斑马鱼胚胎毒性技术等。

1）发光菌毒性检测技术

发光菌毒性测试是 20 世纪 70 年代后兴起的一种微生物监测环境污染及检测污染物毒性的新方法。1978 年美国 Beckman 公司即推出功能完备的生物发光光度计"Microtox"，自此，这一急性毒性测试技术在世界范围内迅速推广。因此人们也将发光菌毒性测试称为 Microtox 测试。

（1）发光菌及检测原理。发光菌是一类在正常的生理条件下能够发射可见荧光的细菌，这种可见荧光波长在 450～490 nm，在黑暗处肉眼可见多数为海洋生物。常见的发光菌有发光异短杆菌（*Photorhabdus luminescens*）、鳆鱼发光杆菌（*Photobacterium leiognathi*）、羽田希瓦菌（*Shewanella hanedai*）、哈氏弧菌（*Vibrio harveyi*）、费氏弧菌（*Vibrio fischeri*）、东方弧菌（*Vibrio orientalis*）和青海弧菌（*Vibrio qinghaiensis*，Q67）等。在以上发光细菌中，发光异短杆菌和青海弧菌属于淡水发光细菌，其他都是海洋发光菌。目前市场上的发光菌多以冻干粉形式出售。目前，研究表明，不同种类的发光细菌的发光机理是相同的，是由特异性的荧光酶（LE）、还原性的黄素（$FMNH_2$）、八碳以上长链脂肪醛（RCHO）、氧分子（O_2）参与的复杂反应，大致历程如下：

$$FMNH_2 + LE \longrightarrow FMNH_2 \cdot LE + O_2 \longrightarrow LE \cdot FMNH_2 \cdot O_2 +$$
$$RCHO \longrightarrow LE \cdot FMNH_2 \cdot O_2 \cdot RCHO \longrightarrow LE + FMN + H_2O + RCOOH + 光$$

概括地说就是，细菌生物发光反应是由分子氧作用、胞内荧光酶催化，将还原态的黄素单核苷酸（$FMNH_2$）及长链脂肪醛氧化为 FMN 及长链脂肪酸，同时释放出最大发光强度在波长为 450～490 nm 处的蓝绿光。其中三步反应产生三种中间产物，寿命极短，很难分离出来。

发光菌对毒物较为敏感，与外来受试物接触后，由于毒物具有抑制发光的作用，发光细菌的发光强度即有所改变，变化的程度与受试物的浓度在一定范围内呈负相关关系，同时与该物质的毒性大小有关。因而可以根据发光菌发光强度判断毒物毒性大小，用发光强度表征毒物所在环境的急性毒性。外来受试物主要通过下面两个途径抑制细菌发光：①直接抑制参与发光反应的酶类活性；②抑制细胞内与发光反应有关的代谢过程。凡能够干扰或破坏发光菌呼吸、生长、新陈代谢等生理过程的任何有毒物质都可以根据发光强度的变化来测定。利用发光菌来检测有毒物质，有毒物质仅干扰发光细菌的发光系统，发光强度的变化可以用发光光度计测出，费时较少且灵敏度高，操作简便，结果准确，所以利用发光菌的发光强度作为指标来监测有毒物质，在国内外越来越受到重视，在环境监测中的应用也越来越广泛。1995 年 3 月，国家环境保护局、国家技术监督局将发光菌毒性测试定为水质监测标准方法（GB/T 15441—1995）。发光菌的急性毒性试验内容主要包括：①发光菌的复苏；②发光菌发光强度的测定；③受试物毒性的计算。受试物的毒性作用用发光菌的发光强度相对抑制率表示。计算公式如下：

　　相对抑制率 ＝（对照发光强度–样品发光强度）/ 对照发光强度×100%　　（8-2）

　　光强的相对抑制率与毒物毒性的大小成正比。通常用发光细菌光抑制 50% 的受试物浓度来表征其毒性效应（EC_{50}）。

　　（2）常用的发光菌及检测系统。利用发光菌制作生物传感器是人们研究的热点之一。发光菌的发光强度与某些污染物的浓度呈较好的线性关系，能够稳定、灵敏、快速地反映环境中污染物的浓度变化，因此，利用发光菌制备识别元件，成为国内外传感器研究和发展的热点。目前，常用的检测系统是根据费氏弧菌（*Vibrio fischeri*）研制的，如 Microtox® Model 500 （M500）（美国）、DehaTox® Analyzer（美国）、ToxAlet®和 LUMIStox®（德国）、BioTox™（芬兰）等。国内的有中国科学院南京土壤研究所研制的 DXY2 型生物毒性测定仪和华东师范大学研制的 RS9901 型生物毒性测定仪。其中，Microtox 由于具有应用范围广、灵敏度高、相关性好、反应速度快等优点而被广泛应用。但 Microtox 采用的发光菌为海洋发光菌，需要中性缓冲液，加入的氯化钠可能会改变金属离子形态，从而影响测试结果。常用的发光菌还有淡水发光菌 Q67。Q67 不需要氯化钠就能生长和发光，且无致病性。与现在广泛应用的海洋发光菌相比，Q67 对钠离子的要求很低，在温度和 pH 方面更具适应性。

　　（3）基因工程发光菌检测。随着发光菌毒性检测技术的发展，从 20 世纪 90 年代起人们开始逐渐致力于利用基因工程技术研发新型发光菌，以及重要有毒重金属及有机污染物的特异检测。基因工程技术多利用大肠杆菌（*Escherichia coli*）、荧光假单胞菌（*Pseudomonas fluorescens*）、蓝细菌（*Cyanobacterium*）等微生物，通过转座子 mini-Tn5 引入 *lux* 基因，或构建 *lux* 基因融合的质粒并导入宿主菌，获得基因工程发光菌。利用基因工程发光菌可以快速测定化学物质及环境污染物的毒性，确定生物的存活能力，快速确定环境污染的程度以及进行环境质量的评价。还可以利用基因工程发光菌进行细菌在土壤和水体中分布的研究等。*lux* 基因作为报告基因，用其构建基因工程微生物，通过对光线的检测可以对微生物在环境中的生长、分布、活性等进行实时在线监测。例如，检测发光酶基因标记的荧光假单胞菌在小麦根圈的定植动态；跟踪棉花根圈中的绿针假单胞菌；用发光酶基因标记巨大芽孢杆菌，获得稳定发光的标记菌株，用于研究其在小麦根际的定殖动态和散布规律等。目前，已经构建了汞、砷、苯、萘等物质依赖性的基因工程发光菌，用于环境中此类物质的检测。发光细菌经过各种理化方法诱变处理后失去发光的能力，成为暗变异株。在接触致突变物后，暗变异株可恢复一定的发光能力（通常可使暗变异株的发光强度增加 1000 倍左右）。利用暗变异株恢复发光的现象，可对各种遗传毒物进行筛选、检测。此法与其他微生物学方法（如 Ames 试验）相比有灵敏、简便、快速、无须严格无菌操作等特点。目前已开发了"Mutatox"的检测系统，这是继发光菌急性毒性检测的"microtox"之后推出的又一项发光菌检测技术。

2）大型蚤急性毒性试验

蚤类是枝角类的通称，在分类上属节肢动物门，甲壳动物纲。蚤类广泛分布在淡水中，海水中种类较少。据调查，中国共有淡水蚤类 136 种。大型蚤（*Daphnia magna straus*）是蚤科中个体最大的种类（图 8-15），体长可达 6 mm，生殖量多。大型蚤因其取材容易、试验方法简便、繁殖周期短、实验室易培养、产仔量多而成为国际公认的标准试验生物。1978 年美国 EPA 将大型蚤定为毒性试验的必测项目，并建立了大型蚤的毒性试验的标准方法。此后，日本和许多欧洲国家也相继建立了相应的标准方法，我国于 1991 年建立了《水质　物质对蚤类（大型蚤）

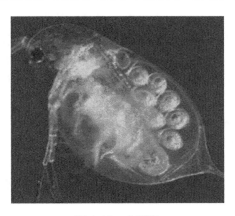

图 8-15　大型蚤

急性毒性测定方法》（GB/T 13266—1991）。大型蚤急性毒性测试的基本原理是利用蚤类在不同浓度受试物中短期（常用 24 h 或 48 h）暴露后产生的中毒反应。以 50%受试蚤的活动能力受到抑制（包括死亡）给出半抑制浓度值，$24h\text{-}EC_{50}$、$24h\text{-}LC_{50}$ 或 $48h\text{-}EC_{50}$、$48h\text{-}LC_{50}$ 来表示受试物的毒性强度。大型蚤急性毒性试验已广泛地用于多种有机物和对环境与人体有生理影响的物质的测试，如甘菊蓝（azulene）和长叶烯（1ongifolene）、邻苯二甲酸酯增塑剂、急性麻醉剂（narcotic）、对硫磷（parathion）、溴氰菊酯、杀虫剂二嗪农等，大型蚤急性毒性试验目前也广泛应用于工农业和生活污水处理上。

　　大型蚤急性毒性测试方法：试验蚤通常选用实验室条件下培养 3 代以上的出生 6～24 h 的孤雌生殖新生幼蚤，且来源于同一母体。试验在（20±1）℃或者（25±1）℃下进行。按几何级数设计 5～7 个浓度，每个浓度设 2～3 个平行。试验用 100 mL 烧杯，取 40～50 mL 试验液，置蚤 10 个。一组试验液设一空白对照。观察暴露后 1 h、2 h、4 h、8 h、16 h、24 h 和 48 h 后蚤类的活动及死亡情况，计算 EC_{50} 值。在大型蚤急性毒性试验中，一般使用重铬酸钾作为参考毒物检查大型蚤的敏感性及试验操作步骤的统一性，以评估试验结果的有效性。重铬酸钾的 $24\,h\text{-}EC_{50}$ 为 0.5～1.2 ppm[①]（20℃条件下）。

　　3）鱼类急性毒性试验

　　鱼类是水生生态系统食物链的高层动物，当水体中有毒物质达到一定浓度时，会带给鱼一系列中毒症状，包括食饵、生殖或形态变化，行为迟钝以及生理生化水平的变化等，因而鱼类是毒理试验的重要试验动物。

　　鱼类急性毒性试验的基本原理是利用鱼类在不同浓度的毒物或废水中短期暴露（一般为 24～96 h）时产生的中毒反应，以 50%受试鱼的死亡浓度给出半数致死浓度值（LC_{50}），以 LC_{50} 值大小来表示受试物的毒性大小。急性毒性试验能预测对鱼类的急性及短期暴露的最大容许浓度，并可估计受试物或废水在接纳水体中的无可见效应浓度（no-observed-effect level，NOEL），NOEL 较低，则意味着废水或毒物的毒性较大。经典的鱼类急性毒性试验由于方法简便、测定快速、经济等特点，在国内推广使用意义更大。在国际上也仍是广泛用于毒物和废水的生物监测与评价、危险品评价及标准制定、工业废水管理等方面的标准方法。

　　（1）受试鱼的选择。受试鱼类的选择原则一般为对污染物敏感、全年可得、易于饲养、方便试验、在生态类群中有一定代表性、遗传稳定和生物学背景资料丰富的种类。我国常用的试验鱼有青、草、鲢、鳙四大家鱼以及金鱼、鲤鱼、食

---

① 1ppm=10^{-6}。

蚊鱼、斑马鱼等。在同一个试验中，要求选用同种、同龄、同一来源的鱼，最好采用当年孵化出的幼鱼。经济合作与发展组织推荐的试验用鱼种类见表 8-3。

表 8-3　经济合作与发展组织推荐的试验用鱼种类

建议鱼种	建议试验温度范围/℃	建议试验鱼全长/cm
斑马鱼 *Danio rerio*	21~25	2.0±1.0
黑头软口鲦 *Pimephales promelas*	21~25	2.0±1.0
鲤鱼 *Cyprinus carpio*	20~24	3.0±1.0
青鳉 *Oryzias latipes*	21~25	2.0±1.0
孔雀鱼 *Poecilia reticulata*	21~25	2.0±1.0
蓝鳃 *Lepomis macrochirus*	21~25	2.0±1.0
虹鳟 *Oncorhynchus mykiss*	13~17	5.0±1.0

（2）试验鱼的驯养。试验鱼用于试验之前，必须在实验室至少暂养 12 天。临试验前，应在与试验用水相同水质、符合下列条件的环境中至少驯养 7 天：光，每天 12~16 h 光照；温度，与试验鱼种相适宜（表 8-3）；溶解氧浓度，≥80%空气饱和值；喂养，每周 3 次或每天投食，至试验开始前 24 h 为止。

（3）试验方法。根据试验溶液的状态在不同处理条件下，受试物可能具有挥发性、环境不稳定性等特性，为保证试验方法合理和结果可靠，对不同受试对象须采用不同的试验溶液续补方式。

静态试验。试验溶液不流动，试验期间不需更换试验液，装置简单，适用于受试药物性质稳定且指示生物好氧性要求不高的状况。

半静态试验。试验溶液不流动，但可以定期更换试验溶液（如 12 h 或 24 h），可将容器内的试液吸出，而后加入新配置的试验溶液，或将受试生物转入新配制的、浓度相同的试验溶液中，但应避免在转移过程中将受试生物损伤。

流水试验。连续地或恒量间歇地使受试溶液流经试验容器，在保证充足的溶解氧和受试药物浓度稳定性的情况下，及时将试验动物的代谢产物随着流出的试验液排出。该方法为试验动物提供了更接近自然环境的试验条件，适用于大多数物质，包括不稳定物质。但由于其用水量和废水量较大，所需设备也较复杂，因而若非必须，仍是半静态试验使用较多。

按几何级数设计至少 5 个浓度，每个浓度设 2~3 个平行。每一系列设一个空白对照。如果使用助溶剂，应增设一个助溶剂对照。空白对照组与各试验浓度组应每组至少 7 尾鱼。观察暴露后 3 h、6 h、12 h、24 h、48 h、72 h 和 96 h 后试验鱼的状况，记录可见的试验鱼异常情况（如平衡能力丧失、游泳能力和呼吸功能减弱、颜色变浅等）及死鱼数目。计算 EC_{50} 值，并根据鱼类急性毒性分级标准划分受试物的毒性等级（表 8-4）。

表 8-4　鱼类急性毒性分级标准

项目	96h-LC$_{50}$/（mg/L）			
	<1	1～10	10～100	>100
毒性分级	极高毒	高毒	中毒	低毒

4）斑马鱼胚胎毒性测试

斑马鱼（*Danio rerio*）是常见的鲤科暖水性（21～32℃）观赏鱼，成体长 3～4 cm，孵化后约 3 个月可达到性成熟，成熟的雌鱼每隔一周可产几百粒卵子。卵子体外受精，体外发育，胚胎发育同步，且速度快，在25～31℃可正常发育。鱼卵为圆形，属沉性卵，卵与卵之间无黏连，直径约 1 mm，易于收集。斑马鱼的胚胎发育非常迅速（从受精到孵出大约 3 天），而且来自同一母体的胚胎是同步发育的，易于大量收集特定阶段的同期胚胎材料。斑马鱼的胚胎是完全透明的，易于观察。经济合作与发展组织在 1996 年将斑马鱼胚胎发育方法列入测定单一化学品毒性的标准方法之一，并制定了详细的操作指南。

（1）试验原理。斑马鱼胚胎发育通常可以分为 6 个时期：卵裂期、囊胚期、原肠胚期、分裂期、成形期和孵化期（图 8-16）。各时期的发育特征见表 8-5。从鱼卵开始受精后，到破绒毛膜，孵化成仔鱼，整个胚胎发育过程需要 48～72 h。进行斑马鱼胚胎毒性测试时，选择 24 孔细胞培养板作为染毒器具，将受精后的斑马鱼胚胎立即进行暴露。用倒置显微镜观察 48 h 或 72 h 内的斑马鱼胚胎发育过程中出现毒理学终点（表 8-6），计算 LC$_{50}$ 和 NOEC 值。本试验按几何级数设计至少 5 个浓度，每个浓度设 2～3 个平行。每一系列设一个空白对照。空白对照组与各试验浓度组应每组至少 10 个胚胎。

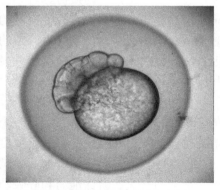

卵裂期：鱼卵受精后，细胞质向动物极
移动，开始细胞分裂。该时期为1.75 h

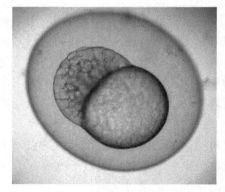

囊胚期：细胞分裂数目增加，帽状。
卵黄囊高度细胞阶段。该时期为3.6 h

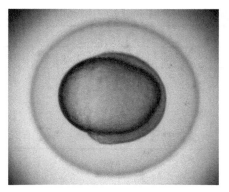

原肠胚期：随着动物极细胞分裂的数目
增加，开始向植物极延伸，逐渐包裹住
卵黄囊。该时期为70%外包期，9.2 h

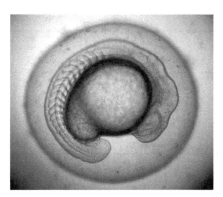

分裂期：可见雏形，肌节形成，躯干
部包裹着卵黄囊。该时期为16 h

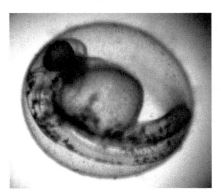

成形期：体表色素沉积较多，眼部色素加深，
长出胸鳍。该时期为35 h

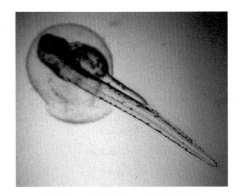

孵化期：破绒毛膜后，背腹鳍均长成，
孵化出仔鱼，突吻。该时期为56 h

图 8-16　斑马鱼胚胎的发育过程

表 8-5　斑马鱼胚胎发育各时期时间及特征

时期	持续时间/h	发育特征
卵裂期	0.75~2	4 细胞，8 细胞，16 细胞，64 细胞
囊胚期	2~5.25	256 细胞，高度细胞阶段，椭圆形期，球体期，30%外包期
原肠胚期	5.25~10.5	50%外包期，种子环期，外壳期，60%外包期，70%外包期，80%外包期
分裂期	10.5~24	7 肌节期，9 肌节期，15 肌节期，17 肌节期，19 肌节期，20 肌节期，26 肌节
成形期	24~48	心律，血液循环，黑色素沉积，血色素形成，胸鳍
孵化期	48~72	破绒毛膜，突吻

表 8-6　斑马鱼胚胎毒性测试观察的毒理学终点

项目	暴露时间/h						
	4	8	12	16	24	36	48
卵凝结	+	+	+	+	+	+	+
体节数				+	+	+	+
尾部延展					+	+	+
出现心跳						+	+

注：48 h 为最短观察时间。

（2）斑马鱼胚胎毒性测试技术的应用。目前斑马鱼胚胎毒性测试技术已经广泛应用于重金属、有机农药（表 8-7）及有机溶剂等的毒性检测中。斑马鱼胚胎毒性测试技术与传统的成鱼急性毒性试验相比，具有成本低、影响因素少、可重复性好、易操作、灵敏度高，可记录多项毒性指标的特点，并可以由此判断污染物的致毒机理。因此，斑马鱼胚胎毒性测试技术具有更为广泛的应用空间，极有可能取代传统的成鱼急性毒性试验。

表 8-7　有机农药的胚胎毒性数据　　　　（单位：μmol/L）

有机农药	48h-LC_{50}
莠去津（atrazine）	169
马拉硫磷（malathion）	16
胺甲萘（carbaryl）	20
林丹（lindane）	8

2. 组织水平测试

石蜡切片是组织学常规制片技术中最为广泛应用的方法。石蜡切片法是将组织经过一系列药品处理，使石蜡渗入组织，包埋成蜡块，再把组织蜡块切成极薄的片子，根据不同的需要用不同的染色方法以显示不同细胞和组织的形态。石蜡切片不仅用于观察正常细胞组织的形态结构，也是病理学和法医学等学科用以研究、观察及判断细胞组织的形态变化的主要方法，而且也已相当广泛地用于其他许多学科领域的研究中。

石蜡切片的制作步骤包括取材、固定、冲洗与脱水、透明、浸蜡与包埋、切片、贴片与烤片、脱蜡及水化、染色、脱水、透明、封片等。

取材：将实验对象进行解剖，根据研究需要选取不同组织（图 8-17）。组织块大小一般为 0.5 cm×0.5 cm×0.2 cm、1.0 cm×1.0 cm×0.3 cm。

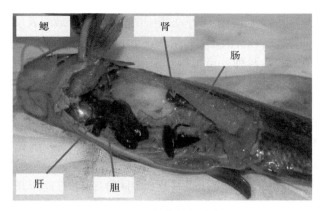

图 8-17　鱼体组织分布

固定：用适当的化学药液–固定液浸渍切成小块的新鲜材料，迅速凝固或沉淀细胞和组织中的物质成分、终止细胞的一切代谢过程、防止细胞自溶或组织变化，尽可能保持其活体时的结构。一般组织以 10%福尔马林溶液固定 24～48 h，或波恩（Bouin）氏液固定 12～24 h。

冲洗与脱水：固定后的组织材料须除去留在组织内的固定液及其结晶沉淀，否则会影响以后的染色效果。多数用流水冲洗；使用含有苦味酸的固定液固定的则需用酒精多次浸洗；如果组织经乙醇或乙醇混合液固定，则不必洗涤，可直接进行脱水。标本经过固定和冲洗后，组织中含有较多的水分，必须将组织块内的水分置换出来，这一过程称为脱水。乙醇为常用脱水剂，它既能与水相混合，又能与透明剂相混，为了减少组织材料的急剧收缩，应使用从低浓度到高浓度递增的顺序进行，通常从 30%或 50%乙醇开始，经 70%、85%、95%直至纯酒精（无水乙醇），每次时间为 1～2 h。

透明：为使石蜡能浸入组织块，组织脱水后，必须经过一种既能与酒精相混合，又能溶解石蜡的溶剂，通过这种溶剂的媒介作用，而达到石蜡浸入组织块的目的。材料块在这种媒浸液中浸渍，出现透明状态，此液即称透明剂，透明剂浸渍过程称透明。常用的透明剂有二甲苯、苯、氯仿、正丁醇等。通常组织先经纯乙醇和透明剂各半的混合液浸渍 1～2 h，再转入纯透明剂中浸渍。透明剂的浸渍时间则要根据组织材料块大小和实质器官而定。如果透明时间过短，则透明不彻底，石蜡难以浸入组织；透明时间过长，则组织硬化变脆，就不易切出完整切片。

浸蜡与包埋：组织透明后，放入融化的石蜡内浸蜡，使石蜡渗入组织同时取代组织内的透明剂，这个过程为浸蜡。通常先把组织材料块放在熔化的石蜡和二甲苯的等量混合液浸渍 1～2 h，再先后移入两个熔化的石蜡液中浸渍 3 h 左右，浸蜡应在高于石蜡熔点 3℃左右的温箱中进行，以利于石蜡浸入组织内。将浸蜡后的组织材料放蜡液的容器中（摆好在蜡中的位置），待蜡液表层凝固，即迅速放入冷水中冷却，即做成含有组织块的蜡块，此过程称为包埋。通常石蜡采用熔点为 56～58℃或 60～62℃两种，可根据季节及操作环境温度来选用。

切片：组织经石蜡包埋后制成蜡块，用切片机切成薄片的过程称为切片。切片机的厚度调节器上刻有 0～50 μm 或 0～25 μm，可任意选择其厚度，石蜡切片的厚度一般在 4～6 μm。切出一片接一片的蜡带，用毛笔轻托轻放在纸上。

贴片与烤片：用黏附剂将展平的蜡片牢附于载玻片上，以免在以后的脱蜡、水化及染色等步骤中二者滑脱开。黏附剂是蛋白甘油。首先在洁净的载玻片上涂抹薄层蛋白甘油，再将一定长度蜡带（连续切片）或用刀片断开成单个蜡片于温水（45℃左右）中展平后，捞至玻片上铺正，或直接滴两滴蒸馏水于载玻片上，再把蜡片放于水滴上，略加温使蜡片铺展，最后用滤纸吸除多余水分，将载玻片放入 45℃温箱中干燥，也可在 37℃温箱中干燥，但需适当延长时间。

脱蜡及水化：干燥后的切片须脱蜡及水化才能在水溶性染液中进行染色。用二甲苯脱蜡，再逐级经纯乙醇及梯度乙醇直至蒸馏水进行水化。如果染料配制于乙醇中，则将切片移至与乙醇近似浓度时，即可染色。

染色：染色是使细胞组织内的不同结构呈现不同的颜色以便于观察。常用的染色方法是苏木素–伊红（hematoxylin-eosin）染色法，简称 H-E 染色法。这种方法对任何固定液固定的组织和应用各种包埋法的切片均可使用。染色结果为细胞核呈现蓝色，细胞液、肌肉、结缔组织、红细胞等呈现不同程度的红色（图 8-18）。根据各种染色方法、组织类别及切片厚度，掌握适宜的染色时间，才能达到较好的染色效果。

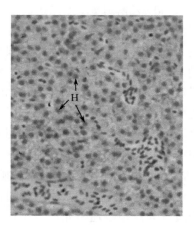

图 8-18　H-E 染色后的斑马鱼肝组织
H 为肝细胞

脱水、透明和封片：染色后的切片尚不能在显微镜下观察，须经梯度酒精脱水，在 95%及纯乙醇中的时间可适当延长以保证脱水彻底；如果染液为乙醇配制，则应缩短在乙醇中的时间，以免脱色。二甲苯透明后，迅速擦去材料周围多余液体，滴加适量（1～2 滴）中性树胶，再将洁净盖玻片倾斜放下，以免出现气泡，封片后即制成永久性玻片标本，在光镜下可长期反复观察。

3. 细胞水平测试

细胞毒性试验是一类在离体状态下模拟生物体生长环境，检测化学物质对生物机体细胞产生的生物学反应的体外试验。细胞毒性检测主要是根据细胞膜通透性发生改变来进行的检测，常用以下几种方法。

1）MTT 比色法

MTT 全称为 3-(4,5-dimethylthiahiazo-2-y1)-2,5-di-phenytetrazolium romide，汉语化学名为 3-(4,5-二甲基噻唑-2)-2,5-二苯基四氮唑溴盐，商品名为噻唑蓝。MTT 比色法是一种检测细胞存活和生长的方法。其检测原理为活细胞线粒体中的琥珀酸脱氢酶能使外源性 MTT 还原为水不溶性的蓝紫色结晶甲瓒（formazan）并沉积在细胞中，而死细胞无此功能。二甲基亚砜（DMSO）能溶解细胞中的甲瓒，用酶联免疫检测仪在 490 nm 波长处测定其光吸收值，可间接反映活细胞数量。在一定细胞数量范围内，MTT 结晶形成的量与细胞数成正比。该方法已广泛用于一些生物活性因子的活性检测、大规模的抗肿瘤药物筛选、细胞毒性试验以及肿瘤放射敏感性测定等。

2）LDH 法

该方法检测原理为乳酸脱氢酶（LDH）是一种稳定的蛋白质，存在于正常细胞的胞质中，一旦细胞膜受损，LDH 即被释放到细胞外；LDH 催化乳酸形成丙酮酸盐，并和四唑盐类反应形成紫色的结晶物质，可通过 500 nm 酶标仪进行检测。通过检测细胞培养上清液中 LDH 的活性，可判断细胞受损的程度。

3）中性红吸收实验

中性红（neutral red），学名为 3-氨基-7-甲氨基-2-甲基吩嗪盐酸盐，是细胞活体染色和酸碱性指示剂的一种碱性吩嗪染料。该方法的检测原理为中性红可以被活细胞摄入，并在溶酶体中积累。在细胞增殖加快时，细胞数量增多，可以摄入的中性红的量就会增加。在细胞受到损伤时，中性红的摄入能力会下降。这样通过中性红摄入量的不同就可以确定细胞的增殖或毒性情况。可通过酶标仪测定中性红的含量，检测波长为 540 nm，参考波长为 690 nm。通过 NR_{50} 值即有毒物质使细胞的中性红吸附减少 50%的浓度来表征细胞受损的程度。

4. 分子水平测试

体外模拟是近年来研究分子毒性较常用的一类方法。它是在模拟机体环境中将毒性小分子物质与生物大分子相互作用，并结合一系列的物理、化学和生物检测方法取得两者作用过程的参数，从而分析作用机理。目前研究小分子物质与生物大分子之间结合作用的主要手段包括光谱法（紫外–可见光谱、荧光光谱、红外光谱、圆二色谱光谱、拉曼光谱等）、平衡透析法、电化学法、毛细管电泳、高效液相色谱、核磁共振、质谱、共振光散射等。近年来，随着分子生物学的发展和分析仪器的改进，陆续出现了新的研究方法，如微量热法、激光散射、电子自旋共振技术等。

1）荧光光谱法

荧光光谱法（fluorescence spectrometry）在国内外被广泛应用于药物、污染物与蛋白质等生物大分子的相互作用表征，它是利用色氨酸残基具有荧光性的特点，在外源污染物进入机体后可能会与蛋白质氨基酸残基结合形成不发荧光的稳定复合物（静态猝灭），或者由于碰撞作用导致荧光性短暂消失（动态猝灭），通过测定荧光强度和荧光寿命来确定不发荧光的原因，进一步探索两者之间的结合模型。

2）平衡透析法

平衡透析法（equilibrium dialysis）是利用半透膜的选择通过性在溶液里分离大分子和小分子的一种分离技术，可以成功有效地将自由态小分子物质和结合态物质进行分离，是定量研究生物大分子与有机小分子相互作用的经典方法。透析的动力是扩散压。扩散压是由横跨膜两边的浓度梯度形成的。透析的速度与膜的厚度、透析的小分子溶质在膜两边的浓度梯度及透析温度有关。通过平衡透析法的研究可以讨论生物大分子与有机小分子的结合数目、结合平衡常数及作用力情况等。平衡透析法最初被用于研究药物小分子与血清蛋白之间的相互作用，但近年来越来越多地被应用于研究环境污染物与生物大分子之间的结合模型。

3）等温滴定微量热法

配体与生物大分子在相互作用过程中，反应体系会产生极其微弱的热量变化。等量滴定微量热法利用反应体系微量热量变化的特点，通过微量热仪测定配体与生物大分子结合过程的热力学参数（焓变、熵变及吉布斯自由能变），结合平衡透析法数据，对配体与生物大分子之间的相互作用力、作用位点、结合常数等进行研究。目前被广泛应用在研究污染物与蛋白质或 DNA 分子之间、药物与蛋白质或 DNA 之间、抗体与抗原之间、蛋白质与蛋白质之间的相互作用。Wu 等综合平衡透析和等温滴定微量热法数据，得到全氟辛酸与 HSA 之间是非共价键结合，范德华力和氢键在结合中起到主导作用，且反应是自发进行的。

4）圆二色谱光谱法

圆二色谱光谱法对溶液中蛋白质的立体结构变化高度敏感，通过圆二色谱图能检测其立体化学结构的微小变化，并且计算出 α-螺旋、β-折叠等二级结构空间构象的具体变化数，从而判断蛋白质的二级结构是否因受到影响而发生变化。圆二色谱光谱技术在有机物与血清蛋白、DNA 等相互作用的研究领域得到越来越广泛的应用。Maiti 等研究了绿茶中抗氧化成分儿茶素与人血清蛋白的相互作用，发现随着儿茶素的结合作用，HSA 二级结构中的 α-螺旋含量从 57% 下降到 54%，而 β-折叠和无规则卷曲的含量略有上升。很明显，儿茶素与 HSA 的结合导致蛋白质的二级结构发生微弱的变化。

8.3.2　环境污染物对动物的"三致"作用评价方法

环境毒理学不仅研究环境毒物对生物的突发性急性危害，还侧重研究低浓度、长时间暴露下对生物的慢性危害，包括致突变、致癌、致畸（简称"三致"作用）等对生物本身及其后代的潜在影响。对环境污染物"三致"作用的研究是环境毒理学在 20 世纪也是在 21 世纪的热点。

1. 致突变作用

致突变作用是污染物或其他环境因素引起生物体细胞遗传信息发生突然改变的作用。这种变化的遗传信息或遗传物质在细胞分裂繁殖过程中能够传递给子代细胞，使其具有新的遗传特性。具有这种致突变作用的物质，称为致突变物（或称诱变剂）。环境中存在的可诱发突变发生的因素有很多，包括化学因素（各种化学物质）、物理因素（如电离辐射、高温）和生物因素（如病毒感染）。其中，化学因素存在最广泛，在环境致突变作用中占最重要的地位。环境中常见的致突变物有苯、甲醛、苯并 [a] 芘、多环芳烃、DDT、砷、铅等。确定一种环境污染物是否具有致突变作用，须通过致突变试验，常用的致突变试验有以下几种。

1）基因突变试验

基因突变试验是以营养缺陷型突变菌株为对象，研究化学物质对该菌株引起的回复突变作用。常见试验方法为鼠伤寒沙门氏菌回复突变试验（又称 Ames 试验），即检测化学物质诱发组氨酸营养缺陷型鼠伤寒沙门氏菌株（Ames 菌株）回复突变成野生型的能力。常见的 Ames 菌株有 TA97、TA98、TA100 和 TA102。Ames 试验的优点：试验周期短（两天即可得到结果）；一次试验可作用于数以万计的细菌个体；灵敏度高（可检测毫微克级化学物质的致突变性）；方法简便、结果易查等。但是其也有缺点。例如，其结果与致癌物的吻合率只能达到 90% 左右，有时候可能出现假阳性结果。尽管如此，Ames 试验仍是目前应用最广泛的检测基因突变的体外实验。

2）染色体畸变试验

染色体畸变试验又称细胞遗传毒理学试验。即制备细胞中期分裂相染色体标本，染色后在光学显微镜下（油镜）直接观察染色体形态结构和数目改变。遗传学终点为染色体畸变。该试验可以在体内、体外、体细胞进行，也可以在生殖细胞内进行。体外染色体畸变试验常用的细胞有 CHO、CHL、V9 等细胞株及外周血淋巴细胞等。体内染色体畸变试验一般是分析啮齿类动物骨髓细胞与化学物质的关系。小鼠睾丸细胞染色体畸变试验可用于检测对生殖细胞的染色体损伤作用。

3）微核试验

微核试验（micronuclear test）是根据细胞质内产生额外核小体的现象判断化学物质诱导染色体异常作用的一种较为简便的体内试验方法。微核试验常用的细胞有很多：植物细胞，如蚕豆根尖和叶尖细胞、紫露草花粉精母细胞；哺乳类细胞，如肝细胞、脾细胞、骨髓细胞、淋巴细胞、红细胞、精子等；非哺乳类细胞，如鱼红细胞、蟾蜍红细胞等。有研究显示，以植物进行微核试验与以动物进行微核试验一致率可达 99% 以上。目前微核试验已经广泛用于辐射损伤、化学诱变剂、染色体遗传疾病及癌症前期诊断等多方面。微核试验的优点：由于为体内试验法，因此观察到的结果是在正常代谢状态下被检物质对靶细胞的作用，结果可信度高；灵敏度高；本底水平低，在多染性红细胞中大约为 0.5%；观察迅速且操作简便。对于"三致"物质的初级筛选与监测，微核试验是一种较为理想的方法。

2. 致癌作用

化学物质引起或诱导正常细胞发生恶性转化并发展成为肿瘤的过程称为化学致癌作用（chemical carcinogenesis）。具有化学致癌作用的化学物质称为化学致癌物（chemical carcinogen）。一般认为，人类肿瘤 90% 是由环境因素引起的。环境致癌因素包括化学因素、物理因素（电离辐射等）和生物因素（病毒等）。其中，在环境致癌因素引起的肿瘤中，80% 以上是化学因素所致。

对化学物质的致癌作用评价包括两方面的内容：一是定性，即该化学物能否致癌；二是定量，即进行剂量反应关系分析，以推算可接受的危险度的剂量，即人体实际可能接触剂量下的危险度。其评价方法主要有定量构效关系分析、短期致癌物筛检试验、体外细胞转化试验、哺乳动物长期致癌试验和人群流行病学研究等。由于致癌是一种后果严重的毒性效应，因此致癌作用评价工作极其复杂。动物实验只有长期终生试验才被公认为确切证据，化学物对人类的致癌性最可靠的证据来源于严密设计的人群流行病学研究。这些调查和试验都不容易进行，因此先行致突变试验，可对受试物的致癌性进行初步推测。对非遗传毒性致癌物则需要进行体外细胞转化试验和短期动物致癌试验。

1）定量构效关系分析

致癌物的化学结构种类繁多。构效关系分析多从一种同系物着手，找出该系物质化学结构中与致癌性关系最密切的结构成分，以及其他结构成分改变时所产生的影响。构效关系分析结果可靠性的关键在于样本含量，不仅分析的同系物的总数要充分，而且其中各种类型结构变化的数目也要足够。除此，要进行动物试验和流行病学调查才能得出最后结论。

2）短期致癌物筛选试验

通过致突变试验，对化学物质的潜在遗传危害性做出评价并预测其致癌性。该方法依据大多数致癌物具有致突变性而大多数非致癌物无致突变性来对受试物进行致突变检测。需要明确的是，筛检阳性的受试物可能是具有遗传毒性的致癌物，也可能是具有遗传毒性的非致癌物（假阳性）；阴性受试物可能是非遗传毒性的非致癌物，还有可能是非遗传毒性的致癌物（假阴性）。对各种致突变试验可靠性的验证，常用一定数量的已知致癌物和已知非致癌物进行，并以灵敏度和专一性来衡量。灵敏度又称阳性符合率，即在试验中已知致癌物呈现阳性结果的比例；专一性又称阴性符合率，是在试验中已知非致癌物呈现阴性结果的比例。此外，还采用准确度和预报价值来表示筛检的可靠性。常见的致突变试验有 Ames 实验、染色体畸变试验和微核试验等。

3）体外细胞转化试验

体外细胞转化试验指外源因素对体外培养的细胞诱发的恶性表型改变，包括细胞形态、细胞增殖速度、生长特性、染色体畸变等。当细胞接种在裸鼠皮下可形成肉眼可见的肿瘤。该试验不仅可以检测具有遗传毒性的潜在致癌物，还可以检测非遗传毒性致癌物的致癌活性。常用的细胞系有叙利亚仓鼠胚胎细胞，

C3H/10T1/2、BALB/C-3T3 细胞系等。需要指出的是，细胞转化试验是体外试验，不能代替动物个体试验。

4）哺乳动物长期致癌试验

该试验又称哺乳动物终生试验，是目前公认的确证动物致癌物的经典方法，较为可靠。化学致癌的一个最大特点是潜伏期长，在啮齿动物进行 1～2 年的试验即相当于人类大半生时间。如果用流行病学调查方法确证一种新化学物的致癌性，一般需要人类接触受试物 20 年后才能进行。在哺乳动物的长期致癌试验中，啮齿类动物因对大多数致癌物易感性较强，且寿命较短、试验费用低廉而被广泛应用。常见的试验动物有大鼠、小鼠和仓鼠。一般设三个受试物剂量组和一个阴性（溶剂或赋形剂）对照组，必要时可设阳性对照组。阳性致癌物最好与受试物的化学结构相近。每组的雌、雄性动物至少各 50 只，在出现第一个肿瘤时，每组存活动物不少于 25 只。染毒方式与实际暴露途径（经口、经皮和吸入途径）类似。试验期限为大鼠 24 个月、小鼠和仓鼠 18 个月以上。观察指标包括一般毒性情况（外表、活动、摄食及体重增长等）、肿瘤发生情况以及必要的病理学观察。统计各种肿瘤的数量（包括良性和恶性肿瘤）及任何少见的肿瘤、患肿瘤的动物数、每只动物的肿瘤数及肿瘤潜伏期。

$$肿瘤发生率（\%）=（试验结束时患肿瘤动物总数/有效动物总数）\times 100\% \quad (8\text{-}3)$$

式中，有效动物总数为最早发现肿瘤时存活动物总数。

肿瘤潜伏期即从摄入受试物起到发现肿瘤的时间间隔。由于内脏肿瘤不易觉察，通常将肿瘤引起该动物死亡的时间定为发生肿瘤的时间。

根据世界卫生组织（WHO）于 1969 年制定的致癌试验阳性的判断标准，判定致癌物为阳性需要满足下述标准中的一条或数条：①对于阴性对照组出现的一种或数种肿瘤，试验组动物均有发生且发生率高于对照组；②试验组动物出现阴性对照组没有的肿瘤类型；③试验组动物肿瘤发生早于阴性对照组；④试验组每个动物的平均肿瘤数高于阴性对照组。

5）人群流行病学调查

进行分析流行病学调查时，一般先通过动物肿瘤诱发试验，根据阳性结果检出潜在的人类致癌物，或先进行描述性流行病学调查或临床观察发现某种人类致癌物后才进行。可按照不同情况选用定群调查（或列队调查）和病例调查。在两种调查中都可利用肿瘤患者的资料，对接触与不接触受试物人员的发生肿瘤年龄和死于肿瘤年龄进行分析比较。人群流行病学调查结果为阳性时，并且能够重复，即另一同样调查也得出阳性结果并有剂量–反应关系，又可得到动物试验的验证，则其意义较大。该受试物较易被认定为人类致癌物。人群肿瘤流行病学调查结果如果为阴性，也不能完全确定受试物为非致癌物，仅能认为观察到致癌作用的接触条件（剂量和时间）的上限。因此，当接触年限较短或剂量较低时，流行病学调查的阴性结果不能否定对同一受试物进行另一调查的阳性结果。

3. 致畸作用

人或动物在胚胎发育过程中由于各种原因形成的形态结构异常，称为先天性畸形或畸胎。遗传因素、化学因素、物理因素（如电离辐射等）、生物因素、母体营养缺乏或内分泌障碍等都可能引起先天性畸形。环境污染物通过人或动物母体影响胚胎发育和器官分化，使子代出现先天性畸形的作用，称为致畸作用。

20 世纪 60 年代以前，化学物质的致畸作用尚未引起人们注意。60 年代初，西欧一些国家和日本突然出现上万名畸形新生儿。后经流行病学调查证实，主要是孕妇在怀孕后第 30～第 50 天，服用镇静剂"反应停"（化学名为 α-苯肽戊二酰亚胺，又称塞利多米）所致。于是许多国家对一些药物、食品添加剂、农药等农用化学品以及工业化学品，进行了各种致畸作用的研究，并规定上述化学品应经过致畸试验，方可正式使用。中国自 70 年代起也开始了对农药、食品添加剂、防腐剂以及各种环境污染物的致畸研究，并把致畸试验列为农药和食品添加剂毒性试验的内容之一。目前，从动物实验中发现有致畸作用的环境污染物有甲基汞、敌枯双、环磷酰胺、艾氏剂和五氯酚钠等。

致畸试验（teratogenesis test）是检测受试物通过妊娠母体，能否引起胚胎畸形的动物试验。通过致畸试验可检测受试物导致胚胎死亡、结构畸形及生长迟缓等毒性作用。一般要求实验动物对受试物的代谢方式和胎盘解剖学结构与人类相近，而且一胎多仔、妊娠期较短、便于饲养、费用较低、操作检查方便等。目前常用的实验动物有大鼠、小鼠或家兔等，其中以大鼠试验法最为常见。通常选择发育良好的初成年雄鼠和雌鼠，按比例同笼交配。将受孕雌鼠，以每组 10～20 只分成各试验组，同时另设对照组。给各实验动物的受试物，一般以亚急性试验中的最大无作用剂量为高剂量，以高剂量的 1/30 为低剂量。由于致畸物质在胚胎发育中的组织分化和器官形成期最能显现致畸作用，故给予受试物的时间必须恰当，一般应选择在组织分化和各器官形成期之间。胚胎从着床到继发腭闭合（表示器官形成基本结束），这段时间对化学毒最敏感，故称敏感期限。此时期是细胞分裂极旺盛的时期，人的器官形成期在人妊娠的第 3～第 8 周，大鼠为 7～16 天。畸形检查包括外观畸形、内脏畸形和骨骼畸形三方面。统计畸胎发生率和平均畸胎发生率。如果受试动物胎仔的畸形是以某种或某几种畸形为主的，则应分别计算单项畸形发生率。

畸胎发生率（%）=（出现畸形胎仔总数/活产胎仔总数）×100%　　　（8-4）

（每一活胎发生一种以上畸形时，均作一个畸胎计）

平均畸形发生率（%）=（畸形总数/活产胎仔数）×100%　　　（8-5）

单项畸形发生率（%）=

（其中出现某种畸胎总数/该组母体所产活胎总数）×100%　　　（8-6）

　　确定受试物是否有致畸作用，需要将统计结果与对照组进行比较，然后参考着床数、活胎数、死胎数、吸收胚胎数以及活产胎仔平均体重、身长和尾长等指标进行综合评定。环境污染物的致畸作用除与环境污染物本身特性有关外，还与受试动物的选择、给予受试物的时间、剂量和方式等有关。因此，有时应重复试验，或对两种不同品系的动物同时进行试验，才能得出正确结论。

思考与习题

1. 比较微囊藻毒素不同的检测方法的优、缺点。

2. 简述使用高效液相色谱法检测微囊藻毒素的方法原理与基本步骤。

3. 什么是饮用水中的"两虫"？有什么危害？

4. 简述 EPA 1623 法检测水样中"两虫"的操作流程，并分析影响测定的主要干扰因素。

5. 简述 PCR 技术原理，并举例说明该方法在环境领域中应用的意义。

6. 简述核酸探针技术原理。

7. 什么是高通量测序技术？目前的测序平台主要有哪些？

8. 什么是生物测试法？

9. 选择一种个体水平生物测试方法检测受污染水体的毒性效应。

10. 什么是石蜡切片法？简述其制作步骤。

11. 什么是细胞毒性测试？常用测试方法有哪些？

12. 什么是平衡透析法？

13. 什么是致突变作用？简述常用的致突变试验有几种？

14. 简述什么是化学致癌作用、化学致癌物？致癌作用如何评价？

15. 什么是致畸作用？如何判断致畸作用的产生？请简述致畸试验设计的基本原则。

第9章　稳定同位素分析

同位素分析技术相对于其他分析方法是与众不同的。常规的分析方法，无论是色谱、光谱、质谱还是性能表征类的如电镜、热分析等，主要关注的都是物质的组成结构、浓度含量、理化性质或生物毒理等。而同位素分析结果反映研究对象的内在信息，是整个复合环境作用下的综合结果，并以此为依据进行追踪、溯源和鉴别。样品的同位素值与其化学组成、浓度等之间没有相关性，而且不易被人为因素改变，因此同位素数据信息被认为是更深入和更精细的源信息，具有较高的准确性和来源特异性。

9.1　概　　述

9.1.1　基　础　知　识

具有相同质子数而中子数不同的核素，在元素周期表中占同一位置，称为同位素。大部分元素都有大于两种的同位素。例如，碳有 15 种同位素，氮有 7 种同位素，氟为单同位素元素。自 1912 年汤姆逊第一次发现稳定同位素 ^{20}Ne 和 ^{22}Ne（氖），100 多年以来，同位素在分离技术、检测技术和示踪技术等各方面都得到了飞速的发展。^{14}C 的定年技术曾获得 1960 年诺贝尔化学奖。尤其是近二十年，稳定同位素示踪技术发展迅速，分离分析方法取得了较大突破，^{13}C、^{2}H、^{18}O 和 ^{15}N 广泛应用于生物学、医学、环保、农药、农学、微生物等研究领域。目前约有 170 余种稳定同位素可作示踪剂使用，其中在农业、生态和环境研究中应用较多的有 50~60 种。

同位素分为放射性同位素和稳定同位素。放射性同位素能自发放出粒子发生衰变。放射性同位素在地质、核技术和医疗等领域应用比较广泛。还有一类同位素比较稳定，半衰期较长，一般将半衰期大于 10^{17} 年的同位素称为稳定同位素。图 9-1 是氢元素的三种同位素，其中氢-1 是常规的普通氢，属于稳定同位素，氢-2 又称氘（D）是氢稳定同位素，而氢-3（氚）则具有放射性。应用于生态环境和刑侦领域中的同位素分析大多采用稳定同位素，因此本章将重点讨论稳定同位素分析技术。

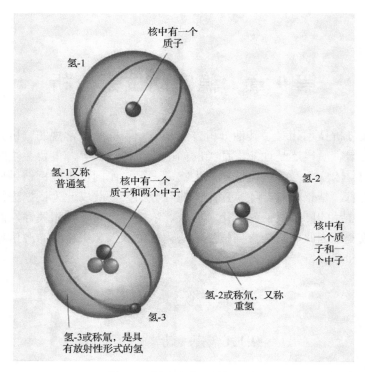

图 9-1　氢元素的三种同位素

1. 丰度

　　元素周期表上大多数元素都由两种或两种以上同位素组成，只有 27 种元素为单同位素元素，如铍（Be）、氟（F）、钠（Na）等。通常采用丰度来表示不同同位素的含量。丰度又分为绝对丰度和相对丰度。绝对丰度指某一同位素在各种稳定同位素总量中的相对份额，常以该同位素与 ^1H（取 $^1H=1012$）或 ^{28}Si（$^{28}Si=106$）的比值表示。这种丰度一般是由太阳光谱和陨石的实测结果给出元素组成，结合各元素的同位素组成计算得到。相对丰度指某一种元素的各同位素的相对含量。例如，氧同位素相对丰度：$^{16}O=99.76\%$，$^{17}O=0.04\%$，$^{18}O=0.20\%$。单同位素元素的丰度为 100%，如 $^{19}F=100\%$。与绝对丰度相比，相对丰度在实际应用中更为广泛。

　　表 9-1 给出自然界中常见稳定同位素存在形式及其平均丰度，元素周期表上所列原子量实际是该元素各同位素按丰度加权的平均值。从表 9-1 可以看出，原子量较小的元素一般都会有一种同位素占绝对主导，其他同位素占比都较小，而且丰度较高的通常是质量数较低的同位素。

表 9-1　自然界中常见稳定同位素存在形式及其平均丰度

元素	同位素	质量数/amu	平均丰度/%
氢	^{1}H	1.0078503	99.985
	^{2}H	2.01410178	0.015
碳	^{12}C	12	98.89
	^{13}C	13.00335483	1.111
氮	^{14}N	14.003074	99.634
	^{15}N	15.00010896	0.366
氧	^{16}O	15.99491462	99.759
	^{17}O	16.9991314	0.037
	^{18}O	17.99916	0.204
硫	^{32}S	31.9720705	95.02
	^{33}S	32.9714583	0.749
	^{34}S	33.9678685	4.215
	^{36}S	35.9670808	0.022
氯	^{35}Cl	34.969	75.77
	^{37}Cl	36.966	24.23

2. 同位素比

同位素比（R）的定义为某种元素中重同位素与轻同位素的丰度比。由于自然界中同位素的丰度差异较大，且重同位素往往含量极低，变化就更加微小，如果用同位素比的绝对值来表示同位素差异，很难获得准确结果。因此国际上通用相对比值 δ 来表示，用已知同位素比率的标准品作为参照，实际样品与之进行比较，通过式（9-1）计算得出未知样本中稳定同位素比率的相对值。

$$\delta= \left[(R_{样品}/R_{标准}) -1 \right] \times 1000‰ \qquad (9\text{-}1)$$

式中，$R_{样品}$ 为所测样品的同位素比；$R_{标准}$ 为标准样品的同位素比。

以 C 为例：

$$\delta=\{ \left[(^{13}C/^{12}C)_{样品}/ (^{13}C/^{12}C)_{标准} \right] -1 \}\times 1000‰$$

δ 越大，则说明样品中较轻的同位素越少，可以认为样品"越重"，称为富集（enrichment）；δ 越小，则说明样品中较轻的同位素越多，可以认为样品"越轻"，称为贫化（depletion）。

由 δ 的计算公式可以看出，δ 都是相对于某种标准物质，若标准物质发生变化，则 δ 也会发生改变。为了让全世界不同实验室不同科学家得出的数据具有可比性，就必须有一个统一的度量衡，那标准品就是这把尺子。同位素的标准物质主要分为三类。

第一类是国际参照标准（international standard 或 primary standard）：常见的国际参照标准如表 9-2 所示。

表 9-2　常见同位素的国际参照标准

同位素比	国际参照标准	国际参照标准的同位素绝对比值
$^2H/^1H$	SMOW 或 V-SMOW	$R\,(^2H/^1H)\sim$V-SMOW $= 0.00015576$
$^{13}C/^{12}C$	PDB 或 V-PDB	$R\,(^{13}C/^{12}C)\sim$V-PDB $= 0.0111802$
$^{15}N/^{14}N$	Air N_2	$R\,(^{15}N/^{14}N)\sim$Air $N_2 = 0.0036782$
$^{18}O/^{16}O$	SMOW 或 V-SMOW　（水）	$R\,(^{18}O/^{16}O)\sim$V-SMOW $= 0.0020052$
	PDB 或 V-PDB（碳酸盐）	$R\,(^{18}O/^{16}O)\sim$V-PDB $= 0.0020671$
$^{34}S/^{32}S$	CDT 或 V-CDT	$R\,(^{34}S/^{32}S)\sim$CDT $= 0.0450045$

注：SMOW，standard mean ocean water，标准平均海洋水；V-SMOW，Vienna-standard mean ocean water，维也纳 SMOW；PDB，pee dee belemnite，美国北卡罗来纳州白垩系皮狄组的海成石灰石化石；V-PDB，Vienna-pee dee belemnite，维也纳 PDB；CDT，canyon diablo troilite，美国亚利桑那州 Canyon Diablo 铁陨石中的陨铁硫；V-CDT，Vienna-canyon diablo troilite，维也纳 CDT。

第二类就是标准物质（reference material）：这类标准物质是实验过程中最重要的标准物质。目前国际上较为通用和权威地提供同位素标准物质的机构有国际原子能机构（IAEA）、美国国家标准和技术研究所（NIST）、欧盟标准物质与测量研究所（IRMM）等。表 9-3 给出几种常见的稳定同位素标准物质。

表 9-3　几种常见的稳定同位素标准物质

标样代号	标样名称	同位素 δ/‰
IAEA-600	咖啡因	$\delta^{13}C=-27.771$，$\delta^{15}N=+1.000$
IAEA-601	苯甲酸	$\delta^{13}C=-28.81$，$\delta^{18}O=+23.14$
USGS-41	L-谷氨酸	$\delta^{13}C=+37.626$，$\delta^{15}N=+47.6$
USGS-63	咖啡因	$\delta^2H=+174.5$，$\delta^{13}C=-1.17$，$\delta^{15}N=+37.83$
USGS-32	硝酸钾	$\delta^{18}O=+25.4$，$\delta^{15}N=+180$
VSMOW	水	$\delta^2H=0$，$\delta^{18}O=0$

第三类是实验室内部标样：由于第二类标准物质价格比较昂贵，一些实验室会标定一些物质作为实验室内部质控使用。

虽然标准品是人为规定的，但并不是任何物质都适合作为标准品。一般同位素的标准品应该满足以下几点条件：①标准品要均匀稳定；②标准品的量应足够多，以便可以长期使用；③标准品的获得应相对容易，化学制备和同位素测量也相对简便。

在标准品的选择上应考虑选取不同同位素比的标样，绘制的标准曲线有较宽的线性范围。针对复杂样品还需要考虑基质效应。

3. 同位素效应

稳定同位素既然不会随时间发生变化，那稳定同位素比是不是恒定不变的呢？答案显然是否定的。自然界的很多反应和作用，物理作用如蒸发凝结融化，化学反应中平衡常数的差异，生物过程如光合作用，都会导致某一元素的同位素在不同物相中分配比例发生变化。这个过程称为同位素效应（isotopic effect）。采用分馏因子（isotope fractionation）α 来表示分馏效应的大小。

$$\alpha = \frac{R_A}{R_B}$$

式中，A 为底物；B 为产物。

海洋作为地球上最大的蒸发器，海水每天都发生着蒸发效应，在蒸发的过程中，$^1H_2^{16}O$ 的分子量为 18（分子量最小的水），具有较高的蒸气压，容易在水气中富集，因此海洋上空的水蒸气相对海水中 ^{18}O 和 D 贫化。当云随着风被吹到陆地，冷凝形成雨滴时，降雨过程与蒸发又完全相反，含有 ^{18}O 和 D 水分子会优先冷凝，水汽中的 H 和 ^{16}O 更加富集。当这个过程反复不断地进行，^{18}O 和 D 贫化会越来越明显。这就是典型的同位素分馏效应。再如，目前已确定微生物更喜欢较轻的同位素，轻同位素的污染物分子会比重同位素的分子更快地被生物降解。因此，当生物降解发生时，随着时间的推移可以观察到较重的同位素增加（从而增加 δ 值）。植物在生长过程中，对土壤中矿物质和 NO_3^-、NH_4^+ 等无机盐的吸收与转化，通过叶片气孔对 CO_2 和 H_2O 的扩散等过程都会发生同位素分馏效应。也正是由于同位素分馏效应的存在，同位素技术具有更高的准确性和特异性，从而得到关于研究对象更加深入和精细的内部信息。

9.1.2　同位素质谱分析

对同位素微小变化的精确测定是同位素技术在科学研究中应用的基本前提。同位素的测定方法主要有光谱法、核磁共振法和质谱法等。光谱法是利用某些元素不同同位素在光谱上的差异，如 ^{15}N 的分子光谱法和 ^{13}C 的红外光谱法。$^{12}CO_2$ 的吸收区 2370～2390 cm^{-1}，而 $^{13}CO_2$ 的吸收区在 2260～2280 cm^{-1}，从而进行区分。目前市面上便捷式空气 CO_2 在线同位素比测定就是利用这个原理。由于核磁共振法测定原理的限制，并非所有同位素都能产生核磁共振现象，并且不同同位素的响应差异较大，该方法通常用于 ^2H、^{13}C、^{15}N 等同位素的测定，尤其是在 ^2H 的同位素效应研究中应用广泛。质谱法是利用电磁学原理，让样品中的分子或原子电离形成带电粒子，之后按照荷质比不同在磁场、电场中进行分离，从而测定其质量和含量，这种方法几乎可以分析所有的同位素。质谱法也是同位素测定中最精确、最通用的方法。

与其他质谱仪类似，同位素比质谱仪主要由五部分组成，包括进样系统、离子源、质量分析器、离子检测器和真空系统。

（1）进样系统：进样系统是把待测样品转化为合适的状态导入离子源的系统。对于同位素比质谱仪的进样系统除了要求在导入样品过程中不破坏质谱的真空度，还应避免引起同位素分馏效应。随着仪器的改进和发展，已基本实现连续流进样。针对不同的样品类型和分析目的，发展出种类繁多的进样装置，如气体稳定同位素比质谱仪就有元素分析、气相色谱、液相色谱等近十种进样系统。

（2）离子源：待测样品在离子源中发生电离，形成电子束。离子源应该具有电离效率高、重现性好等特点。离子源的种类很多，同一种元素在不同情况下也可以选择不同的离子源。EI 源是最常规的离子源，通过一定能量的电子直接与样品分子作用使其电离，电离效率高，但只适合于易挥发样品，主要用于气体稳定同位素比质谱仪中。电感耦合等离子体（ICP）形成的高温等离子体几乎可以电离大多数元素，主要用于金属元素的含量和同位素比的测定。热电离（TI）是样品在高熔点金属表面进行高温加热产生热质电离，适合于特定金属元素的同位素比测定（如 Sr），具有更加优越的稳定性。

（3）质量分析器：质量分析器是质谱仪的核心部位，它的主要作用是把不同荷质比的离子分开，一个理想的质量分析器应该具有分离效果好、无质量歧视、聚焦能力强等特点。磁式质量分析器是同位素质谱仪最常见的质量分析器，它的主体为一扇形磁铁，结构简单，操作方便。但是磁式质量分析器只做方向聚焦，会出现离子能量分散现象，分辨率较低。为满足高分辨分析的要求，一般会在磁分析器前加上一个静电分析器，这就是双聚焦质量分析器。

（4）离子检测器：离子检测器由离子接收器和信号放大器组成，经过质量分析器分离后的具有不同荷质比的离子束被离子接收器接收，并由信号放大器加以放大后记录。理想的检测器应具有灵敏度高、重现性好等特点。法拉第杯和电子倍增器是同位素质谱仪最常见的离子检测器。由于同位素丰度差异较大，可以通过不同放大电阻将信号调节至相匹配的强度。很多质谱仪都会配有两个或两个以上接收器，在需要的时候进行相互切换，大大提高了灵敏度和线性范围。

（5）真空系统：为离子源、质量分析器和离子接收器提供高真空。既可以确保样品在离子源被高效电离，又可以减少离子与残余气体碰撞导致能量损失。

根据离子源、质量分离和检测器不同可组合成各种类型的质谱仪，表 9-4 展示不同类型无机质谱仪的构成和适用范围。根据样品类型和分析需求的不同，选择合适的仪器。

表9-4　不同类型无机质谱仪的构成和适用范围

电离方式	质量分离	检测器	质谱仪	适用范围
EI	磁场	法拉第杯	气体稳定同位素质谱仪（isotope ratio mass spectrometer，IRMS）	C/H/O/N/S 等气体同位素
	磁场+电场	法拉第杯+电子倍增器	惰性气体质谱仪（noble gas mass spectrometer，NG-MS）	惰性气体同位素
ICP	四极杆	电子倍增器	电感耦合等离子发射质谱仪（inductively coupled plasma mass spectrometer，ICP-MS）	大部分金属元素的含量测定
	磁场+静电场	法拉第杯+电子倍增器	多接收电感耦合等离子发射质谱仪（multi-collector inductively coupled plasma mass spectrometry，MC-ICP-MS）	多种金属元素同位素
热电离	磁场+静电场	法拉第杯+电子倍增器	热电离质谱仪（thermal ionization mass spectrometer，TIMS）	特定金属元素同位素，如锶等（能热电离的金属）
辉光放电	磁场+静电场	电子倍增器	辉光放电质谱仪（glow discharge mass spectrometer，GDMS）	金属元素含量测定

在同位素比的测定中，目前应用最为广泛的是气体稳定同位素质谱仪和多接收电感耦合等离子发射质谱仪。

1. 气体稳定同位素质谱仪

稳定同位素质谱仪（isotope ratio mass spectrometer，IRMS）又称为气体稳定同位素质谱仪，是因为进入质谱仪的样品均为气体。进样系统将样品中的各元素转化为气体：C 转化为 CO_2、H 转化为 H_2、N 转化为 N_2、O 转化为 CO、S 转化为 SO_2 等，再将气体引入质谱仪精确测定 $^{13}C/^{12}C$、$^{15}N/^{14}N$、$^{34}S/^{32}S$、$^{18}O/^{16}O$ 和 H/D 同位素比。IRMS 的结构简单，如图 9-2 所示，离子源为 EI 源，通过优化设计可确保离子源长期在零交叉污染、高灵敏度、长寿命下连续工作。质量分析器为磁式质量分析器，主体是扇形磁铁，磁场有效半径可达 70～200 mm，质量数范围在 1～70 amu。检测器为法拉第杯，每个法拉第杯相差一个质量数，通过磁场的偏转，不同荷质比的粒子会掉入不同杯中，再通过电阻放大信号后输出。例如，

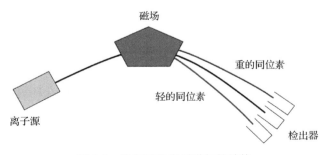

图 9-2　稳定同位素质谱仪的结构

对于 CO_2，三个法拉第杯会分别收集质量数为 44 amu、45 amu、46 amu 的离子束，再根据信号来计算不同质量离子之间的比率。在高阶应用中，可扩展多杯接收器，最多可扩展至 10 杯，用于二元同位素特征表征。

为将各种复杂样品转化为所需气体。质谱仪前端可连接各种不同的外设进样装置，比较常用的装置有以下几种。

（1）元素分析仪，可用于固体、液体样品的平均 C、N、H、O、S 同位素组成的测定。通过快速燃烧测定样品中总的 $^{13}C/^{12}C$、$^{15}N/^{14}N$、$^{34}S/^{32}S$；$^{18}O/^{16}O$ 和 H/D 采用高温碳还原法。预处理方法简便，特别适合测定土壤、沉积物、动植物、水等环境样品，是环境监测和生态学领域应用较为普遍的一种联用技术。

（2）气相色谱仪（GC-C-IRMS）与普通的气相色谱仪不同，GC-C 在气相色谱与质谱之间连接一个高温转化装置。样品在气相色谱中完成分离后，依次进入装有催化剂的燃烧管中，在高温下转化为待测气体（CO_2、N_2、CO、H_2 等）。该技术可用于测定液体和气体样品中特定化合物的 C/N/H/O 同位素组成。该方法也被称为单体稳定同位素分析（compound-specific isotope analysis，CSIA），在环境、石油、食品、烟草、毒品等领域应用广泛，如环境样品中多环芳烃 ^{13}C 的测定、石油天然气中烷烃 ^{13}C 和 ^{2}H 的测定、海洛因中 ^{13}C 的测定等。

（3）在线气体制备装置，在线高精度测定顶空样品如水平衡、碳酸盐、溶解性无机碳和空气中 CO_2、O_2 和 N_2 等气体的同位素比。

（4）全自动预浓缩系统，用于空气中 CH_4 和 N_2O 等 ppb 级痕量气体的浓缩与纯化。

（5）液相色谱仪，由于大多数流动相中都含有 C、H、O 等元素，液相色谱仪应用局限性较大，主要是一些特殊固定的方法，如蜂蜜中各类糖组分的 ^{13}C 的测定、葡萄酒中乙醇和甘油的 ^{13}C 的测定等。

2. 多接收电感耦合等离子发射质谱仪

多接收电感耦合等离子发射质谱仪（MC-ICP-MS），仪器结构如图 9-3 所示。它的离子源为 ICP 源，作为一种强力高效的离子源可以将大多数元素电离，几乎可以满足元素周期表中大部分元素的分析需求。质量分析器为电磁铁、磁场和静电分析器联用的双聚焦系统，大大提高仪器的分辨率。法拉第杯和电子倍增器组成的检测器可以同时满足较高信号和极小电子流信号的检测。

MC-ICP-MS 广泛应用于各种金属元素同位素检测中，在环境中重金属污染元素如 Pb、Hg、Cu、Cr、Cd 等的同位素检测中都有比较成熟的应用。例如，曾婉萍等采用快速进样系统–多接收电感耦合等离子体质谱测定福建九龙江河口的柱

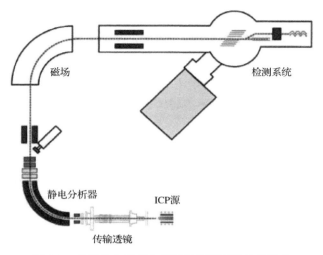

图 9-3　多接收电感耦合等离子发射质谱仪的结构

状沉积物中 Hg 同位素；Samuel WUNDERLI 等利用 MC-ICP-MS 测定水稻中的
Cd 含量。

随着仪器分析技术的发展，连续进样的高效自动化质谱仪的出现，减轻了烦
琐冗杂的前处理工作，使得大量样品可以直接分析测试，大大提高了分析效率。
随着仪器灵敏度的不断提高，进样量变得越来越小，被检测样品只需几毫克甚至
几百微克，大大方便了特殊样品的检测需求。

9.2　同位素技术在环境领域中的应用

同位素技术是伴随着核工业发展起来的，最早应用于地质地球化学，随着人
们对该技术更加深入的认识，逐渐拓展到海洋学、水文学、考古学、农林业等相
关学科。目前同位素技术在环境科学、生态学、食品安全、司法鉴定等领域都有
广泛的应用。同位素技术在环境领域的应用主要集中在四个方面。

9.2.1　污染物溯源

同位素技术在确定物质来源、追溯物质的循环途径等方面具有独特的优势，
基于同位素分馏效应，不同来源污染物的同位素比具有明显差异，可对污染物的
来源和污染过程进行反演、追踪，对产生的条件进行分析，为避免再次发生污染
事件提供指导。得益于仪器分析技术的快速发展，稳定同位素技术在不同环境基
质样品水、土壤、大气等都有成熟的应用。

　　碳、汞、铅、硫、氮等同位素是水体污染中关注和研究最多的几种元素。林琳等通过对 ^{15}N 同位素的测定，研究了人类活动对太湖水环境的影响。他们初步揭示了太湖水体 ^{15}N 的变化特征和空间分异规律，反映了不同湖区人类活动影响水环境方式的差异。对农业活动、水产养殖、城市污水排放等几方面的影响进行了分析，显示人类活动对水环境影响逐渐加强的趋势。并探讨了生物因素，如水华暴发对结果的干扰。Sueker 等在研究中探究了使用稳定硫同位素分析（结合地球化学和水文因素）调查佛罗里达州沿海设施地下水中硫酸盐升高的原因。彭渤等对湘江入河段沉积物中的重金属元素进行了分析，判断出河床沉积物的 Pb 主要有三个来源：流域花岗岩风化带入的自然源 Pb、流域上游 Pb-Zn 矿床的矿石 Pb（人为源 Pb）和燃煤烟尘带入的 Pb（人为源 Pb）。其中，人为源 Pb 的贡献达到 80%。

　　在大气污染中，同位素技术作为来源解析与示踪手段应用于气态污染物质来源确定与大气颗粒物污染过程的研究。主要集中于 C、N、Pb、S 的稳定同位素，研究介质包括温室气体、多环芳烃中的稳定 C 同位素组成、燃煤排放的硫化物、汽油燃烧后的铅尘、$PM_{2.5}$ 来源分析等。例如，利用 ^{15}N、^{18}O 判定 N_2O 的来源（硝化细菌或反硝化细菌）；通过 ^{13}C、^{15}N、^{18}O 来确定城市能源消耗对大气中 CO_2、CO 和氮氧化物的贡献等。2012～2013 年冬、春季，北京市雾霾严重，通过监测大气 CO_2 中 ^{13}C 的变化，发现 $\delta^{13}C$-CO_2 范围为 –15‰～–12‰，而通常在非雾霾天气下，国内 $\delta^{13}C$-CO_2 范围为 –10‰～–9‰，国外 $\delta^{13}C$-CO_2 范围为 –9‰～–8‰。研究表明在供暖季燃煤、机动车燃油、工业生产等，易释放 $^{13}C/^{12}C$ 贫化的 CO_2，导致空气中 $\delta^{13}C$-CO_2 低于非供暖季节。张鸿斌等用硫同位素示踪法，对我国华南珠江三角洲和湘桂走廊及其周边地区的酸沉降 S 源进行了评估。该地区酸雨 S 源区分为 4 种类型：人为成因 S、天然生物 S、海雾 S 和远距离传输 S。珠江三角洲和湘桂走廊地区的大气降水 S 同位素组成有明显的差异，其大气降水 ^{34}S 值的变化范围分别为 1.9～10.3 和 –4.8～–0.1，湘桂走廊地区大气降水明显地富集轻 S 同位素（^{32}S），而珠江三角洲地区则富集重 S 同位素（^{34}S）。并定量计算不同 S 源对酸雨的贡献，提出人为成因 S 是珠江三角洲和湘桂走廊地区最强的污染 S 源，而天然生物 S 在夏季贡献突出，其贡献率分别为 47% 和 52%。远距离传输 S 在冬季贡献率可达 49%。该研究对治理华南地区酸雨具有重要意义。

　　相比于大气和水体，土壤中的污染物种类、来源、形式和迁移过程更加复杂，它与污染点源、地表径流、大气沉降、植被生长、人为干预都密切相关。除了传统的碳、氢、氧、氮稳定同位素，铅、锌、铜、镉、银等重金属稳定同位素也是研究的热点。苑金鹏等对天津市不同功能区的土壤样品中 PAHs 化合物的稳

定碳同位素组成 $\delta^{13}C$ 值进行了测定。发现由于 PAHs 的来源不同，同位素组成有明显的差异。市区、城镇和污灌区土壤样品的 PAHs 主要来自化石燃料燃烧产物、污水中的油污和农作物茎秆及薪柴不完全燃烧产物等。并运用二元复合数值模型，对相对贡献率做出估算。在关于北京土壤有机碳溯源研究中：同时结合碳同位素和碳含量的检测结果，能够清楚地发现土壤有机碳含量及其 $\delta^{13}C$ 在工业区和非工业区的差别，实现了快速解析土壤有机碳的来源。袁宏等采用 PCA/APCS 受体模型和 Pb 同位素示踪技术，分析了研究区农田土壤重金属污染特征并解析了污染来源，研究表明 Pb 含量主要受人为因素影响，尾气尘 Pb 和化肥 Pb 是两大主要来源。表层土壤 Pb 含量中化肥 Pb 贡献率为 21.71%、降尘 Pb 贡献率为 78.29%，农田浅层土壤 Pb 含量中化肥 Pb 贡献率为 26.23%，降尘 Pb 贡献率为 73.77%。该研究结果为从污染源头上管控重金属污染提供了数据支持。

9.2.2　污染物降解机理的研究

随着大量有毒、难降解的化合物进入生态环境中，造成生物富集，对生态系统形成巨大挑战。污染物的生物降解是重要的思路和研究热点，其目的就是要寻找相应污染物的生物降解菌，并对这些降解菌进行鉴定和降解条件的优化。稳定同位素标定技术为寻找、分离未可培养的功能微生物及其降解基因开拓了新的思路。王芳等就采用同位素示踪法从氯苯污染土壤中筛选到能高效降解 1,2,4-三氯苯的两种菌株，30 天对三氯苯的降解率能达到 90% 以上，并且有 50% 左右能矿化为 CO_2。对三氯苯的污染治理具有重要的参考价值。Hanson 等采用 ^{13}C 标记甲苯分析了 PLFA 中富集的 ^{13}C，研究了甲苯的生物降解过程，探讨了自然界中甲苯生物修复中微生物的强化作用。

9.2.3　生态系统修复和管理

了解植物水分利用来源和效率对水分受限生态系统如沙漠和荒漠的生态修复及生态系统管理具有重要意义。利用氢氧碳稳定同位素技术得到量化结果被认为是最有效的方法之一。不同来源水分存在同位素比差异，通过 ^{2}H 和 ^{18}O 来确定植物对不同水源的利用比例。对叶片 ^{13}C 的分析结合 ^{18}O 可以衡量植物长期的水分利用效率。采用稳定同位素技术对宁夏河东沙地几类典型植被（沙蒿、柠条、花棒、沙柳和杨柴等）水分利用特征进行了研究，并在不同季节不同降水量条件下结合叶片碳同位素特征，对植物的水分利用效率进行了比较。这类研究对于探究不同物种对干旱环境的适应能力、优化沙地荒漠植物选择机制，对区域生态修复与重建，物种选择和搭配，体系的构建具有参考价值。

9.2.4 探寻生态环境变化规律

人类活动影响加剧地球生态环境的变化，温室效应、水体富营养化、生物多样性减少等现象发生越来越频繁。探寻生态系统的运转规律，能够指导人们制定更加有效的应对政策。而稳定同位素技术在生态环境变化研究中发挥了重要作用。陈敏等总结了我国近海生态环境研究中同位素示踪取得的进展，揭示了近百年我国近海富营养化和沉积环境的演变规律。尤其是随着经济的发展和人类活动的频繁，特别是在过去 20～30 年，我国近海生态环境的变化尤为剧烈。本研究为揭示近海生态环境变化的响应特征、变化速率和作用机制，从而系统地掌握近海生态环境的时空变化规律提供数据支撑。周咏春等以植物和土壤的 $\delta^{13}C$ 为研究对象，通过其与温度、降水量、大气压、土壤碳氮比、土壤质地、pH 等环境因子的关系，综合反映植物的生理生态特征以及碳循环中的生物化学过程，为人们理解生态系统碳循环提供信息，可以有效预测全球变化及其对生态系统的影响。

随着污染物种类和环境日趋复杂，常规的同位素技术存在一定的局限性。为了得到更加准确、深入的结果，目前同位素技术的发展主要集中在以下几个方向：①同位素与其他分析技术的联用，如与荧光光谱，遥感技术的联用。②双同位素和多同位素及耦合同位素的应用。例如，水体中硝酸盐的溯源研究，水体中硝酸盐的来源主要是大气氮沉降、土壤氮、无机肥、污水、有机肥等，过程非常复杂。虽然不同来源的硝酸根具有不同的 $\delta^{15}N$ 特征值，但仅依靠单一氮同位素值判定误差较大，利用氮氧双同位素可以弥补不足。③拓展更多可用于环境领域的元素，并建立完整可靠的分析测试方法。随着仪器分析技术的发展，尤其是 MC-ICP-MS 这类高分辨质谱仪的升级换代，使得重金属稳定同位素的应用具有重大的潜力。

9.3 稳定同位素技术在司法鉴定中的应用

随着经济水平和科学技术的发展，新型复杂的犯罪手法层出不穷。这就要求刑事侦查的手段更加快速、有效、多样化。能充分利用物证得到更加丰富的信息。稳定同位素技术被认为是一种有效的分析技术，在毒品产地溯源、食品安全、污染事件仲裁等领域发挥重要的作用。

9.3.1　毒品产地溯源

海洛因、冰毒、吗啡等毒品是一类易让人成瘾并高度依赖的违禁品。毒品的泛滥不仅影响人的身体健康，也给社会带来不安定因素。因此各国对毒品的走私和贩卖都有严格的法律约束和量刑标准。而毒品的产地和来源一直是执法部门关注的重点。古柯叶是提取可卡因的主要原料，主要产自玻利维亚、哥伦比亚和秘鲁等 5 个地区。通过 ^{13}C 和 ^{15}N 的差异性可以匹配地理来源，准确性较高。而海洛因和吗啡的主要原料是罂粟。罂粟的主要种植地主要集中在 4 个区域：墨西哥地区；西南亚阿富汗、巴基斯坦、伊朗三国交界处俗称"金新月"地区；东南亚缅甸、泰国、老挝三国交界处俗称为"金三角"地区；南美洲地区。罂粟果实中的乳液干燥后制成鸦片，提纯后得到吗啡，吗啡与无水乙酸反应后得到海洛因。由于在海洛因生产中涉及无水乙酸等乙酰化试剂，因此海洛因 $\delta^{13}C$ 值不仅能反映地理来源，还可以追溯生产工艺和生产批次。例如，Shibuya 等利用 EA-IRMS 分析了吗啡、海洛因对罂粟、大麻等植物产地的研究。汪聪慧等采用 GC-C-IRMS 法，首先测定了海洛因的 $\delta^{13}C$ 值，再对海洛因进行脱乙酰基，制备成吗啡并测定了相应吗啡的 $\delta^{13}C$ 值，通过海洛因/吗啡的 $\delta^{13}C$ 之差获得海洛因加工的批次信息。各国缉毒机构通过缴获的已知产地工艺的大量毒品的 ^{13}C、^{15}N、^{18}O、^{2}H 数据，可以建立多维数据库。为缉毒工作提供有效的量化的数据支持。不仅可以甄别毒品的来源和走私途径，还为新兴毒品产地的确定提供有效方法。

9.3.2　产地溯源及掺假鉴别

食品安全和质量关系到每一位消费者，近年来时有发生的食品安全问题如"地沟油""三聚氰胺奶粉"等事件严重危害了人民群众的身体健康，造成了不良影响。因此各国对食品安全和质量的监控越来越重视。不同地理位置的气候、地质条件，水源、栽培品种、栽培方式和加工方式有所差异，反映在产品一些元素同位素比具有微小差异，使得同位素技术成为产品产地溯源和真假鉴别的有效手段。例如，可应用于葡萄酒、橄榄油、肉类、茶叶等产地溯源，蜂蜜、醋等掺假鉴别。C、N、H、O、Sr、Pb、Cd 等同位素是应用最广泛的几种同位素。其中 $^{2}H/^{1}H$、$^{18}O/^{16}O$ 主要受地域环境和降水影响，$^{13}C/^{12}C$ 取决于植物光合作用的代谢途径，而 $^{15}N/^{14}N$ 受大气沉降和人为施肥等影响，金属元素主要与地质因素矿物含量相关。

C_3 和 C_4 植物光合作用固定碳的方式不同，使得 C_3 和 C_4 植物中碳同位素具有明显的分馏效应。C_3 植物最初的产物是 3-磷酸甘油酸，如水稻、小麦、棉花、大豆和大部分水果等，$\delta^{13}C$ 范围在 $-33‰\sim-22‰$。而 C_4 植物以草酰乙酸为最初产物，如甘蔗、玉米、高粱等，$\delta^{13}C$ 范围在 $-20‰\sim-9‰$。在蜂蜜掺假中经常会使用廉价的蔗糖加淀粉，就会具有典型的 C_4 植物的同位素特质。美国分析化学家协会（AOAC）在 1995 年建立了稳定碳同位素分析方法（SCIRA）检测蜂蜜外源 C_4 糖浆掺假的国际标准 AOAC 978.17。该方法明确掺假量的计算公式：掺假量（%）=（$\delta^{13}C$ 蜂蜜蛋白$-\delta^{13}C$ 蜂蜜）/（$\delta^{13}C$ 蜂蜜蛋白$-\delta^{13}C$ 玉米糖浆），当掺假量大于 7% 时可判定为掺假蜂蜜。2002 年，我国也建立蜂蜜的国家标准《蜂蜜中碳-4 植物糖含量测定方法-稳定碳同位素比率法》（GB/T 18932.1—2002）。

葡萄酒作为一种经济价值较高的产品，其价格的主要决定因素是原产地。尤其是产品品质较高的原产地如欧洲，对特定产区的葡萄酒都有立法保护，因此对于葡萄酒产地的准确溯源是关键所在。葡萄酒由葡萄酿造，不同产地的葡萄生长环境不同，其 $^{13}C/^{12}C$、$^{18}O/^{16}O$、$^2H/^1H$ 同位素比会有一定差异，高湿、高温地区的葡萄酿造的葡萄酒中乙醇的 $^{13}C/^{12}C$ 值要远高于干燥、寒冷地区。这个差异会反映在葡萄酒的乙醇和水中。除了常规的轻同位素，葡萄酒中还含有丰富的矿物质元素如 Ca、K、Fe、Cu、Zn 等，主要来自葡萄生长的土壤地质环境，因此和葡萄生长的地理位置密切相关，可作为特有指纹来区别葡萄酒的产地。通过大量样品的检测数据，利用强大的统计学数据分析软件，可以建立葡萄酒中多元素同位素比与多参数的关系模型，如经纬度、海拔、降水量、最高和最低日均气温、全年平均气温、与海洋的距离等。目前该技术在名贵白酒产地的溯源上也开展了研究。

9.3.3　污染事件仲裁

随着工业化的进程，环境污染的事件时有发生，由此产生的环境问题日趋严重，危害居民的健康，破坏生态环境。准确地确定污染物的来源是进行责任归属、事件仲裁的基础。同位素技术为此提供有力的支撑和工具。在对广东南海区的两次小型重油泄漏事件的追踪中，彭先芝等分析可疑重油与被污染水体及植物表面污染物的饱和烃和芳烃分布以及生物标志化合物姥鲛烷、植烷、"不可分辨的混合物"（UCM）等化学指纹特征，同时对比可疑重油与被污染水体表面漂浮重油的沥青质同位素组成。结果显示，发生的两起污染事件分别源于某饲料公司锅炉房的重油泄漏和某加油站重油渗漏。

思考与习题

1. 稳定同位素比质谱仪的检测器是什么？为什么采用该检测器？

2. 同位素丰度、绝对比值和相对比值之间的关系。

3. 同位素标准物质的类型有哪几种？

4. 真空度下降对稳定同位素比质谱仪产生的影响。

5. 元素分析–稳定同位素质谱联用仪的工作原理和应用范围。

6. 碳同位素的分析方法和原理。

7. 查阅文献，简述 MC-ICP-MS 在环境领域的应用。

8. 同位素技术的特点和优势。

9. 查阅文献，举例解释同位素分馏效应。

10. 查阅文献，简述同位素技术在氮循环研究中的应用。

第 10 章　材料表征技术

本章将简单介绍材料表征技术中常用的几种方法,这些技术以往多用于材料、化学等学科。如今, 越来越多的科研工作者开始关注把这些手段应用到环境科学领域。把表象的、宏观的结果,从微观的角度,物质的本质来解释;来帮助科研工作者提高研究的深度。

材料是用于制造有用物件的物质, 历史上它一直是人类进步的里程碑。从早期的石器时代、青铜器时代、铁器时代, 逐步发展到现代的有机高分子材料、光电材料、复合材料和生物材料等。材料目前已发展成为一门学科, 并渗透到其他相关学科, 形成交叉学科, 尤其是化学、生物、物理;近年来在电子信息, 环境科学领域也显现出重要性。

现代材料科学的发展在很大程度上依赖对材料性能和其成分结构及微观组织关系的理解。材料结构表征分为成分分析、结构测定和形貌观察三大类。成分分析主要手段有传统的化学分析技术, 质谱光谱分析, 紫外光谱分析, 红外光谱分析, 气相、液相色谱, 核磁共振, 电子自旋共振, X 射线荧光光谱, 俄歇与 X 射线光电子谱, 二次离子质谱, 电子探针, 原子探针, 激光探针等;结构测定的方法有 X 射线衍射、中子衍射、电子衍射、热分析等;形貌观察的方法主要是显微镜技术, 包括光学显微镜、光学干涉仪、激光散射谱、扫描电子显微镜和透射电子显微镜等。

本章将简单介绍热分析技术、X 射线衍射技术和电子显微镜技术。

10.1　热重及差热分析

热分析方法是基于热力学原理和物质的热学性质而建立的分析方法, 它研究在程序温度下, 物质的热力学性质与温度之间的相互关系, 并借助这种关系进而分析物质的组成。热分析技术的主要发展历程如下。

1780 年, 法国化学家 A.L. Lavoisier 和 P.S. Laplace 发表了《论热》一文, 采用 Caloric 一词来表达热效应, 1824 年法国军官卡诺(Carnot)给出了 Caloric 的数学理论;1840 年, 盖斯(Hess)提出反应的热效应是只与初终态有关, 而与过程无关的定律;1887 年, Le Chatelier 利用升温速率变化曲线来鉴定黏土;1899 年,

Roberts-Austen 提出了温差法；1903 年，Tammann 首次使用热分析这一术语；1915 年，本多光太郎奠定了现代热重法的初步基础，并提出了热天平这一术语；1945 年，商品化的热天平问世；20 世纪 60 年代初，开始研制和生产较为精细的差热分析仪；1964 年，Watson 等提出了差示扫描量热法；1969 年和 1978 年国际热分析协会明确了热分析（TA）的定义：测量物质任何物理性质参数与温度关系的一类相关技术的总称，即在程序温度下，测量物质的物理性质与温度关系的一类技术。Gimzewski 在 1991 建议修改为：在程序温度和一定气氛下，测量试样的某种物理性质与温度或时间关系的一类技术。因此，从广义上讲，热分析技术包括许多与温度有关的实验测量方法。而热重（TG）分析法、差热分析（DTA）法和差示扫描量热（DSC）法是热分析的主要方法，近年来在环境科学与工程研究领域得到了广泛的应用，目前已成为污泥和固体废弃物热分解性能的常用研究手段。利用热重分析法研究污泥的热解和燃烧特性，可以了解污泥生成方式与其热解和燃烧之间的关系，以实现污泥的有效处理；对固体废弃物进行热重分析，以了解其热解特性，通过选择适当的工况参数，可对其热稳定性和分解历程进行深入研究，为固体废弃物热解技术提供基本依据。

表 10-1 给出的是热分析技术的应用范围，表 10-2 则是通过不同的热分析方法可得到的相关热分析信息。

表 10-1　热分析技术的应用范围

应用范围	TG	DTA	DSC	测温滴定	TMA	动态热机械法	EGA	热电学法（ETA）	热光学法（TOA）
相转变、熔化、凝固	—	B	A	—	C	—	—	B	A
吸附、解吸、裂解、氧化还原	A	B	A	C	—	—	B	—	B
酸化黏合	A	B	A	B	—	B	B	B	B
相图制作	B	A	A	—	C	—	—	—	C
纯度测定	—	B	A	—	—	—	—	—	B
热固化	—	B	B	C	B	—	—	—	B
玻璃化转变	—	B	A	—	A	B	—	C	B
软化	—	—	C	—	A	C	—	C	C
结晶	—	B	A	—	B	—	—	C	B
比热容测定	—	B	A	—	—	—	—	—	—
耐热性测定	A	A	A	—	B	B	B	C	B
升华、反应和蒸发速率测定	A	B	A	A	—	—	A	C	B
膨胀系数测定	—	—	—	—	A	—	—	—	—

应用范围	TG	DTA	DSC	测温滴定	TMA	动态热机械法	EGA	热电学法（ETA）	热光学法（TOA）
黏度	—	—	—	—	A	—	—	—	—
黏弹性	—	—	—	—	A	A	—	—	—
组分分析	A	B	A	—	—	C	A	B	B
催化研究	—	B	A	B	—	—	A	—	—
液晶	—	B	A	—	—	—	—	—	—
煤、能源	A	A	B	—	—	—	C	—	—
生物化学	C	B	A	—	—	—	C	—	—
海水资源	B	B	A	—	—	—	C	—	—
地球化学	A	A	B	—	—	—	C	—	—

注：A. 最适用；B. 适用；C. 某些样品适用。

表 10-2　通过不同的热分析方法可得到的相关热分析信息

技术名称	测定的物理量	检测装置	模式曲线
热重分析法（TG）	质量 m	热天平	
差热分析法（DTA）	温度差 $T_S - T_R = \Delta T$	差热电偶	
功率补偿型差示扫描量热法（DSC）	热流量 $\mathrm{d}Q/\mathrm{d}t = \phi$	量热计	
测温滴定	温度 T	量热计	
热机械分析（TMA）	体积或长度 V 或 l	膨胀计	
逸出气检测（EGD）	热导性	热导池	

　　下面将对在环境领域常用的热分析方法做系统介绍。首先，介绍热分析技术的几个重要术语：①热分析曲线（curve）在程序温度下，用热分析仪器扫描出的物理量与温度或时间关系的曲线，如 $\mathrm{D}T\text{-}T$、$\mathrm{d}Q/\mathrm{d}t\text{-}T$、$\mathrm{d}H/\mathrm{d}t\text{-}T$、$C_p\text{-}T$ 等。②升温

速率（heating rate）：程序温度对时间的变化率，其值不一定是常数，但可正可负，如 dT/dt 等。③差或差示（differential）：在程序温度下，两个相同物理量之差，如 DT、DL、DC_p 等。④微商或导数（derivative）：在程序温度下，物理量对温度或时间的变化率，如 dQ/dT、dQ/dt、dC_p/dT 等。

10.1.1　热重分析法

1. 热重分析法的基本原理

热重分析法是在程序控制温度下，测量物质质量与温度关系的一种技术。数学表达式为

$$W = f(T) \text{或} W = f(t) \tag{10-1}$$

由热重分析法得到的试验曲线称为热重曲线（TG 曲线）。TG 曲线通常以质量为纵坐标，从上向下质量减少，也可以余量（实际称得质量或剩余百分数）或剩余分数 C（从 1～0）表示；以温度或时间为横坐标，从左向右温度（或时间）增加，使用摄氏度（℃）或热力学温度（K）为温度单位，在动力学研究中用热力学单位（K）或其倒数 T^{-1}（K^{-1}）。

采用不同的温度控制条件，热重分析的三种热重测量模式可分为等温法（isothermal TG）、准等温法（quasi-isothermal TG）和动态法（dynamic TG），相应测量模式曲线如图 10-1 所示。

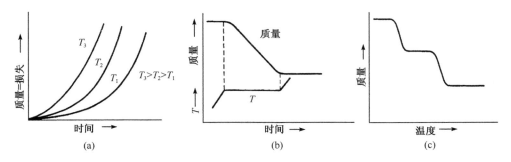

图 10-1　三种典型的热重测量模式曲线

当试样具有参与下列两大类反应之一的性质时，可用热重分析法研究该试样的热重分析特性：

反应物（固体）──→ 产物（固体）+ 气体

气体 + 反应物（固体）──→ 产物（固体）

第一个反应中质量减少，第二个反应中质量增加。质量不发生变化的过程（如

试样的熔化）是不能用 TG 分析法研究的，这是 TG 研究对象的重要特点之一。

　　TG 的第二个主要特点是在温控条件相同的情况下，样品的组成不同，观察到的质量变化大小不同。实际中，大多的热重分析都是检测温度升高时的质量变化情况。热重分析主要应用于精确测定几个相继反应的质量变化，质量变化的大小与直接进行反应的特定化学计量关系有关。所以可以对已知样品组成的试样进行精确的定量分析，并且通过热重曲线还能推断样品的磁性转变（居里点）、热稳定性、抗热氧化性、吸附水、水合及脱水速率、吸附量、干燥条件、吸湿性、热分解性及生成产物等质量相关信息。

　　热重分析法又派生出微商热重法（DTG）和二阶微商热重法（DDTG），前者是 TG 曲线对温度（或时间）的一阶导数，后者是 TG 曲线对温度（或时间）的二阶导数。

2. 热重分析仪组成结构

　　热重分析法是基本热分析方法之一。热重分析仪的中心是一个加热炉，其中的样品以机械方式与一个分析天平相连接，称为 TG 仪器的热天平。热天平最早是由本田（Honda）在 1915 年发明的，之后仪器在灵敏度、自动记录 $\Delta m\text{-}T$ 曲线以及包括加热速率、气氛等条件的仪器控制方面不断地进行了改进。图 10-2 是典型的 TGA-5500 热重分析仪。

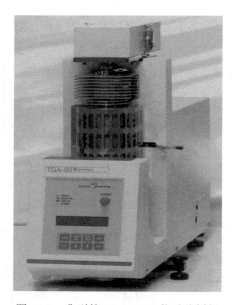

图 10-2　典型的 TGA-5500 热重分析仪

该仪器的特点：①耐震性强，无须选择设置场所；②可进行高灵敏度测定；③TG 的基线极为稳定；④温度范围：室温～1000℃/1500℃；⑤最大样品量：1 g。

现代热重分析仪的主要部件是天平、加热炉和仪器控制部分及数据处理系统，天平是核心，热重分析仪还有盛放样品的样品测试单元。仪器控制部分包括温度测量和控制、自动记录质量和温度变化的装置，以及控制试样周围气氛的设备。各部分功能分别介绍如下。

1）热天平

热天平必须能在过高或过低的温度或极端条件下保持精密和准确，并能传送适于连续记录的信号。典型的热天平结构如图 10-3 所示。

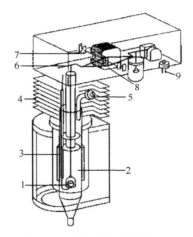

图 10-3　热天平的基本构造

1. 试样；2. 加热炉；3. 热电偶；4. 散热片；5, 9. 气体入口；6. 天平梁；7. 吊带；8. 磁铁

灵敏可靠的热天平是 TG 仪器的一个核心部件。天平的灵敏度一般在 1 μg 量级，最大载样量为 1 g。大多数情况下，TG 实验所用的实际样品量为 10～50 mg。可以采用的几种类型的天平装置有弹簧杆天平、悬臂天平和扭矩天平。但常用的是零点称重装置，这是因为样品始终保持在炉的同一加热区。

2）加热炉

加热装置可以用电阻加热器、红外或微波辐射加热器、热液体或热气体换热器。其中电阻加热器是最常用的加热装置。加热装置的温度控制范围取决于其构造材料。如果温度范围扩展至 1000～1100℃，可使用熔融石英管与铬铝钴耐热型加热元件；若温度高至 1500～1700℃，就要用其他陶瓷耐熔物，如刚玉或莫来石。大多数热天平制造商提供的仪器可在 1500℃下使用，但由于包括加热元件、炉构造以及用于温度测定的热电偶等制造材料问题，只有少数厂商能制造可在高温（>1500℃）下使用的仪器。

温度敏感元件、测量和控制器件通常采用热电偶，也可采用铂电阻温度计，将其放在尽可能靠近样品的位置。热电偶对温度变化的影响必须有良好的线性关系。

试样周围气氛的组成对 TG 曲线也会产生较大的影响，大多数热重分析仪都提供控制试样周围气氛的装置，如提供静态或流动气氛，或提供富含反应物的气氛，使样品热分解推迟到更高的温度。相反，在惰性气氛或真空中，反应将在较低的温度下进行。如果几个反应同时释放出不同的气体，可通过选择试样周围的气氛将它们分开。试样周围气氛不仅可改变热分解温度，还能改变发生的反应。不同条件下加热某些有机化合物发生的反应就是一个例子。例如，在氧气存在下会发生氧化反应，而隔绝氧气时将发生热解反应。尽管现在市售的热天平都可以使用惰性气体（氮气或氩气）或氧化气氛（空气或氧气），但仅仅只有少数热天平能用于腐蚀性或反应性气氛，如氯气和二氧化硫。此外，热重分析测定也可以在真空（很多体系可达到 10^{-3} 或更低的压强）或加压条件下进行。

相对于天平和加热炉，样品放置的方式主要有三种（水平加载、顶部加载和悬浮加载），每种方式都有其优缺点。但不论是哪种情况，必须注意两点：①样品要置于加热炉的均匀温度区；②天平装置不受辐射热和样品放出或用作反应气氛的腐蚀气体的作用。

3）仪器控制及数据处理

微机（PC）与大多数市售仪器结合，可用于控制加热和冷却循环，以及数据储存和处理。PC 还能计算 $\Delta m\text{-}T$ 曲线（TG）的一阶导数，即 DTG 曲线。通过分辨叠加的热反应，DTG 曲线对解释 TG 曲线大有帮助。另一种分辨反应和达到热力学平衡的方式是使用等温加热或慢速加热。在准等温 TG（也称为高分辨或控制速率 TG）中，当样品质量开始改变时，加热速率就减慢，这样可提高分辨率，但会相应增加 TG 的运行时间。通常可采用在质量不变的区域内设定相对高的升温速率，以部分补偿时间的损失。

3. 影响 TG 曲线的因素

试样的物理性质、加热速率、试样量、试样颗粒大小及试样的填装情况都会影响 TG 曲线。根据所研究的过程，需要对某些可变因素进行有效的控制，才能保证 TG 曲线的重现性，从而获得准确可靠的信息。下面将对这些影响因素进行分别说明。

1）升温速率

同一样品，升温速率越慢，分解程度越大。如果有连续反应（失重），选用合适的升温速率，可使反应各个阶段分开。升温速率快时，TG 曲线会弯曲，升温速率慢时，则 TG 曲线会出现平台（TG 曲线上质量基本不变的部分称为平台）。图 10-4 为含有一个结晶水的草酸钙（$CaC_2O_4 \cdot H_2O$）在不同升温速率下的 TG 曲线。该物质在低于 100℃条件下没有失重现象发生；在 100~200℃失重后 TG 曲线呈现一个较大的平台，该阶段失重量约为样品总量的 12.3%，正好相当于 1 mol $CaC_2O_4 \cdot H_2O$ 失重掉 1 mol H_2O；在 400~500℃失重后 TG 曲线再次呈现一个平台，该阶段失重量约为样品总量的 18.5%，相当于 1 mol CaC_2O_4 失重掉 1 mol CO_2；在 600~800℃失重后 TG 曲线又呈现一个平台，该阶段失重量约为样品总量的 30%，相当于 1 mol CaC_2O_4 失重掉 1 mol CO_2。该结果充分说明借助 TG 曲线可以推断反应产物，进而探讨其反应机理。

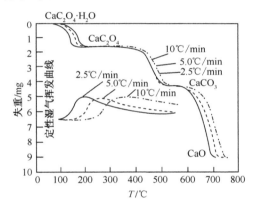

图 10-4　不同升温速率对 $CaC_2O_4 \cdot H_2O$ 的 TG 曲线的影响

在热重分析法中要根据具体的实验条件和实验目的选择适当的升温速率。当样品量少时，应采用快速升温，因为它能检查出分解过程中形成的中间产物，慢速升温则不能达到此目的。实验证明，当样品量适中时，选择适当的升温速率，对于获取中间产物信息非常重要，快速升温曲线无中间平台，慢速升温曲线就出现平台。另外，在研究含有大量水分的药品时，建议采用较慢的升温速率。

2）支持器及坩埚材料

热重分析法中，如果药品与气体或气体产物之间发生相互作用，那么支持器的几何因素会影响曲线形状。有些药物在加热过程中易与坩埚发生反应及催化作用，因此这些药品在选择坩埚材料时应慎重。

3）炉内气氛

使用严格控制的动态气氛，可得到重现性较好的结果。

4）热天平灵敏度

热天平灵敏度是热重分析法中的一个重要参数。灵敏度越高，实验所需样品的质量就可以越少，中间化合物的质量变化平台就会越清晰。分辨率就会越高，可使用较快的升温速率。

5）样品量

样品量对 TG 曲线的影响有三方面：①样品吸热或放热会使样品温度偏离线性程序温度，从而改变 TG 曲线的位置，样品量越大，这种影响越明显。②反应产生的气体通过样品粒子周围的空隙向外扩散的速率与样品量有很直接的关系。坩埚容积一定时，样品量越大，反应产物就越不容易扩散出去。③样品量大时，会使样品内的温度梯度增大，样品导热性差时更是如此，而且反应产物的扩散作用也很差，进而影响 TG 曲线。缩小这种影响的最好办法是根据天平的灵敏度，在实验时尽量减少样品使用量。图 10-5 为试样量对 TG 曲线的影响示意图。

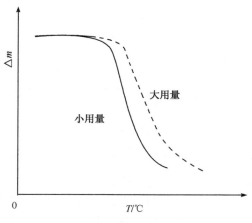

图 10-5　试样量对 TG 曲线的影响示意图

10.1.2　差热分析法

1. 差热分析法的基本原理

DTA 法是以试样和参比物间的温度差与温度的关系而建立的分析方法。热分析（TA）法，加热的同时检测试样的质量；DTA 法，加热的同时测量的是试样和参比物间的温度差。例如，样品发生吸热效应时，其温度 T_S 将滞后于参比物的温度 T_R。记录温度差 ΔT（$=T_S-T_R$）与温度的关系，从而得到 DTA 曲线。

DTA 是利用物质在不断加热或冷却的环境下，使物质按照它固有的运动规律发生量变或质变。发生的量变或质变表现在吸热或放热上。根据吸热或放热现象，来判断物质的内在变化。只要物质受热后有吸热或放热现象，就可用 DTA 法进行研究。

例如，熔化过程，它是一吸热反应，样品不断从外界吸收热量，但样品温度保持恒定，直至样品全部熔化。当温度恒定时，其变化速率则为 0。失水、CO_2 的逸出、晶体结构的变化以及分解都是吸热反应。相变可以是吸热，也可以是放热过程。对于吸热反应，试样温度将低于参比物温度。反之，放热反应中试样温度将高于参比物温度。吸热反应因吸收热量，在差热图上出现负号；放热反应则出现正号。该信号的测量方法就是在程序控制温度的条件下，记录样品与参比物之间的温度差，而参比物则是一种在测量的温度范围内不发生任何热效应的物质。

2. 差热分析仪组成结构

差热分析仪的主要组成：①测量温度差的电路；②加热装置和温度控制装置；③样品架和样品池；④气氛控制装置；⑤记录输出系统。

差热分析仪的结构如图 10-6 所示。两个小坩埚（样品池）置于金属块（如钢）中相应的空穴内，坩埚内分别放置样品和参比物，参比物（如 Al_2O_3）的量应与样品量相等。在盖板的中间空穴和左右两个空穴中分别插入热电偶，以测量金属块和样品、参比物温度。金属块通过电加热而慢慢升温。由于两个坩埚中热电偶产生的电信号方向相反，因此可以记录两者温差。若两者温度虽然呈线性增加，但温差为 0，则两者电信号正好相抵消，其输出信号亦为 0。只要样品发生物理变化，就会伴随热量的吸收和放出。例如，碳酸钙分解时逸出 CO_2，它要从坩埚中吸收热量，其温度明显低于参比物，它们之间的温差给出负信号。相反，若由相变或失重导致热量的释放，样品温度会高于参比物，一直到反应结束，此时两者温差给出正信号。

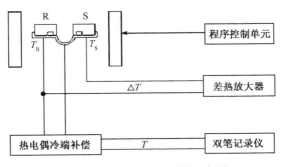

图 10-6 差热分析仪结构示意图

　　差热分析法中检测温度的常用装置是热电偶，它能方便且再现地取得试样和参比物的实际温度的正确读数。与 TG 分析法一样，TGA 的热平衡非常重要。试样的内外部之间总有一定的温度差；由于反应往往发生在试样的表面，而内部仍然未反应，因此试样用量要尽可能少，并且颗粒大小和填装尽可能要均匀，以最大限度地减小上述效应。在任何情况下，热电偶对于每次实验都必须精确定位。参比物热电偶和试样电偶对温度的影响应该相匹配，并且两者在炉内的位置应该完全对称。

　　加热和温度控制装置与热重分析中使用的装置非常类似。炉子的结构应使热电偶不受干扰。为进一步减少这干扰的可能性，大部分仪器都有试样和参比物的内金属室，以使电屏蔽和热波动减少到最低程度。

　　试样表面和内部的温度差的大小受两个因素影响：加热速率以及试样和试样架的热导率。加热速率较大时，具有高热导率的金属试样的表面和内部也会接近恒温。对热平衡问题的解决办法显然是增大试样的热导率（如将它与高热导率的稀释剂相混合）。但是这种方法存在的缺点是反应产生或吸收的热量将部分或完全流向环境或被来自环境的热量补偿。最好的办法是使用热导率比试样热导率低的差示分析池。

　　对参比物的要求是，参比物在分析的温度范围内应该是惰性的，它不应该与试样架或热电偶反应，它的热导率应该与试样的热导率相匹配，以避免 DTA 曲线的基线漂移或弯曲。对于无机样品，氧化铝、碳化硅常用作参比物，而对于有机样品，则可使用有机聚合物，如硅油。

　　另外，试剂存在时稀释剂必须是惰性的。使用稀释剂的目的不仅在于它能使试样和参比物的导热率相匹配，而且当反应组分的量改变时，它可使试剂量维持恒定。

3. 影响 DTA 曲线的因素

　　DTA 曲线是由差热分析得到的记录曲线，纵坐标为试样与参比物的温度差（ΔT），向上表示放热反应，向下表示吸热反应。DTA 曲线由一系列的放热峰、吸热峰组成。某种物质在加热条件下有它的特征差热峰。DTA 曲线上这些峰的位置、形状和数目可以用来鉴别物质，DTA 曲线作为研究物质含量和相变等的工具。下面对影响 DTA 曲线的因素作简单介绍。

　　1）升温速率

　　目前所使用的热分析仪器通常都采用线性升温和连续加热，仪器的加热速率为 0.5～50℃/min，有时甚至更大。大量实验结果表明，升温速率不同会影响 DTA 曲线的形状、相邻峰的分辨率和峰顶温度。较高的升温速率导致在 DTA 曲线上出现尖锐而狭窄的峰，使相邻峰重叠并使峰顶温度升高。图 10-7 为升温速率对高岭土脱水反应 DTA 曲线的影响。

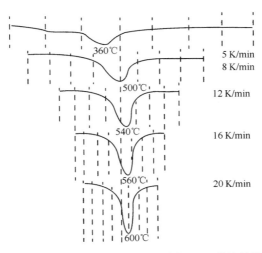

图 10-7　升温速率对高岭土脱水反应 DTA 曲线的影响

2）样品用量

差热分析中试样用量一般为 1~6 mg。试样用量越多，内部传热时间越长，形成的温度梯度越大，DTA 曲线峰形就会扩张，分辨率会下降，峰顶温度会移向高温，即温度滞后会更严重，而且破坏峰面积和样品量的线性关系。图 10-8 为样品量对 NH_4NO_3 的 DTA 曲线的影响。

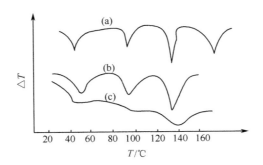

图 10-8　样品量对 NH_4NO_3 的 DTA 曲线的影响

曲线（a）5 mg；曲线（b）50 mg；曲线（c）5 g

3）炉内气氛的影响

炉内气氛会对药品加热过程中的行为产生很大的影响。实验表明，当电炉内气氛的气体与药物热分解产物一致时，分解反应对应的初温、终温和峰顶温度就会增高。对气氛进行控制的方式通常有两种：①静态气氛，一般为封闭体系；②动态体系，气氛流经试样和参比物。

4）样品密度或装填方式

DTA 曲线偏移最普通的原因之一是样品支持器里样品的密度或装填方式不同。低密度或松散装填的样品有助于促进微弱反应的增强，但易造成 DTA 曲线变形。

5）热惰性物质作为稀释剂的影响

若药品质量太少或药品产生的热效应太强，造成 DTA 曲线不能被完整记录时，可在药品试样中加入热惰性物质作为稀释剂。

此外，样品粒度的大小、样品支持器、差示热电偶的种类和性质、药物样品的组成结构及结晶度等也都会对实验结果产生影响。

4. TGA/DTA 综合分析仪的使用

TGA/DTA 综合热分析仪（STA409PC）可在程序控制温度下，同时测定试样质量和热焓随温度的变化情况。其主要特点是定量性强，能准确地测量物质的质量变化及变化的速率，因试样置于相同的热处理及环境条件，TG/DTA 综合热分析仪消除 TG 和 DTA 单独测试时因试样不均匀或气氛不同等因素带来的影响，并广泛应用在于科学研究、产品开发、质量控制等各个领域。仪器的具体使用方法及注意事项如下。

（1）开机（记录仪的开关在前，电控箱开关在后），后预热 0.5 h。

（2）精确称样、放样。①用电光分析天平称样，使用特制勺和坩埚；②抬炉子、转炉子，动作一定要轻巧，落位一定要缓慢，否则极易断主丝；③放坩埚用镊子搁放（离人近的为待测样，离人远的为参比样），动作要轻巧、稳、准确，切勿将样品洒落到炉膛里面。

（3）TG 档按样的质量来选择挡位并调到 0 处。

（4）DTA 档根据试样的特性和相变的不同来选档位，一般选 25～250 μV。

（5）按升温键，等到偏差项表针指向左边再按加热按钮。温速调到 5℃/min 或 10℃/min，开启冷却水龙头。切勿超过 1100℃，即 1075.7 μV，如果到达此温度或听到报警声，应立即按一下"加热"按钮，使显示不加热的"零"位按钮灯亮。

（6）进入测量运行程序。选 File 菜单中的 Open 打开所需测试基线进入编程文件。

（7）选 Sample+Correction 测量模式，输入识别号、样品名称并称重。点

Continue。

　　（8）选择标准温度校正文件。

　　（9）选择标准灵敏度校正文件。当使用 TG-DTA 样品支架进行测试时，选择 Senszero.exx 然后打开。

　　（10）选择或进入温度控制编程程序（基线的升温程序）。应注意的是，样品测试的起始温度及各升降温、恒温程序段完全相同，但最终结束温度可以等于或低于基线的结束温度（只能改变程序最终温度）。

　　（11）仪器开始测量，直到完成。

　　（12）依次、缓慢地取下主机加热体的保温盖，待冷至近室温再做下一个样，如果不做，则关闭电控器和记录仪的开关，再关闭总电源开关，还原、归位一切物品，关闭冷却水龙头。

10.1.3　差示扫描量热法

　　差示扫描量热法（DSC）的原理是样品和参比物各自独立加热，维持试样与参比物的温度相同，测量热量（维持两者温度恒定所必需的）流向试样或参比物的功率与温度的关系。当参比物的温度以恒定速率上升时，若在发生物理和化学变化之前，样品温度也以同样速率上升，两者之间不存在温度差。当样品发生相变或失重时，它与参比物之间产生温差，从而在温差测量系统中产生电流。此电流又启动一继电器，使温度较低的样品（或参比）得到功率补偿，两者温度又处于相等，相当于样品热量的变化。由 DSC 法得到的分析曲线与 DTA 法相同，只是更准确、更可靠。当补偿热量输入样品时，记录的是吸热变化；反之，补偿热量输入参比物时，记录的是放热变化。峰下面的面积与反应释放或吸收的热量成正比，曲线高度则与反应速率成正比。

　　热重分析法测定的是加热或冷却时样品质量的变化，而 DTA 法和 DSC 法则是对能量变化进行的测定。两种方法虽然紧密相关，产生同一种信息，但从实用角度看，二者的区别在于仪器的操作及构造原理：DTA 技术测定样品和参比物间的温差，而 DSC 技术则保持样品与参比物的温度一致，测定保持温度一致所需热能的差别。

　　与 DTA 的操作模式相反，DSC 分析样品与参比物的温差保持为 0℃，即 $\Delta T = T_S - T_R = 0$。这是通过单独的加热器实现的，这种方法被称为能量补偿 DSC。此外，还有热流 DSC，与经典 DTA 一样，该法也是监测温度差：将样品和参比物置于一个热流板上，该热流板产生一个从炉壁到样品及参比物的严格控制的热流。这样在热流 DSC 中，就得到一个与样品及参比物之间的热流差值成正比的 ΔT。所有的 DTA 和 DSC 技术都给出类似的信息，但能量补偿 DSC 仪器的操作温度范围

（一般可达 700℃）往往比 DTA 仪器（高温可达到 1500℃或更高）更受限制。另外，仪器在低于 700℃的温度操作时，其灵敏度高于高温操作的结果，因此样品可更少（为几毫克级），作为参比，仅需一个空样品池就足够。

10.1.4 热重分析在环境分析中的应用举例

1. 利用热重分析处理垃圾

例 10-1：利用热重分析法分析城市生活垃圾堆肥剩余物的燃烧特性。

将实验样品在空气中自然干燥后，对泡沫、塑料等非脆性材料进行切碎至 2 mm 以下，其他成分粉碎至 1 mm 以下，然后按各组分的比例，充分混合，由于混合试样比较蓬松，体积较大，必须压实后才能放入坩埚内，试样的质量为 11.54 mg。

实验采用日本理学热分析仪 TAS100 高温微分差热天平进行。实验时将准备分析的试样放在坩埚内，通以空气，使试样在空气氛围中连续升温，记录试样在升温过程中 TG 曲线、DTG 曲线及 DTA 曲线，如图 10-9 所示。实验条件：升温速率为 20℃/min；空气流量为 20 mL/min；最高加热温度为 900℃。

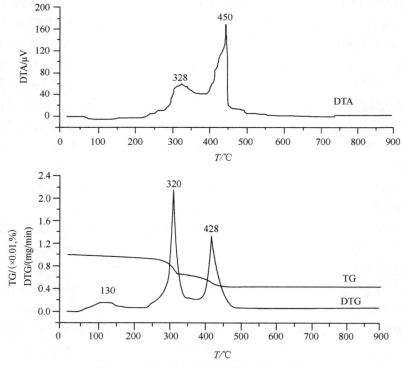

图 10-9 垃圾堆肥剩余物燃烧的热重分析

通过对垃圾堆肥剩余物的 TG 曲线、DTG 曲线及 DTA 曲线的分析，得出如下的结论：TG 曲线失重分为三个阶段，第一段 244℃以前为水分蒸发和少量挥发分析出段，其中 130℃时水分析出达到峰值，DTA 曲线上表现为吸热段。温度高于 244℃时第二失重段开始，DTG 在 320℃达到极值，表明挥发分在此温度下强烈燃烧，温度升至 380℃失重相对缓慢。温度大于 244℃时 DTA 曲线表现为放热，328℃时出现极值，它对应于 DTG 曲线 320℃，说明在此温度下燃烧最剧烈，放热量最多。温度高于 420℃时第三段失重开始，DTG 曲线在 428℃出现极值，对应于 DTA 曲线 450℃，说明是固定碳燃烧所致，此后仍缓慢失重直至 750℃左右，说明仍有残碳在缓慢燃烧放热。

例 10-2：利用热重分析法分析城市垃圾典型组分（塑料、橡胶、果皮、织物、纸板等）。

实验在热重分析仪（WET-1 型，北京光学仪器厂出品）中进行，将从气瓶来的氮气（纯度：99.9995%）引入到试样室，试样放在悬挂在铂丝上的坩埚内（温度范围：室温至 900℃；升温速率：10℃/min；坩埚容积：0.06 mL）。随着炉温的升高，试样发生热解而质量减少。表 10-3 为城市固体废弃物各典型组分的热解特征参数。

表 10-3　城市固体废弃物各典型组分的热解特征参数　（单位：℃）

组分	热解开始温度	最大失重对应温度	热解终止温度
塑料	331	410	547
橡胶	175	528	760
果皮	254	342	717
织物	273	355	728
纸板	226	392	745

结果表明，塑料组分开始分解的温度较高，但分解速率最快；橡胶组分开始分解反应的温度相对较低，且分解速率相对较慢。果皮、织物和纸板类以纤维与木质类物质为主要成分，其热解特性较为相似。

从表 10-3 可以看出，塑料组分热分解特性主要表现为开始分解的温度较高（331℃），但分解速度最快，在 547℃基本完成热分解反应。橡胶组分开始分解的温度相对较低（175℃），且分解速度相对较慢，分解反应趋于完成的温度高达 760℃。果皮、织物和纸板类的开始分解温度相差不大，它们热分解趋于完成的温度也较为接近，均在 730℃左右。以上各类固体废弃物组分表现出来的不同热解特性与其不同组成物质的热解性密切相关。塑料为高分子有机聚合物，而且组成成分相对单一，故表现出较高的热分解温度和较小的热解温度范围。橡胶类含有难热分解物质，因此表现出较低的热解温度和较大的热分解温度范围。果皮、织物和纸板类以纤维和木质类物质为主要成分，所以其热解特性较为相似。因此，建议在工业设计时，将城市固体废弃物的热解温度控制在 760℃，即可以有效实现垃圾的减容减量处理。

2. 热重分析对污泥的研究

例 10-3：利用热重分析法分析不同废水污泥的热解和燃烧情况。污泥样本的名字为其采集地的简写，其中 DTS 采集于广州大坦沙污水处理厂，KFQ 采集于广州市开发区污水处理厂，ZZC 采集于广州造纸厂，XA 采集于西安污水处理厂，SB 采集于杭州四堡污水处理厂。

　　热重分析时，空气气氛下进行燃烧实验，氮气气氛下进行热解实验。每次实验称取试样大约为 10 mg，升温速率为 10℃/min，初温为 25℃，终温为 900℃。气体流量为 60 mL/min。实验进行三次，考察重现性。图 10-10 为酸洗污泥 SB（pH 3～4）热解和燃烧曲线。

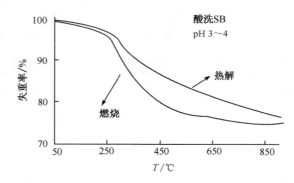

图 10-10　酸洗污泥 SB（pH 3～4）热解和燃烧曲线

　　通过对热解曲线的分析得出，污泥样品大多在 250℃开始分解，300～400℃范围内分解速率达到最大，500℃以后分解速率明显减少。DTS 和 KFQ 在 900℃前一直在进行分解，ZZC、SB 和 XA 在 700℃左右分解就已经结束，样品基本恒重。800℃时，不同样品热解后的残渣相差很大，占初始质量的 23%～72%。

　　表 10-4 列出污泥处理方式与燃烧类型的关系，同时对热重曲线规律进行简单说明。发现不同污泥的燃烧曲线有很大不同，将其与相应的热解曲线比较可以观察到如下的现象：DTS、KFQ 和 ZZC 的燃烧曲线在热解曲线之下；在 400℃以后 KFQ 和 DTS 的燃烧曲线远离其热解曲线（残渣占初始质量的比例最大相差约为 0.25），ZZC 燃烧曲线与 KFQ 和 DTS 燃烧曲线类似，但其在 300℃就开始远离其热解曲线，与 DTS 和 KFQ 相比，偏离程度较小（残渣占初始质量的比例最大相差约为 0.15）。XA 燃烧曲线与相应的热解曲线形状相似，没有大的偏离。SB 燃

烧曲线与相应的热解曲线形状也相似，但在 280～600℃范围内，偏离大于 XA。同时注意到，SB 和 XA 的燃烧及热解曲线与其余样品有很大不同，分别在 500℃和 600℃附近相交，热解所剩残渣小于燃烧后残渣。

表 10-4　污泥处理方式与燃烧曲线类型的关系

比较内容	DTS	KFQ	ZZC	SB	XA
污泥处理方式	生污泥脱水	机械脱水	机械脱水	中温消化+机械脱水	中温消化+机械脱水
燃烧类型	氧化高温分解	氧化高温分解	氧化高温分解	热解+碳燃烧	热解+碳燃烧
热重曲线	燃烧曲线和热解曲线在较低温度重合，高温分离	燃烧曲线和热解曲线在较低温度重合，高温分离	燃烧曲线和热解曲线分离	燃烧曲线和热解曲线接近	燃烧曲线和热解曲线接近

通过对两个污泥（KFQ 和 SB）的未分解的固体残渣的热解和燃烧进行比较，来分析金属对热分解过程的影响。结果如图 10-11 和图 10-12 所示。

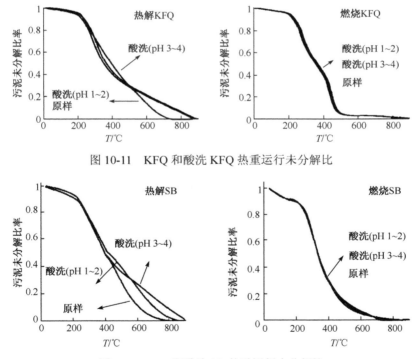

图 10-11　KFQ 和酸洗 KFQ 热重运行未分解比

图 10-12　SB 和酸洗 SB 热重运行未分解比

从图 10-11 和图 10-12 看出，对于 KFQ，原样和酸洗（pH 1～2）的趋势基本一致，但酸洗（pH 3～4）在 500℃左右有一个加速分解，700℃就已经不再变化。对于 SB，原样分解较快，酸洗（pH 1～2）分解最慢，可能与酸洗后污泥中重金属含量有关。对于燃烧行为，观察到无论是 KFQ 还是 SB 酸洗前后曲线基本没有变化，可以看出样品中金属含量对其燃烧行为影响很小。

10.2　X 射线衍射技术

X 射线衍射（XRD）分析法是研究物质的组成和晶体结构的主要方法，XRD 用来分析材料的晶体结构、晶格参数、晶格缺陷（位错等）、不同结构相的含量及内应力的方法。当某物质（晶体或非晶体）进行衍射分析时，该物质被 X 射线照射产生不同程度的衍射现象，物质组成、晶型、分子内成键方式、分子的构型、构象等决定该物质产生特有的衍射图谱。由于物质的性能主要取决于其组成和结构，因此 XRD 作为材料结构和成分分析的一种现代科学方法，已逐步在各学科研究和生产中广泛应用。XRD 具有不损伤样品、无污染、快捷、测量精度高、能得到有关晶体完整性的大量信息等优点。

10.2.1　X 射线的性质

1895 年伦琴在研究阴极射线管时，发现一种有穿透力而肉眼看不见的射线。当时由于对其一无所知，故称为"X 射线"。正是由于 X 射线的发现，伦琴获得 1901 年诺贝尔物理学奖。随着技术的发展，发现了 X 射线一系列的特征，虽然肉眼不可见，但它确实存在，它可以使照相底片感光，荧光板发光，使气体电离。它是一种高能量的波，可以透过可见光不能透过的物体，并且对生物有很厉害的生理作用。在电场、磁场中不偏转。通过物体亦不发生反射、折射现象。

X 射线同无线电波、可见光、紫外光等一样，本质上都属于电磁波，只是彼此占据不同的波长范围而已。X 射线的波长在 $10^{-10} \sim 10^{-8}$ cm，波长短，能量高。一般的光栅不能使其引起衍射现象。考虑到 X 射线的波长和晶体内部原子面间的距离相近，1912 年德国物理学家劳厄（M.von Laue）提出了一个重要的科学预见：晶体可以作为 X 射线的空间衍射光栅，即当一束 X 射线通过晶体时将发生衍射，衍射波叠加的结果使射线的强度在某些方向上加强，在其他方向上减弱。分析在照相底片上得到的衍射花样，便可确定晶体结构。这一预见很快在 1913 年就得到了证实。英国物理学家布拉格父子成功地测定了 NaCl、KCl 等的晶体结构，并提出了著名的布拉格方程，之后布拉格方程也成为整个晶体衍射的基础。

布拉格方程：先考虑同一晶面上的原子的散射线叠加条件。如图 10-13 所示，一束平行的单色 X 射线，以 θ 角照射到原子面 AA 上。如果入射线在 LL_1 处为同周相，则面上的原子 M_1 和 M 的散射线中，处于反射线位置的 MN 和 M_1N_1 在到达

NN_1 时为同光程。这说明同一晶面上原子的散射线在原子面的反射线方向上是可以互相加强的。

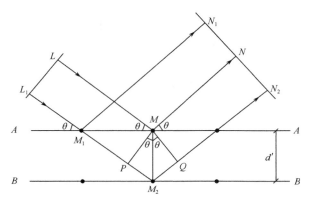

图 10-13　晶体对 X 射线的衍射

X 射线不仅可照射到晶体表面，而且可以照射到晶体内一系列平行的原子面。入射线 LM 照射到 AA 晶面后，反射线为 MN；另一条平行的入射线 L_1M_2 照射到相邻的晶面 BB 后，反射线为 M_2N_2。这两束 X 射线到达 NN_2 处的光程差为

$$\delta = PM_2 + QM_2 = d'\sin\theta + d'\sin\theta = 2d'\sin\theta$$

式中，d' 为晶体面间距。如果相邻两个晶面的反射线的周相差为 2π 的整数倍（或光程差为波长的整数倍），则所有平行晶面的反射线可一致加强，从而在该方向上获得衍射。即

$$2d'\sin\theta = n\lambda \tag{10-2}$$

式（10-2）就是著名的布拉格方程。

10.2.2　X 射线衍射仪的构造

近代 X 射线衍射仪是 1945 年在由美国海军研究室的弗里德曼（H. Friedman）设计基础上制造的。

虽然 X 射线衍射仪型号类型繁多，但原理和主要结构都是相似的，由四大部分组成：X 射线管、测角仪、X 射线探测器以及计算机控制系统。

1）X 射线管

高速定向运动的自由电子，突然与某障碍物相撞后减速，并且与该障碍物中的内层电子相互作用，即可产生 X 射线。X 射线管即根据该原理设计。图 10-14 为一种封闭式的 X 射线管的结构示意图。

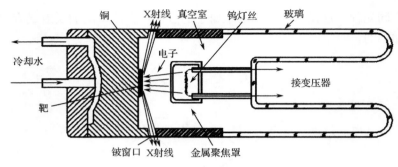

图 10-14　X 射线管的结构示意图

　　这是一种装有阴阳极的真空封闭管，在管子两极间加上高电压，阴极就会发射出高速电子流撞击金属阳极靶，从而产生 X 射线。X 射线管主要由以下几部分组成：①由钨丝构成的阴极，在一定的电流加热后便能释放出辐射电子。②阳极，常称为阳极靶，是与电子发生撞击并发射 X 射线的部分。可以用来作为阳极靶的金属有很多种，根据样品的种类和特点来选择不同的靶材料。表 10-5 给出不同的靶材料的特点和应用范围。③还有一个重要的部分是窗口。作为 X 射线射出的通道，对于窗口材料的要求较高，一方面要有足够的强度维持管内的高真空；另一方面对 X 射线的吸收要小。目前用得比较多的是金属铍。目前常用的窗口设计是两个或四个。

表 10-5　不同靶材料的特点和应用范围

靶材料	经常使用的条件
Cu	除了黑色金属试样以外的一般无机物、有机物
Co	黑色金属试样（强度高，但背底也高，最好计数器和单色器连用）
Fe	黑色金属试样（缺点是靶的允许负荷小）
Cr	黑色金属试样（强度低，但 P/B 大），用于应力测试
Mo	测定钢铁试样或利用透射法测定吸收系数大的试样
W	单晶的劳厄照相（也可以用 Mo 靶、Cu 靶，靶材料原子序数越大，强度越高）

2）测角仪

　　测角仪是衍射仪的核心部分。测角仪的圆中心是样品台，圆周上装有 X 射线辐射探测器，样品台与探测器都可以绕圆心 O 轴转动（图 10-15）。工作时，它们同时转动，但转动的角速度比为 2：1。

3）X 射线探测器

　　根据 X 射线光子对气体和某些固态物质的电离作用可以检查 X 射线的存在与

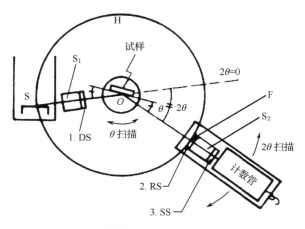

图 10-15　测角仪的主要构造和布鲁克 D8-ADVANCE XRD 仪器图片

否和测量它的强度。按照这种原理制成探测 X 射线的仪器电离室和各种计数器。X 射线衍射仪可用的辐射探测器有正比计数探测器、盖革计数器、闪烁计数器、锂漂移硅检测器又称 Si（Li）检测器、位敏探测器等。其中最常用的是正比计数探测器和闪烁计数器。

闪烁计数器是利用某种磷光体，一般是少量（约 0.5%）铊活化的碘化钠（NaI）单晶体，这种磷光体在 X 射线的照射下会产生荧光，而且荧光的强度直接与 X 射线的强度成正比，再利用光电倍增管放大输出成可测量的电信号。通过电信号的强度来反映 X 射线的强度。

10.2.3　X 射线单晶衍射

X 射线单晶衍射技术通过测定单晶的晶体结构，可以在原子分辨水平上了解晶体中原子的三维空间排列，获得有关键长、键角、扭角、分子构型和构象、分子间相互作用和堆积等大量微观信息。现代 X 射线单晶衍射系统包括以下几部分：①X 射线光源；②测角仪；③X 射线探测器；④计算机系统和软件；⑤其他辅助设备如循环冷却装置，高、低温装置，真空装置，高压装置以及 X 射线安全防护设施等。

10.2.4　X 射线大角衍射

1）X 射线物相分析

物相分析是 X 射线衍射仪应用最多的一方面，主要是确定材料由哪些相组成和确定各组成相的含量，主要包括定性相分析和定量相分析。

衍射花样的规范化工作始于 1936 年，由哈纳瓦特（J. D. Hanawalt）开创。之后美国材料试验学会（American Society for Testing Materials）将卡片出版，称为 ASTM 卡片。1969 年粉末衍射标准联合会（Joint Committee on Powder Diffraction Standards，JCPDS）成立，由其负责编辑出版粉末衍射卡片，称为 PDF 卡片。

图 10-16 给出 NaCl 的 PDF 卡片，卡片中包含丰富的信息，主要为九方面：

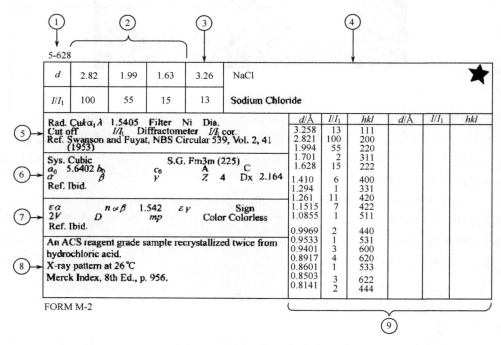

图 10-16　NaCl 的 PDF 卡片

①为卡片的序号。②是最强的三个峰的面间距和相对强度。这是最能准确反映物质特征，在实际样品测试中往往也是利用三强峰来判断物相种类的。③是可能测到的最大面间距。④中包含物质的化学式及英文名称，矿物学中的通用名称和有机结构式。在右上角出现的标号"★"表示数据的可靠性最高，其次是"i"，无符号为可靠性一般，如果是"○"则可靠性较差。"C"则表示衍射花样数据来自计算。⑤是文献来源及实验条件。包括辐射种类 Rad.；辐射波长 λ；Filter 为滤波片名称；Dia.为圆柱相机直径；Cut off 为该设备能测得的最大面间距；I/I_1 为测量线条相对强度的方法。⑥是晶体学数据。包括晶系 Sys.、空间点群 S.G.，以及晶胞参数。⑦是物质的物理性质。⑧中涵盖样品的来源、制备方法和分析条件等。⑨是按照衍射位置的先后顺序排列的晶面间距 d、相对强度 I/I_1 及干涉指数。

　　一方面由于 PDF 衍射卡片的数量快速增长，另一方面随着计算机技术的飞速发展，从 20 世纪 60 年代后期开始，PDF 卡片信息实现了电子化。常用的软件有 Pcpdgwin、Search match、High score 和 Jade。图 10-17 给出 pcpdfwin 数据库检索得到的 PDF 卡片信息。除了最简单的通过 PDF 号码查找，该软件还提供各种检索方法，包括物质名称、元素种类等。

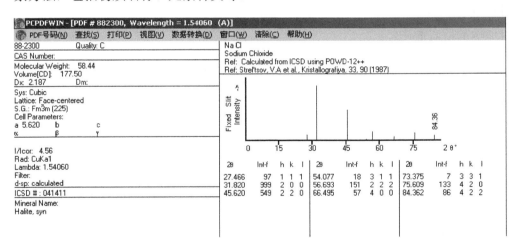

图 10-17　电子版 NaCl 的 PDF 卡片

　　XRD 在材料表征中用得最多的方面是定性分析和定量分析。前者把对材料测得的点阵平面间距及衍射强度与标准物相的衍射数据相比较，确定材料中存在的物相；后者则根据衍射花样的强度，确定材料中各相的含量。XRD 在研究性能和各相含量的关系和检查材料的成分配比及随后的处理规程是否合理等方面都得到广泛应用。

对于单一物相，定性分析主要是采用待测图样的三强峰与标准图样进行对照的过程。而实际过程中，样品往往是多相混合，衍射线条谱多，而且可能发生重叠；这时就要根据强度分解组合衍射图谱来确定。

定量分析是依靠物相的衍射线强度与该物相在样品中的含量有关，衍射强度随该物相含量的增加而加强。常用的方法有内标法、外标法、k 值法和参比强度法等。外标法适用于含有两相物质的体系，是通过对比某一物相和该物相纯相的衍射强度来获得该相的含量。当试样中的组分大于两相且各相的吸收系数不同时，可以通过在其中加入某种标准物质来进行分析，这种方法称为内标法。

2）纳米材料粒径表征

当晶粒小于 100 nm 时，衍射峰将变得不尖锐而弥散加宽，根据峰的宽化程度，通过谢乐公式，可以测量这类晶体的粒度大小。

$$D_{hkl} = k\lambda / [\beta(2\theta)\cos\theta] \qquad (10\text{-}3)$$

式中，$\beta(2\theta)$ 为半峰宽；k 为 0.89；λ 为 X 射线的波长（0.154056 nm）；θ 为衍射角；D_{hkl} 为颗粒的平均尺寸。

3）结晶度计算

结晶度是影响材料性能的重要参数，物质的结晶度直接影响该物质的 X 射线衍射图谱的强度和形状。结晶度的测定主要是依据结晶相的衍射图谱面积与非晶相图谱面积的比，可以根据式（10-4）计算物质的结晶度：

$$X_c = I_c / (I_c + KI_a) \qquad (10\text{-}4)$$

式中，X_c 为结晶度；I_c 为晶相散射强度；I_a 为非晶相散射强度；K 为单位质量样品中晶相与非晶相散射系数之比。

但是在一些情况下，物质晶相和非晶相的衍射图谱往往会重叠。在测定时必须把晶相、非晶相及背景不相干散射分离开来，目前主要的分峰法有几何分峰法、函数分峰法等。

10.2.5　X 射线小角衍射

相对于前面说的大角衍射，X 射线还有一种出现于源光束附近的相干散射现象，称为小角衍射（图 10-18）。小角衍射中，样品到记录面的工作距离要大得多。分析测定这个范围的衍射花样的位置和强度分布，可以得到有关结构周期、层厚和结晶取向等方面的信息，所以其常用来研究孔材料的结构。

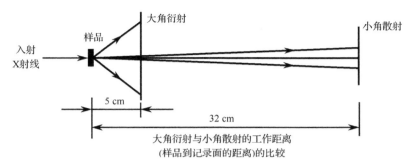

图 10-18　X 射线小角衍射示意图

图 10-19 是有序材料的扫描电镜图和小角衍射图，从图 10-19 可以看出六边形孔结构的规则排列，而在其 0°～5°的小角 X 射线衍射谱图中可以得到三个晶面的峰。

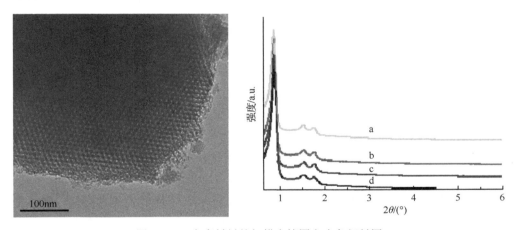

图 10-19　有序材料的扫描电镜图和小角衍射图

10.2.6　样品制备

1）粉末样品

X 射线衍射分析的粉末试样必须满足这样两个条件：晶粒要细小，试样无择优取向（取向排列混乱）。所以通常将试样研细后使用，可用玛瑙研钵研细。定性分析时粒度应小于 44 μm（350 目），定量分析时应将试样研细至 10 μm 左右。较方便地确定 10 μm 粒度的方法是，用拇指和中指捏住少量粉末，并碾动，两手指间没有颗粒感觉的粒度大致为 10 μm。支架种类很多。充填时，将试样粉末一点一点地放进试样填充区，重复这种操作，使粉末试样在试样架里均匀分布并用玻璃板压平实，要求试样面与玻璃表面齐平。

2）块状样品

先将块状样品表面研磨抛光，大小不超过 20 mm×18 mm，然后用橡皮泥将样品黏在铝样品支架上，要求样品表面与铝样品支架表面平齐。

3）微量样品

取微量样品放入玛瑙研钵中将其研细，然后将研细的样品放在单晶硅样品支架上（切割单晶硅样品支架时使其表面不满足衍射条件），滴数滴无水乙醇使微量样品在单晶硅片上分散均匀，待乙醇完全挥发后即可测试。

4）薄膜样品制备

将薄膜样品剪成合适大小，用胶带纸黏在玻璃样品支架上即可。

10.2.7　X 射线衍射技术在环境科学领域的应用

1）功能材料如催化材料、吸附材料等的物相分析

在纳米复合 ZrO_2/ZnO 光催化剂的研究中，首先利用 X 射线衍射技术表征制备得到的催化剂，发现在 350℃条件下煅烧得到的 ZrO_2/ZnO 光催化剂中 ZnO 为六方晶相型，ZrO_2 为无定形态分布在 ZnO 晶体的表面，随着煅烧温度、煅烧时间的提高，制备的催化剂粒径有所增加。确认了最佳煅烧温度为 350℃。之后同样利用 XRD 来寻找最佳 Zr 复合量。2.5% ZrO_2/ZnO 光催化剂平均粒径在 16 nm 左右，相对纯 ZnO 粒径（21 nm）有所减小，并且它对酸性红 B 的平衡吸附量和脱色率都随着粒径减小而得到提高。Zr 的复合阻止 ZnO 晶粒长大，降低粒径尺寸，由于量子尺寸效应，半导体的粒径越小，电子–空穴越容易被其他物质捕获，从而降低电子–空穴的复合概率，使催化活性得到提高。图 10-20 是不同煅烧温度下 2.5% Zr 复合量的 ZrO_2/ZnO 的 XRD 图谱，图 10-21 给出的是不同 Zr 复合量的 ZrO_2/ZnO 的 XRD 图谱。

在负载金属的 TiO_2 光催化耦合脱氮的研究中就采用 XRD 技术来判断金属离子掺杂对 TiO_2 晶相的影响。在流化催化裂化烟气脱硫助剂的制备及其脱硫活性的研究中，XRD 分析结果表明，锌铝助剂在锌铝尖晶石结构尚未完全形成时，存在较多的晶格缺陷，能够有效地吸附烟气中的 SO_x，将其转化为 H_2S。

2）资源化利用

在采用煤灰渣和高炉渣处理生活污水的研究中，采用 XRD 技术来表征前后其自身组分的变化情况，从图 10-22 可以看出，煤灰渣在处理生活污水后，基质

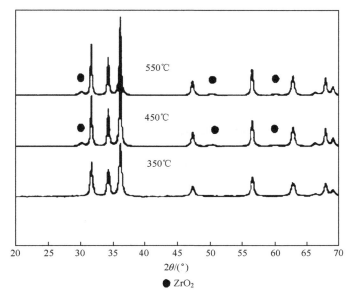

图 10-20　不同煅烧温度下 2.5% Zr 复合量的 ZrO_2/ZnO 的 XRD 图谱

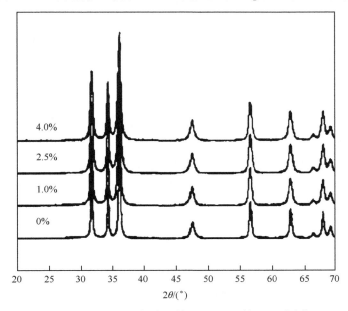

图 10-21　不同 Zr 复合量的 ZrO_2/ZnO 的 XRD 图谱

自身成分中增加 $Ca_3(PO_4)_2$ 等物质,这应该是煤灰渣自身含有的钙离子与污水中正磷酸根离子反应产生。由于煤灰渣对磷素的化学吸附作用,因此当煤灰渣作为人工湿地基质时,可保证其对污水中磷素的有效去除。

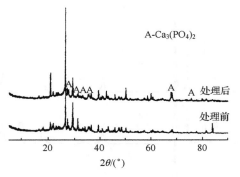

图 10-22　煤灰渣处理生活污水前后成分变化

在鸟粪石法回收养猪废水中氮、磷时产物的组分与性质研究中，利用 XRD 来分析不同工艺条件下回收产物的化学组分。

10.3　电子显微镜技术

10.3.1　扫描电子显微镜

20 世纪 60 年代以来，扫描电子显微镜（scanning electron microscope，SEM）技术的出现，使人类对微小物质的观察能力发生质的飞跃。依靠扫描电子显微镜的高分辨率、良好的景深和简易的操作方法，SEM 迅速成为一种不可缺少的工具，并且广泛应用于科学研究和工程实践中。近年来，为了适应不断提高的需求，SEM 主要向着三个方向发展：不断提高分辨率，以期观察到更加精细的结构；研制特殊样品室，来实现在自然状态下观察物质的形貌；研发具有综合功能的设备。随着现代科学技术的不断发展，相继开发了扫描透射电镜（STEM）、场发射扫描电镜（FESEM）、冷冻扫描电镜（Cryo-SEM）、低压扫描电镜（LVSEM）、环境扫描电子显微镜（ESEM）、扫描隧道显微镜（STM）、原子力显微镜（AFM）等其他一些新的电子显微镜技术。这些技术的出现，大大扩展了电子显微镜技术的使用范围和应用领域，推动了化学、材料科学等相关学科的发展，取得了诸多令人欣喜的成果。

1. 扫描电子显微镜的成像原理

SEM 是利用细聚焦电子束在样品表面扫描时激发出来的各种物理信号来调制成像的。当一束高能的入射电子轰击物质表面时，被激发的区域将产生二次电子、俄歇电子、特征 X 射线和连续谱 X 射线、背散射电子、透射电子，以及在可见、紫外、红外光区域产生的电磁辐射。同时，也可产生电子–空穴对、晶格振动（声子）、电子振荡（等离子体）。从原则上讲，利用电子和物质的相互作用，可以获取被测样品本身的各种物理、化学性质的信息（表 10-6），如形貌、组成、晶体结构、电子结构和内部电场或磁场等。SEM 中的主要信号及其功能如表 10-6 所示。

表 10-6　SEM 中的主要信号及其功能

收集信号类别	功能
二次电子	形貌观察
背散射电子	成分分析
特征 X 射线	成分分析
俄歇电子	成分分析

1）二次电子

二次电子是被入射电子轰击出来的核外电子。由于原子核和外层价电子间的结合能很小，原子的核外电子从入射电子获得了大于相应的结合能的能量后，较容易脱离原子成为自由电子。如果这种散射过程发生在比较接近样品表层处，那些能量大于材料逸出功的自由电子可从样品表面逸出，变成真空中的自由电子，即二次电子（图 10-23）。二次电子来自表面 5～10 nm 的区域，能量为 0～50 eV。它对试样表面状态非常敏感，能有效地显示试样表面的微观形貌（图 10-24）。由于它发自试样表层，入射电子还没有被多次反射，因此产生二次电子的面积与入射电子的照射面积没有多大区别，所以二次电子的分辨率较高，一般可达到 5～10 nm。SEM 的分辨率一般就是二次电子的分辨率。二次电子产额随原子序数的变化不大，它主要取决于表面形貌。入射电子与样品核外电子碰撞，使样品表面的核外电子被激发出来的电子作为 SEM 的成像信号，代表样品表面的结构特点。

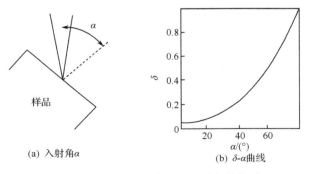

(a) 入射角 α　　　　　　　　(b) δ-α 曲线

图 10-23　二次电子产额与入射角的关系

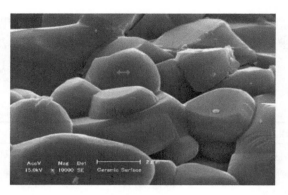

图 10-24　陶瓷烧结体的表面图像

二次电子产额 δ 与二次电子束和试样表面法向夹角有关，$\delta \propto 1/\cos\theta$。因为随着 θ 增大，入射电子束作用体积更靠近表面层，作用体积内产生的大量自由电子离开表层的机会增多；另外，随 θ 的增加，总轨迹增长，引起价电子电离的机会增多。

2）背散射电子

当电子束照射样品时，入射电子在样品内遭到衍射时，会改变方向，甚至损失一部分能量（在非弹性散射的情况下）。在这种弹性和非弹性散射的过程中，有些入射电子累积散射角超过 90°，并将重新从样品表面逸出。那么背散射电子就是由样品反射出来的初次电子，其主要特点：能量很高，有相当一部分接近入射电子能量 E_0，在试样中产生的范围大，像的分辨率低。背散射电子发射系数 $\eta = I_B/I_0$ 随原子序数增大而增大。作用体积随入射束能量增加而增大，但发射系数变化不大。图 10-25 是锡铅镀层的表面图像的比较。

(a) 二次电子图像　　　　　　　　　　　　(b) 背散射电子图像

图 10-25　锡铅镀层的表面图像的比较

3）吸收电子

吸收电子指入射电子进入样品后，经过多次非弹性散射，能量损失殆尽后，最后被样品吸收的电子。通过在样品和地之间接入一个高灵敏度的电流表，就可以测得吸收电子的信号。

4）透射电子

在对较薄的样品进行分析时，必然会有一部分电子穿过薄样品而成为透射电子。它的强度取决于被测微区的厚度、成分和晶体结构。

5）俄歇电子

在入射电子激发样品的过程中，在原子壳层中产生电子–空穴后，处于高能级的电子可以跃迁到这一层，同时释放能量。当释放的能量传递到另一层的一个电子，这个电子就可以脱离原子发射，这个被发射出的电子被称为俄歇电子。

6）特征 X 射线

当高速电子撞击材料后，材料内层电子形成空穴，此时外层电子将向内层跃迁以填补内层电子的空缺，同时会辐射出 X 射线，由于不同材料的 X 射线波长不同，所以称为特征 X 射线。

2. SEM 的构造

SEM 主要由三部分构成：电子光学系统、信号的收集和图像显示系统、真空系统。图 10-26 给出日立公司的高分辨场发射扫描电镜。

图 10-26　高分辨场发射扫描电镜

电子光学系统包括电子枪、电磁透镜、扫描线圈和样品室。电子枪常用发夹式热发射钨丝栅极、六硼化镧和场发射电子枪等,所用的加速电压一般为 0.5~30 kV,其作用是用来获得扫描电子束,作为信号的激发源。为了获得较高的信号强度和图像分辨率,扫描电子束应具有较高的亮度和尽可能小的束斑直径,磁透镜就是这个作用。它把电子枪所发射出来的直径为 30~50 um 的电子束缩小成一个只有数纳米的细小斑点,一般需要两到三个磁透镜组成,前两个是强磁透镜,第三个是弱磁透镜,具有较长的焦距。扫描线圈的作用是使电子束偏转,并在样品表面做有规则的扫动,通常由两个偏转线圈组成。样品室是放置样品的场所,也是电子束和样品相互作用产生各种信号的地方。

SEM 的镜体和样品室内部都需要保持 $1.33 \times 10^{-4} \sim 1.33 \times 10^{-2}$ Pa 的真空度,根据样品室真空度的不同分为高真空模式、低真空模式和环境模式。一般采用机械泵、扩散泵或分子泵进行抽真空。

样品制备:最大优点是样品制备方法简单,对于金属和陶瓷等块状样品,只需将它们切割成大小合适的尺寸,用导电胶将其黏接在电镜的样品座上即可直接进行观察。对于非导电样品如塑料、矿物等,在电子束作用下会产生电荷堆积,影响入射电子束斑和样品发射的二次电子运动轨迹,使图像质量下降。因此这类试样在观察前要喷镀导电层进行处理,通常采用二次电子发射系数较高的金银或碳膜做导电层,膜厚控制在 20 nm 左右。

3. 能量色散 X 射线光谱

能量色散 X 射线光谱(EDS)能谱仪,是一种分析物质元素的仪器,常与 SEM或者透射电子显微镜(TEM)联用,在真空室下用电子束轰击样品表面,使原子内层电子向外逃逸,而外层电子则向内层跃迁产生对应元素的特征 X 射线,根据特征 X 射线的波长,可以定性与半定量分析元素周期表中 B-U 的元素。EDS 可提供样品表面微区定性或半定量成分的元素分析,以及特定区域的 point、line scan、mapping 分析。

测试过程中,SEM 采用的电流电压通常大于拍照时采用的电流电压,这与不同元素电子的电离能相关。例如,图 10-27 是英国牛津公司 SEM-EDS 的操作界面,左边的扫面电镜图是在 3 kV 的条件下进行拍摄的,右图中不同颜色的元素点对应所选的区域内存在的不同元素。通过不同元素的 EDS-mapping 图能够对样品中不同元素是否存在以及含量分布进行详细分析。对测试得到的谱图进行进一步积分和归一化还能对目标区域的元素含量进行半定量分析。

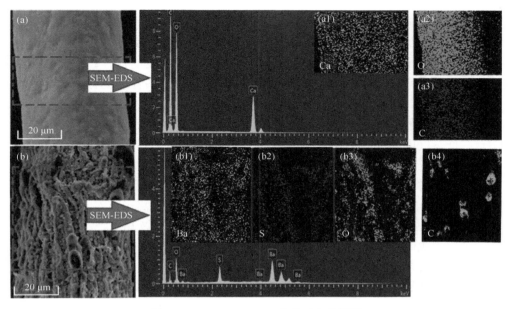

图 10-27　EDS-mapping 及其对应的谱图

4. 聚焦离子束扫描电子显微镜

聚焦离子束扫描电子显微镜（FIB-SEM）可以简单理解为单束聚焦离子束系统与普通 SEM 的耦合。常见的双束设备是电子束垂直安装，离子束与电子束成一定夹角安装，如图 10-28 所示。通常称电子束和离子束焦平面的交点为共心高度位置。在使用过程中样品处于共心高度的位置即可同时实现电子束成像和离子束加工，并可以通过样品台的倾转使样品表面与电子束或离子束垂直。双束系统还可以配备不同的附属设备以达到特定目的，如特定的气体注入系统（GIS），即以

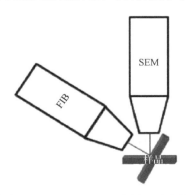

图 10-28　FIB-SEM 工作原理示意图

物理溅射的方式搭配化学气体反应，可有选择性地去除某类材料或进行材料沉积；结合能谱或电子背散射衍射系统，可以对材料成分、结构、取向等表征和分析；纳米操纵仪，可以实现对研究对象在微纳米尺度的操控；各种可控的样品台，如控温、加电、加力等，可以实现多场耦合条件下的原位分析和测试试验。

　　目前应用最广泛的离子源是液态金属镓离子源。一方面是因为镓元素具有低熔点、低蒸气压以及良好的抗氧化力；另一方面，相对于其他离子源而言，金属镓离子源具有以下特点：发射稳定、使用寿命长，一颗离子源激活以后能够稳定工作上千小时；较小的源尺寸，能达到 5 nm 的束斑尺寸；离子源束流范围大，为 1 pA～40 nA，可以较好地兼顾加工精度和加工速度。高能离子束入射到固体材料表面会产生一系列的相互作用，如图 10-29 所示。其中二次电子、二次离子等的发射可用于成像；X 射线的发射可用于分析材料化学成分；对离子束加工而言，最主要的是材料表面原子被入射离子轰击溅射脱离基体的过程。此外，离子束辐照还会污染样品表面，主要包括聚焦离子束诱导沉积的碳污染及沉积材料的污染；而高能离子的入射也会对所加工材料的表层造成辐照损伤。

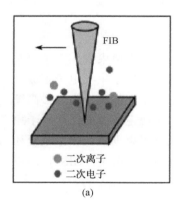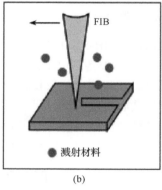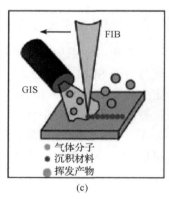

图 10-29　聚焦离子束的三种工作模式
（a）成像；（b）加工；（c）沉积

10.3.2　透射电子显微镜

1. 透射电子显微镜的成像原理：物质波与波粒二象性

　　1924 年，德国物理学家德布罗意（de Broglie）提出，运动的实物粒子都具有波动性质，这种实物粒子也具备波动性的效应被称为波粒二象性，这种波动被称为物质波。德布罗意提出，物质波的波长 λ 和实物粒子的动量 p 有关，它们满足如下换算关系，其中 h 为普朗克常数。

$$\lambda = \frac{h}{p}$$

电子也是一类实物粒子，因此电子也具有波动性，因此也可以像光一样发生干涉、衍射等波动效应，1927 年 Davsso 和 Germer 的电子衍射实验证实了这一点。

运动电子具有波动性，使人们想到可以用电子束作为电子显微镜的光源，因为传统的光学成像设备主要利用光的波动性，但其分辨率也因此受到限制。在光学成像时，由于光可以发生衍射，因此成像点不再是理想状态的几何点，而是一个具备几何大小的光斑，当两个成像点过于靠近时，两个光斑就会产生重叠，无法分辨出是两个成像点，这就是光学系统分辨率的极限，即瑞利判据，其中 R 为最大分辨率，D 为系统的物镜直径，λ 为系统照明光的波长。

$$R = \frac{D}{1.22\lambda}$$

不难看出，光学系统的分辨率大小在物镜口径一定时和照明光波长呈负相关，波长越短，分辨率越高。这一点对物质波同样适用，对于电子显微镜系统，电子的波长越短，其分辨率越高。但与光学系统不同，在光学系统中要进一步提高分辨率，就要获得超短波长的照明光，而这些光的波长范围往往已经位于深紫外区甚至 X 射线、γ 射线区，不但难以获得、控制，还对人体具有很大的辐射伤害，而透射电子显微镜是以电子束为照明光源，只需要使用高压电子枪就可以获得动量极大、波长极短的电子用于成像以提高系统分辨率，且电子本身为带电粒子，可以容易地用电磁透镜进行控制并聚焦成像，因此透射电子显微镜具有高分辨率、高放大倍数的优势。1926 年布施（Busch）提出用轴对称的电场和磁场聚焦电子线。1938 年德国工程师 Max Knoll 和 Ernst Ruska 制造出世界上第一台透射电子显微镜。近年来，透射电子显微镜的研究和制造有了很大的发展，透射电子显微镜的分辨率不断提高，点分辨率达到了 0.2～0.3 nm，晶格分辨率已经达到 0.1 nm。通过透射电子显微镜，人们已经能够直接观察到原子像。

2. 透射电子显微镜的构造

透射电子显微镜的成像原理与光学显微镜类似（图 10-30）。它们的根本不同点在于光学显微镜以可见光为照明光源，透射电子显微镜则以电子为照明光源。在光学显微镜中将可见光聚焦成像的是玻璃透镜，在电子显微镜中相应的为磁透镜。

透射电子显微镜主要由三部分组成，即照明系统、成像系统和观察记录系统。

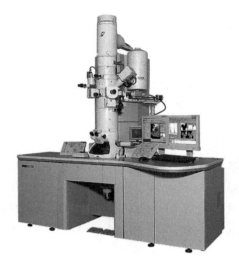

图 10-30　JEOL JEM-2100（HR）透射电子显微镜

10.3.3　扫描透射电子显微镜

1. 扫描透射电子显微镜的成像原理

扫描透射电子显微镜（STEM），是 20 世纪 70 年代初制造出的一种成像方式与 TEM 和 SEM 都相似并且兼有二者优点的新型电子显微镜。它利用磁透镜将电子束聚焦到样品表面并在样品表面快速扫描，通过电子穿透样品成像，既有 TEM 的功能，又有 SEM 的功能的一种显微镜。高分辨型 STEM 分辨率高达 0.3～0.5 nm，能够直接观察单个重金属原子像，并且比 TEM 更加适合观察较厚的样品。

2. 高角环形暗场扫描透射电子像

STEM 产生的入射电子束在和样品发生相互作用后，电子束可能会发生不同程度的散射，散射角度在 10°～50°的电子被称为高角度环形散射电子，高角环形暗场（high angle annular dark field，HAADF）探测器的概念被 Humphreys 等于 1973 年首次提出，HAADF 探测器的成像模式如图 10-31 所示。他们发现，这类探测器得到的图像衬度与原子序数 Z 的平方成正比，即在 HAADF 图中，越重的元素会表现得越亮。HAADF 的这类性质非常适合用于对材料的微观组成进行表征，并能很好地说明材料表面精确到原子级的元素分布情况。图 10-32 是利用球差校正扫描透射电子显微镜得到的钙钛矿中氧原子的成像。从图 10-32 中可以看出，较轻的氧原子表现得较暗，而较重的金属元素则表现得较亮。

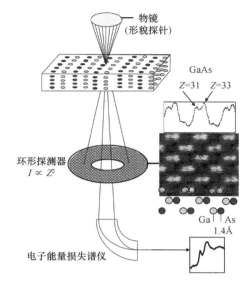

图 10-31　HAADF 探测器的成像模式

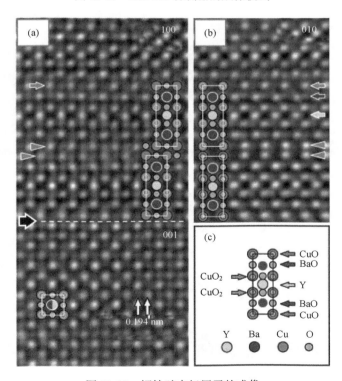

图 10-32　钙钛矿中氧原子的成像

10.3.4　电镜技术在环境科学领域的应用

1. 扫描电子显微镜

在废弃印刷线路板非金属材料的物理回收工艺的研究中，选取了一定粒度的废线路板非金属粉末作为填料填充到聚丙烯制得复合材料，通过不同填料含量的复合材料冲击试样断面的 SEM 照片，探讨了填充量对复合材料的力学性能的影响。由图 10-33 可见，未添加线路板粉末时，纯 PP 树脂的断面层次分明，边缘洁晰，呈现典型的脆性断裂特征。添加 5%的线路板非金属粉末后，断面上开始稀疏分布玻璃纤维等颗粒。随着填料含量的增加，断面变粗糙，断面上清晰可见的孔洞和裸露在树脂外面的填料数量逐渐增多，说明填料与 PP 树脂基体界面黏结作用较弱。随着填充量增多，颗粒引起的缺陷和应力集中现象增多，复合材料的强度下降，在外力作用下容易被破坏。

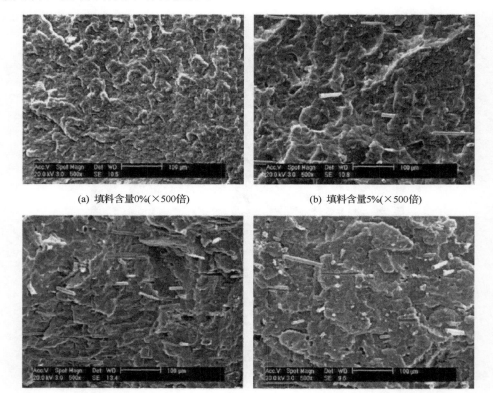

(a) 填料含量0%(×500倍)　　　　　　　(b) 填料含量5%(×500倍)

(c) 填料含量10%(×500倍)　　　　　　(d) 填料含量20%(×500倍)

图 10-33　不同填料含量的复合材料的 SEM 图

2. 三维重构

TEM 三维重构技术是电子显微术、电子衍射与计算机图像处理相结合而形成的一种有效且高分辨率的三维重构方法，用以表征材料三维空间结构。以表征材料的立体空间形貌为例，一种纳米球包裹纳米纤维材料，当合成纳米球并包裹纳米纤维时，无法从 TEM 的二维图片直观地判断纳米纤维是否均匀地分布在纳米球上，利用三维重构可以从立体空间形貌上判断合成后材料的均匀程度（图 10-34）；通过三维重构可以判断，样品为海胆状、分布均匀的球，直径为 100 nm 左右，沿着球面均匀伸出纳米线，纳米线的末端有纳米颗粒。

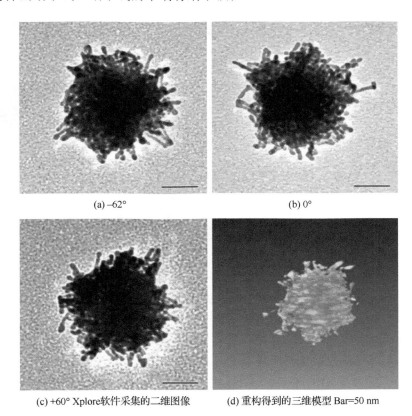

(a) −62°　　　　　　　　　　　　　　(b) 0°

(c) +60° Xplore软件采集的二维图像　　　(d) 重构得到的三维模型 Bar=50 nm

图 10-34　TEM 模式下分别倾转

简单的纳米空心球在 TEM 下通过调节得到合适的衬度可以显示出空心的位置和尺寸，但观察具有孔道的空心球时，孔道的结构在二维图像中就会掩盖空心部分的显现，极易造成显微组织结构信息判断的失误。通过三维重构后利用 Amira

软件模拟还原三维立体图，就可以直观地反映出空心球内部孔道信息。图 10-35 显示具有孔道结构、直径约为 150 nm 的二氧化硅球，经三维重构后 Amira 软件模拟出二氧化硅球内部的孔道信息，可得二氧化硅球是空心的，孔道分布呈现发散状，但不规则。

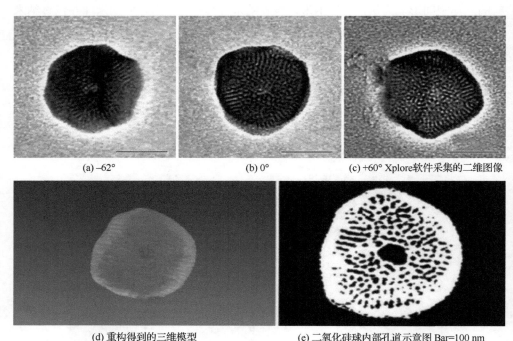

（a）−62°　　　　　　　（b）0°　　　　　　（c）+60° Xplore软件采集的二维图像

（d）重构得到的三维模型　　　　（e）二氧化硅球内部孔道示意图 Bar=100 nm

图 10-35　TEM 模式下分别倾转

思考与习题

1. 环境样本中的哪些组分会对其热分析产生严重干扰？试举例说明。

2. 如何通过热分析来判断样本中游离水和结合水的含量？

3. 试说明单晶 XRD 和粉末 XRD 技术的异同点。

4. 什么是 XRD 的消光晶面？

5. 什么是 XRD 标准 PDF 图谱数据库？它在 XRD 数据分析中起到什么作用？

6. 环境样本中常含有大量有机物，试说明这给环境样本的电镜分析带来了哪些困难？如何通过前处理规避这些问题？

7. 铁环境化学在环境领域备受关注，现有一份含铁矿石样本，欲通过电子显微镜技术对其晶型进行表征，试给出流程。

8. 查阅相关资料，试说明电子显微镜成像过程中的像差有哪些?

9. 查阅相关资料，比较 EDS、XPS、ICP 三种技术在定性、定量分析时的优劣。

第 11 章　环境样品预处理

11.1　概　　述

环境样品是环境分析和监测领域中的重要概念，它是从自然环境介质中采集并反映特定范围内该介质特点的代表性样品，主要包括大气样品、水体样品、土壤样品、沉积物样品、生物样品等。环境样品中通常含有多种重金属和有机污染物组分，且含量较低，干扰物质多，因此需要经过提取、分离、富集等预处理过程才能完成目标组分的定性与定量分析。通过预处理过程，可将待测物与干扰物质分开，降低待测物的检测限，提高分析结果的精密度和准确度，并可扩大测定方法的应用范围。

一种预处理方法的优劣，主要通过几方面进行评价。

（1）待测物回收率，用 R_T 表示：

$$R_T = \frac{Q_T}{Q_T^0} \times 100\%$$

式中，Q_T^0 为样品中待测物的实际含量；Q_T 为样品预处理后待测物的含量。

分析时，待测物回收率的范围一般控制为 85%～115%。研究环境样品中待测物的回收和损失情况常采用放射性示踪技术，即在待测物提取和富集之前，将待测物的放射性同位素作为示踪剂加到样品中，随后进行快速、灵敏和高选择性的放射性测量，以对它们的行为进行跟踪。若找不到合适的放射性同位素，可采用标准物质、分析过的样品或加入待测物的样品来检验前处理方法的回收率。但必须注意，检测结果应具有良好的重现性且预处理过程中的污染可忽略。

（2）富集倍数，用 F 表示：富集倍数为富集后待测物的回收率与基体物质的回收率之比。

$$F = \frac{R_T}{R_M} = \frac{Q_T / Q_T^0}{Q_M / Q_M^0}$$

式中，Q_M^0 为富集前基体的量；Q_M 为富集后基体的量。

对 F 的要求主要从以下两方面考虑：①待测物的浓度与基体的比值。其比值小时，要求 F 大。②确定方法的灵敏度。检测方法的灵敏度低，要求 F 大。

（3）简单性、快速性并且易与测定步骤连接。如果有些被萃取物质是有色化合物，可在有机相中直接用分光光度法测定。

（4）方法的选择性或特效性。

11.2　环境样品中金属元素的提取

环境样品有气态、固态、液态三种状态。气态样品主要指采集到的室内、外空气样品；固体样品主要有风干的土壤、垃圾、沉积物、底泥、污泥以及植物样品等；液态样品的范围则很广，笼统地说有饮用水、地表水、雨水、污废水以及各种处理设施净化后的水等。虽然针对不同状态的样品有不同的进样方法可选择，但目前大多数仪器对气态或固态等样品的直接进样分析还存在局限性。将液体样品引入分析仪器（溶液雾化法）仍是最广泛、最优先考虑的方法。实践表明，溶液雾化法相对来讲有较好的稳定性，能获得良好的分析准确度和精密度，操作相对较易掌握。因此，目前仪器法分析金属元素含量主要适用于清澈的液体样品。混浊的水样和固体样品则需事先进行预处理，将待测元素转移到水相后再进行检测。水样主要采用酸消解法，固体样品可采用湿式消解法、微波消解法、浸提法（酸性、碱性、中性）等方法进行预处理。空气中的金属元素主要是附着在颗粒物上，测定含量时须先采集颗粒物及尘埃（采样时通常用滤片收集颗粒物）。采集到的样品连同滤片一起，可参考固体样品的方法进行消解处理后再进行仪器分析。

11.2.1　样品的采集与保存

样品采集和保存必须具有足够的代表性且在分析前不受任何意外的污染。对于元素分析，主要是从保存容器和方法两方面避免样品中待测元素的污染与损失。保存容器方面，以塑料容器为首选。当被测物是痕量金属或是玻璃的主要成分如钠、钾、硼、硅等时，特别要避免使用玻璃容器。水样可存放在塑料瓶中，固体样品可保存在洁净的样品袋中。塑料器皿相对价格较低，有条件可考虑一次性使用。对于样品处理过程中需重复使用的器皿则应用稀酸和去离子水充分清洁后再使用以免引起交叉污染。

表 11-1 为部分元素监测项目的保存方法（国标推荐）。从表 11-1 可以看出，元素总量分析通常要求元素保存在 pH<2 的基体中，而形态分析则需要视具体情况而定，如 Cr（VI）的测定则要求样品用 NaOH 调节 pH 至 8～9 并尽快分析。总体而言，酸性条件有利于元素充分溶解，不易沉淀也不易被器壁吸附。

表 11-1　部分元素监测项目的保存方法（国标推荐）

监测项目	采样容器	保存方法	保存期
Mg、Ca、Be、Mn、Fe、Pb、Ni、Ag、Cd、总 Cr	G、P	加 HNO₃，pH<2	14 天
B、K、Na、Cu、Zn	P	加 HNO₃，pH<2	14 天
As	G、P	加 HNO₃ 或 HCl，pH<2	14 天
Se、Sb、Hg	G、P	加 HCl，pH<2	14 天
Cr（VI）	P	加 NaOH，pH8～9	24 h

11.2.2　水样中金属元素提取

以溶液雾化方式进样的仪器对样品性质要求如下：尽量不含有机物、不含固体杂质、含盐量低。因此大部分水样都需要经过必要的预处理才能上机分析。水样预处理主要是使待测组分达到测定方法和仪器要求的形态、浓度，消除共存组分的干扰。预处理方法主要有消解、富集和分离等，根据样品性质和测试要求可采用不同的预处理措施或几种方法的组合。

1. 过滤和离心

水中金属元素状态分为可溶态和悬浮态。

天然水和各种污水、废水常含有各种各样的固体物质，从而使水质浑浊。为避免管路堵塞，仪器分析一般要求溶液中不含粒径在 0.45 μm 以上的颗粒。因此通常以能否通过 0.45 μm 微孔滤膜为区分标志，能通过滤膜的金属形态称为可溶态，被截留的为悬浮态，两者之和为金属元素的总量。测试溶解态金属含量需用滤膜等过滤测滤后水中的金属含量；而分析金属元素总量时则往往要先将水样消解后再测定；若需测定悬浮物中的金属，则需用玻璃砂芯、滤膜或滤纸将新鲜水样抽滤，滤渣在 105～110℃烘干。置于干燥器中冷却，直至恒重，然后再进行消解和分析。

2. 消解

消解是最常用的预处理方法。消解处理的目的是破坏有机物，溶解悬浮性固体，并将各种价态预测元素氧化成单一高价态，或转变成易于分离的无机化合物。消解后的水样应清澈、透明、无沉淀。固体样品如沉积物等消解后可能会留有少量残渣，需将残渣过滤去除再进行仪器分析。

1）试剂和装置

水样的消解多采用湿式消解法，即利用各种酸、氧化物或碱进行消解。常用试剂主要有盐酸、硝酸、高氯酸、磷酸、过氧化氢等。值得注意的是，由于硫酸易产生分析吸收，选用火焰原子吸收法时一般不用硫酸处理水样；硫酸和高氯酸由于基体干扰较严重，在选用石墨炉原子吸收时避免使用。电感耦合等离子发射光谱仪和电感耦合等离子体质谱仪则要求尽量选用能通过高温热解去除的酸进行样品预处理以减少盐分对样品分析的影响。对试剂纯度的要求与待测元素的含量及试剂的用量有关。对于浓度在 mg/L 级以上的样品，消解试剂应为分析纯以上；对于 mg/L 级以下的样品，消解试剂应使用优级纯级别或经过提纯后的分析纯试剂。通常，当消解试剂的用量是样品量的 10 倍时，试剂中元素的含量应比样品中元素的含量至少低两个数量级。若消解过程使用的酸量较大、酸的种类较多或分析准确度要求较高，为避免试剂对待测元素含量的影响，在消解样品的同时应平行制备试剂空白以消除试剂干扰。对于水中痕量或超痕量元素的分析有时需要先预分离和富集，然后再检测含量。

样品的采集保存、标样配制、样品消解等操作过程需选用合适的容器器皿。实验室最常用的玻璃器皿通常不适用于金属元素的定性与定量分析，特别是痕量金属元素的分析。比较适合的是惰性材料如聚丙烯、聚四氟乙烯或高压聚乙烯等制成的器皿。消解常用的容器为硼硅酸耐热玻璃（对含氟等样品不适用）或聚四氟乙烯烧杯。所有使用的器皿都要清洗干净，避免器皿对溶液组成的影响导致分析误差。

消解过程一般在电热板或微波消解仪中进行。安全起见，应放在通风橱中操作。

2）湿式消解方法

常用的消解体系有单元酸体系、多元酸体系和碱分解体系。最常使用的单元酸为硝酸。采用多元酸的目的是提高消解温度、加快氧化速度和改善消解效果。在进行水样消解时，应根据水样的类型及采用的测定方法进行消解体系的选择。

硝酸消解法适用于较清洁水样。以硝酸消解为例，消解的具体方法如下：取50~100 mL 代表性水样于消解容器，加入 5 mL 硝酸，在电热板上加热蒸发至 5 mL左右，冷却后将消解液及消解容器润洗液全部转移至容量瓶，定容后待测。

硝酸–高氯酸消解法适用于含难氧化有机物的水样，其处理过程较硝酸消解法复杂。由于高氯酸反应过于剧烈，建议水样中先加入浓硝酸加热消化，冷却后再加入适量浓硝酸和少量高氯酸，继续加热消化。这种消解方法比较彻底，消解液符合仪器分析的要求，可用于含镉、锌等金属水样的预处理，但不适用于含铅和银的水样。硝酸-氢氟酸能与液态或固态样品中的硅酸盐和硅胶态物质发生反应，形成具有良好挥发性的四氟化硅。因此，该混合酸体系应用范围比较专一，选择性比较高，但消解时应使用聚四氟乙烯等材质的容器。硫酸-磷酸消解法适用于含 Fe^{3+} 等离子的水样，磷酸能与 Fe^{3+} 等金属离子络合，有利于消除 Fe^{3+} 等离子的干扰。含铅、银、钡等元素及含钙高的水样由于易生成硫酸盐沉淀不适用此方法。硫酸-高锰酸钾（5%）消解法主要适用于消解含汞水样。取水样加入适量的硫酸和 5%的高锰酸钾溶液，混匀，加热煮沸 10 min 后冷却。消解液中过量的高锰酸钾可用盐酸羟胺还原去除，加入盐酸羟胺至粉红色刚消失为止。所得溶液可进行汞的测定。

对于某些特殊水样还可采用多元消解方法，即三元以上酸或氧化剂组成的消解体系。例如，处理测定总铬的水样时，可用硫酸、磷酸和高锰酸钾进行混合消解。

11.2.3　固体样品预处理

固体样品转化成液体样品的过程较复杂，须注意遵循以下原则：称取的固体样品应有代表性，为按规定粉碎后的均匀样品；样品中的待测元素应完全溶入水相中；在整个处理过程中都应尽量避免样品的污染，包括固体样品的制备（碎样、过筛、分样）、实验室环境、试剂（水）纯度、器皿等；避免消解后溶液中的总固体溶解量（TDS）过高（高 TDS 将造成各种干扰，还会引起雾化系统及 ICP 炬管的堵塞）。固体样品转化成液体样品的过程包括粉末样品的制备及消解两大步骤。

1. 粉末样品的制备

通常样品颗粒越细，取样越有代表性，也越有利于目标物的高效提取，预处理效率也越高。不同种类的固体样品如植物、土壤、污泥、沉积物等有不同的样品制备规范。一般进行以下操作：样品加工应将从现场取得的原始样品进行风干、破碎（研磨）、过筛、缩分和混匀，进行逐级破碎，逐级筛分混匀至需要的粒度（一般样品粉碎至小于 200 目，99%通过），得到少量均匀的有代表性的分析用样品；对于植物、生物等样品，可干燥后剪碎再细碎。可考虑采用玛瑙、刚玉、陶瓷等破碎设备及尼龙网筛来解决粉碎过程中金属元素的污染问题。潮湿的样品（如土壤、污泥、底泥、沉积物等）在破碎前需要干燥以免影响粉碎效果。如果要求测定的元素中有易挥发元素，尽可能采用自然通风干燥，或在低于 60℃下干燥（测定 Hg、Se 等元素需在不高于 25℃的环境下干燥）以避免损失。

2. 消解试剂的选择

金属元素从固相向液相的转移往往需要借助强酸及强氧化剂。与水样类似，常用来消解样品的无机酸，包括硝酸、盐酸、氢氟酸、高氯酸等。需要特别说明的是氢氟酸（HF）和高氯酸（$HClO_4$）。

HF 本身易挥发，且能分解以硅为基质样品的无机酸。许多环境样品如土壤、水系沉积物、河道底泥、污泥等中含有不同程度的 SiO_2 及其硅基化合物。加入一定量的 HF 可使硅酸盐、SiO_2 等转化为具有挥发性的 SiF_4，通过敞口加热 SiF_4 得以挥发分离，使目标元素得以充分溶出。处理样品时，HF 常与 HCl、HNO_3、$HClO_4$ 等酸联合使用。必须注意的是，HF 具有腐蚀性，会腐蚀玻璃、硅酸盐，因此，在用 HF 分解样品时不能用玻璃、石英陶瓷等器皿，目前实验室最常用的是以聚四氟乙烯（PTFE）为材料的烧杯、坩埚等器皿；HF 也会腐蚀分析仪器中的玻璃或石英进样系统和炬管等。因此，对含有 HF 的消解液通常要进行 $HClO_4$ 或 H_2SO_4 的赶酸处理。

$HClO_4$ 是已知最强的无机酸之一。经常使用 $HClO_4$ 来驱赶 HCl、HNO_3 和 HF，而 $HClO_4$ 本身也易蒸发除去，除部分碱金属（K、Rb、Cs）的高氯酸盐溶解度较小外，其他金属的高氯酸盐类都很稳定且易溶于水。需要特别注意的是，$HClO_4$ 是强氧化剂，与有机物、还原剂、易燃物（如硫、磷等）接触或混合时有引起燃烧爆炸的危险。因此，对有机样品应先用 HNO_3 或 $HNO_3/HClO_4$ 混合酸处理（HNO_3 的用量大于 $HClO_4$ 的 4 倍），且采用分步加入的操作，以避免单用 $HClO_4$ 发生爆炸现象。

处理样品时，常采用多元酸消解，用几种酸依次分别加入或几种酸混合后加入以提高消解温度，缩短消解时间，获得最好的处理效果。

3. 消解方法

目前常用的固体样品消解方法主要有酸、碱敞开式容器消解法和微波消解法。选择合适的消解试剂及消解程序，微波消解法能更有效地萃取各种固体样品中的金属元素，且样品处于密闭容器中，也避免待测元素的损失和可能造成的污染。微波消解法已被收录为美国 EPA 的标准方法，加之商品化的微波消解装置已经相当成熟，使得该项技术日趋普及。酸、碱敞开式容器消解法的基本原理及消解操作程序和水样的消解方法类似。下面将着重介绍微波消解法。

微波消解仪器使用的频率基本上是 2450 MHz。

绝缘体如陶瓷、塑料（聚乙烯、聚苯乙烯）、聚四氟乙烯等，可以透过微波基本不吸收微波的能量，因此常用作微波容器的材料。商用微波消解罐的主体材料一般都是聚四氟乙烯或工程塑料，也有一些附件由陶瓷等其他惰性材料制成。微波的另一特性是微波能量易被极性分子如水、酸等吸收。这些极性分子具有永久偶极矩（分子的正负电荷的中心不重合），在微波场中会随着微波频率而快速变换取向，来回转动，使分子间相互碰撞摩擦而温度升高。微波消解利用微波的这些特性实现对样品的消解。

微波消解过程包括以下几个步骤。

（1）首先需要称取适量的样品置于消解罐中。样品量过低会使痕量元素的分析误差增大，有机物含量高的样品称取量过高会因为有机物分解产气而使消解罐压力过高导致危险。例如，土壤的称取量通常为 0.2～1.0 g，植物、腐殖土等样品则应适当降低称取量。

（2）然后根据需要在消解罐中加入水和各种消解试剂。常用的有 HNO_3、HCl、HF、H_2O_2 等，密封消解罐置于消解炉中。土壤、水系沉积物等的成分是各种矿物的混合物，可以采用 HNO_3-HCl-HF 三元体系分解样品。腐殖土可以加逆王水（$3HNO_3$+$1HCl$）消解。生物组织样品如植物或动物组织样品可用 HNO_3 直接消解完全。可见，与传统方法相比，微波消解酸的用量较低。

（3）设置样品消解的程序。微波消解的速度与效率不仅与消解试剂的种类、浓度及用量有关，还与样品的组成密切相关。植物样品相对较易消解，而土壤、沉积物及某些垃圾样品则较难消解。由于环境样品基体的复杂性不同，在确定微波消解方案时，应对所选消解试剂、消解功率和消解时间进行条件优化，具体可以参考文献和相应的标准方法。消解过程中消解罐的温度、压力均会升高，混合反应的压力不断变化，为安全起见必须注意消解设备的安全额定压力，同时保证压力不会超过限定值。样品和试剂量之和不超过内衬容量的10%～20%，有机物质不能和强氧化剂在消解罐内混合。

（4）消解结束后消解罐必须彻底冷却后才能打开，并进行赶酸环节操作，直至近干，定容后待测定。

11.3 水样中有机物萃取

环境水样中有机物数量众多，根据其挥发性、溶解性和极性的不同，可以离子态、胶体态或溶解态形式存在于水中。无论是天然的还是人工合成的有机物，其浓度都不超过 mg/L 范围，甚至仅处于 μg/L 或 ng/L 范围，不经过样品预处理是难以直接进行气相色谱（GC）或高效液相色谱（HPLC）等仪器分析的。因此，水样中有机物的样品预处理在整体分析过程中占有非常重要的位置。

11.3.1　液液萃取

液液萃取（LLE）法又称溶剂萃取分离法，是最经典的前处理方法。该方法是利用物质在不同的溶剂中具有不同的溶解度为理论基础的。在含有待测物的水溶液中，加入与水不相混溶的有机溶剂，振荡，使其达到溶解平衡。目标组分进入有机相中，非目标组分仍留在水相，从而达到萃取分离的目的。

（1）间歇萃取：通常在 60～125 mL 的梨形分液漏斗中进行。将待萃取水样放入梨形分液漏斗中，加入一定体积与水不相混溶有机溶剂（或含有适宜的萃取剂）进行振荡，使物质在两相中达到分配平衡，静置分层后分离。

（2）连续萃取：分为高密度溶剂和低密度溶剂两类连续萃取法。

当萃取溶剂相的密度比被萃取溶剂相的密度高时，采用装置 1（高密度溶剂萃取）（图 11-1）。圆底烧瓶中的高密度溶剂受热蒸发，蒸气在回流冷凝管中冷凝后形成萃取剂液滴，经转向口进入低密度被萃取溶液相，在流经被萃取溶液时，将待测物质萃取，萃取溶剂相经底部的弯管流回。

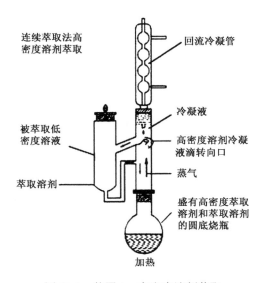

图 11-1　装置 1：高密度溶剂萃取

当萃取溶剂相的密度比被萃取溶剂相的密度小时，采用装置 2（低密度溶剂萃取）（图 11-2）。圆底烧瓶中的低密度萃取剂受热蒸发，蒸气在回流冷凝管中冷凝后形成净萃取剂液滴，滴入接收管中，当管中液柱的压力足够大时，萃取溶剂从管底部流出，流出的净萃取溶剂流经并萃取高密度溶液相，进入低密度萃取溶液相，流回圆底烧瓶，如此循环，连续萃取。

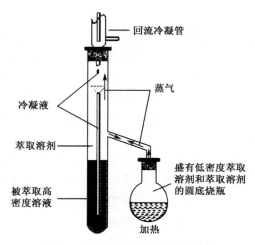

图 11-2　装置 2：低密度溶剂萃取

（3）多级萃取：又称错流萃取，将水相固定，多次用新鲜的有机相进行萃取，可提高分离效果。

11.3.2　液相微萃取

在很多实际样品分析时，样品量非常少，而且目标物浓度又非常低。通常，气相色谱（GC）分析所需样品的体积为 $1\sim3\ \mu L$；在高效液相色谱与石墨炉原子吸收光谱（HPLC-GFAAS）中，样品用量为 $5\sim20\ \mu L$。因此，传统的样品萃取方法对样品量和萃取溶剂的用量要求会造成样品不必要的稀释以及试剂的浪费。

鉴于固相微萃取（SPME）技术在高水溶性挥发性有机物的萃取方面存在的"瓶颈"，20 世纪 90 年代液相微萃取技术（又称单滴液相微萃取技术，SDME）作为一种新的样品预处理技术问世并得到发展。液相微萃取技术最初是由 Jeannot 和 Cantwell 提出的，该技术是在液液萃取的基础上发展起来的。与传统液液萃取相比，液相微萃取技术灵敏度高、富集效果佳。同时，该技术集采样、萃取和浓缩于一体，灵敏度高、操作简单，而且还具有快捷、廉价等特点。另外，液相微萃取技术所需有机溶剂非常少，一般只需几微升至几十微升，是一项环境友好的样品前处理新技术，特别适用于环境样品中痕量、超痕量有机污染物的前处理。

液相微萃取技术的萃取过程非常简单。将悬挂有机萃取溶剂液滴的针头浸入水样中,搅拌萃取一段时间后,将悬挂的液滴吸回(不要将溶液中的水带入),并直接注入色谱分析仪器中进行检测分析。萃取时间依据目标物而定,萃取过程中对样品进行搅动,以加快目标物进入吸收液的速度。根据萃取接触方式的不同,液相微萃取技术分为直接单滴微萃取和顶空液相微萃取。如图 11-3 所示,直接单滴微萃取是将萃取液滴直接浸入水样中进行的接触式萃取。此类分析一般适用于水等和萃取剂不溶的极性液体样品;顶空液相微萃取指萃取剂悬挂在气相中的萃取方式,通常应用于分析物首先需要从固体中挥发出来的萃取过程。

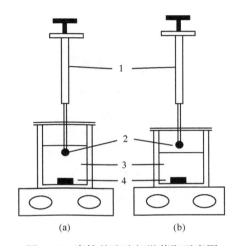

图 11-3　直接单滴液相微萃取示意图
1. 微量注射器;2. 萃取剂;3. 待萃取水样;4. 磁力搅拌磁子

　　大部分单滴溶剂微萃取技术的设计包括大体积的水溶液及小体积不溶于水的有机相液液萃取。单滴微萃取被广泛用于将疏水性的目标有机物转移到一滴有机溶剂中,然后再进一步进行气相色谱(GC)和高效液相色谱(HPLC)分析。

11.3.3　固　相　萃　取

　　固相萃取(SPE)技术是近年来发展较快的样品预处理技术之一,其基于液相色谱的原理,可近似看作一个简单的色谱过程。吸附剂作为固定相,而流动相是萃取过程中的水样。当流动相与固定相接触时,其中的合适痕量物质(目标物)就保留在固定相中。这时如果用少量的选择性溶剂洗脱,可根据被萃取组分与样品基质及其他成分在固定相填料上的作用力强弱不同使其彼此分离,达到被萃取组分的富集和纯化的目的。

　　固相萃取根据吸附剂性质可分为四种:反相固相萃取、正相固相萃取、离子交换固相萃取、吸附固相萃取。在环境中水样的预处理通常采用反相固相萃取。固相萃取分两类：一类是离线固相萃取法（offline-SPE），常简称为固相萃取（SPE）；另一类是在线固相萃取法（online-SPE）。

1. 离线（手动）固相萃取法

固相萃取装置由固相萃取小柱和辅件构成（图 11-4）。SPE 小柱由三部分组成：柱管、烧结垫和填料。固相萃取辅件一般有真空系统、真空泵、吹干装置、惰性气源、大容量采样器和缓冲瓶。

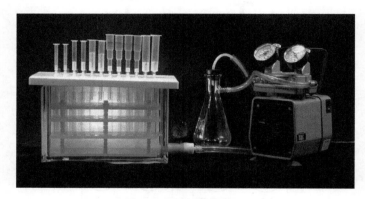

图 11-4　固相萃取装置

在使用过程中，应该选择合适的固相萃取柱。可根据待测目标组分的性质及在样品中的含量水平，选择柱填料的类型（如 ENVI-18、弗罗里硅土、树脂、石墨碳等）及用量（200 mg、500 mg、1000 mg 等），具体可参见表 11-2。目前，固相萃取柱已经商品化，以小柱和圆盘为主。离线 SPE 包括四大步骤：①活化，除去填料上杂质，并使疏水性填料溶剂化，以提高 SPE 的效率；②吸附，使分析物尽量吸附于吸附剂上（整个过程中，应避免液体流干气泡进入 SPE 柱）；③洗涤，以除去吸附于吸附剂上的少量杂质；④洗脱，用合适溶剂尽可能完全地将分析物洗脱下来，用于后续仪器检测。整个过程如图 11-5 所示。

表 11-2　SPE 不同类型吸附剂及相关应用

吸附剂	分离机理	洗脱溶剂	目标物性质	环境分析中的应用
键合硅胶 C_{18}、C_8	反相	有机溶剂	非极性～弱极性	氨基偶氮苯、多氯苯酚类、多氯联苯类、芳烃类、多环芳烃类、有机磷和有机氯农药类、烷基苯类、邻苯二甲酸酯类、多氯苯胺类、非极性除草剂类、脂肪酸类、氨基蒽醌类
多孔苯乙烯-二乙烯基苯共聚物	反相	有机溶剂	非极性～中等极性	苯酚、氯代苯酚、苯胺、氯代苯胺、中等极性的除草剂（三嗪类、苯磺酰脲类、苯氧酸类）

续表

吸附剂	分离机理	洗脱溶剂	目标物性质	环境分析中的应用
多孔石墨碳	反相	有机溶剂	非极性~相当极性	醇类、硝基苯酚类、相当大极性的除草剂、
丙胺键合硅胶	正相	有机溶剂	极性化合物	碳水化合物、有机酸
硅酸镁	正相	有机溶剂	极性化合物	醇、醛、胺、除草剂、杀虫剂、有机酸、苯酚类、类固醇类
离子交换树脂	离子交换	一定 pH 的水溶液	阴阳离子型有机物	苯酚、次氮基三乙酸、苯胺和极性衍生物、邻苯二甲酸类
抗体键合吸附剂	免疫亲和反应	甲醇/水溶液	特定污染物	多环芳烃、多氯联苯、有机磷、有机氯农药类及染料等

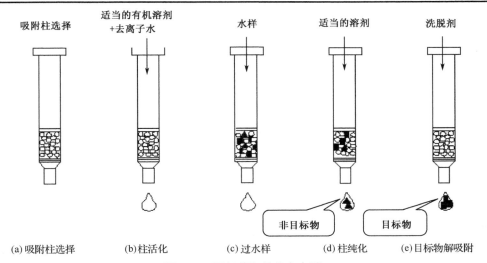

图 11-5　固相萃取的基本步骤

　　吸附剂的用量与目标物性质（极性、挥发性）及其在水样中的浓度直接相关。通常，增加吸附剂用量可以增加对目标物的保留，可通过绘制吸附曲线确定吸附剂用量。

　　在水样中添加已知浓度有机物，将水样通过萃取柱进行萃取，对其洗脱液进行分析测定。计算出回收率后可得到如图 11-6 所示的双对数曲线（V 与 R），其中 R 表示此有机物回收率。当目标物全部被吸附时，回收率为 R_0。体积值 V_b 是回收率达到 99%时流过柱子的水样体积；V_m 是回收率为 1%时流过柱子的水样体积。曲线的转折点对应的 V_t 值代表吸附剂保留目标物的最大体积。当通过萃取柱的水样体积 $V > V_m$ 时，吸附剂将达到完全饱和，即其表面活性部位被目标物分子全部占据，再增加水样量对目标物的保留不再有帮助。由此可知，保留体积是 SPE 技术的一个关键因素，它代表进行痕量富集时能有效处理的水样体积。根据色谱分析仪的检测限和水样中有机物的浓度，可以估算出需富集的最小水样体积。

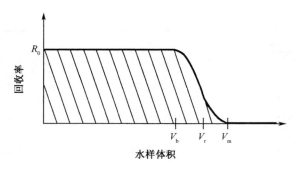

图 11-6　加标水样进行固相萃取的回收率曲线

为了提高水样的保留体积，Martin-Esteban 等尝试向水样中添加一定量的盐类，结果见表 11-3。其结果表明：①添加 NaCl 和 Na_2SO_4 可提高保留体积，提高量依赖于添加的盐种类与添加量；②添加硫酸镁时，西玛三嗪的保留体积随添加量的增加而下降。

表 11-3　加盐后两种农药在键合硅胶 C_{18} 吸附剂上的保留体积变化

农药	加盐种类及浓度/%					
	— —	NaCl 1	NaCl 5	NaCl 10	Na_2SO_4 1	Na_2SO_4 5
西玛三嗪/mL	100	120	140	170	120	130
胺甲萘/mL	100	180	190	200	140	200

在 SPE 中，洗脱溶剂的选择与目标物性质及使用的吸附剂有关。对反相吸附剂如键合硅胶 C_{18}，一般使用甲醇或乙腈作为洗脱溶剂。美国 EPA 625 方法中还介绍二氯甲烷、乙酸乙酯、正己烷和四氢呋喃在洗脱 C_{18} 柱中吸附的中性污染物时的效果。除正己烷外，这些洗脱剂都有好的回收率，其中乙酸乙酯和乙腈由于不会洗脱出废水中常见的油脂类物质而备受推崇。洗脱正相吸附剂吸附的目标物时，则要用到非极性有机溶剂，如正己烷、四氯化碳等。

离子交换吸附剂最常采用的洗脱溶剂是高离子强度（>0.5 mol/L）的缓冲液，如一定 pH 的水溶液等。目的是中和目标物的官能团所带电荷（酸性物质要比其 pK_a 低两个单位，而碱性物质比其 pK_a 高两个单位），或者中和键合硅胶官能团上所带电荷，这样静电吸引被破坏，目标物随之被洗脱。

为了确定洗脱溶剂的体积，可以通过多次洗脱法（小体积），根据回收率的变化找到最佳的洗脱液体积。显然，洗脱体积越小富集倍数越高，如果由于不得不采用大体积洗脱而难以达到仪器检测限时，可先用氮气将洗脱液吹干，再用小体积溶剂定容。

回收率指洗脱出来的目标物的量与过柱水样中加标量的比值。由前述可知，吸附时使目标物最大限度保留，洗脱时尽量将其洗脱干净，可提高回收率。如果回收率太低，可增加吸附剂的量或选择其他对目标物有更强吸附能力的吸附剂，也可尝试更换洗脱剂等，洗脱溶剂的性质可参见表 11-4。

表 11-4 洗脱溶剂的性质

溶剂名称	极性	沸点/℃	溶剂名称	极性	沸点/℃
n-pentane（正戊烷）	0.0	36	tetrahydrofuran（四氢呋喃）	4.2	66
petroleum ether（石油醚）	0.0	30～60	ethanol（乙醇）	4.3	79
hexane（己烷）	0.1	69	ethyl acetate（乙酸乙酯）	4.3	77
cyclohexane（环己烷）	0.1	81	i-propanol（异丙醇）	4.3	82
trifluoroacetic acid（三氟乙酸）	0.1	72	chloroform（氯仿）	4.4	61
cyclopentane（环戊烷）	0.2	49	methyl ethyl ketone（甲基乙基酮）	4.5	80
n-heptane（庚烷）	0.2	98	dioxane（二氧六环）	4.8	102
carbon tetrachloride（四氯化碳）	1.6	77	pyridine（吡啶）	5.3	115
toluene（甲苯）	2.4	111	acetone（丙酮）	5.4	57
p-xylene（对二甲苯）	2.5	138	nitromethane（硝基甲烷）	6.0	101
chlorobenzene（氯苯）	2.7	132	acetic acid（乙酸）	6.2	118
ethyl ether（乙醚）	2.9	35	acetonitrile（乙腈）	6.2	82
benzene（苯）	3.0	80	aniline（苯胺）	6.3	184
isobutyl alcohol（异丁醇）	3.0	108	dimethyl formamide（DMF）	6.4	153
methylene chloride（二氯甲烷）	3.4	40	methanol（甲醇）	6.6	65
n-butanol（正丁醇）	3.9	117	ethylene glycol（乙二醇）	6.9	197
n-butyl acetate（乙酸丁酯）	4.0	126	dimethyl sulfoxide（二甲基亚砜）	7.2	189
n-propanol（正丙醇）	4.0	98	water（水）	10.2	100

为克服有机物在 SPE 传统吸附剂上的共吸附问题，20 世纪 90 年代初生物免疫技术开始引入高选择性的免疫抗体吸附剂（IS）的研制与开发。以单克隆抗体或多克隆抗体为核心的抗体键合吸附剂层出不穷，使得固相萃取技术本身更成熟，应用更广泛。抗体键合吸附剂充分利用生物免疫抗原–抗体之间的高灵敏性和高选择性，尤其适用于水中痕量有机物的富集与分离。其技术特点：考虑到绝大多数有机污染物为低分子量物质，不能在动物体内引发免疫反应，所以需把特定污染物键合到牛血清白蛋白这样的生物大分子载体上，使其具有免疫抗原活性，再注入纯种动物体内（如兔或羊），产生抗体，经杂交瘤技术制得相应于该有机污染物的单克隆抗体。将抗体键合到反相吸附剂的硅胶表面或聚合物表面（如 C_{18} 固定相），就制得抗体键合吸附剂，这种单克隆抗体吸附剂就成为测定该有机污染物的"专属试剂"，可用于分离、富集特定污染物。研制开发能专门检测各种优先

污染物的单克隆抗体或多克隆抗体已成为 SPE 技术的前沿研究领域（如多环芳烃、多氯联苯、有机氯农药、有机磷农药、一些环境激素类物质的单克隆抗体等）。对于分子结构相近的一类污染物，常采取选择 1～2 种代表物制备多克隆抗体吸附剂，实现同类污染物及其衍生物的同步萃取与色谱分析，举例说明见表 11-5。

表 11-5　阿特拉津抗体吸附剂（IS）的萃取收率比较　　（单位：%）

有机物名称	英文缩写	IS 萃取收率
阿特拉津（代表物）	A	99
脱乙基阿特拉津	DEA	98
脱异丙基阿特拉津	DIA	0
羟基化阿特拉津	OHA	60

　　注：试验条件为 0.5 g 阿特拉津抗体吸附剂（IS），4 种有机物去离子水中加标浓度均为 3 μg/L，富集水样体积为 25 mL。

　　抗体键合吸附剂洗脱时一般可采用 20%～80%的甲醇/水溶液，该类吸附剂经冷藏保存可多次使用。另外，几类抗体键合吸附剂还可以按一定比例混合使用，以实现对多类有机物的同时选择性富集及 GC 或 HPLC 等的仪器分析。

2. 在线固相萃取法

　　在线固相萃取是根据离线固相萃取的工作原理，将固相萃取与色谱分析集成化的新技术。与离线固相萃取相比，操作简单，自动化程度高，样品量要求较少，分析物损失小，灵敏度高。图 11-7、图 11-8 分别为在线 SPE-HPLC 体系、在线 SPE-GC 体系。

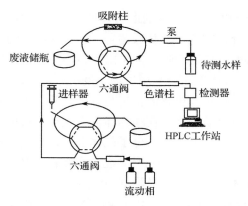

图 11-7　在线 SPE-HPLC 体系

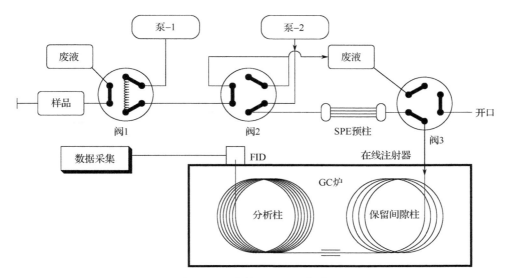

图 11-8　在线 SPE-GC 体系

在线 SPE-HPLC 体系中，SPE 预柱首先位于六通阀采样环位置（图 11-7），经过预柱活化、样品吸附、杂质清洗等步骤，六通阀切换至注射位置，将 SPE 预柱与 HPLC 分析柱相连，分析物在流动相的推动下在分析柱上得到分离，进入检测器检测。SPE 与 HPLC 在线耦合很好，因为 LC 的流动相是液相，SPE 的处理样品多为液相，二者兼容性强。值得注意的是，SPE 预柱中吸附剂与 HPLC 分析柱填料的保留性能应相当，否则会使色谱峰展宽。

如图 11-8 所示，在线 SPE-GC 系统中，阀 1 用于条件化 SPE 预柱和输送样品，阀 2 用于样品与洗脱溶剂间的切换，阀 3 则使洗脱溶液进入 GC 或作为废液排出。SPE 预柱位于阀 2 和阀 3 之间，是 SPE-GC 系统的核心。SPE 与 GC 的接口是通过在线注射器进入保留间隙柱的一组毛细管。首先开启阀 1 以活化 SPE 预柱，注射样品于 SPE 柱富集；之后激活阀 2，使洗脱溶剂流过 SPE 预柱；几分钟后（使 SPE 柱上水分排出），切换阀 3，使洗脱液进入 GC 系统进行分析。相对于 SPE-HPLC 体系，SPE 与 GC 的在线耦合较为脆弱，因为 GC 分析仅需几微升且 GC 系统是干燥的，而 SPE 洗脱液则为几毫升的溶液。因此，SPE 与 GC 在线耦合目前应用极少，更多的是将固相微萃取（SPME）与气相色谱连接。

目前，在线固相萃取技术已与液相色谱法有效集成，形成商品化的小型在线固相萃取液相分析系统（online SPE-LC，图 11-9），在自动化控制方面有较大的提高。

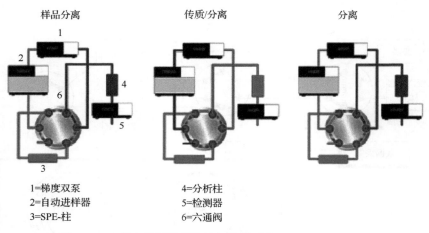

1=梯度双泵　　　　　　　4=分析柱
2=自动进样器　　　　　　5=检测器
3=SPE-柱　　　　　　　　6=六通阀

图 11-9　小型在线固相萃取液相分析系统（online SPE-LC）

11.3.4　固相微萃取

　　固相微萃取（SPME）技术是 20 世纪 90 年代兴起的一项样品预处理与富集技术，属于非溶剂型选择性萃取法。其原理是分析组分在样品基质与提取剂之间的分配平衡过程。其装置（图 11-10）类似于一支气相色谱的微量进样器，萃取头是在一根石英纤维上涂上固相微萃取涂层，外套细不锈钢管以保护石英纤维不被

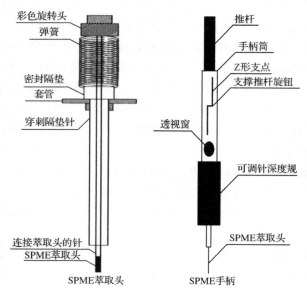

图 11-10　SPME 装置图

折断，纤维头可在钢管内伸缩。将纤维头浸入样品溶液中或顶空气体中一段时间，同时搅拌溶液以加速两相间达到平衡的速度，待平衡后将纤维头取出插入气相色谱气化室，热解吸涂层上吸附的物质。被萃取物在气化室内解吸后，靠流动相将其导入色谱柱，完成提取、分离、浓缩的全过程。

SPME 法具有样品用量少，对待测物的选择性高、方便、快捷的特点，已成功地应用于气态、水体、固态中的挥发性有机物、半挥发性有机物以及无机物的分析。同时，SPME 法可以对环境中的污染物进行监测，如农药残留、酚类、多氯联苯（PCBs）、多环芳烃（PAHs）、脂肪酸、胺类、醛类、苯系物（BTEXs）、非离子表面活性剂以及有机金属化合物、无机金属离子等。SPME 技术几乎可以用于气体、液体、生物、固体等样品中各类挥发性或半挥发性物质的分析。发展至今短短的 10 年时间，其已在环境、生物、工业、食品、临床医学等领域的各个方面得到广泛应用。

萃取过程：将纤维头浸入样品溶液中或顶空气体中一段时间，同时搅拌溶液以加速两相间达到平衡的速度，待平衡后将纤维头取出插入气相色谱气化室，热解吸涂层上吸附的物质。被萃取物在气化室内解吸后，靠流动相将其导入色谱柱，完成提取、分离、浓缩的全过程。

萃取方式：SPME 有三种基本的萃取模式：直接萃取、顶空萃取和膜保护萃取。

直接萃取：涂有萃取固定相的石英纤维被直接插入到样品基质中，目标组分直接从样品基质中转移到萃取固定相中。在实验室操作过程中，常用搅拌方法来加速分析组分从样品基质中扩散到萃取固定相的边缘。对于气体样品，气体的自然对流已经足以加速分析组分在两相之间的平衡。但是对于水体样品，组分在水中的扩散速度要比气体中低 3～4 个数量级，因此需要有效的混匀技术来实现样品中组分的快速扩散。比较常用的混匀技术有加快样品流速、晃动萃取纤维头或样品容器、转子搅拌及超声。这些混匀技术一方面加速组分在大体积样品基质中的扩散速度，另一方面减小萃取固定相外壁形成的一层液膜保护鞘而导致的"损耗区域"效应。

顶空萃取：萃取过程可以分为两个步骤：①被分析组分从液相中先扩散穿透到气相中；②被分析组分从气相转移到萃取固定相中。这种改型可以避免萃取固定相受到某些样品基质（如人体血液或尿液）中高分子物质和难挥发性物质的污染。在该萃取过程中，步骤 2 的萃取速度总体上远远大于步骤 1 的扩散速度，所以步骤 1 成为萃取的控制步骤。因此挥发性组分比半挥发性组分有着快得多的萃取速度。实际上对于挥发性组分，在相同的样品混匀条件下，顶空萃取的平衡时间远远小于直接萃取的平衡时间。

膜保护萃取：主要目的是在分析很脏的样品时保护萃取固定相避免受到损伤，

与顶空萃取相比，该方法对难挥发性组分的萃取富集更为有利。另外，由特殊材料制成的保护膜为萃取过程提供一定的选择性。

　　SPME 法可用于气相色谱和液相色谱分析，操作过程详见图 11-11。SPME 装置在气相色谱分析时操作比较简单，无须额外附件，所以得到广泛应用。

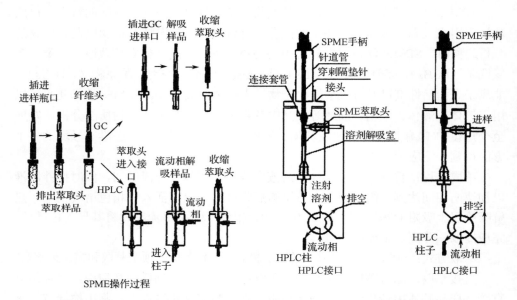

图 11-11　SPME 法在气相色谱（GC）和液相色谱（LC）分析中的操作过程

11.3.5　应 用 举 例

例 11-1：利用单滴液相微萃取（SDME）预处理废水中的酚类化合物。

　　（1）萃取剂的种类和用量选择。选取正己烷、四氯化碳、甲苯、乙酸正戊酯 4 种有机溶剂进行优化。结果表明，在相同条件下，乙酸正戊酯的萃取效果要明显好于其他 3 种萃取剂，且稳定性较好，故选择乙酸正戊酯作为萃取剂。为了保证实验的稳定性，考察了萃取剂用量的影响，结果表明，乙酸正戊酯用量为 5 μL 时，萃取效率最高，因此用量选取 5 μL。

　　（2）酚类化合物的萃取。在 10 mL 样品瓶中加入磁力搅拌子和 10 mL 样品溶液，设定磁力搅拌器的搅拌速度和温度，再使用 10 μL 进样针取 5 μL 有机萃取剂（注意排空气泡），将针尖插入液面与瓶底中间位置，缓慢推出 2 μL 萃取剂，使小液滴悬挂在针尖上，萃取 15 min 后，抽回萃取剂直接进色谱系统分析。

　　（3）影响 SDME 萃取效果的因素。搅拌速度的选择。搅拌速度影响萃取达到平衡的时间，搅拌可加快萃取平衡，缩短萃取时间，但高的搅拌速度会损害小液滴的稳定性。结果表明，在 100～400 r/min，随着转速的提高，萃取效率也不断提高。研究发现，当转速高于 400 r/min 时，很容易破坏萃取液滴，故搅拌速度选择 400 r/min。

离子强度的影响。向待测样品中添加无机盐类的目的是利用盐析作用，降低目标物在样品中的溶解度，提高萃取效率。实际上，盐析作用与目标物分子的性质有关，对有的目标物可以提高萃取效率，对有的目标物不起作用，甚至会有抑制作用。考察 NaCl 含量为 0%～25%（质量分数）时对酚类化合物萃取效率的影响。结果表明，除苯酚外的其他酚类化合物萃取量随离子强度的增大而降低，可能是盐的存在改变萃取液膜的物理特性，从而降低分析物在有机液滴中的扩散速率。因而，本研究没有加盐来调节离子强度。

温度和萃取时间的选择。液相微萃取是一个样品的富集平衡过程，温度对单液滴微萃取有两方面的影响：升高温度，加强对流作用，分析物向有机相的扩散速度增大，有利于缩短平衡时间。但是升温会使分析物的分配系数减小，而且会影响液滴在微量注射器上的附着时间。因此，温度的选择应兼顾萃取时间和萃取效果。通过实验结果，得出最佳萃取温度和时间分别为 50℃和 15 min。

例 11-2：利用固相萃取预处理含酸性药物环境水样。

虽然药物的半衰期不是很长，但是个人和畜牧业大量而频繁地使用，导致药物形成"伪持续性现象"。环境水体中的药物活性组分主要来源于城市生活污水、动物养殖场污水、医院污水、制药厂废水等。如果这些污水及废水得不到有效处理而直接排出，会加剧水环境有机污染，导致各种水质安全得不到保障。现有的污水处理厂处理工艺主要是消除常规的污染物，如 COD、BOD 等，并没有特别针对药物组分。因此，常规的处理工艺并不能完全消除污水和废水中的药物类污染物，而是随污水处理厂的出水直接排放于水环境中。因此，近年药物残留产生的环境问题引起了国际环境科学界和社会公众的广泛关注。

（1）固相萃取柱的选择。酸性药物大多为弱极性化合物。以常用酸性药物布洛芬、萘普生、双氯酚酸、酮洛芬为例，选用 4 种不同类型 SPE 柱（表 11-6），对 4 种酸性药物进行回收率试验。结果表明，Oasis HLB 柱和 ENVI-18 柱对四种

表 11-6　4 种不同类型 SPE 柱

吸附柱	类型	碳含量/%	生产商	规格	孔径/Å	表面积/（m^2/g）
LC-18	C_{18}	10	Supelco	500 mg/3 mL	60	475
ENVI-18	C_{18}	17	Supelco	500 mg/3 mL	60	475
Oasis HLB	PS-DVB-NVP	—	Waters	60 mg/3 mL	55	800
MEP	PS-DVB	—	Anpelclean	60 mg/3 mL	70	600

酸性药物的回收率明显高于其他两种 SPE 柱。因此，结合实验结果和考虑经济因素，ENVI-18 柱是对酸性药物进行富集的最佳选择。

（2）水样的富集和净化。取 500 mL 经过 0.7 μm 滤膜的地表水样，加入 2 mol/L 盐酸调整 pH 为 2～3，并加入 200 ng 回收率指示物（涕丙酸）。水样过柱前，分别用 3 mL 甲醇、3 mL Millipore 水对 ENVI-18 柱进行活化处理。将水样以 5～10 mL/min 的速度流过 ENVI-18 柱。柱子富集完成后，用 3 mL 含有 5%甲醇的水溶液淋洗萃取柱，然后真空抽干 15 min。最后，用 3×1 mL 的甲醇淋洗萃取柱，洗脱液收集于小试管中。将收集到的洗脱液在温和的氮气流下吹至 500 μL，并将其转移至 1.8 mL 棕色进样小瓶中 4℃保存，待分析。

（3）影响 SPE 萃取效果的因素。影响 SPE 萃取效率的主要因素包括水样 pH、水样流速和洗脱溶剂。研究表明，对于 ENVI-18 柱，水样 pH 小于 4 时，酸性药物的回收率较高。水样通过 SPE 柱的流速对萃取效率影响较大，当水样流速超过 20 min/L 时，回收率明显下降。考虑到萃取时间，一般控制水样流速为 5～10 mL/min。SPE 柱富集酸性药物经干燥后，采用 3×1 mL 的甲醇洗脱。应用本方法对某市地表水的 4 种酸性药物进行了测定，方法的相对标准偏差小于 10%，回收率为 82.7%～94.5%。

例 11-3：SPME 在水体中双酚 A 分析测定中的应用。

（1）SPME 萃取头的选择。分别用 100 μm 聚二甲基硅氧烷（PDMS）、85 μm 聚丙烯酸酯（PA）SPME 萃取头萃取后进行比较。结果表明，在相同的萃取和衍生化条件下，85 μm PA 萃取头的萃取量比 100 μm PDMS 萃取头的萃取量明显大得多。因此，选择 85 μm PA 萃取头进行萃取。

（2）水样萃取和富集。在萃取瓶中加入磁转子和 4 mL 水样，并用带聚四氟乙烯胶垫的瓶盖封闭，启动搅拌并加热。然后从瓶盖的上方直接插入不锈钢针管，推出萃取头，使其浸入溶液中。一段时间平衡后，萃取完成，收回萃取头，拔出针管并将针管迅速插入气相色谱进样口，推出萃取头，热解吸 3 min 后缩回萃取头并拔出。

（3）影响 SPME 效果的因素。影响 SPME 萃取效率的主要因素包括水样 pH、萃取温度、萃取时间、搅拌速度和离子强度。通过研究得出 SPME 萃取水中双酚 A 的最佳条件：搅拌速度为 1100 r/min、温度为 35℃下萃取 30 min，不调节萃取体系的 pH、不需向样品溶液中加入盐溶液。整个分析方法将采样、萃取、进样、分析融于一身，具有易操作、高效且精确等特点。应用本方法对某饮用水源水中的 16 种 PAHs 进行了测定，方法的相对标准偏差小于 16.36%，回收率为 82.65%～115.35%。

11.4　固体样品中有机物的萃取

固体样品有机物的预处理主要是采用液固萃取方法，即利用溶剂将固体长期浸润而将所需物质浸出来，传统的方法主要有索氏提取，以及后来进一步发展起来的自动索氏提取、超声波萃取、加速溶剂萃取和微波萃取等。

11.4.1　固体样品中有机物的萃取

1. 索氏提取法（Soxhlet extraction）

索氏提取器，又称脂肪提取器，是利用溶剂回流及虹吸原理，使固体物质连续不断地被纯溶剂萃取，既节约溶剂，又提高萃取效率，其结构如图 11-12 所示。萃取前先将固体物质研碎，以增加固液接触的面积。然后将固体物质放在滤纸套内，置于提取器中，提取器的下端与盛有提取溶剂的圆底烧瓶相连，上面接回流冷凝管。加热圆底烧瓶，使溶剂沸腾，蒸气通过提取器的支管上升，被冷凝后滴入提取器中，溶剂和固体接触进行萃取，当溶剂面超过虹吸管的最高处时，含有萃取物的溶剂虹吸回烧瓶，因而萃取出一部分物质，如此重复，使固体物质不断为纯的溶剂所萃取，将萃取出的物质富集在烧瓶中。

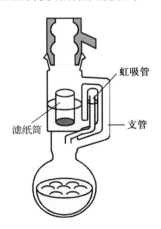

图 11-12　传统索氏提取器

传统的索氏提取方法存在着一些不足之处，如提取时间长、溶剂使用量大、手工操作烦琐，存在爆炸等安全隐患。但它的准确性和重现性被广泛认可，所以基于传统索氏提取原理，后继开发了自动索氏提取（ASE）新技术，其基本结构如图 11-13 所示。

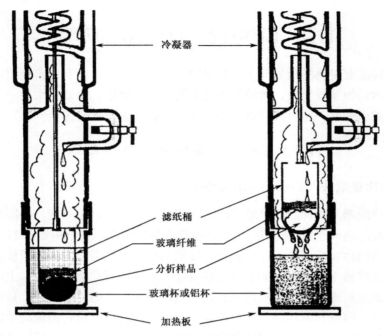

图 11-13　自动索氏提取仪

　　浸提单元中的溶剂浸提是分两步来进行的。首先，将样品浸泡在沸腾的溶剂中，这使得可溶性目标物从固相（样品）向液相（萃取剂）转移，并快速达到平衡。其次，固体样品会被自动提升离开提取溶剂，让从冷凝器中回流出来的纯溶剂充分淋洗固体样品。最后，关闭冷凝器回流溶剂阀，冷却的溶剂会通过冷凝器回收到回收桶中。随着气泵的启动，最后残余溶剂也会被蒸发。

　　由于自动索氏提取采用了热浸提，即在提取剂沸点温度下提取有机物，其效率要远高于传统索氏提取采用的冷浸取（室温提取）。因此，提取效率大大提高，缩短了提取时间。缩短加热时间可以减少提取溶剂的挥发，达到减少提取溶剂使用量的目的。

2. 加速溶剂萃取

　　加速溶剂萃取是在提高的温度（50～200℃）和压力（1000～3000 psi 或 1013～2016 MPa）下用溶剂萃取固体或半固体样品的方法。在环境分析中，已广泛用于土壤、污泥、沉积物、大气颗粒物、粉尘、动植物组织、蔬菜和水果等样品中的多氯联苯、多环芳烃、有机磷（或氯）、农药、苯氧基除草剂、三嗪除草剂、柴油、总石油烃、二噁英、呋喃、炸药（TNT、RDX、HMX）等的萃取。

其机理主要体现在以下两方面：一方面，在提高的温度下萃取。提高温度使溶剂溶解待测物的容量增加。例如，当温度从 50℃升高至 150℃后，蒽的溶解度提高约 15 倍；烃类的溶解度，如正二十烷，可以提高数百倍。此时，水在有机溶剂中的溶解度随着温度的升高而提高。在低温低压下，溶剂易从"水封微孔"中被排斥出来。当温度升高时，水的溶解度提高，则有利于这些微孔的可利用性。在升高的温度下能极大地减弱由范德华力、氢键、溶质分子和样品基体活性位置的偶极吸引力引起的溶质与基体之间强的相互作用力。加速溶质分子的解析动力学过程，减小解析过程所需活化能，降低溶剂的黏度，从而减小溶剂进入样品基体的阻滞，增加溶剂进入样品基体的扩散。研究表明，温度从 25℃增至 150℃，其扩散系数增加 2~10 倍，降低溶剂和样品基体之间的表面张力，溶剂更好地浸润样品基体，有利于被萃取物与溶剂的接触。另一方面，液体的沸点一般随压力的升高而提高。例如，丙酮在常压下的沸点为 56.3℃，而在 5 个大气压下，其沸点高于 100℃。液体对溶质的溶解能力远大于气体对溶质的溶解能力。因此，要在更高的温度下仍保持溶剂呈液态，则需增加压力。

由于加速溶剂萃取是在高温下进行的，因此，热降解是一个令人关注的问题。加速溶剂萃取是在高压下加热，高温的时间一般少于 10 min。所以热降解现象并不明显，但必须通过加萃取目标物标样的萃取实验来评价热降解的程度。

3. 微波萃取

微波是波长在 1 mm~1 m、频率在 300~300000 MHz 的电磁波，它介于红外线和无线电波之间。微波萃取是利用微波的电磁辐射的穿透作用和热作用，使样品和萃取溶剂在封闭的容器中加温加压（100~110℃、50~175℃），加速固液溶解平衡使萃取目标物从基质中转移到溶剂中的萃取技术。

微波萃取的机理可从以下两方面考虑：一方面，微波产生的电磁场可加速被萃取组分的分子由固体内部向固液界面扩散的速率。例如，以丙酮为溶剂，在微波场的作用下，丙酮分子由基态转变为激发态，这是一种高能量的不稳定状态。此时，丙酮分子或者气化以加强萃取组分的驱动力，或者释放出自身多余的能量回到基态，其释放出的能量将传递给其他物质的分子，以加速其热运动，从而缩短萃取组分的分子由固体内部扩散至固液界面的时间。结果使萃取速率提高数倍，并能降低萃取温度，最大限度地保证萃取物的质量。另一方面，对生物样品而言，微波辐射过程是高频电磁波穿透萃取介质，到达生物基质的内部维管束和腺细胞内，由于物料内的水分大部分是在维管束和腺细胞内，水分吸收微波能后使细胞内部温度迅速上升，而溶剂对微波是透明（或半透明）的，受微波的影响小，温度较低。连续的高温使其内部压力超过细胞壁膨胀的能力，从而导致细胞破裂，细胞内的物质自由流出，萃取介质就能在较低的温度条件下捕获并溶解。

在环境样品预处理中，微波萃取主要用于萃取土壤、黏土、沉积物、污泥、固体废弃物和生物样品中微溶于水或难溶于水的半挥发性有机污染物，如有机氯农药、有机磷农药、含氯除草剂、PAHs、PCBs、PCDDs/PCDFs 等。微波萃取具有设备简单、适用范围广、萃取效率高、重现性好、节省时间、节省试剂、污染小等特点。目前，除用于环境样品预处理外，还用于生化、食品、工业分析和天然产物提取等领域。

在采用微波萃取时应注意以下问题。

（1）在萃取样品中极性较弱的有机污染物（如多环芳烃、多氯联苯等）时，多选用正己烷、二氯甲烷等弱极性萃取剂，但它们吸收微波的能力较差，所以常添加一定量互溶的极性较强的溶剂（如丙酮），改善萃取剂对微波能的利用效率。

（2）微波萃取只是加快萃取目标物在固液相分配平衡速度，不能改变分配比；另外，微波萃取结束，温度下降，部分萃取目标物会再次被吸附到固体基质上。所以单次萃取效率有限，萃取效率为 50%～80%。通过多次微波萃取提高萃取效率。

此外，有研究报道，微波萃取可以利用更少的样品，在最短的时间内完成萃取，而且萃取效率及精确度均高于传统方法。例如，用微波萃取处理了柑桔样品并测定了柑桔中残留的阿特拉津和 4 种有机磷杀虫剂，结果表明在功率为 475 W、温度为 90℃的条件下，以 10 mL 己烷–丙酮（1∶1）混合物为溶剂，对 1.5～2.5 g 柑桔样品萃取 9 min，便可有效地萃取出样品中的 5 种杀虫剂。

4. 超声波萃取

超声波萃取是借助超声波空化作用和振动匀化作用，加速介质质点运动，使固体样品分散，增大样品与萃取溶剂之间的接触面积，使萃取目标物更快更容易地从基质中转移到溶剂中的萃取技术。

超声波指频率为 20 kHz～50 MHz 的机械波，需要能量载体（介质）来进行传播。超声波在传递过程中存在着正负压强交变周期，在正相位时，对介质分子产生挤压，增加介质原来的密度；在负相位时，介质分子稀疏、离散，介质密度减小。也就是说，超声波并不能使样品内的分子产生极化，而是在溶剂和样品之间产生声波空化作用，导致溶液内气泡的形成、增长和爆破压缩，从而使固体样品分散，增大样品与萃取溶剂之间的接触面积，提高目标物从固相转移到液相的传质速率。在工业应用方面，利用超声波进行清洗、干燥、杀菌、雾化及无损检测等，是一种非常成熟且有广泛应用的技术。

超声波萃取主要通过压电换能器产生的快速机械振动波来减少目标萃取物与样品基体之间的作用力，从而实现固液萃取分离。其机理主要表现为以下三方面：

①加速介质质点运动。高于 20 kHz 声波频率的超声波在连续介质（如水）中传播时，根据惠更斯波动原理，在其传播的波阵面上将引起介质质点（包括样品的质点）的运动，使介质质点运动获得巨大的加速度和动能。介质质点将超声波能量作用于萃取样品质点上并使之获得巨大的加速度和动能，使样品颗粒迅速分散到萃取溶剂中。②空化效应。超声波在液体介质中传播产生特殊的"空化效应"，"空化效应"不断产生无数内部压力达到上千个大气压的微气穴并不断"爆破"，由此产生的微观上的强大冲击波作用在样品基质上，使其中有机污染物逸出基质，加速有机污染物的浸出提取。③超声波的振动匀化使样品介质内各点受到的作用一致，使整个样品萃取得更均匀。

综上所述，在超声波场作用下不但作为介质质点获得自身的巨大加速度和动能，而且通过"空化效应"获得强大的外力冲击，所以能高效率萃取出样品中的有机污染物。

超声波萃取要求超声波发生器功率超过 300 W，此外还有其他技术要求，请参考美国 EPA Method 3550。该项技术不如其他萃取方法精密严格，所以需要对其萃取准确性和灵敏度等技术指标进行必要评价才能使用。

11.4.2 固体样品中有机物的净化

环境样品，特别是沉积物、土壤等固体样品，经过上述方法萃取后，萃取液中往往存在一定量的干扰组分，会给后续的色谱分析带来影响。样品净化的目的主要是去除萃取液中的干扰物和高沸点萃取物。这些共萃物会对后续定量和仪器维护造成影响。高沸点组分易在气相色谱仪进样口累积，吸附分析目标物，造成测定结果偏低；污染分析柱和检测器或离子源。如果干扰物峰正落在目标分析物的保留时间窗口中会使目标物定量偏大。

水样中污染物较少，不必进行净化过程。但大部分土壤、沉积物和固体废弃物的萃取液需要通过一定的净化过程。例如，分析石油污染土壤中多环芳烃时，需要使用凝胶渗透层析法（GPC）来去除高沸点的大分子，采用活性铜粉去除萃取液中的单质硫，利用硅胶去除色谱分析中影响目标组分定量的干扰峰组分。

许多美国 EPA 公布的有机污染物测定方法要求采用相应的净化方法。例如，Method 8310，用高效液相色谱法测定废物中的 16 种多环芳烃，推荐使用 Method 3630 硅胶净化减少干扰物对分析测定的影响。许多基质要求同时采用多种净化方法来保证正常的分析测定，但每种净化过程都或多或少引起目标分析物的损失，使分析的灵敏度降低。因此，在净化过程中，操作要格外仔细严格。

通常来讲，样品的净化常用方法有吸附层析法、酸碱分离法、凝胶渗透层析法、单质硫的净化。

1. 吸附层析法

吸附层析法是层析的一种方法。采用吸附材料（如氧化铝、硅胶、弗罗里硅土等），根据萃取液中组分极性的不同，将一定极性范围的目标物与其他极性范围共萃取组分相分离。该方法适用于大多数中等分子量的样品（分子量小于 1000 的低挥发性样品）的分离，尤其是脂溶性成分，如有机氯/磷农药、多环芳烃、邻苯二甲酸盐、亚硝基胺等，一般不适用于高分子量样品如蛋白质、多糖或离子型亲水性化合物等的分离。

（1）氧化铝：层析用氧化铝为多孔隙、颗粒状氧化铝，可以在酸性、中性、碱性三种 pH 范围下进行层析净化，分别称为酸性氧化铝、中性氧化铝和碱性氧化铝。碱性氧化铝（pH 9～10）可用于净化亚硝基胺类等碱性或中性有机物，不宜用于醛、酮、内酯等类型的化合物分离。因为有时碱性氧化铝可与上述成分发生次级反应，如异构化、氧化、消除反应等。中性氧化铝（pH 6～8）仍属于碱性吸附剂的范畴，也适用于酸性成分的分离。可用于醛、酮、醌、酯、内酯等类型化合物的分离，如邻苯二甲酸酯类化合物的净化，但其吸附活性与碱性氧化铝相比大大降低。酸性氧化铝（pH 4～5）主要用于分离酸性色素，在环境样品预处理应用较少。

（2）硅胶：层析用硅胶为一多孔性弱酸性物质，具有硅氧烷的交链结构，同时在颗粒表面又有很多硅醇基，其含量决定硅胶吸附作用的强弱。硅醇基能通过氢键吸附水分，随吸着水分的增加硅胶的吸附力降低，含水率达到10%可使其失活，所以硅胶在使用前要经过活化，即加热到150～160℃使因氢键吸附的水分被除去。当温度高至 500℃时，硅胶表面的硅醇基也能脱水缩合转变为硅氧烷键，从而丧失活性，所以硅胶的活化不宜在较高温度下进行（一般在 170℃以上即有少量结合水失去）。在环境样品预处理过程中可用于多环芳烃、多氯联苯、有机氯农药等有机污染物的净化。

（3）弗罗里硅土：层析用弗罗里硅土呈碱性，学名为硅酸镁，可用于农药残余和其他氯代碳氢化合物的净化，可用于从碳氢化合物中分离含氮碳氢化合物，从脂肪类和芳香烃类化合物中分离芳香烃类化合物，也可用于类固醇、酯、酮、甘油酯和糖类的分离。弗罗里硅土共有四种级别，其中只用两种（Florisil PR 和 Florisil A）适用于净化过程。Florisil PR 在 675℃下活化，主要用于农药残余的净化；Florisil A 在 650℃下活化，主要用于其他分析物的净化。

吸附层析法中溶剂的选择与被分离的物质关系极大，须根据被分离物质的性质和所采用吸附材料的性质加以考虑。用极性吸附材料进行层析时，当被分离物质为弱极性物质时，一般选用弱极性溶剂为洗脱剂。如果对某一极性物质用吸附性较弱的吸附剂（如以硅藻土或滑石粉代替硅胶），则洗脱剂的极性亦须相应降低。

被分离的物质、吸附材料，洗脱剂共同构成吸附层析中的三个要素，彼此紧密相关。在特定吸附剂与洗脱剂的条件下，各成分的分离情况直接与该物质的结构和性质有关。对极性吸附剂而言，分离成分的极性越大，吸附力越强，目标物被洗脱下来，而极性较强的干扰物保留在吸附层析柱中。

2. 酸碱分离法

酸碱分离法是一种液液分离的净化方法，通过调节 pH，可用于将有机酸、苯酚类等酸性目标物与胺类、多环芳烃等碱性或中性目标物的分离，也可作为吸附层析法的前处理方法。

先将萃取后的有机萃取液与强碱性的水溶液振动混合，使酸性物质进入水溶液相，而碱性和中性的物质保留在有机溶剂相，达到酸碱分离的目的。如果目标物质呈碱性或中性，保留在有机相中，浓缩后有待进一步净化和分析；如果目标物呈酸性，其进入水相中，可加酸中和后，再用有机溶剂进行固相萃取或液液连续萃取。

3. 凝胶渗透层析法

凝胶渗透层析法是一种通过疏水性胶体吸附和有机溶剂洗脱，按照分子量大小将萃取组分相分离的分子排阻净化方法。

凝胶渗透层析的固定相是惰性的珠状凝胶颗粒，凝胶颗粒的内部具有立体网状结构，呈现多孔穴。当包含多种组分（分子大小不同）的样品进入凝胶渗透层析柱后，各个组分就向固定相的孔穴内扩散，组分的扩散程度取决于孔穴的大小和组分分子大小。比孔穴孔径大的分子不能扩散到孔穴内部，完全被排阻在孔外，只能在凝胶颗粒外的空间随流动相向下流动，它们经历的流程短，流动速度快，所以首先流出。较小的分子则可以完全渗透进入凝胶颗粒内部，经历的流程长，流出层析柱的时间长，所以最后流出。分子大小介于二者之间的分子在流动中部分渗透，渗透的程度取决于它们分子的大小，所以它们流出的时间介于二者之间，分子越大的组分越先流出，分子越小的组分越后流出。这样样品经过凝胶层析后，各个组分便按分子从大到小的顺序依次流出，从而达到分离的目的。因此，可根据分离组分的分子量大小，选取合适排阻尺寸范围的凝胶，将其中大分子组分与小分子组分相分离。

在环境样品预处理中，凝胶渗透层析法主要用于去除样品中大分子高沸点物质，减少或避免分析柱及仪器受污染。

4. 单质硫的净化

在沉积物样品、海藻样品和一些工业废物中常常含有一定量的单质硫。单质硫的溶解性与有机氯农药和有机磷农药相似，能溶于有机溶液中。通过常规的萃取和净化，单质硫不能得到有效去除。并且单质硫会影响后续的色谱检测（如 ECD 等）。例如，在常规色谱检测条件下分析农药残余，单质硫造成的影响会持续很长的时间，甚至完全掩盖住从溶剂峰到艾氏剂等分析目标物峰的整个范围。

去除样品中单质硫主要有两种方法：一是使用活性铜粉吸收法（用硝酸活化铜粉），二是使用亚硫酸四丁基铵吸收法。活性铜粉吸收法使用较方便，常将其置于层析柱顶层与层析柱净化一同使用，但活性铜粉会降解有机磷和部分有机氯农药，而亚硫酸四丁基铵引起降解程度较低。

11.4.3　应 用 举 例

例 11-4：污泥样品中多溴联苯醚的萃取净化。

多溴联苯醚（PBDEs）作为一类典型的溴系阻燃剂，其因阻燃效率高、热稳定性好而被广泛应用于电子、电气、化工、交通、建材、纺织、石油、采矿等领域。PBDEs 作为添加型阻燃剂，在产品的生产、使用及废弃的整个过程中，都会从产品中扩散进入环境，最后通过城市废水、废物输送管网进入城市污水处理厂，汇集于污水和污泥中。

污泥样品预处理流程如图 11-14 所示，具体过程：取出污泥样品，在常温下解冻。取解冻后污泥约 500 g，–50℃下冷冻干燥 24 h，研磨后过 60 目筛。称取干燥后污泥约 0.5 g，加入一定量的回收率指示物标样，用 150 mL 二氯甲烷抽提 24 h。抽提液旋转蒸发浓缩为 10 mL，置换溶剂为正己烷，此时体积约为 2 mL。将此浓缩液转移至 10 mL 离心管，加入 4 mL 左右的浓硫酸，振荡反应 10 min 后离心 5 min，转移出上清液。剩余溶液中加入 2 mL 正己烷，离心 5 min，重复三次取上清液。向上清液中投加一定量的洁净铜片，去除样品中的单质硫。除硫后浓缩至 2 mL，经过凝胶渗透色谱柱以去除大分子脂肪组分，淋洗液为正己烷/二氯甲烷混合溶剂（1∶1），流速控制为 3 mL/min，前 100 mL 淋洗液废弃，收集第 100～200 mL 组分，然后用 100 mL 溶剂冲洗凝胶渗透色谱柱。将收集的样品浓缩至 1 mL 并转移到多层硅胶氧化铝层析柱进一步净化处理，用 50 mL 正己烷/二氯甲烷（1∶1）淋洗，并将洗脱液浓缩为 1 mL，氮吹定容为 100 μL，加内标等待仪器分析。

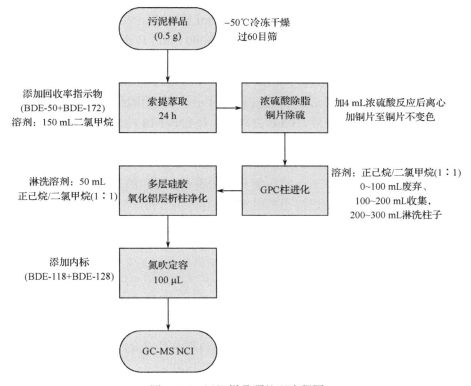

图 11-14　污泥样品预处理流程图

例 11-5： 土壤样品中多环芳烃的提取净化。

土壤样品采用自动索氏提取仪萃取，利用硅胶层析柱净化。具体步骤如下。

土壤样品置于暗处自然风干，磨碎后过 200 目筛（$\varphi < 0.076$ mm）。采用美国 EPA 公布的自动索氏提取法（Method 3541），准确称取 5.09 g（或 10.09 g）样品，与等量的无水硫酸钠混合均匀，提取剂为丙酮和正己烷各 35 mL。自动型溶剂浸提仪的加热板温度设为 160℃，热浸提过程 60 min，淋洗过程 60 min，即获得土壤提取液。然后利用硅胶层析柱净化样品（Method 3630），用 20 mL 正戊烷淋洗层析柱，废弃淋洗液，再用正戊烷–二氯甲烷（3∶2）（$V∶V$）混合液 25 mL 洗脱目标物，收集洗脱液，在–46 kPa、30℃下旋转蒸发浓缩至 1～2 mL。加入 25 mL 甲醇再次进行溶剂置换，在–46 kPa、60℃下旋转蒸发浓缩至 1～2 mL，再用高纯度氮气浓缩至 0.5～1 mL，恢复到室温后用甲醇定容到 1 mL。

例 11-6： 水体沉积物样品中酸性药物的萃取净化。

沉积物样品采用超声波萃取，SPE 净化，具体步骤如下。

称取适量冷冻干燥后的沉积物样品 0.5 g 于 10 mL 离心管中，并加入 200 ng

回收率指示物（涕丙酸）。向离心管中加入 6 mL 甲醇后，在摇床上振荡 2 min 后，将离心管置于超声波中超声 10 min，然后在 5000 r/min 转速下离心 5 min，将上层清液转移至 10 mL 的试管中。向离心管中加入 4 mL 丙酮，重复振荡离心，合并两次上清液。上清液经氮吹至 1 mL，用去离子水稀释至 100 mL，使有机溶剂的含量小于 5%。然后加入 2 mol/L 盐酸调整 pH 小于 4，用固相萃取来净化样品。水样过柱前，分别用 3 mL 甲醇、3 mL 去离子水对 ENVI-18 柱进行活化处理。将水样以 5～10 mL/min 的速度流过 ENVI-18 柱。柱子富集完成后，用 3 mL 含有 5%甲醇的水溶液淋洗萃取柱，然后真空抽干 15 min。最后，用 3×1 mL 的甲醇淋洗萃取柱，洗脱液收集于小试管中。将收集到的洗脱液在温和的氮气流下吹至 500 μL，并将其转移至 1.8 mL 棕色进样小瓶中 4℃保存，待分析。

思考与习题

1. 水样中有机物的预处理技术有哪些？

2. 如何计算液液萃取中的富集倍数？富集倍数是不是越大越好？

3. 请比较液液萃取法与液液微萃取法的异同点。

4. 固相萃取的原理是什么？根据吸附剂的性质可以分为哪些类型？

5. 固体样品中有机物的提取技术有哪些？

6. 索氏提取法的原理是什么？

7. 微波萃取法的原理是什么？

8. 液相微萃取技术的原理是什么？

9. 固相微萃取技术的原理是什么？

10. 土壤/沉积物样品中有机物的净化方法有哪些？

11. 凝胶渗透层析法去除干扰物质的原理是什么？

12. 硅胶、氧化铝、弗罗里硅土填充柱分别可用来去除哪些干扰组分？

13. 固相吸附柱中常用的吸附剂有哪些？如何进行选择？

14. 在测定生物样品中的有机氯农药时，应该采取哪些预处理步骤？

15. 请设计一个流程，分离水样中不同极性的有机物组分。

第 12 章　环境快速分析技术

2012 年 11 月，党的十八大通过了《中国共产党章程（修正案）》，将生态文明建设写入党章并作出阐述；十九大报告再次强调"必须树立和践行绿水青山就是金山银山的理念"，聚焦推进绿色发展、着力解决突出环境问题、加大生态系统保护力度和改革生态环境监管体制。快速监测分析正是为发现和查明环境污染情况与污染范围而进行的环境监测，是突发性环境事件处理和处置的最关键环节，它包括定点监测和动态监测；而实时在线监测能够对污染事故的发生提供预警预报信息，有助于对污染的扩散及迁移转化的研究，为高效污染防控措施制订和实施提供科学依据。

目前，我国环境监测机构有 3500 余个，约 6 万名检测人员、第三方及社会检测机构检测人员约 24 万人，累计 30 万人左右，常规监测方式是人工采样、实验室分析。随着环境监测任务量的增加，传统的监测方式耗时费力，样品因运输储存等环节不能及时获得检测结果，给及时识别突发性污染物、精确溯源工作带来一定影响。基于新形势的任务需求，快速环境分析和监测将成为我国生态文明建设的重要技术内容。本章将对实验室快速监测、现场快速监测及实时在线监测技术做简单介绍。

12.1　车载式环境监测实验室

传统的实验室测定水质指标的方法操作步骤相对烦琐，而车载式实验室在大气监测、应急事故、地表水、饮用水及污水的理化分析等方面得到了广泛的应用。车载式实验室相当于一个流动实验室，主要有应急环境监测车、大气环境移动监测车、水质环境监测车等。

12.1.1　应急环境监测车

应急环境监测车如图 12-1 所示，能够实现快速移动，可以在大范围内对突发事件进行跟踪监测。同时，车内可以根据需要配备相应的分析仪器系统及数据处理系统，能够准确快速和及时得到事故现场的检测结果，适用于环境监测和卫生疾控等部门在突发环境污染事故情况下的应急监测响应。

图 12-1　应急环境监测车及其内部装置

12.1.2　大气环境移动监测车

大气环境移动监测车是装备大气污染自动监测仪器、气象参数观测仪器、计算机数据处理系统及其他辅助设备，具有区域环境巡查、信息处理、现场指挥于一体的移动环境指挥平台（图 12-2），具备随时随地对某个区域大气环境质量进行实时监测的能力，监测数据可通过无线通信实时传送至环保等部门，为决策管理提供重要的科学依据。

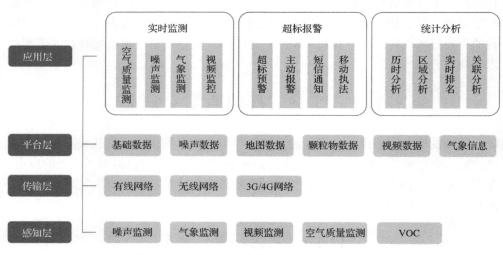

图 12-2　大气环境移动监测指挥平台运行层级

目前应用最广泛的移动监测指挥平台（图 12-2）可以在室外环境条件下连续监测：①空气质量监测因子：SO_2、NO_x、CO、O_3、$PM_{2.5}$、PM_{10}；②环境气象监测因子：风速、风向、温度、湿度、气压等；③扩展监测因子：噪声、非甲烷总烃、苯、甲苯、二甲苯等。实时监测数据可通过数据采集器存储，通过数据传输系统将数据传输给相关决策部门。

12.1.3　水质环境监测车

水质环境监测车如图 12-3 所示，适用于在野外条件下对河流、湖泊等各种水体进行监测。车内基本配置发电系统、车载式冰箱、专业实验台、实验用水供应系统、各种采样器及无线传输系统等，可以进行现场水质采样、现场存储和现场分析等。

Mars-400

图 12-3　水质环境监测车及其内部装置

12.2　水质现场快速监测技术

我国有 300 多万条自然和人工河流，总长度为 40 万 km，而水域面积达 30 万 km^2，面积超过 1 km^2 的湖泊有 2700 多个，水库近 10 万个。随着水质自动监测站的不断建立和发展，目前，我国自动检测断面（点）共有 2757 个，其中河流断面 2424 个、湖库点位 343 个，主要分布在大江、大河、大湖和重要水体。"水十条"提出"完善水环境监测网络，统一规划设置监测断面（点位）。提升饮用水水源水质全指标监测、水生生物监测、地下水环境监测、化学物质监测及环境风险防控技术支撑能力。加强环境监测、环境监察、环境应急等专业技术培训，严格落实执法、监测等人员持证上岗制度，加强基层环保执法力量，具备条件的乡镇（街道）及工业园区要配备必要的环境监管力量。各市、县自 2016 年起实行环境监管网格化管理"。显然，对星罗棋布的水系，我国当前不足 3000 个自动监测点远远不能满足我国广域水质评价、污染预警、突发污染事故预防、污染溯源的要求，真正意义上的广域水环境监测网络远未形成。

我国水污染源点多面广，污染物种类、浓度、形态随时变化，常规实验室技术虽然灵敏度高、准确可靠，但样品需经过采集—保存—运输—测定等较长的质量控制步骤，难以获得真实原位数据，也缺乏及时性，只有时刻关注、及时掌握重点污染物的变化，才可能避免污染事故的发生。此外，我国广大农村和边远地区经济欠发达，环境监测条件落后，交通不便不利于水样的采集运输，迫切需要成本低廉、使用简便、分析快速的水质检测方法和技术。要实现现场甚至野外环境监测，检测技术应满足以下要求：采样量少、具备较高的准确度和灵敏度、仪器和药剂便于携带、操作简单快捷等。目前，常用的现场水质检测方法包括试纸法、检测管法、微型滴定法、发光菌法、便携式仪器法等，可进行定性、半定量和精密定量检测。

12.2.1　试　纸　法

试纸检测法就是把化学反应从试管里移到试纸上进行，本质是利用迅速产生明显颜色的化学反应，通过与标准比色卡比较，进行目视定性或半定量分析。目前制作试纸普遍采用的干燥方法有冷风吹干、烘干以及真空干燥等。测定时试纸与被测物接触的方式主要有自然扩散、抽气通过（须有抽吸装置）、被测样品滴在纸片上或将纸片插入溶液中。根据检测样品的不同，用试纸法测定样品的全部时间有的只需几秒，最长一般也只需几十分钟。随着试纸法的不断发展，与其配套的微型检测仪器也相应出现，如试纸条与光反射仪联用的方法对硝酸盐的定量检测。这类仪器由原来只能进行定性、半定量分析，发展为可根据需要直接进行定量分析的方法。根据检测物质的不同，试纸法几乎应用在各个行业的现场监测，但是应用最为广泛的是环境监测、食品监测和医疗监测。砷试纸法用于水中痕量砷的监测比较典型，预制套盒中包括五种预制试剂（其中有消除硫化物干扰的试剂），其中 4 种是粉枕包装，降低人体与试剂接触的机会，反应过程中产生的砷蒸气被封闭在反应瓶中，避免砷蒸气与人体接触的机会，保证使用过程中操作人员的安全性。砷试纸法测试组件如图 12-4 所示，测试组件除试剂外，还包括两个用于进行化学反应的测试瓶，可以同时进行两组水样的测试。该产品组件结构紧凑、携带方便、操作过程简单、危险性小、使用经济，非常适合现场测定。

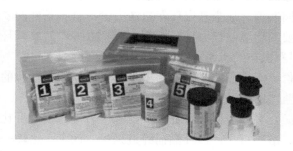

图 12-4　砷试纸法测试组件

12.2.2　检　测　管　法

水质检测管通常将反应试剂做成粉状或片剂，或单独密封包装，或直接套封于检测管内，使用时将水样吸入检测管，与管内反应试剂反应数分钟后显色，将其与标准比色卡对比，可直接读取浓度值。

水质检测管可分为塑料检测管、吸附检测管、比长式检测管和真空玻璃检测管等。塑料检测管法是将显色试剂做成粉状封装在毛细玻璃管中，再将其套封在聚乙烯软塑料管中，使用时先将塑料管用手捏扁，排出管中空气，插入水样中放开手指使水样吸入，再将试管中毛细玻璃管打碎，数分钟内显色，再与标准色板或纸质比色卡比较读数；吸附检测管法是将一支细玻璃管的前端置入吸附剂，后端放置用玻璃安瓿瓶封装的试剂，中间用玻璃棉等惰性物质分隔，再将两端熔封，使用时将两端隔开，用唧筒抽入水样使待测物吸附在吸附剂上，再将安瓿瓶打碎使试剂与吸附剂上的待测物质作用，观测吸附剂的颜色变化，并与标准色板比较读数；比长式检测管法是将检测管试剂置于惰性载体上并灌装于一支细玻璃管中，两端用玻璃棉堵塞，再将两端熔封。使用时将检测管两端割断浸入水样中，利用毛细作用吸入水样，观测颜色变化的长度，从刻度上读数。上述几种方法均属半定量法。而真空玻璃检测管法不论在操作简易程度还是色阶分辨率上都明显优于上述方法，是由铅笔状的玻璃管内装检测试剂构成的，使用时在水样中折断前端毛细管，水样即自动吸入管中，实现自动定量和定量校对，从而保证测试结果的高准确度和高精密度。同时，真空状态下更能有效地延长试剂的存储期，使检测管产品具备更好的商品化性能。

12.2.3　背　光　比　色　法

目测比色法是通过比色管或试纸对水样显色，再借助标准色卡片进行比对，从而半定量检测污染物浓度，凡是能够在可见光范围内显色的污染物大多可以实现比色分析。例如，试纸法、检测管法均采用目测比色，操作简单，随时随地可以使用，检测成本低，但灵敏度与准确性不高。目测比色一般采用纸质标准色谱，利用自然光观察，受环境条件影响较大。近期，一种小巧轻便（100 mm×85 mm×40 mm）的掌上背光电子比色计（图 12-5）问世，内存二十余种项目的标准电子色谱，采用恒亮背光比色，不受外部环境条件（光线、温度等）影响，晚上、阴天亦可正常使用，比色误差小，配合检测试剂可随时随地进行快速半定量分析，而且可以自建检测方法、自建标准电子色谱，普通人即可操作，非常方便。

图 12-5　背光电子比色计（GE QQ3 型）

12.2.4　便携式分析检测仪

便携式分析检测仪一般是基于光学、电学、波谱学等设计的广谱性测量装置，包括便携式分光光度计、便携式电分析检测仪、便携式气相色谱仪、便携式离子色谱仪等（图 12-6），仪器主要结构和工作原理与实验室同类仪器基本相同，但采用新材料、新技术进行创新设计，实现测量装置的小型化、智能化、数字化，操作更简单、傻瓜化，灵敏度、测量精度基本接近实验室同类测量仪器。须配合预装试剂和必要的样品处理工具，即可直接在工作现场或野外使用，可以执行对多种项目的快速检测，尤其适用于应急监测。

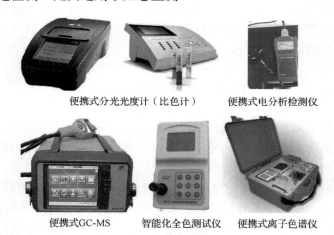

便携式分光光度计（比色计）　　　便携式电分析检测仪

便携式GC-MS　　　智能化全色测试仪　　便携式离子色谱仪

图 12-6　常用便携式分析检测仪

目前，便携式分析检测仪在市场上种类繁多、性能各异，主要包括 BOD 和 COD 测试套装箱、多功能水质分析仪、便携式离子计、便携式溶解氧测定仪、便携式电导仪、便携式重金属测试仪等，下面将介绍几种典型或新型的便携式分析检测仪。

1）便携式溶解氧测定仪

哈希公司利用荧光技术开发的便携式溶解氧测定仪是基于荧光猝熄原理，其LDO^{TM} 溶解氧传感器测量探头最前端的传感器上覆盖一层荧光物质，图 12-7 为溶解氧传感器探头结构图及其工作原理示意。当 LED 光源发出的蓝光照射到传感器表面的荧光物质时，荧光物质被激发，并发出红光。由于氧分子可以带走能量（猝熄效应），所以激发红光的时间和强度与氧分子的浓度成反比。探头另有一个 LED 光源，作为蓝光发射时间的参考。通过测量激发红光与参比光的相位差，并与内部标定值对比，从而可以计算出氧分子浓度。该仪器的测量量程为 0～20 mg/L，分辨率为 0.01 mg/L。

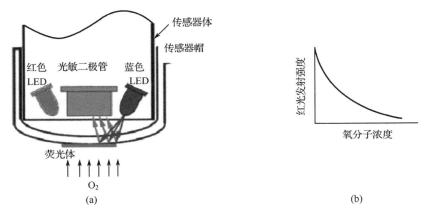

图 12-7　溶解氧传感器探头结构（a）及其工作原理（b）

2）藻类检测仪

藻类是水体中的初级生产者，也是水生食物链的基础环节。在富营养化调查及研究毒物或废水对水环境的影响时，对藻类的调查一直占据着非常重要的位置。浮游藻类的调查一般包括定性（种类组成）和定量（数量、生物量、叶绿素、生产力等）的调查。实验室测定藻类的方法一般比较复杂，并且缺少时效性。浮游植物荧光仪 PHYTO-PAM 是世界上第一台可对浮游植物自动分类的调制叶绿素荧光仪，它基于脉冲–振幅–调制（PAM）技术的测量原理，利用 4 种不同颜色的发光二极管（LED）阵列（470 nm、520 nm、645 nm 和 665 nm）发出的测量光，在高频率下交替应用，就可以获得 4 种波长的光激发出的半同步的荧光信号，结合不同藻类的参考光谱就可区分不同藻类，并分别测量它们的光合活性和叶绿素含量。它具有对蓝藻、绿藻和硅/甲藻自动分类（定性），自动测量水样中蓝藻、绿藻和硅/甲藻的叶绿素含量（定量）和总叶绿素含量，同时测量水样中蓝藻、绿藻和硅/甲藻的光合作用和总光合活性等多种功能，灵敏度高，检测限可达 0.1 μg/L，其野外便携版本适合野外操作及船上操作。

此外，便携式多参数水质监测仪可同时实现多个参数的实时读取、存储和分析，一般采用传感器技术，开展水体物性指标和少量生物、化学指标的快速测量。例如，美国的 HYDRO Lab、赛莱默 EXO 系列多参数水质检测仪，均可测量水深、水温、电导率、氧化还原电位、浊度、总溶解固体、pH、叶绿素 a、蓝藻等多个参数。

3）基于电化学传感器的快速分析仪

电化学分析是以电化学原理为基础，利用溶液的组成、浓度与其电化学性质相对应而建立起来的分析方法。电化学传感器是电分析化学的重要组成部分，它是一种能将检测物质在电极上产生的化学信号转换为可视化的电信号，通过物质浓度大小与电信号强弱之间的关系来实现对被测物质定量分析的装置。电化学传感器通常由信号感应元件（电极系统）、信号转换元件（电化学工作站）和信号输出元件（计算机）组成。电极系统一般指包括参比电极、辅助电极和工作电极的三电极系统。工作电极作为电极系统的核心，决定电化学传感器的性能。在使用电化学传感器检测物质的过程中，可以结合实际的测量需求及时进行测量工作的调整，针对不同的待测物质，进行电信号的转换，并进一步分析相关的电信号，就可以得到比较客观的被测数据。电化学传感器在环境监测、食品工业临床诊断等领域的检测工作中得到了广泛的应用，具有操作过程简单迅速、仪器成本低廉、稳定性好、可以针对复杂体系中的目标分子实现选择性检测和连续的在线监测、便于自动化等优势，近年来该领域的研究逐渐引起了人们的重视。

电化学传感器具有响应时间快、成本低、分析样品需求量小、数据分辨率高以及能够现场快速测试等特点，已被广泛应用于环境污染监测、食品安全检测等领域，尤其是电化学传感器近年来的快速发展，也开始被用于污水流行病学和水介传染病学的研究。该方法通过定量分析指定社区污水回收站中污水的药物残留或者代谢物来反推社区中人们对药品、毒品的消耗量，并结合指定社区的人口数量对其进行归一化处理，快速、高效的目标污染物快速检测正是该项技术的优势。

4）新型便携式分析检测仪——分色色度测量仪

2015 年同济大学科研人员以"光谱修正法"与"CIE 颜色空间"为理论基

础，创立矢量色度计算模型（图 12-8），工作原理类似于双波长吸收光谱法。据此原理，与上海绿帝环保科技有限公司（GEE）联合设计、研制了分色色度测量仪，它主要由 LED 光源、颜色传感器、数据运算与处理电路、单片机、测量槽、锂电池等组成（图 12-9），测量仪与分光光度计结构不同，无分光系统，彻底摆脱波长设置，光源稳定，即开即测，可替代分光光度计，满足各种显色溶液的广谱、精密测量。

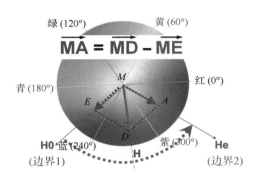

图 12-8　矢量色度计算模型示意图

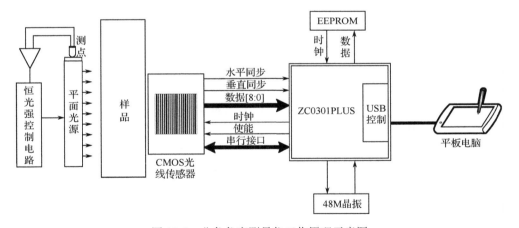

图 12-9　分色色度测量仪工作原理示意图

2020 年第二代分色色度测量仪（GE miniLab 型）结构和操作界面设计更加优化，手持操作 [图 12-10（a）]，使用更方便，内置 pH、悬浮物（含质量、粒径、颗数、浊度）、透明度、色度、碳（碱度、TC、TOC）、氮（氨氮、亚硝氮、硝态氮、TN）、磷（活性磷、TP）、氯（氯化物、游离余氯、总余氯、二氧化氯）、硫（硫酸根、硫化物）、氟化物、溶解氧（DO）、溶解性二氧化硅、总氰化物、金属（铝、钾、钠、铍、铬、锰、铁、铜、镍、锌、镉、铅、汞）总硬度、砷、挥发酚、苯胺、水合肼、氰尿酸、尿素、三硝基化合物（TNT）、阴离子表面活性剂（LAS）、有机磷农药（OPs）、氨基甲酸酯农药（CMs）、高锰酸盐指数（COD$_{Mn}$）、化学需氧量（COD）等 50 多种标准曲线，涵盖水质监测几乎全部常规项目。其中，硫化物、砷、汞、总氰化物检测须配合多功能样品处理仪，总氮、总磷、TOC、COD、OPs、CMs、COD$_{Mn}$、尿素等检测须借助消解仪。

(a) 手持式　　　　　　　　　　　　　　(b) 手机app式

图 12-10　分色色度测量仪

仪器具有以下特点：①独创矢量色度测量技术，无须波长设置，开机即测，无须等待；②采用显色瓶旋转闪测新方法，测量精度高、误差小；③仪器具有用户交互功能，可随时随地单点校正标准曲线、自行编辑检测项目和自建检测新方法，具备目前市场上便携式检测仪不具备的自行开发功能。该仪器可满足测试服务、专业培训、实验教学、科学研究等精密定量要求，尤其适合于矿山、企事业单位、农村、山区、偏远地区使用。

在第二代测量仪的基础上，研发人员再次优化结构设计，将移动终端如手机、平板电脑等作为测量仪的操作界面，2021 年研制推出了手机辅助式水质检测仪[图 12-10（b）]。自主开发的 app 操作软件可以自行下载、安装，使检测仪兼具无线测量、卫星定位、远程共享、语音播报等功能，实现数据实时传输。仪器质量仅 500 g，便于携带，试剂长效，易操作。

12.2.5　便携式样品处理仪

环境监测过程包括样品采集、样品预处理、显色测量三个步骤，其中，样品预处理主要是对组成复杂的污水或需要经过反应转化的待测物进行处理，包括消解、蒸馏、气提、萃取等，须在实验室使用特殊装置完成，预处理的时间往往占总检测过程的 2/3，时间长、耗能大。目前，市场上常用的小型样品处理装置包括加热消解仪（室温约 180℃，4～6 孔）、恒温金属浴（0～100℃，多孔，具备加热、制冷、混匀等功能）、蒸馏器、离心机、液液萃取仪等，多用于 COD、重金属、农药残留、挥发性有机物以及水、土壤、生物等样品前处理，但大多需在室内使用。下面将简单介绍一下同济大学开发的两种便携式样品处理仪，它们均可在野外直接使用。

1）多功能样品处理仪

多功能样品处理仪（图 12-11）集气体通路、加热装置于一体，各组件相互配合，既可用作空气采样器，用于环境大气与室内空气 H_2S、NH_3、HCN、HCl、甲醛、汞、酸雨指数等气态物质的采集吸收，又可用作加热气提仪，用于废水、土壤、食品等样品中硫化物、总氰化物、砷、汞等挥发性物质的快速分离与吸收。仪器为便携式，自带电源，工作效率高，操作简单，与水质检测仪、试剂盒配合，即可在野外或现场完成整个环境监测过程。

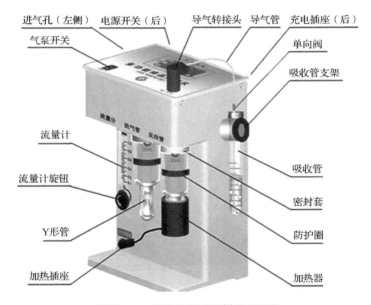

图 12-11　便携式多功能样品处理仪

2）分散式固相萃取仪

常规 SPE 装置只能在实验室内使用，水样流速慢，萃取时间长，不适合于水样现场快速处理。一种新型 SPE 装置——分散式固相萃取仪为水环境样品的现场浓缩分离提供新的方法和技术，其工作原理示意图如图 12-12 所示。

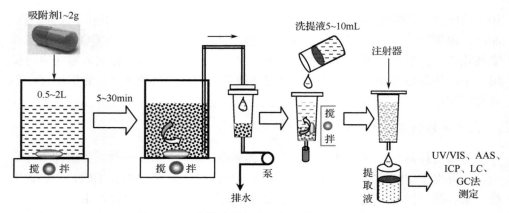

图 12-12　分散式固相萃取仪工作原理示意图

与常规 SPE 装置工作原理不同, 分散式固相萃取仪是将 1~2 g 吸附材料直接分散于 500~1000 mL 水样, 对目标污染物进行选择性吸附, 再通过蠕动泵导流到萃取柱, 经固液分离后, 使用 5~10 mL 洗脱液脱附目标物。只要改变分散吸附剂类型, 即可选择性富集水体中重金属离子、有机氯农药、抗生素、POPs、微生物等痕量物质, 富集因子为 100~200。仪器小巧轻便 (图 12-13), 采用锂电池供电, 工作效率高, 1~2 h 即可完成萃取过程, 适合于偏远地区、山区、高原、极地和远洋等水样采集, 可减少大量水样的运输和保存。该仪器已成功用于天然水体重金属 (Cu^{2+}、Zn^{2+}、Pb^{2+}、Cd^{2+}、Co^{2+}和Ni^{2+})、氯霉素、酚类化合物等污染物的现场浓缩、分离。

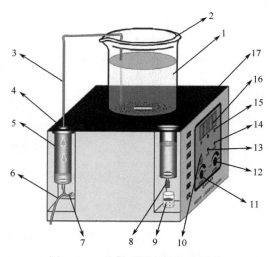

图 12-13　分散式固相萃取仪结构

1. 水样, 2. 吸附反应杯, 3. 导流管, 4. 转接头, 5. 萃取柱, 6. 导流长软管, 7. 导流短软管, 8. 堵帽, 9. 储液瓶, 10. 延时按钮, 11. 洗提调速器, 12. 搅拌调速器, 13. 洗提按钮, 14. 搅拌按钮, 15. 状态指示灯, 16. 时间显示窗, 17. 洗柱孔

12.2.6　长效检测试剂盒

要进行野外或现场环境检测,仅靠测量仪器还是不够的,常常需要配合检测试剂使用。目前,市场上的检测试剂盒包括固体、液体、片剂等形式,使用起来各有缺陷、枕包包装体积大、液体保存时间短、片剂溶解速度慢。本着节约、环保、高效的理念,并保证快速检测方法的灵敏度、选择性以及结果的有效性、可比性,同济大学经过近十年的不间断研究和长期的稳定性试验,已研制 pH、总硬度、碱度、溶解氧、氨氮、亚硝氮、硝态氮等近四十种性能优良、稳定长效的检测剂 (表 12-1),均采用胶囊或小量试液包装 (图 12-14),保质期为 1~3 年,携带、运输、保管和使用方便。

表 12-1　系列长效试剂盒制备方法、包装方式与有效检测范围

试剂盒	方法依据	主要显色剂	包装方式	频次/盒	浓度范围/(mg/L)
pH	GB/T 604—2002	酸碱指示剂	小量液体	60	pH 4~10
氨氮	HJ 535—2009	纳氏试剂	小量液体	24	0.02~2.00
亚硝氮	GB 7493—87		小量液体	48	0.002~0.1
硝态氮	GB 17378.4—1998	萘乙二胺	胶囊+液体	24	0.01~2
总氮			胶囊+液体	24	0.2~10
活性磷/总磷	GB 11893—89		胶囊+液体	24	0.02~0.7
溶解性 SiO₂	SL 91.2—1994	钼酸盐	小量液体	24	0.4~30
硫酸盐	YS/T 273.8—2006	钡盐	小量液体	24	2~200
硫化物	GB/T 16489—1996	二甲基对苯二胺	小量液体	48	0.02~1.00
氟化物	HJ 487—2009	茜素磺酸锆	小量液体	24	0.02~0.3
总氰化物	GBZ/T 160.29—2004	异烟酸-巴比妥酸	胶囊+液体	24	0.001~0.08
游离余氯	HJ 586—2010	二乙基对苯二胺	胶囊	24	0.04~2
氯化物		银盐	小量液体	24	0.1~5
碱度		钙盐	胶囊	24	1.5~60
溶解氧		锰盐	小量液体	48	0.3~15
Na	文献或专利技术	焦锑酸钾	小量液体	48	0.5~30
K		四苯硼钠	胶囊	24	0.3~3
总硬度		络合肽	小量液体	24	1.5~100
Al			小量液体	24	0.007~0.2
Be	HJ/T 58—2000	铬氰蓝 R	小量液体	24	0.003~0.1
Fe	HJ/T 345—2007	邻菲啰啉	胶囊	24	0.02~2

续表

试剂盒	方法依据	主要显色剂	包装方式	频次/盒	浓度范围/(mg/L)
Cu	DL/T 502.14—06	双环己酮草酰二腙	胶囊+液体	24	0.01～1
Ni	GB 11910—89	丁二酮肟	小量液体	24	0.03～2
Mn	GB/T 11906—89	高碘酸钾	胶囊	24	0.07～5
Cr	GB/T 7467—87	二苯氨基脲	胶囊+液体	24	0.004～0.5
As	GB 11900—89	银盐	胶囊+液体	24	0.002～0.2
Zn		5-Br-PADAP	小量液体	24	0.03～0.5
Sb		二溴邻硝基苯芴酮	胶囊+液体	24	0.02～1.00
Mg		达旦黄	小量液体	24	0.2～10
Pb		二甲酚橙	小量液体	24	0.1～2.5
重金属	文献或专利技术	PAR	小量液体	24	0.03～1.00
TOC		钙浊法	胶囊	24	3～100
氰尿酸		三聚氰胺	胶囊	24	1～70
有机磷农药（OPs）		硝基苄基吡啶	液体	24	0.002～0.1
氨基甲酸酯农药 （μmol/L CMs）		甲胺法	胶囊+液体	24	0.05～3.2
LAS	GB/T 7494—1987	亚甲基蓝法	胶囊+液体	24	0.004～0.5
挥发酚	HJ 503—2009	4-氨基安替比林	胶囊	24	0.002～2.0
苯胺	GB 11889—89	萘乙二胺	胶囊+液体	24	0.02～1.5
TNT	GB/T 4918—1985	亚硫酸钠	胶囊	24	0.04～4.0
尿素	GB/T 18204.29—2000	二乙酰一肟	小量液体	24	0.02～3
COD$_{Mn}$	GB 11892—89	高锰酸钾	小量液体	24	0.4～5
COD	HJ/T 399—2007	重铬酸钾	液体	100	5～2000

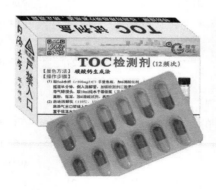

图 12-14　长效检测试剂盒包装示意图

12.3　大气快速监测技术

随着工业生产的发展，大气污染事故发生的频次也在增加。大气污染事故的应急监测是环境监测人员在事故现场，用小型、便携、简易、快速的仪器或装置，在尽可能短的时间内对目标污染物的种类、浓度、污染范围及危险性做出准确科学判断的重要依据。目前，除了大气应急监测车，大气污染现场分析监测方法主要有以下几种。

12.3.1　气体检测管

气体检测管是一种简便、快速、直读式的气体定量检测仪，可在已知有害气体或蒸气种类的条件下进行现场快速检测。其测试原理：先用特定的试剂浸渍少量多孔性材料如（硅胶、凝胶、沸石和浮石等），然后将浸渍过试剂的多孔性材料放入玻璃管内，使空气通过玻璃管。如果空气中含有被测成分，则浸渍材料的颜色就有变化，根据其色柱长度，计算出污染物的浓度。气体检测管既可用于室内空气检测、公共场所的空气质量监测、作业现场的空气及特定气体的测试、大气环境检测等许多方面，又可用于需要控制气体成分的生产工艺中。

气体检测管根据其构造和用途可分为普通型、试剂型、短期测量管、长期测量管和扩散式测量管等。普通型是玻璃管内仅放置指示剂，能直接与待测物质发生颜色反应而定性、定量。试剂型是在玻璃管内不但装有指示剂，而且装有试剂溶液小瓶，在采样检测前或后，打破试剂溶液小瓶，待测物质与实际反应产生颜色变化。扩散式测量管的特别之处是不需要抽气动力，而是利用待测物质分子扩散作用达到采样检测的目的。气体检测管具有体积小、质量轻、携带方便、操作简单快速、灵敏度较高和费用低等优点，且对使用人的技术要求不高，经过短时间培训就能够进行监测工作。

12.3.2　便携式烟气二氧化硫分析仪

便携式烟气二氧化硫分析仪采用定电位电解法进行测定。仪器主要由两部分组成，即气路系统和电路系统。气路系统完成烟气的采样、处理、传送等功能；电路系统则完成气电转换、信号放大、数据处理、数据的显示打印和仪器的工作状态控制等功能。

仪器预热后，烟气通过烟尘过滤器去除粗烟尘。过滤后的烟气经过采样枪进入气水分离器，在气水分离器内水分和细烟尘与烟气分离，从而使基本洁净的干烟气经过薄膜泵进入传感器气室，在气室内扩散后，采集的烟气再从气室出口排出仪器。在气室里扩散的烟气与传感器产生氧化还原反应，使传感器输出微安级的电流信号。该信号进入前置放大器后，经过电流/电压的变换和信号放大，模拟量信号经数模转换器转换为计算机可识别的数字信号，经数据处理后可将测试结果显示出来。

12.3.3　手持式多气体检测仪

PortaSens II 型仪器可用于检测现场环境空气中的各种气体，通过更换即插即用型传感器模块可以检测氯气、过氧化氢、甲醛、CO、NO、NO_2、H_2S、HF、HCN、SO_2、AsH_3 等 30 余种不同气体。传感器不须校准，几乎可在任何地方使用，精度一般为测量值的 5%，灵敏度为量程的 1%，可根据监测需要切换、设定量程；RS232 输出接口、专用接口电缆和专用软件用于存储气体浓度值，存储量达 12000 个数据点；采用碱性 D 型电池，质量为 1.4 kg。

12.3.4　便携式有机气体检测仪

便携式 GC 与一般的 GC 相比，在性能方面已无明显差别，具有体积小、轻便、适于现场监测的特征。这类仪器主要使用光离子化检测器（PID）。PID 可以检测烷烃、芳香烃、多环芳烃、醛类、酮类、胺类、有机磷、有机氯等化合物以及一些有机金属化合物，还可检测 H_2S、Cl_2、NH_3、NO 等无机化合物。

针对总烃、甲烷和非甲烷总烃有机物，基于催化氧化和氢火焰离子化（FID）快检技术已经广泛得到应用。该类手持性快速检测仪可实现环境空气、固定污染源废气、地块土壤中总烃和甲烷的现场原位检测，也可自动连续取样，连续监测，响应速度快。取样系统与分析系统全程保持在理想的温度状态，可有效避免样品冷凝或损失。催化氧化装置能将除甲烷外的其他有机化合物转化为二氧化碳和水，实现总烃/甲烷/非甲烷总烃的测定。

12.4　水质在线监测技术

水质在线监测系统主要是测定一些综合性污染指标或考核指标，如 pH、电导率、氧化还原电位、溶解氧、COD、BOD、氨氮、总氮、总磷等，自动化程度高，监测数据可实时或定时获得。水质监测技术可分为直接原位式监测、间接原位式监测、移动式监测，主要针对重要水体控制断面、重要取水口、重要污染源排污口，通常集成建设基站。直接原位式监测多采用固定安装配合性能稳定的传感器，常常采用原位沉浸式或生物浮岛式，体积小，监测数据无线传输，适合于部分简单指标的检测。间接原位式监测需将水样提升至监测站房，经过预处理，常常采用柜式结构或室内大型自动分析仪器（图 12-15），水、电线路长，体积大。此外，移动式自动监测设备如水质检测车、水质检测船、岸边站技术等可以作为固定式自动监测站的补充，灵活性强。

柜式水质在线监测仪　　　　　　　全自动在线离子色谱仪

图 12-15　水质在线监测装置

以下将简要介绍部分在线环境监测仪的结构与工作原理。

12.4.1　生化需氧量

　　BOD 是水污染控制科学研究领域的常用指标，也是工程实践及水环境管理等领域的常规指标。传统基于溶解氧消耗量的检测方法，耗时至少 5 天，误差为 15%。便携式 BOD 测定仪采用压力探头感测法，自动温度监控，使仪器在最佳状态下自动启动并开始全封闭自动测定，无须中间环节人工操作以及样品稀释，依据不同的取样量，可测 BOD 测量范围为 2～4000 mg/L，可设定 0.5～99 天不同的测量周期，其配套的可携带式生化培养箱可放置多达 48 个 BOD 测试瓶。操作步骤：测试时将一定量的水样加入到 BOD 测试瓶中，加入搅拌子，滴入几滴营养抑制剂，在胶管中滴入几滴氢氧化钠溶液吸收生化反应过程中不断产生的 CO_2，所得数据以 BOD（以 O_2，mg/L 计）表示。BOD 自动监测仪有恒电流库仑滴定式、压差式和微生物膜电极法三种。前两种为半自动式，测定时间需 5 天。

　　以微生物膜电极为传感器的 BOD 快速测定仪可用于间隙、自动测定废水的 BOD。微生物膜电极法的仪器由液体输送系统、传感器系统、信号测量系统及程序控制器等组成（图 12-16），整机在程序控制器的控制下进行。

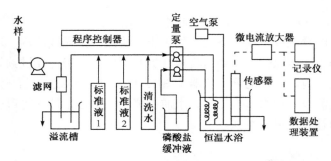

图 12-16　BOD 自动测定仪工作原理图

2022 年中国科学院重庆绿色智能技术研究院学者推出了快速 BOD-Q 测试系统。BOD-Q 法构建一个微生物燃料电池系统，检测水中有机物在生物降解过程中产生的电量，并基于"库仑（Q）信号–生物化学需氧量"计量关系，计算得到水中 BOD 值。该方法检测浓度范围为 2～500 mg/L，耗时 48 h，方法相对误差小于 5%。针对浓度范围为 100～10000 mg/L 的实际废水，BODQ/BOD₅（国标法）比值为 0.93±0.02，方法重现性好。构建的多通道快速 BOD 检测系统可实现废水生化处理过程的精准调控。

12.4.2　化学需氧量

COD 自动测定仪有比色式 COD 自动测定仪、恒电流库仑滴定式 COD 自动测定仪及电位滴定式 COD 自动测定仪。图 12-17 为电位滴定式 COD 自动测定原理

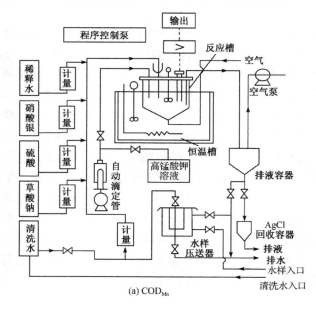

(a) COD$_{Mn}$

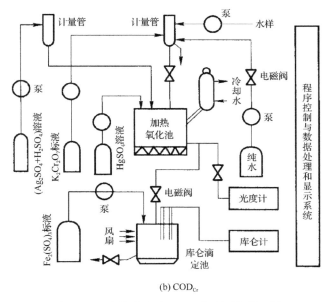

(b) COD_{Cr}

图 12-17　电位滴定式 COD 自动测定原理图

图。电位滴定是根据指示电极电位的突跃来确定滴定终点。测定 COD 常用铂电极–甘汞电极作指示电极对，预先绘制出电位滴定曲线，确定滴定终点时指示电极电位，供自动电位滴定设定终点电位。

由图 12-17（a）可知，在程序控制下，依次将水样、硝酸银溶液、硫酸溶液、0.005 mol/L 高锰酸钾溶液经自动计量后送入置于 100℃恒温水浴中的反应槽内，反应 30 min 后，立即自动滴加入 0.0125 mol/L 草酸钠溶液，将剩余的高锰酸钾还原，过量草酸钠溶液再用 0.005 mol/L 高锰酸钾溶液自动滴定，达到预先设定的终点电位时，指示电极系统发出信号，滴定泵停止工作。将水样消耗的标准高锰酸钾溶液量转换成电信号，经电子线路运算后，直接显示或记录 COD 值。测定过程一结束，反应液从反应槽自动排出，继之用清水自动清洗几次，整机恢复至初始状态，再进行下一个周期测定，每个周期需 1 h。

COD 在线自动分析仪还有 UV 计和基于电化学原理的测定仪等。UV 计是基于水样 COD 值与水样在 254 nm 处的 UV 吸收信号大小之间存在的相关性，以 Xe 灯或低压汞灯为光源，通过双光束仪器测定水样在 254 nm 处的 UV 吸收信号和可见光（546 nm）的吸收信号，将二者之差经线性化处理后即可获得水样的 COD 值。

采用电化学原理的 COD 自动分析仪主要类型有氢氧基及臭氧（混合氧化剂）氧化–电化学测量法、臭氧氧化–电化学测量法等。氧化剂在反应槽内直接氧化水样中的有机物，这些氧化剂的产生和消耗是连续进行的，由电解氧化剂消耗的电流，根据法拉第定律，经校正后即可计算出水样的 COD。从仪器结构上讲，采用电化学原理或 UV 计的水质 COD 在线自动分析仪的结构一般比采用消解–氧化还原滴定法、消解–光度法的仪器结构简单，并且由于前者的进样及试剂加入系统简便（泵、管更少），所以不仅在操作上更方便，而且其运行可靠性方面也更好。但前者采用的分析原理不是国标方法。

12.4.3　总有机碳

　　TOC 的测定法适用于河流污染和废水处理工程中有机物分解过程的监测。水质 TOC 在线自动分析仪多采用燃烧氧化法（干式氧化法）和紫外光催化–过磷酸盐氧化法（湿式氧化法）原理。

　　燃烧氧化法–非分散红外光度法：TOC 经化学燃烧氧化，氧化过程中产生的 CO_2 可用非分散红外法或气相色谱法进行测定。图 12-18 是一种单通道 TOC 连续自动测定仪的工作原理。它由自动取样和预处理系统、燃烧转化系统、红外线气体分析仪及记录仪等组成。其测定程序为用定量泵连续采集水样并送入混合槽，在混合槽内与以恒定流量输送来的稀盐酸溶液混合，使水样 pH 达 2～3，此时碳酸盐分解为 CO_2，并在除 CO_2 槽中随鼓入的 N_2 排出，已除去无机碳的水样和氧气一起进入 850～950℃装有催化剂的燃烧炉燃烧氧化，有机碳转化为 CO_2，经除湿后用非分散红外分析仪测定。用邻苯二甲酸氢钾作标准物质定期自动校正仪器。将 CO_2 转化为 CH_4，则可采用气相色谱法测定。

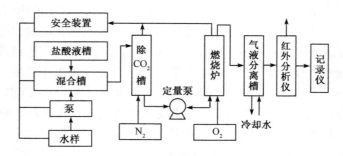

图 12-18　TOC 连续自动测定仪的工作原理

　　紫外光催化–过硫酸盐氧化法（湿式氧化法）：水样进入反应器后，于室温下加入磷酸酸化至 pH<3，通过气液分离器除去无机碳，在近紫外光（300～400 nm）照射下，水样中的有机物被催化（催化剂为 TiO_2 悬浊液）氧化（氧化剂为过硫酸钠）成 CO_2 和水，生成的 CO_2 通过冷凝器后进入双波长非分散红外检测器（NDIR），氧化反应完成后，系统中的 CO_2 达到平衡，据 CO_2 的含量换算成水样 TOC 值。

氧化的全过程在室温下进行，氧化反应完成后，原来密闭的系统将通风使 CO_2 的浓度恢复到大气水平，即可进行下一次分析。如果采用过滤系统，则测定的是水中溶解性的 TOC 含量。

另外，TOC 在线自动分析仪还有 UV-TOC 分析计，其原理是基于水样 TOC 值与水样在 254 nm 处的 UV 吸收信号大小之间良好的相关性，以 Xe 灯（或汞灯）为光源，通过测定水样在 254 nm 处的 UV 吸收信号，经线性化校正处理后得到水样的 TOC 值。

12.4.4　总　　氮

TN 指水样中的可溶性及悬浮颗粒中的含氮量。目前，TN 在线自动分析仪的主要类型有过硫酸盐消解–光度法；密闭燃烧氧化–化学发光分析法。总氮在线自动分析仪的基本构成见图 12-19。

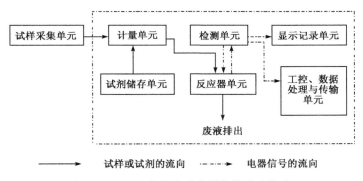

图 12-19　TN 在线自动分析仪的基本构成

过硫酸盐消解–光度法的原理：水样经 NaOH 调节 pH 后，加入过硫酸钾于 120℃加热消解 30 min。冷却后，用 HCl 调节 pH，于 220 nm 和 275 nm 处测定吸光信号，经换算得到 TN 浓度值。

密闭燃烧氧化–化学发光分析法原理：将水样导入反应混合槽后，通过载气将水样加入放有催化剂的反应管（干式热分解炉，约 850℃）中进行氧化反应，将含氮化合物转化成 NO 后，使其与臭氧反应，通过测定由反应过程中产生的准稳态 NO_2 转变为稳态 NO_2 产生的化学发光（半导体化学发光检测器），经换算得到 TN 含量。

12.4.5　总　　磷

目前，TP 在线自动分析仪的主要类型有过硫酸盐消解–光度法、紫外线照射–

钼催化加热消解、FIA-光度法等。过硫酸盐消解–光度法的原理：进适量水样，加入过硫酸钾溶液，于 120℃加热消解 30 min，将水样中的含磷化合物全部转化为磷酸盐，冷却后，加入钼–锑溶液和抗坏血酸溶液，生成蓝色络合物，于 700 nm 处测定吸光度，经换算得到 TP 含量。例如，K301 型 TP 就是基于上述原理的 TP 在线自动分析仪，其工作原理见图 12-20。

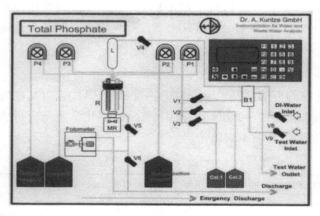

图 12-20　TP 在线自动分析仪的工作原理

　　紫外线照射–钼催化加热消解和 FIA-光度法的原理：采用流动注射进样法连续进样，水样在紫外线照射下，以钼为催化剂加热消解，消解产生的磷钼酸盐在锑盐或钒盐存在下发生显色反应，反应产物可直接进行光度测定，经换算即可得到总磷的浓度值。

12.4.6　便携式全自动水质检测仪

　　近年来，同济大学在水质自动检测研究方面也取得了可喜的成绩。由进样单元、测量单元、数据处理单元、单片机搭建水质自动检测试验系统（图 12-21），工作程序：首先在操作界面设置进样参数、显色反应与测量条件，多通道进样泵按照设定参数抽取一定量的水样、检测剂 A、检测剂 B 于泵管，再转移至测量池，完成混合与显色过程，反应完成后，LED 光源、颜色传感器、数据处理电路开始工作，颜色传感器将显色溶液的测量信息发给数据处理电路，通过矢量色度模型和内置的标准曲线即可计算待测物浓度。测量结束后，多通道进样泵执行管路清洗程序，并返回准备状态，按设置周期等待下一次自动进样、检测，周而复始，直至完成设置的时长。

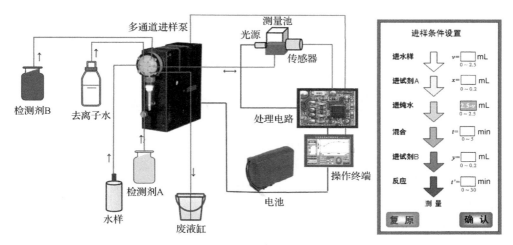

图 12-21　水质自动检测试验系统（左）与参数设置（右）

按照这一工作程序，通过对天然水体氨氮、氟化物、总硬度、铝、铍等的自动进样、检测试验，结果表明，全自动性能稳定，检测灵敏度、抗干扰性能与实验室方法一致，测量精度、重现性均优于实验室方法，可以实现 20～30 min 周期性全自动连续检测，为便携式全自动水质检测仪的设计、研制奠定了坚实基础。

目前，根据上述单元与工作程序，设计了第一代便携式全自动水质检测仪的内部结构，包括进样泵、LED 光源、反应与测量管、颜色传感器、试剂仓、纯水与废液仓、数据处理电路、定位模块、通信模块、工控机、电源仓等，操作界面设计如图 12-22 所示，可望首先用于 pH、透明度、悬浮物、总硬度、氨氮、亚硝氮、磷酸盐、硅酸盐、氟化物、氯化物、游离余氯、总余氯、挥发酚、多种金属离子等 20 余种项目的实时动态检测。

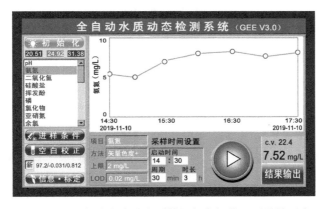

图 12-22　便携式全自动水质检测仪主操作界面设计示意

　　该仪器检测数据通过定位模块、通信模块实时远程传输，可满足实时、在线水质监测的要求。仪器内置检测项目可以自由切换，只需人工更换试剂仓的检测剂即可，检测过程自动化，操作方法简单；同时，体积小、质量轻、便于移动。

12.5　组网快检–水质诊断与污染溯源数字化平台

　　我国内海和边海水域面积为 470 多万平方千米，并有 300 多万条自然和人工河流，总长度为 40 万 km，而水域面积达 30 万 km^2，面积超过 1 km^2 的湖泊有 2700 多个、水库近 10 万个。目前，我国拥有国控监测断面（点位）有 2757 个，其中、河流断面 2424 个、湖库点位 343 个，主要分布在大江、大河、大湖和重要水体；但长江长约 7379 km、流域面积为 180 万 km^2，仅有 648 个监测断面。显然，全国仅拥有约 3000 个自动监测断面远远不能满足我国广域的水质诊断、污染溯源的需求。2017 年我国已全面启动了河（湖）长制，设立了省、市、县、乡四级河长 30 多万名，并设立村级河长 76 万名，打通了河长制的"最后一公里"。智能化、实时水质在线监测装备和智慧水务管理系统的不断快速发展和应用，也必将为我国"绿水青山"事业保驾护航。

　　近年来，同济大学在水质快检与数字化系统研究方面也取得一些进展，在河（湖）长制广泛实施的背景下，研发了"水质组网快检—云数据库—数字化平台"全过程的水质实时诊断与污染溯源系统（图 12-23）。通过水体的密集布点、现场采样快检并实时发送监测数据至云数据库，接收终端随时随地可调取检测数据，并结合水质标准进行数据处理、分析，即时实现可视化广域水质诊断和污染精准溯源。采样快检由本实验室研发的多功能分析检测仪执行，该仪器拥有双温消解、检测数据云传输等功能，配合多种长效试剂盒，一个普通技术人员即可在两小时内完成 6～7 个采样点的七个常规项目（如透明度、pH、溶解氧、氨氮、总氮、

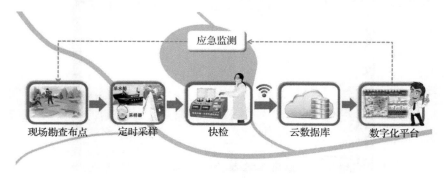

图 12-23　数字化水质监测网工作流程

总磷、COD)的检测与数据远程传输,既提高了广域水体检测的密集化、实效性,又可充分利用河长制人力资源和监管水体范围,对水环境数字化精准管理具有重要意义。

终端显示平台如图 12-24 所示,主要功能包括:所有定位采样点(注:须预先将全部采样点信息导入多功能分析检测仪)实时水质诊断结果(采用单因子指数评价法,标记:"正常—●、超标—●、警告—●、危险—●"四个等级)、各水体沿程水质变化曲线、采样点水质随时间变化曲线、高风险点特征污染物时间变化与污染溯源结果、应急监测等内容,水质诊断可根据水体功能、规划选定相对应的水质标准,污染溯源可通过选定风险半径,确定上游污染源范围和下游影响范围。

图 12-24　地表水质污染诊断与溯源数字化终端效果图

该技术虽然为人工采样快检,但均采用传统环境监测标准方法开发的长效试剂盒,操作简单,易掌握,保证了检测数据的准确性和可比性,相比于固定式在线自动监测站,具有布点密集、监测项目齐全、检测指标选择灵活、设备轻便可车载工作、检测成本低等特点,尤其对于水体突发污染事故,通过应急快检,可随时随地掌握特征污染物的时空动态变化。该系统作为现有的水质在线自动检测站的重要补充,尤其适合于区域水体及流域、大型工业园区、农村地下水或饮用水、风景游览区水体等水质的快速诊断与污染溯源,并可构建地区农田土壤养分诊断平台,及时为耕地养分补给提供科学方案,也能通过对蔬菜、茶叶、中草药等有机磷(OPs)、氨基甲酸酯(CMs)农药残留的快速检测,建立现代(绿色)农业产业园的数字化管理平台。

思考与习题

1. 总氮、总磷检测水样消解均采用过硫酸钾作为氧化剂,简述各自反应原理。

2. 简要介绍水质检测试纸与检测管的工作原理，并分析两种比色方法的异同点。

3. 目前，市场有多种多参数水质检测仪，请列举三种，比较其检测性能，并分析其优缺点。

4. 分色色度测量仪与分光光度计在工作原理、仪器结构上有哪些不同？

5. 分散式固相萃取仪可用于水体重金属离子的提取、分离，一般应使用哪些吸附剂？举例分析工作原理。

6. 在水质快速检测中，常常使用检测试剂盒或预装试剂，举例分析其包装方式与工作原理。

7. 检索并列举两种手持式气体检测仪，分析其工作原理，并比较其检测性能与应用场景。

8. 溶解氧快速检测方法有哪些？检测原理与应用范围有何不同？

9. 简述 COD 自动在线检测系统的结构组成与工作原理。

10. 检索并列举两种便携式分析检测仪，阐述其工作原理、性能与用途。

参 考 文 献

艾铄, 张丽杰, 肖芃颖, 等. 2018. 高通量测序技术在环境微生物领域的应用与进展. 重庆理工大学学报(自然科学版), 32(9): 111-121.

白志鹏, 张利文, 朱坦, 等. 2007. 稳定同位素在环境科学研究中的应用进展. 同位素, 20(1): 57-64.

北京大学化学系仪器分析教学组. 1997. 仪器分析教程. 北京: 北京大学出版社.

卜锐, 徐春晓, 于萍, 等. 2019. 气相色谱–串联质谱技术在环境监测中的应用进展. 化学分析计量, 28(6): 130-133.

蔡芦子彧, 郜洪文. 2018. 便携式多参数水质分析仪现状分析. 分析仪器, (4): 83-90.

蔡芦子彧, 刘升, 郜洪文. 2019. 痕量汞气热提取与现场快速检测方法. 理化检验(化学分册), 55(2): 125-129.

蔡明红, 肖宜华, 王峰, 等. 2012. 北极孔斯峡湾表层沉积物中溶解有机质的来源与转化历史. 海洋学报, 34(6): 102-113.

曹亚澄, 张金波, 温腾, 等. 2018. 稳定同位素示踪技术与质谱分析——在土壤、生态、环境研究中的应用. 北京: 科学出版社.

陈皓, 李明利, 刘海玲, 等. 2020. 环境现代仪器分析实验. 上海: 同济大学出版社.

陈焕文, 李明, 金钦汉. 2004. 质谱仪器及其发展. 大学化学, 3: 9-15.

陈玲, 赵建夫. 2021. 环境监测. 3 版. 北京: 化学工业出版社.

陈敏, 曾健, 杨伟锋. 2018. 中国近海生态环境变化的同位素示踪研究. 海洋学报, 40(100): 32-41.

陈锡超, 纪颖琳, 胡青, 等. 2010. 引江济太水系有色溶解有机质的特征与来源. 湖泊科学, 22(1): 63-69.

陈新苗, 郭峰, 张桃芝. 2007. 直接液相微萃取气相色谱分析测定废水中酚类化合物. 华中师范大学学报(自然科学版), 41: 395-397.

陈耀祖. 1978. 有机质谱原理及应用. 北京: 科学出版社.

程雪斌. 2006. 固相萃取光度法在几种贵金属元素中的研究应用. 昆明: 云南大学.

从源珠, 苏克曼. 2000. 分析化学手册: 质谱分析. 北京: 化学工业出版社.

邓勃. 2003. 应用原子吸收与原子荧光光谱分析. 北京: 化学工业出版社.

邓晓庆. 2006. FAAS、GFAAS、ICP-AES 和 ICP-MS4 种分析仪器法的比较. 云南环境科学, 25(4): 56-57.

方惠群, 史坚, 倪君蒂. 1997. 仪器分析原理. 南京: 南京大学出版社.

傅昀, 谢克金. 1999. ICP-AES 和 AAS 测定土壤和植物中常量及微量元素之比较(一). 土壤通报, 30(3): 143-145.

高小霞. 1986. 电化学分析导论. 北京: 科学出版社.

龚文婷, 赵东兰, 郜子蕙, 等. 2021. 水体痕量铝快速自动检测方法研究. 分析仪器, (1): 75-81.

国家环保局水和废水监测分析方法编委. 2002. 水和废水监测分析方法. 4版. 北京: 中国环境科学出版社.

黄秀莲. 1989. 环境分析与检测. 北京: 高等教育出版社.

季欧. 1978. 质谱分析法(上册). 北京: 原子能出版社.

江桂斌. 2016. 环境样品前处理技术. 2版. 北京: 化学工业出版社.

江祖成, 陈新坤, 田笠卿, 等. 1999. 现代原子发射光谱分析. 北京: 科学出版社.

康艳红, 陈秋颖, 田鹏. 2019. 重金属的环境分析与评价. 北京: 科学出版社.

李安模, 魏继中. 2000. 原子吸收与原子荧光分析. 北京: 科学出版社.

李桂香, 浦亚青, 孙晶. 2015. 初探高效液相色谱–质谱技术在食品安全检测中的应用. 食品安全导刊, 8Z: 2.

李启隆. 1995. 电分析化学. 北京: 北京师范大学出版社.

李顺兴. 2003. 痕量元素形态分析及转化研究. 武汉: 武汉大学.

李仲根, 冯新斌, 郑伟, 等. 2007. 大气中不同形态汞的采集和分析方法. 中国环境检测, 23(2): 19-25.

林光辉. 2013. 稳定同位素生态学. 北京: 高等教育出版社.

刘娜, 张兰英, 杜连柱, 等. 2005. 高效液相色谱–电感耦合等离子体质谱法测定汞的3种形态. 分析化学, 33(8): 1116-1118.

刘升, 郜洪文, 黄超群, 等. 2012. 一种手持浸入式新型激光浊度计设计. 传感器与微系统, 31(7): 114-116.

刘约权. 2015. 现代仪器分析. 3版. 北京: 高等教育出版社.

卢佩章, 戴朝政. 1989. 色谱理论基础. 北京: 科学出版社.

陆文伟. 2002. 等离子体发射光谱仪分类与"全谱直读"一词. 光谱学与光谱分析, 22(2): 348-349.

牟世芬. 2001. 加速溶剂萃取的原理及应用. 环境化学, 20: 299-301.

欧阳津, 那娜, 秦卫东, 等. 2020. 液相色谱检测方法. 3版. 北京: 化学工业出版社.

潘教麦, 李在均, 张其颖, 等. 2003. 新显色剂及其在光度分析中的应用. 北京: 化学工业出版社.

彭岚, 谈明光, 李玉兰, 等. 2006. 微波辅助萃取–液质联用技术测底泥砷、硒的化学形态. 分析实验室, 25(5): 10-14.

蒲国刚. 1993. 电分析化学. 合肥: 中国科学技术大学出版社.

沈兰荪. 1997. ICP-AES光谱干扰校正方法的研究. 北京: 北京工业大学出版社.

盛龙生, 苏焕华, 郭丹滨. 2006. 色谱质谱联用技术. 分析化学, 34(12): 1812.

施耐德, 柯克兰. 2012. 现代液相色谱技术导论. 3版. 北京: 人民卫生出版社.

史红星, 曲久辉. 2005. 官厅水库微囊藻毒素的LC-ESI/MS定性分析. 环境科学, 26(6): 97-100.

帅琴. 2000. 高效液相色谱–等离子提光谱、质谱联用技术研究及其在痕量分析中的应用. 武汉: 武汉大学.

宋俊密, 吕康乐, 常璐, 等. 2012. 液相色谱/质谱联用技术在水环境分析中的应用. 甘肃科技, 1: 5.

宋照亮, 刘丛强, 彭渤, 等. 2004. 逐级提取(SEE)技术及其在沉积物和土壤元素形态研究中的应用. 地球与环境, 32(2): 70-77.

孙尔康, 张剑荣, 陈国松, 等. 2019. 仪器分析实验. 3版. 南京: 南京大学出版社.

唐明华, 郭军, 陈木子. 2015. 透射电子显微镜三维重构技术及其在材料研究领域的应用. 电子显微学报, 34(2): 142-148.

田中群. 2021. 谱学电化学. 北京: 化学工业出版社.

汪尔康. 1999. 分析化学(21 世纪教材).北京: 科学出版社.

王芳, Durfler U, Schmid M, 等. 2007. 1,2,4-三氯苯矿化菌的鉴定与功能分析. 环境科学, 28(5): 1082-1087.

王桂友, 臧斌, 顾昭. 2009. 质谱仪技术发展与应用. 现代科学仪器, 12(6): 124-128.

王国顺. 1988. 电分析化学: 溶出伏安法. 北京: 中国计量出版社.

王康丽, 严河清, 刘军. 2003. 氮氧化物化学传感器. 武汉大学学报(理学版), 49(4): 428-432.

王雪松. 2004. 土壤、沉积物中金属元素形态分析何生物可给性研究. 北京: 中国科学院生态环境研究中心.

魏黎明, 李菊白, 欧庆瑜, 等. 2004. 固相微萃取法在环境监测中的应用. 分析化学, 32: 1667-1672.

魏先文, 徐正. 1999. 电喷雾电离质谱在化学中应用新进展. 有机化学, 1: 97-103.

文湘华, 吴玲钲. 1998. 微波消解技术在沉积物样品元素分析中的应用. 环境科学进展, 6(2): 61-64.

翁建中, 徐恒省. 2010. 中国常见淡水浮游藻类图谱. 上海: 上海科学技术出版社.

翁诗甫, 徐怡庄. 2016. 傅里叶变换红外光谱分析. 3 版. 北京: 化学工业出版社.

无锡市环境监测中心站. 2017. 太湖常见藻类图集. 北京: 中国环境科学出版社.

吴蔓莉, 张崇淼, 等. 2013. 环境分析化学. 北京: 清华大学出版社.

吴守国, 袁倬斌. 2012. 电分析化学原理. 合肥: 中国科学技术大学出版社.

吴旭, 牛耀彬, 苟梦瑶, 等. 2022. 黄土丘陵区优势造林树种水分来源对季节性干旱的响应. 生态学报, 42(10): 1-11.

向元婧, 黄清辉. 2014. 拦河大坝对河流有色溶解有机质赋存特征的影响初探. 水生态学杂志, 35(6): 1-6.

许昆明, 鲁中明, 陈进顺. 2002. CO_2 和 pH 光纤化学传感器研究进展. 分析科学学报, 21(1): 93-97.

杨倩, 王丹, 常丽丽, 等. 2015. 生物质谱技术研究进展及其在蛋白质组学中的应用. 中国农学通报, 31(1): 8.

姚开安, 赵登山. 2017. 仪器分析. 南京: 南京大学出版社.

尹学博, 何锡文, 李妍, 等. 2003. 毛细管电泳用于形态分析. 分析化学, 31(3): 364-370.

于世林. 2019. 高效液相色谱方法及应用. 3 版. 北京: 化学工业出版社.

余自力, 程光磊. 2004. 金属离子分析技术. 北京: 化学工业出版社.

俞汝勤. 1980. 离子选择性电极分析法. 北京: 人民教育出版社.

袁倬斌, 尚小玉, 张君. 2003. 毛细管电泳及其在环境分析中的应用进展. 岩矿测试, 22(2): 144-150.

云自厚, 欧阳律, 张晓彤. 2005. 液相色谱检测方法. 2 版. 北京: 化学工业出版社.

张鸿斌, 胡霭琴, 卢承祖, 等. 2002. 华南地区酸沉降的硫同位素组成及其环境意义. 中国环境科学, 22(2): 165-169.

张苗苗, 陈皓, 郗洪文. 2018. 痕量氰化物气热提取及现场快速检测方法. 理化检验(化学分册), 54(4): 379-382.

张胜涛. 2004. 电分析化学. 重庆: 重庆大学出版社.

张叔良, 易大年, 吴天明. 1993. 外光谱分析与技术. 北京: 中国医药科技出版社.

张祥民. 2005. 现代色谱分析. 上海: 复旦大学出版社.

周涛, 李金英, 赵墨田. 2004. 质谱的无机痕量分析进展. 分析测试学报, 23(2): 110-115.

Baker A. 2002. Fluorescence excitation-emission matrix characterization of river waters impacted by a tissue mill effluent. Environmental Science & Technology, 36(7): 1377-1382.

Baltruschat H. 2004. Differential electrochemical mass spectrometry. Journal of the American Society for Mass Spectrometry, 15(12): 1693-1706.

Damià B, Marie-Claire H. 1995. On-line sample handling strategies for the trace-level determination of pesticides and their degradation products in environmental waters. Analytical Chimica Acta, 318: 1-41.

Edwards H K, Fay M W, Anderson S I, et al. 2010. An appraisal of ultramicrotomy, FIB-SEM and cryogenic FIB-SEM techniques for the sectioning of biological cells on titanium substrates for TEM investigation. Journal of Microscopy, 234(1): 16-25.

Fulvio P F, Pikus S, Jaroniec M. 2005. Tailoring properties of SBA-15 materials by controlling conditions of hydrothermal synthesis. Journal of Materials Chemistry, 15(47): 5049-5053.

Gomez M A M, Perez M A B, Gil F J M, et al. 2003. Identification of species of Brucella using fourier transform infrared spectroscopy. Journal of Microbiological Methods, 55(1): 121-131.

Guzman R, Gazquez J, Mundet B, et al. 2017. Probing localized strain in solution-derived $YBa_2Cu_3O_{7-\delta}$ nanocomposite thin films. Physical Review Materials, 1(2): 024801.

Itaya K. 1998. In situ scanning tunneling microscopy in electrolyte solution. Progress in Surface Science, 58(3): 121-247.

Lakowicz J R. 2006. Principles of Fluorescence Spectroscopy. 3rd ed. New York: Springer Science + Business Media, LLC: 6.

Li W T, Xu Z X, Li A M, et al. 2013. HPLC/HPSEC-FLD with multi-excitation/emission scan for EEM interpretation and dissolved organic matter analysis. Water Research, 47(3): 1246-1256.

Liu Y, Chen L, Zhao J, et al. 2010. Polycyclic aromatic hydrocarbons in the surface soil of Shanghai, China: concentrations, distribution and sources. Organic Geochemistry, 41: 355-362.

Liu Z, Forsyth H, Khaper N, et al. 2016. Sensitive electrochemical detection of nitric oxide based on AuPt and reduced graphene oxide nanocomposites. Analyst, 141(13): 4074-4083.

Meyer M, Stenzel U, Hofreiter M. 2008. Parallel tagged sequencing on the 454 platform. Nature Protocols, 3: 267-278.

Michael A J, Frederick F C. 1996. Solvent microextraction into a single drop. Analytical Chemistry, 6: 2236-2240.

Miyoshi T, Tsuyuhara T, Ogyu R, et al. 2009. Seasonal variation in membrane fouling in membrane bioreactors (MBRs) treating municipal wastewater. Water Research, 43(20): 5109-5118.

Molnar Imre. 1983. Practical Aspects of Modern High Performance Liquid Chromatography. Berlin: De Gruyter.

OECD. 2013. Guidelines for Testing of Chemicals, Test No.236: Fish Embryo Acute Toxicity (FET) Test.

OECD. 2019. Guidelines for Testing of Chemicals, Test No.203: Fish, Acute Toxicity Test.

Pennycook S J, Browning N D, McGibbon M M, et al. 1996. Direct determination of interface structure and bonding with the scanning transmission electron microscope. Philosophical Transactions of the Royal Society of London Series a-mathematical Physical and Engineering Sciences, 354(1719):

2619-2634.

Pichon V, Chen L, Hennion M-C, et al. 1995. Preparation and evaluation of immunosorbents for selective trace enrichment of phenylurea and triazine herbicides in environmental waters. Analytical Chemistry, 67: 2451-2460.

Psillakis E, Kalogerakis N. 2002. Developments in single-drop microextraction. TrAC Trends in Analytical Chemistry, 21: 54-64.

Quail M A, Kozarewa I, Smith F, et al. 2008. A large genome center's improvements to the Illumina sequencing system. Nature Methods, 5: 1005-1010.

Rouessac F, Rouessac A. 2000. Chemical Analysis: Modern Instrumentation Methods and Techniques. Hoboken, NJ, USA: John Wiley & Sons.

Rubinson K A, Rubinson J F. Contemporary 2000. Instrumental Analysis. Upper Saddle River, NJ, USA: Prentice Hall.

Schmitt J, Flemming H C. 1998. FTIR-spectroscopy in microbial and material analysis. International Biodeterioration & Biodegradation, 41(1): 1-11.

Schuster P, Wolschann P. 1999. Hydrogen bonding: from small clusters to biopolymers. Monatshefte für Chemie Chemical Monthly, 130(8): 947-960.

Skoog D A, Holler F J, Nieman T A. 1997. Principles of Instrumental Analysis. 5th ed. Philadelphia.

Sohlberg K, Pennycook T J, Zhou W, et al. 2015. Insights into the physical chemistry of materials from advances in HAADF-STEM. Physical Chemistry Chemical Physics, 17(6): 3982-4006.

US EPA. 2005. Method 1622: Cryptosporidium in Water by Filtration/IMS/FA.

US EPA. 2005. Method 1623: Cryptosporidium and Giardia in Water by Filtration/IMS/FA.

Wilfried M A, Niessen. 2010. Liquid Chromatography-mass Spectrometry. 3rd ed. Boca Raton: CRC Press.

Wu D, Li J, Ren B, et al. 2008. Electrochemical surface-enhanced Raman spectroscopy of nanostructures. Chemical Society Reviews, 37(5): 1025-1041.

Xu B, Chen Z, Zhang G, et al. 2021. On-demand atomic hydrogen provision by exposing electron-rich cobalt sites in an open-framework structure toward superior electrocatalytic nitrate conversion to dinitrogen. Environmental Science & Technology, 56(1): 614-623.

Xu J, Yu C, Feng T, et al. 2018. N-carbamoylmaleimide-treated carbon dots: stabilizing the electrochemical intermediate and extending it for the ultrasensitive detection of organophosphate pesticides. Nanoscale, 10(41): 19390-19398.

Yang C, Meng X Z, Chen L, et al. 2011. Polybrominated diphenyl ethers in sewage sludge from Shanghai, China: ecological risk assessment following agricultural application. Chemosphere, 85: 418-423.

Yu S, Zhang Y, Wang H, et al. 2010. An efficient method for determining the chemical rank of three-way fluorescence data arrays. Chemometrics and Intelligent Laboratory Systems, 103(2): 83-89.

Zaefferer S, Wright S I, Raabe D. 2007. 3D-Orientation microscopy in a FIB-SEM: a new dimension of microstructure characterization. Microscopy & Microanalysis, 13(S02): 1508-1509.

Zaera F. 2014. New advances in the use of infrared absorption spectroscopy for the characterization of heterogeneous catalytic reactions. Chemical Society Reviews, 43(22): 7624-7663.

Zhai Y, Zhu X, Xu B, et al. 2022. Dual-labeling ratiometric electrochemical strategy initiated with ISDPR for accurate screening MecA gene. Biosensors and Bioelectronics, 197: 113772.

Zhang Y, Xu Z, Li G, et al. 2019. Direct observation of oxygen vacancy self-healing on TiO_2 photocatalysts for solar water splitting. Angewandte Chemie International Edition, 58(40): 14229-14233.

Zhao G, Si Y, Wang H, et al. 2016. A portable electrochemical detection system based on graphene/ionic liquid modified screen-printed electrode for the detection of cadmium in soil by square wave anodic stripping voltammetry. International Journal of Electrochemical Science, 11(11): 54-64.

Zhou S, Guo P, Li J, et al. 2018. An electrochemical method for evaluation the cytotoxicity of fluorene on reduced graphene oxide quantum dots modified electrode. Sensors and Actuators B: Chemical, 255: 2595-2600.